植物识别与应用

ZHIWU SHIBIE YU YINGYONG

吕伟德 梁佳佳 主编

化学工业出版社
·北京·

内容简介

本书积极响应“新农科”建设理念，面向新时代农林类专业发展前沿，以服务乡村振兴、生态文明与粮食安全为导向，有机融入产教协同育人理念，构建了跨学科交叉融合的植物识别与应用知识体系。全书以岗位能力培养为核心，系统整合植物学、生态学、农艺学与景观设计等多学科知识，分为基础篇与实战篇两大部分：基础篇系统阐述植物形态术语与分类方法，夯实学生理论基础与科学素养；实战篇依据“掌握级”与“识别级”的阶梯化教学目标，精准对接产业需求，精选包括针叶树、阔叶树、竹类、草本花卉、特色作物及道地药材在内的600余种常见植物，配有高清彩色图片、识别特征速查表及生态栽培与景观应用要点，同时另附数字资源库，能够有效提升学生在植物识别、生态适配与景观设计等方面的综合实践能力。

本书涵盖APG植物分类系统、植物文化寓意及智慧农业应用等前沿内容，充分体现行业新规范与新技术。既可作为园林技术、园艺技术、林业技术、智慧农业等专业的课程教材，也适用于建筑设计、城乡规划、环境艺术、农文旅融合等相关领域的教学与培训，还可供行业从业人员参考使用。

图书在版编目（CIP）数据

植物识别与应用 / 吕伟德，梁佳佳主编. -- 北京 ：化学工业出版社，2026. 3. -- ISBN 978-7-122-49587-7

Ⅰ. Q949

中国国家版本馆CIP数据核字第2025B41A54号

责任编辑：毕小山　　装帧设计：刘丽华

责任校对：宋　玮

出版发行：化学工业出版社

（北京市东城区青年湖南街13号　邮政编码100011）

印　　装：北京宝隆世纪印刷有限公司

880mm×1230mm　1/16　印张 $20^1/_2$　字数594千字

2026年3月北京第1版第1次印刷

购书咨询：010-64518888　　售后服务：010-64518899

网　　址：http: //www.cip.com.cn

凡购买本书，如有缺损质量问题，本社销售中心负责调换。

定　　价：89.00元

编写人员名单

主　　编：吕伟德（杭州职业技术大学）
梁佳佳（杭州市萧山区第二中等职业学校）

副 主 编：潘温文（丽水职业技术学院）
陈呈斌（杭州市萧山区第二中等职业学校）
胡玉林（杭州市临安区农业农村局）
邹　琴（湖州市现代农业技术学校）
俞赵剑（诸暨市职业教育中心）
喻　峰（浙江省衢州第二中等专业学校）
葛勇进（浙江省农业农村宣传中心）
王　平（浙江工业大学药学院）
邵　洁（平湖市农业农村局）

参编人员：蔡向阳（虹越花卉股份有限公司）
屠娟丽（嘉兴职业技术学院）
魏兆兆（杭州市富阳区职业高级中学）
陆冬梁（湖州市现代农业技术学校）
袁丽君（瑞安市农业技术学校）
汪利章（杭州市富阳区职业高级中学）
龚仲幸（杭州职业技术大学）
林　慧（绍兴财经旅游学校）
孙巨淼（杭州第一技师学院）
许　玲（浙江省衢州第二中等专业学校）
裘金玉（杭州知物堂生态农业开发有限公司）
廖望仪（浙江物产长乐创龄生物科技有限公司）
叶为诺（开化县农业技术推广中心）
孔朝辉（磐安县人民医院）
孙　锦（诸暨市职业教育中心）
陈朕杨（金华市生态环境局磐安分局）
王国章（余姚市第二职业技术学校）
陈水军（杭州鸿越生态农业科技有限公司）
屠　丹（杭州花都园艺集团有限公司）
沈艺侬（杭州晨航环境工程有限公司）
卢承志（杭州博古科技有限公司）
杨美燕（杭州市旅游职业学校）
施春燕（杭州萧山技师学院）
冯芬华（浙江华术规划设计有限公司）

手　　绘：吕兰婷（杭州云漫绘科技有限公司）
主　　审：楼炉焕（浙江农林大学）
孙骏威（中国计量大学现代科技学院）
郑平汉（淳安县临岐镇人民政府）

前言

为深入践行习近平总书记“绿水青山就是金山银山”的重要理念，全面落实党的二十大精神，服务国家生态文明建设、乡村振兴、共同富裕与科教兴国等重大战略，本书坚持以立德树人为根本任务，以强农兴农为使命担当，立足中国式现代化对农业农村发展的新要求，面向现代园艺产业升级、特色农业高质量发展及优质农产品追溯体系建设等关键需求，创新构建了“产教融合、能力为本、数字赋能”的植物识别与应用教学内容体系。

植物识别与应用能力不仅是农林类专业人的基本功，更是园林设计、生态修复、道地药材生产、特色农作物栽培及优质农产品溯源等领域的核心专业素养，也是推动绿色发展、建设人与自然和谐共生的现代化的重要支撑。本书紧密围绕这一关键能力的系统培养，引导学生深刻领会新时代我国在生态文明、乡村振兴、科技自立自强等方面取得的伟大成就，增强服务“三农”的使命感与责任感，为加快建设农业强国、扎实推进农业农村现代化贡献教育力量。

当前，我国特色现代农业发展正处于转型升级与提质增效的关键时期。本书紧密对接乡村振兴战略与农业农村现代化目标，主动服务乡村产业链延伸、农业多功能拓展、绿色生态农业发展、农业科技创新、美丽宜居乡村建设等重点领域，全面支撑乡村新型服务业、休闲旅游、智慧康养、乡愁产业等新业态发展，着力培养“懂农业、爱农村、爱农民”，具备扎实植物识别与应用能力，富有创新精神与实践能力的高素质技术技能人才。在内容与架构上，采用“基础→实战”双篇结构：基础篇系统阐释植物形态学术语、分类原理与方法，夯实学生的理论基础与科学思维；实战篇聚焦产业实际，精选涵盖针叶树、阔叶树、竹类、草本花卉、特色作物与道地药材在内的600余种常见及新优植物，每种植物均配有高清彩色图片与关键词识别特征描述。

全书创新编制植物识别特征速查表，并设置“相似种类识别”模块，通过对比式编排，将形态相似或易混淆的植物成组呈现，帮助读者快速掌握辨识关键，建立关联记忆。同时，还构建了“识→用→创”三级能力进阶体系，深度融合信息技术与数字资源，全面支持线上线下混合教学与自主探究学习。

本教材由杭州职业技术大学（国家“双高计划”建设院校）与杭州市萧山区第二中等职业学校双主编，联合浙江省“双高计划”建设院校丽水职业技术学院、嘉兴职业技术学院，以及杭州市富阳区职业高级中学、湖州市现代农业技术学校、瑞安市农业技术学校、杭州第一技师学院、余姚市第二职业技术学校、杭州市旅游职业学校、诸暨市职业教育中心、浙江省衢州第二中等专业学校等多所院校，携手虹越花卉股份有限公司、杭州知物堂生态农业开发有限公司、浙江物产长乐创龄生物科技有限公司、杭州鸿越生态农业科技有限公司、杭州花都园艺集团有限公司、杭州晨航环境工程有限公司、杭州博古科技有限公司、浙江华术规划设计有限公司等行业龙头企业共同编写完成。

编写团队深入浙江及周边地区开展植物考察、图像采集与案例收集，历经大纲研讨、内容撰写、交叉审改和专家评审等多轮环节，确保了教材内容的科学性和实用性。特别感谢浙江农林大学楼炉焕教授、中国计量大学现代科技学院孙骏威教授、淳安县临岐镇人民政府郑平汉研究员担任主审。

由于编者水平所限，书中难免存在不足之处，恳请广大读者和专家批评指正，以便今后修订完善。

编者

2025年9月

目　录

第 1 部分

基础篇

第 2 部分

实战篇

植物索引

第1部分

基础篇

✣ 知识目标

①理解植物分类基本概念，掌握系统分类与鉴定方法，能够区分高等与低等植物。

②掌握常见农作物、果树、蔬菜、药用及园林植物的分类、识别特征与用途。

③熟悉植物根、茎、叶、花、果实、种子等器官的形态特征与变态类型。

④理解被子植物与裸子植物的生殖过程，掌握真果与假果、双子叶与单子叶植物的核心区别。

⑤了解“浙八味”等地方特色药用植物的品种、分布与文化。

✣ 技能目标

①能识别常见植物类群，并运用规范术语描述其形态特征与价值。

②能使用植物检索表进行科、属、种的基本鉴定。

③能辨识营养器官的变态类型并举例说明其应用。

④能识别花部结构，包括花冠、雄蕊、雌蕊、子房及胎座类型，能判断果实类型。

⑤能区分双子叶与单子叶植物，理解其结构差异。

⑥能在园林设计、盆景制作中，根据植物习性、观赏性与生态要求合理选用植物。

✣ 素质目标

①养成严谨观察、系统记录的习惯，形成科学分类思维，规范使用专业术语。

②增强地方认同感，具备结合区域特色植物进行识别与应用的能力。

③树立生态与可持续发展观念，理解植物与环境的相互关系，并在实践中体现。

④具备团队协作、沟通表达及综合运用植物知识解决实际问题的能力。

基础1　种子植物的营养器官

◈ 1.1　根的形态特征

根是植物生长于地下的营养器官，具有向地性、向湿性和背光性的特点。土壤中的水分、养分及无机盐等物质主要经由根系吸收，并输送到植物的各个部分。

1.1.1　根的类型和根系

（1）主根和侧根

由种子的胚根直接发育成的根，称为主根；当主根生长到一定程度，就从其侧面生长出许多分枝，称为侧根；侧根又能生出次一级侧根，如此多次反复分枝，形成整株植物的根系。

（2）定根和不定根

根就其发生起源可分为定根和不定根两类。凡是直接或间接由胚根发育而成的主根及其各级分枝称为定根，它有固定的生长部位，如棉花、樱花的根。凡不是直接或间接由胚根所形成的根称为不定根，如玉米接近地面茎节的四周长出的根。在植物栽培上常利用此特性进行扦插、压条繁殖。

（3）直根系和须根系

一株植物地下部分的所有根总称为根系，按其形态和生长特性可分为两种类型：一种是主根发达，主根和侧根的界限非常明显的，称为直根系，大多数双子叶植物和裸子植物的根系都属此类型，如向日葵、棉花、果树和林木的实生苗；另一种是主根不发达或早期死亡，而从茎的基部节上生长出许多大小、长短相似的不定根组成的根系，称为须根系，多数单子叶植物具有须根系，如水稻、小麦、竹类、棕榈，以及葱、韭、蒜、百合等植物的根系（图1-1）。

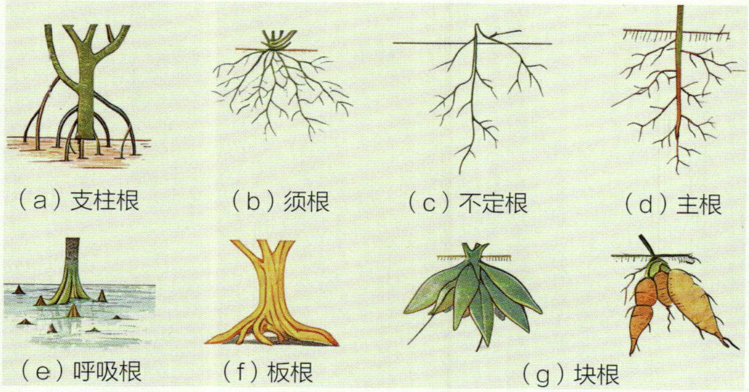

图 1-1　根与根系类型示意图

1.1.2　根瘤与菌根

植物的根系分布在土壤中，它们与土壤中的微生物（细菌、放线菌、真菌等）有着密切的关系。微生物从植物根系的分泌物中或直接进入植物根内吸收所需的营养物质。反之，植物也从微生物的活动中吸取所需的物质。即高等植物与微生物之间形成一种互利共生关系，称为共生。根瘤和菌根是高等植物与土壤微生物之间共生关系的两种类型。

（1）根瘤

在豆科植物的根系上，常形成一些大小不等的瘤状突起，称为根瘤（图1-2）。

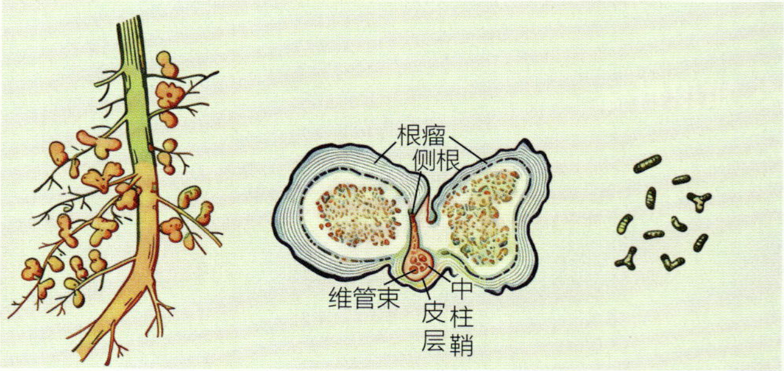

（a）外形　　（b）有根瘤部分的横切面　　（c）根瘤菌

图 1-2　刺槐的根瘤及根瘤细菌

根瘤的形成是由于土壤中的根瘤菌侵入根部的皮层或中柱鞘的部位，从而引起这部分细胞的强烈分裂和生长，使根的局部膨大形成瘤状突起。

（2）菌根

自然界中，不少高等植物的根可以与土壤中的某些真菌共生，这种同真菌共生的根称为菌根（图1-3）。根据菌丝在根中存在的部位不同，可分为以下三种类型。

① 外生菌根：真菌的菌丝体紧密地包裹在植物幼根的根尖外部，形成一层白色的鞘状结构，称为菌套，这是外生菌根最典型的宏观特征。

菌丝穿透根表皮，在皮层细胞的间隙中大量蔓延，形成的网络状结构称为哈氏网，用于与植物进行物质交换。关键点：菌丝不侵入植物细胞内部。

代表植物：马尾松、侧柏等多数松柏科树木，以及栎树、山毛榉等阔叶树。这些树种在自然条件下（尤其是贫瘠土壤中）生长要严重依赖外生菌根。

② 内生菌根：又称丛枝菌根（Arbuscular Mycorrhiza，AM），真菌的菌丝直接穿透细胞壁，进入皮层细胞的内部，称为细胞内侵染。

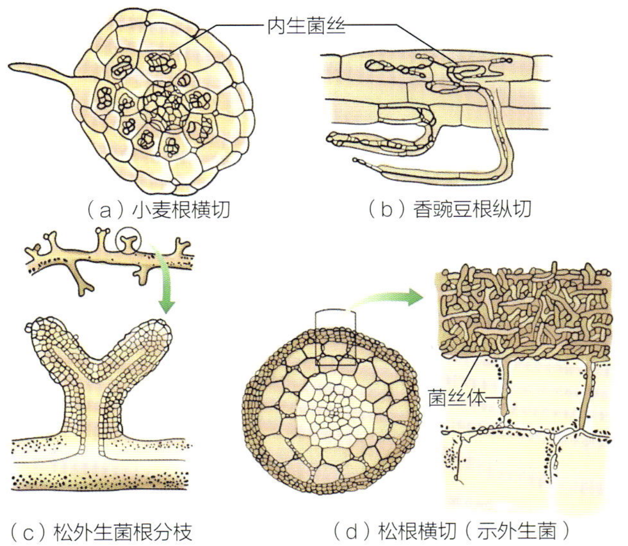

图 1-3　菌根

在细胞内，菌丝反复分枝，形成高度分枝的、树状的细微结构，称为丛枝。这是内生菌根的核心特征，它极大地增加了真菌与植物细胞质膜的接触面积，是物质交换的主要场所。菌丝也可能在细胞内形成膨大的“泡囊”作为储藏器官。真菌会向周围的土壤中伸出大量、广泛延伸的菌丝网络，称为根外菌丝。

代表植物：兰花、玉米、大豆、蔬菜等绝大多数草本植物和很多林木树种。

内生菌根是分布最广的菌根类型。

③ 内外生菌根：顾名思义，是上述两种类型的结合体。真菌既在根表形成菌套，又能在皮层细胞间形成哈氏网，还能像内生菌根一样侵入细胞内部形成丛枝。

代表植物：杜鹃花科植物（如杜鹃、越橘）形成的杜鹃花类菌根是其主要代表。

1.2　茎的形态特征

茎是由胚芽发育而来的，其顶端不断向上生长，同时在叶腋等部位产生侧枝（分枝），共同形成了植物体的地上部分。茎是重要的营养器官，多生于地上，但也有许多植物具有生于地下的变态茎，称为地下茎。节上生有芽、叶、花。具有输导、支持、贮藏和繁殖的功能。许多植物的茎（或茎皮）还可作药材，如杜仲、麻黄、桂枝等。

1.2.1　茎的基本形态

1.2.1.1　茎的外形

茎一般呈圆柱形，也有的呈方柱形（如薄荷、紫苏）、三角柱形（如莎草）、扁平形（如仙人掌）。茎的中心常为实心，也有空心的（如芹菜、南瓜）。禾本科植物的茎中空，且有明显的节，称为秆。

茎上着生叶和腋芽的部位称为节，节与节之间的部位称为节间。茎有节与节间，并在节上长芽和叶；而根无节、节间、芽、叶，这是根和茎在外形上的主要区别。

叶片或叶柄与茎相连接的夹角处称叶腋，茎枝的顶端通常具有顶芽，叶腋则生有腋芽。木本植物的叶子脱落后茎节上留下的痕迹称为叶痕。叶痕内的点线状突起，是叶柄和茎间的维管束断离后留下的痕迹，称为维管束痕。托叶脱落后留下的痕迹称为托叶痕。包被芽的鳞片脱落后留下的疤痕称为芽鳞痕。茎枝表面隆起呈裂隙状的小孔常呈浅褐色，称为皮孔。

着生叶和芽的茎称为枝条，节间较长的称为长枝，节间很短的称为短枝。一般短枝着生在长枝上，能开花结果，所以又称果枝或结果枝，如苹果、梨和银杏等（图1-4、图1-5）。

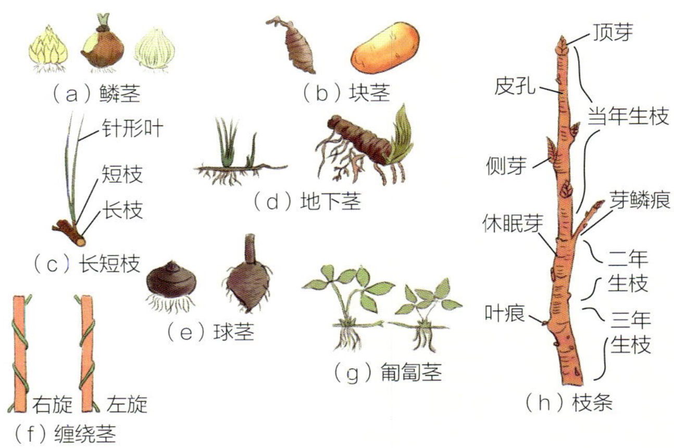

图 1-4　茎的基本形态

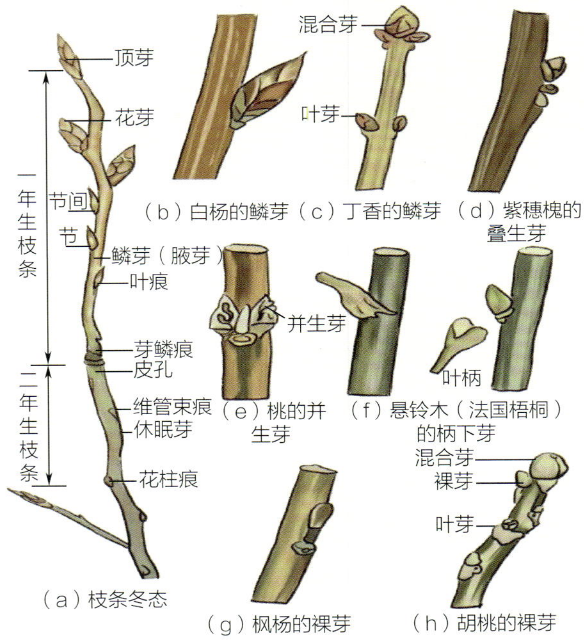

图 1-5　枝条冬态和芽的类型

1.2.1.2 芽及其类型

芽（图1-6）是尚未发育的枝、花和花序，即它们的原始体。芽的类型如下。

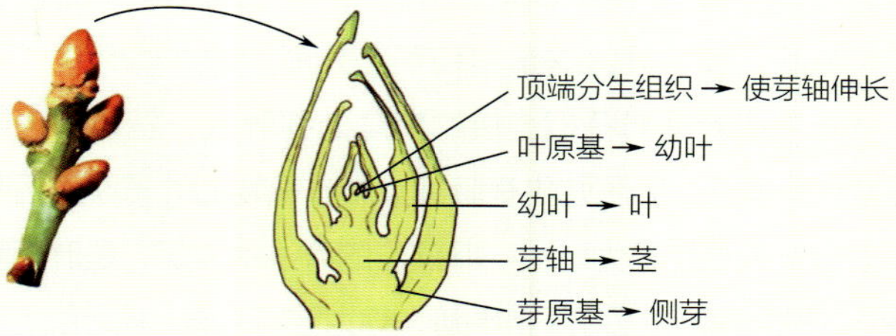

图 1-6 芽的组成及发育器官

（1）依芽的生长位置分

① 定芽：在茎上生长有固定位置的芽。包括生于茎枝顶端的芽，称为顶芽；生于叶腋的芽，称为腋芽，腋芽因生在枝的侧面，也称侧芽。某些植物的顶芽或腋芽旁边又生出一两个较小的芽，称为副芽。

② 不定芽：在茎上生长无固定位置的芽。

（2）依芽的发展性质分

① 叶芽：发育成枝与叶的芽，又称枝芽。

② 花芽：发育成花和花序的芽。

③ 混合芽：能同时发育成枝叶和花或花序的芽，如紫藤（图1-7）。

日本晚樱的枝芽和花芽　　紫藤的混合芽

图 1-7 花芽、叶芽和混合芽

（3）依有无芽鳞分

① 鳞芽：芽的外面有鳞片包被，又称被芽，如杨树、柳树、玉兰等多数木本植物的越冬芽。

② 裸芽：芽的外面无鳞片包被，多见于草本植物和少数木本植物，如薄荷、吴茱萸、枫杨、接骨木等。

（4）依芽的活动能力分

① 活动芽：正常发育且在生长季节活动的芽，即能在当年萌发或第二年春天萌发的芽。

② 休眠芽：又称潜伏芽，长期保持休眠状态而不萌发的芽。但休眠期是相对的，在一定的条件下可以萌发，如树木砍伐后树桩上往往由休眠芽萌发出许多新枝条。

1.2.1.3 正常茎的类型

茎按其生长习性可分为以下四类（图1-8）。

（1）直立茎

茎干垂直向上，质地坚硬，可独立支撑植株。机械组织发达，木质化程度高，抗倒伏能力强，利于竞争生长空间。

代表：乔木（杨树、马尾松）；灌木（月季、圆锥绣球）；草本（向日葵、玉米）。

（2）匍匐茎

茎细长柔软，沿地面水平蔓延。节部可生不定根与新芽，实现营养繁殖和快速扩展种群。

代表：草莓（走茎）、甘薯（地上匍匐茎）、狗牙根（地表匍匐茎）。

（3）攀缘茎

茎细长，依靠特化器官（卷须、吸盘、钩刺或气生根）攀附他物向上生长。

代表：葡萄（茎卷须）、爬山虎（吸盘）、蔷薇（钩刺）、常春藤（气生根）。

（4）缠绕茎

茎细长柔软，通过茎尖旋转运动直接缠绕支撑物上升，无特化攀附结构，分左旋和右旋。

代表：左旋（牵牛花、紫藤）；右旋（金银花、菜豆）。

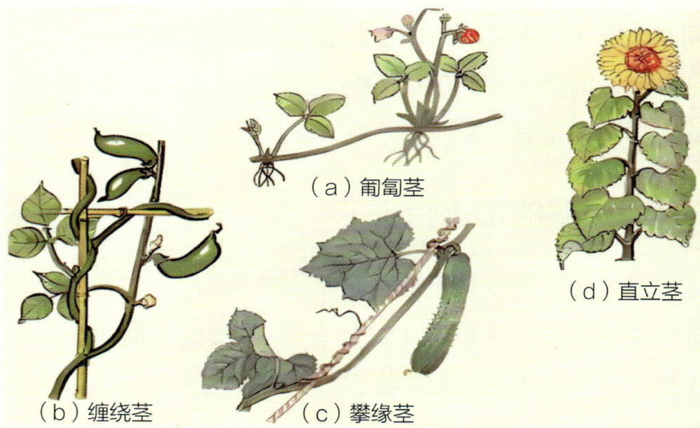

图 1-8 茎的类型

1.2.2 茎的分枝方式

（1）单轴分枝（总状分枝）

顶芽优势明显，形成通直主干，如松、杉、杨等。

（2）合轴分枝

顶芽更替生长（顶芽在生长季节生长缓慢或死亡或

发育成花芽），由侧芽发育成粗壮的侧枝，如榆、桃、桑等。

(3) 假二叉分枝

顶芽停长或成花后，对生腋芽发育成叉状分枝，如丁香、茉莉、石竹等（图1-9）。

图 1-9　茎的分枝方式

◈ 1.3　叶的形态特征

叶着生在茎节上，一般为绿色扁平体，含有大量叶绿体，具有向光性，是进行光合作用、蒸腾作用和气体交换的主要器官。有些植物的叶还具有贮藏作用和繁殖作用，有的还具有药用价值，如大青叶、银杏叶、番泻叶、桑叶、紫苏叶等。

1.3.1　叶的组成

叶片、叶柄、托叶均具备的叶称为完全叶，如桃的叶。叶片、叶柄、托叶三部分中缺少1~2部分的叶称为不完全叶，缺托叶如樟，缺叶柄和托叶如油菜的茎生叶，缺叶片和托叶如台湾相思（图1-10）。

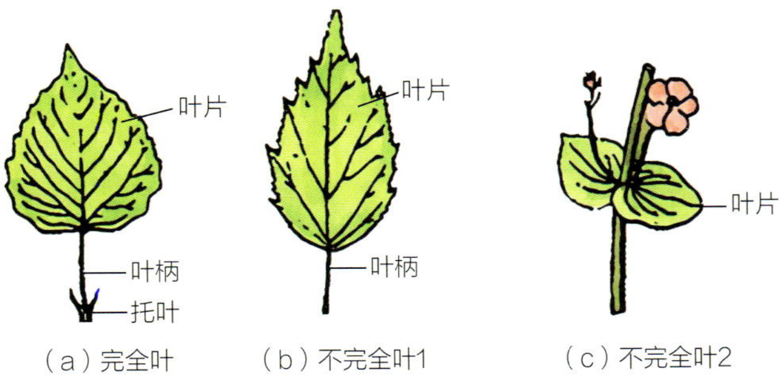

图 1-10　完全叶和不完全叶

✓ 叶柄：物质通道（梨树叶柄长3~5cm）。

✓ 托叶：部分植物托叶早落（如桑树）；部分植物托叶宿存，且形态各异，如月季的托叶与叶柄贴生。

托叶有无及形状是被子植物分类的依据之一，托叶在叶柄或叶片基部，一般两枚。

托叶线形，如扁豆；托叶片状，如豌豆、黄檀；托叶刺状，如刺槐（洋槐）、酸枣。

托叶鞘状：2枚托叶愈合成鞘状，如蓼科的大部分植物。

- 缺托叶：丁香（叶柄基部光滑）；单子叶植物通常无典型托叶，但有些类群具有类似结构，如禾本科的叶舌和叶耳。

- 缺叶柄：如蓝桉幼态叶无叶柄。

- 禾本科特化：叶鞘 + 叶舌 + 叶耳（水稻）；竹子的秆生叶称为竹箨，是特化了的叶（图1-11）。

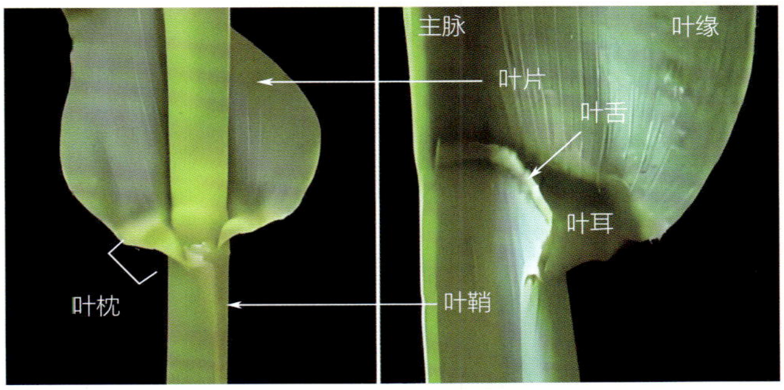

图 1-11　禾本科植物的叶

1.3.2　叶的形态

叶的大小悬殊，小至几毫米，大至几米。叶的形态由叶形、叶缘、叶端、叶基、叶脉分布等多个因素构成。

(1) 叶形

叶形依据叶片长宽比及最宽处位置，常划分为以下类型。

① 条形/线形：长宽比＞5，如小麦（薄软）、凤尾丝兰（厚硬）；宽阔且长者称为带状叶，如玉米。

② 圆形/椭圆形：最宽处位于中部，长宽比分别为1~1.5（莲）、1.5~2（橡皮树）、3~4（八角）。

③ 卵形/披针形：最宽处位于中下部，长宽比分别为1~1.5（毛白杨）、1.5~2（女贞）、3~4（垂柳）。

④ 倒卵形/倒披针形：最宽处位于中上部，长宽比分别为1~1.5（玉兰）、1.5~2（马齿苋）、3~4（蒲公英）。

⑤ 特殊叶形以形象命名，如针形（松）、扇形（银杏）、盾形（荷花）、心形（紫荆）、肾形（积雪草）等。叶片形状图解如图1-12所示，常见叶形如图1-13所示。

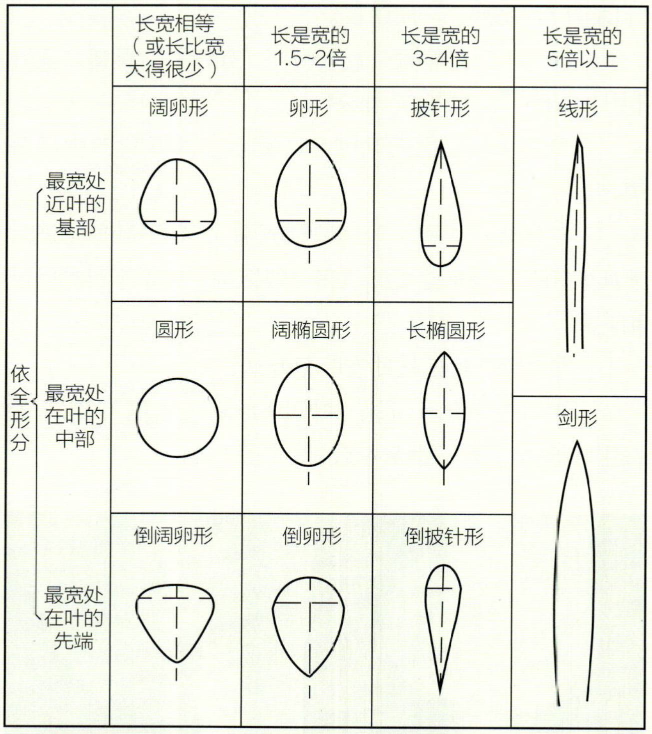

图1-12　叶片形状图解

1.针形；2.椭圆形；3.倒心形；4.羽状裂；5.渐尖；6.镰状；7.倒卵形；8.截形；9.指状；10.尾尖；11.扇形；12.卵圆形；13.菱形；14.心形；15.戟形；16.圆形；17.肾形；18.浅裂；19.楔形；20.披针形；21.卵形；22.矛形；23.三角形；24.线形；25.掌状；26.匙形；27.钻形；28.鸟趾状

图1-13　常见叶形

(2) 叶缘

叶片边缘形态称为叶缘，主要有以下几种类型（图1-14）。

① 全缘：叶缘平整无缺刻，如金叶女贞、玉兰、柚、海桐等。

② 浅波状：叶缘呈轻微起伏的波浪形，如中华常春藤、白兰、乐昌含笑等。

③ 波状：叶缘起伏明显，呈波浪形，如胡颓子、茄子等。

④ 深波状：叶缘波状起伏更深，波形更为显著，如蒲公英、槲树等。

⑤ 皱波状：叶缘波状皱缩，边缘曲折明显，如皱叶欧芹、羽衣甘蓝等。

⑥ 圆齿状：叶缘齿端圆钝，齿间呈圆弧形，如中华绣线菊、地黄等。

⑦ 锯齿状：叶缘齿尖向前，排列如锯，如珊瑚朴、榔榆、荨麻等。

⑧ 细锯齿状：叶缘锯齿细密，齿尖更为尖锐，如茶树、红叶石楠、月季等。

⑨ 芒状锯齿：叶缘的锯齿末端具有由叶脉延伸而成的、细长、坚硬的芒状尖头，如板栗、麻栎、日本晚樱等。

⑩ 睫毛状：叶缘具细软纤毛，形似睫毛，如台湾吊钟花等。

⑪ 重锯齿状：叶缘大锯齿上复生小锯齿，形成双重锯齿结构，如樱桃、棣棠、鹅耳枥等。

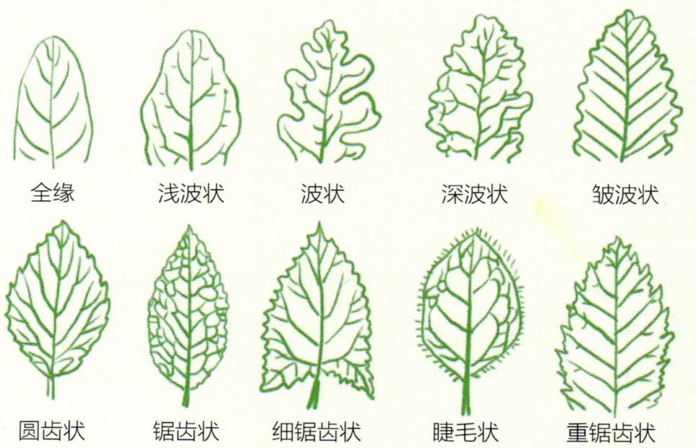

图1-14　叶缘的基本类型

(3) 叶裂

按形状描述，叶裂又可分为以下两种。

① 羽状裂：叶片如羽毛状，各裂片分别在不同部位与中脉交汇，如萝卜、胡萝卜、苏铁、白蜡树、月季等。

② 掌状裂：叶片如手掌状，各裂片或裂片的延伸线在叶柄顶端交汇于一点，如八角金盘、木薯等。

叶裂的类型如图1-15所示。

(4) 叶端

叶片的顶端称叶端或叶尖。常见的叶端类型有：渐尖（桃）、急尖（荞麦）、尾尖（爬藤榕）、钝形（厚朴）、截形（鹅掌楸）、微凹（黄杨）、微缺（苜蓿）、倒心形（酢浆草）（图1-16）。

图 1-15　叶裂的类型

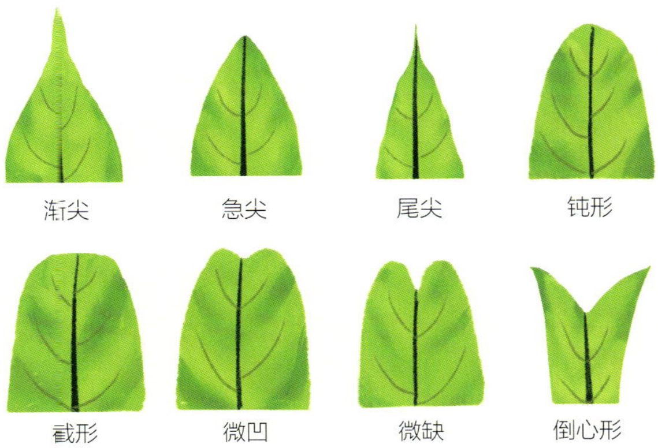

图 1-16　叶端的形状

(5) 叶基

叶片的基部称为叶基，常见叶基形状有：楔形（含笑）、圆形（杏）、心形（紫荆）、耳形（白英）、箭形（慈姑）、戟形（菠菜）、抱茎（青菜茎生叶）、偏斜（红花檵木、朴树、珊瑚朴、秋海棠）（图1-17）。

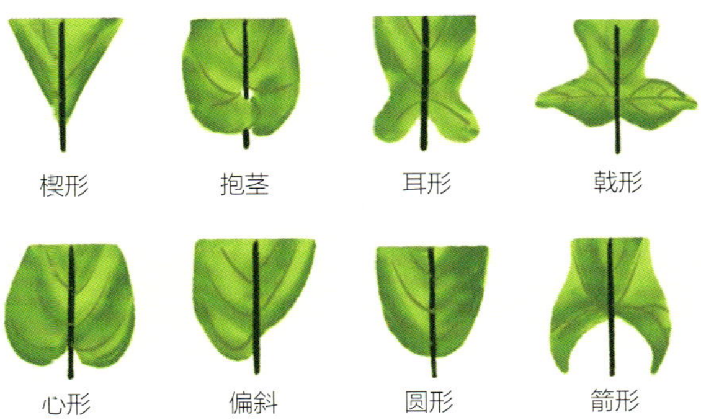

图 1-17　叶基的类型

1.3.3　叶脉及脉序

叶脉是贯穿在叶肉内的维管束，是叶内的输导组织与支持结构。其中最粗大的叶脉称为主脉，主脉的分支称为侧脉，侧脉的分支称为细脉。叶脉在叶片中的分布形式称为脉序，脉序主要有以下三种类型。

(1) 网状脉序

主脉明显粗大，由主脉分出许多侧脉，侧脉再分细脉，互相连接成网状，是双子叶植物的脉序类型。其中有一条明显的主脉，两侧分出许多大小几乎相等呈羽状排列的侧脉，侧脉再分出细脉交织成网状的称为羽状网脉，如桂花、枇杷等；有的叶有主脉数条，由叶基辐射状发出伸向叶缘，并由侧脉及细脉交织成网状的称掌状网脉，如南瓜、薯蓣、天南星等。

(2) 平行脉序

叶脉平行或近于平行排列，是多数单子叶植物的脉序类型。其中，主脉和侧脉从叶片基部平行伸出直到尖端者，称为直出平行脉，如玉米、毛竹、麦冬；中央主脉明显，侧脉与主脉垂直，彼此平行，直达叶缘的称为横出平行脉，如芭蕉；各叶脉均从基部辐射状伸出的称为射出平行脉（又叫辐射平行脉），如棕榈；叶脉从叶片基部直达叶端，中部弯曲形成弧形的称为弧形平行脉，如车前、玉簪。

(3) 二叉脉序

每条叶脉均呈多级二叉状分枝，是比较原始的脉序，在蕨类植物中普遍存在。裸子植物中的银杏也具有这种脉序。

脉序类型示意如图1-18所示。常见植物脉序如图1-19所示。

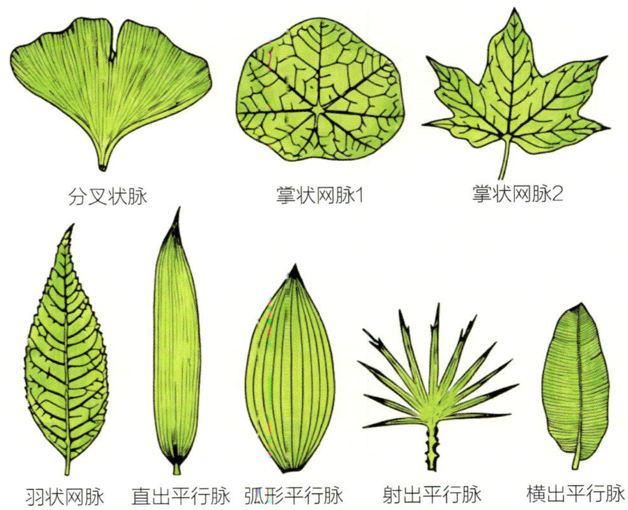

图 1-18　脉序类型示意

图1-19　常见植物脉序

1.3.4　叶序、叶镶嵌与异形叶性

（1）叶序

叶序指叶在茎或枝条上的排列方式，常见的有下列几种（图1-20）。

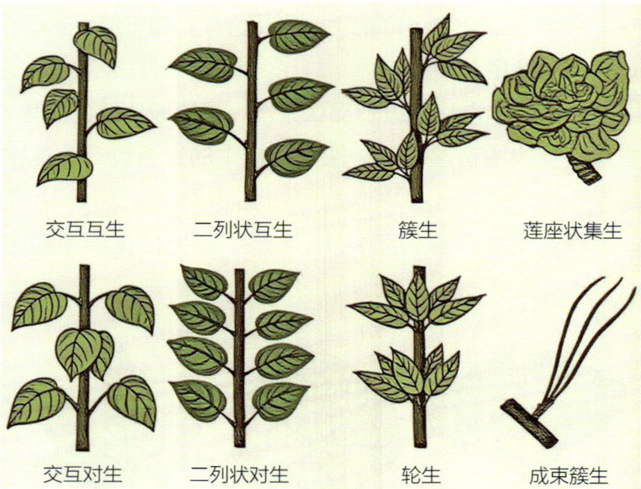

图1-20　叶序的类型

① 互生叶序：在茎枝的每一节上只生1片叶子，各叶交互而生，常沿茎枝螺旋状排列，如桃、柳、月季、牡丹。

② 对生叶序：在茎枝的每一节上着生相对的2片叶子，如薄荷、忍冬、女贞、茉莉、桂花。

③ 轮生叶序：在每一茎节上轮生3或3片以上的叶，如夹竹桃、茜草、栀子、北美鹅掌楸。

④ 簇生叶序：2片或2片以上的叶着生在节间极度缩短的侧生短枝上，呈簇状，如银杏、枸杞、落叶松。

⑤ 集生叶序：叶片在茎基部或近地表短茎上密集排列，如车前。

（2）叶镶嵌

植物通过叶柄长短、叶片角度和叶序规律（如1/2、1/3等）调整叶排列，以最大化光合效率，尤其常见于藤本和阴生植物，如常春藤、蒲公英、爬山虎、八角金盘。

（3）异形叶性

异形叶性是指有些植物在同一植株上具有不同形状叶子的现象，有以下几种表现。

① 环境异形叶：如水毛茛的水下丝状叶和气生扁平叶，以及一些植物的阳生叶（厚小）与阴生叶（大薄）。

② 发育异形叶：如桉树（幼苗圆叶/成年镰刀叶）。

③ 功能异形叶：如蕨类（孢子叶与营养叶）、猪笼草（捕虫叶）。

1.3.5　单叶与复叶

（1）单叶

一个叶柄上只着生一片叶片，叶片和叶柄之间无关节，如厚朴、女贞、枇杷。

（2）复叶

一个叶柄上生有2片以上小叶。复叶的叶柄称为总叶柄，总叶柄上着生叶片的轴状部分称为叶轴，复叶上的每片叶称为小叶，小叶的柄称为小叶柄。从来源来看，复叶是由单叶的叶片分裂而成的，即当叶片的裂片深达主脉或叶基并具小叶柄时，便形成了复叶。根据小叶的数目和在叶轴上排列的方式不同，复叶又可分为以下几种（图1-21）。

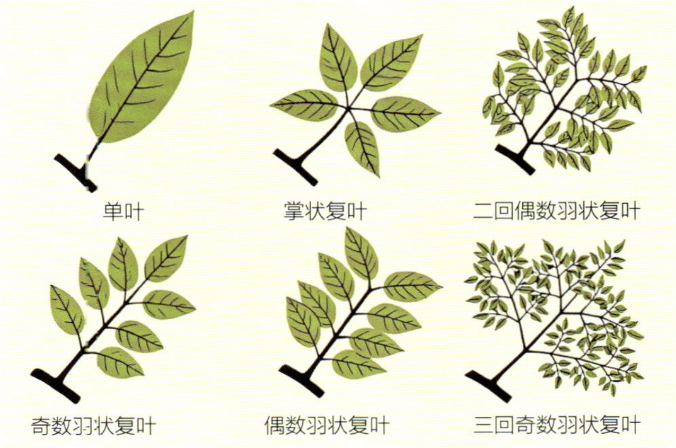

图 1-21　单叶与复叶的基本类型

① 三出复叶：叶轴上着生有 3 片小叶的复叶。若顶生小叶有柄，称羽状三出复叶，如大豆、刺桐；若顶生小叶无柄，则称掌状三出复叶，如半夏、酢浆草。

② 掌状复叶：叶轴缩短，在其顶端着生 3 片以上呈掌状展开的小叶，如人参。

③ 羽状复叶：叶轴长，小叶片在叶轴两侧排成羽毛状。叶轴顶端只着生 1 片小叶的称单（奇）数羽状复叶，如苦参；叶轴顶端着生 2 片小叶的称双（偶）数羽状复叶，如决明；叶轴作一次羽状分枝，在每一分枝上又形成羽状复叶的称二回羽状复叶，如合欢；羽状复叶的叶轴作二次羽状分枝，在最后一次分枝上又形成羽状复叶的称三回羽状复叶，如苦楝。最末一次的羽片称小羽片。

④ 单身复叶：叶轴上只具 1 个叶片，是一种特殊形态的复叶，是由三出复叶两侧的小叶退化成翼状形成的，其顶生小叶与叶轴连接处有一明显的关节，如柑橘类芸香科柑橘属植物的叶。

具单叶的小枝和羽状复叶有时易混淆，在识别时首先要弄清叶轴和小枝的区别：①叶轴的先端没有顶芽，而小枝的先端具顶芽；②小叶的叶腋无腋芽，仅在总叶柄腋内有腋芽，而小枝上每一单叶的叶腋均具腋芽；③复叶的小叶与叶轴常呈一平面，而小枝上的单叶与小枝常呈一定角度；④复叶脱落时，是整个脱落或小叶先脱落，然后叶轴连同总叶柄一起脱落，而小枝一般不脱落，只有叶脱落。具全裂叶片的单叶，其裂口虽可达叶柄，但不形成小叶柄，故易与复叶区分。

1.3.6　叶的形态结构与环境的关系

(1) 旱生植物叶的适应特征

分两种类型：

① 节水型：叶小厚，角质层发达，气孔下陷或背生，表皮被毛，机械组织发达，叶脉密集，如松属植物。

② 贮水型：叶肥厚多汁，具发达贮水组织，细胞液浓度高，如仙人掌、景天科植物、马齿苋。

(2) 湿生植物叶的适应特征

叶薄宽大，角质层不发达，表皮毛少，海绵组织比例高、间隙大，叶脉与机械组织退化，如荷花及林下阴生植物。

(3) 光照对叶结构的影响

① 阳地植物（如松、刺槐）叶近旱生结构，角质层厚，栅栏组织发达。

② 阴地植物（如咖啡）叶偏湿生型，薄且角质层不显著。

③ 同一植株中，向阳叶（阳叶）较背阴叶（阴叶）更旱生化。

1.3.7　叶的寿命与落叶

(1) 叶的寿命分类

① 落叶树：是指一年中的某个特定季节（通常是干旱或寒冷的季节），会全部或部分脱落叶片的木本植物，如杨、柳、榆。

② 常绿树：老叶分批脱落，新叶更替，树冠终年常绿，叶寿命差异大（如女贞1~3年、松2~5年、冷杉3~10年）。

(2) 落叶的动因与机制

① 动因：生理衰老及矿物质积累；生态适应冬季干旱等不良环境。

② 机制：叶柄基部形成离区，离层细胞分离，维管功能丧失后叶片脱落，保护层木栓化封闭伤口，残留叶痕。

(3) 应用提示

离层异常导致落花落果，可施用生长调节剂（如赤霉素）保花保果。落叶树种移栽宜选在落叶后至萌芽前的休眠期，成活率高。

◈ 1.4　营养器官的变态

营养器官的变态是指植物为适应特定环境或执行特殊功能，其根、茎、叶等营养器官在形态、结构和生理功能上发生的稳定、可遗传的变异。这种不同于正常形态的器官，称为变态器官。

1.4.1 根的变态

（1）贮藏根

主根、侧根或不定根特化为肥大的肉质器官，用于储存养分。

① 肉质直根：主根发育，如萝卜、胡萝卜。

② 块根：侧根或不定根增粗，如甘薯（图1-22）。

图1-22 甘薯的块根

（2）支持根

茎部产生不定根，入土增强支撑，防止倒伏，如玉米（图1-23）、榕树（形成支柱根），甘蔗通过培土促发支持根可增产抗倒。

图1-23 玉米的支持根

（3）呼吸根

生长于缺氧环境（如沼泽）的植物根部特化形成向上生长的结构，内部具发达的通气组织，输送氧气至地下根系。

代表植物：池杉（图1-24）、落羽杉、水松。

图1-24 池杉的呼吸根

（4）气生根

生长在空气中的根，适应高温高湿、附生或支撑环境。

① 吸收型：如榕树，从空气吸收水分养分。

② 呼吸型：如红树，向上生长输送氧气。

③ 支持型：如榕树板根（图1-25），增强机械稳定性。

图1-25 榕树的板根

（5）攀缘根

气生根的一种，用于攀附基质表面向上生长，如常春藤、凌霄（图1-26），具吸附和固定功能。

图1-26 凌霄的攀缘根（气生根）

（6）寄生根

寄生植物特化的根结构，侵入寄主体内获取水分和营养。

① 全寄生：如菟丝子（无叶绿体，完全依赖寄主）。

② 半寄生：如槲寄生（部分依赖寄主）。

1.4.2 茎的变态

茎的变态是指植物为适应贮藏、繁殖、防御等不同功能，茎的形态和结构发生显著且可遗传的变化。根据其生长位置，可分为地下茎的变态和地上茎的变态。

（1）地下茎的变态

常见的地下茎变态类型及其关键特征等内容见表1-1和图1-27。

表 1-1　常见的地下茎变态

类型	关键特征	代表植物	实用案例
根状茎	竹鞭状横走于地下，具明显的节与节间，节上生鳞片叶和不定根	毛竹、莲藕	竹林扩繁：利用竹鞭进行切段繁殖，1 段竹鞭可在 3 年内形成新的竹林群落
块茎	节间极度缩短膨大呈块状，表面具螺旋排列的芽眼（内含侧芽）	马铃薯、菊芋	食用安全：发芽马铃薯的芽眼及周围区域大量富集龙葵素，食用前须彻底去除，以防中毒
鳞茎	由缩短的鳞茎盘、肉质鳞叶和顶芽构成，顶芽发育为花序	洋葱、水仙	花期调控：水仙鳞茎可通过水培及温度控制精准调控开花时间，是常见的春节观赏花卉培育技术
球茎	球形或扁球形，由茎基部膨大形成，具明显环状节及膜质鳞片	荸荠、芋头	食品加工：荸荠去皮后易褐变，需采用护色处理（如用 0.5% 柠檬酸溶液浸泡）以保持色泽和品质

荸荠（球茎）　洋葱（鳞茎）　慈姑（球茎）　黄精（根状茎）　莲藕（根状茎）

水仙（鳞茎）　菊芋（块茎）　马铃薯（块茎）　毛竹（根状茎）

图 1-27　地下茎的变态

（2）地上茎的变态

是指植物的地上茎为满足特殊功能（如保护、攀缘、光合作用或贮藏）而在形态和结构上发生显著变化（表 1-2、图 1-28）。这些特性在农业生产和园艺中具有重要应用价值。

表 1-2　常见的地上茎变态

类型	结构特点	实例	生产应用
茎刺	由枝变态形成，具维管组织，与茎相通，坚硬起保护作用	山楂、枸橘、皂荚	生态防护：利用皂荚的茎刺构建果园生物围栏，能有效防止牲畜侵害
茎卷须	由枝变态形成，薄壁组织发达，具触敏性，可卷曲攀缘	葡萄、南瓜	栽培管理：对黄瓜等作物的茎卷须进行人工引蔓，可优化叶片空间分布，提高群体光照利用效率
叶状茎	茎绿色、扁平，可长期替代叶片进行光合作用	天门冬、竹节蓼	园艺造型：利用竹节蓼的叶状茎制作观赏盆景，形态奇特，观赏期长
肉质茎	茎肥厚多汁，细胞内含发达的储水组织，适应干旱环境	仙人掌、莴苣	旱作农业：规模化种植仙人掌作为饲料，其肉质茎亩（1 亩 ≈666.67m²）产可达 20 吨，是干旱地区重要的饲草资源

葡萄的茎卷须　山楂的茎刺　小檗的茎刺　皂荚的茎刺　黄瓜的卷须

仙人掌的肉质茎　天门冬的叶状茎　竹节蓼的叶状茎　月季的皮刺（假茎刺）

图1-28　地上茎的变态及假茎刺

·误区辨析·

√ 真茎刺：由茎变态而来，具维管组织，如山楂刺（源于腋芽，连维管束）。

× 假茎刺（皮刺）：由表皮突起，易剥离，如月季、悬钩子的皮刺。

1.4.3　叶的变态

叶的变态是指叶片为满足特定生态功能（如保护、攀缘、防御、营养获取等），在形态和结构上发生显著且可遗传的变化（表1-3、图1-29）。

表1-3　常见的叶变态

类型	形态特征	代表植物	生物学意义
苞片	生于花或花序基部，常色彩鲜艳或形态特化	玉米、白掌、三角梅	保护幼嫩花器；吸引传粉者，如玉米苞叶可有效防止害虫侵入
芽鳞	革质化鳞片，常被绒毛或树脂	竹（笋箨）、毛白杨	保护幼芽安全越冬或度过干旱期，如竹箨可减少水分蒸发，防止机械损伤
叶刺	针刺状，坚硬，维管组织与茎相通	仙人掌、刺槐	减少蒸腾面积，防御动物啃食，如刺槐的托叶刺可有效抵御食草动物
叶卷须	细长卷曲，具触觉敏感性	豌豆	攀缘支撑，改善植株受光条件，研究表明豌豆卷须可提升冠层光合效率约30%
叶状柄	叶片退化，叶柄扁平、扩展，行使叶片功能	台湾相思树	适应干旱环境，显著减少水分流失，实验数据表明其水分损失可比普通叶片减少50%
捕虫叶	特化为瓶状、盘状或囊状，具腺毛，可分泌消化液	猪笼草、茅膏菜	诱捕并消化昆虫，补充生长所需的氮素等矿质营养，尤其在贫瘠土壤中成为重要氮源

三角梅（苞片）　浙贝母（鳞芽）　豌豆（叶卷须）

大叶相思树（叶状柄）　猪笼草（捕虫叶）　仙人掌（叶刺）

图1-29　叶的变态

·误区辨析·

“仙人掌刺被误认为是茎的变态”：刺基部连于叶痕，实为叶退化；幼苗期可见叶片遗迹。

“豌豆卷须被误认为是茎卷须”：茎卷须腋部具芽，叶卷须无芽；建议解剖观察腋芽结构。

基础2　种子植物的生殖器官

◇ 2.1　被子植物的生殖器官

2.1.1　花

花是种子植物特有的繁殖器官。种子植物通过开花、传粉、受精过程形成果实和种子，从而繁衍后代、延续种族。种子植物包括裸子植物和被子植物，裸子植物的花构造简单原始，被子植物的花高度进化，形态美丽、色彩鲜艳、气味芬芳，通常所说的花，指的是被子植物的花。

2.1.1.1　花的组成

一朵典型的花（完全花）由花梗、花托、花被（包括花萼和花冠）和花蕊（包括雄蕊和雌蕊）四大部分组成。（图2-1）。

（1）花梗（花柄）

花梗是茎与花的连接部分，常为绿色柱状，花梗的粗细、长短因植物种类而异。很多植物在花梗上或下部有小型的叶状物，称为苞片。有些植物的苞片比较多，称为总苞。如蒲公英的总苞就包括数枚苞片，其构造也与叶较接近。

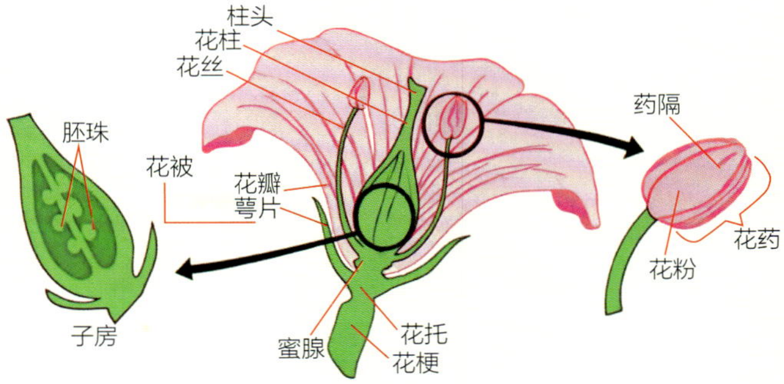

图2-1　花的结构示意

（2）花托

花托是花梗顶端稍膨大的部分，花萼、花冠、雄蕊群和雌蕊群按照一定的方式排列于花托之上。花托一般呈平坦或稍凸起的圆顶状，但也有其他形状，有的呈圆柱状，如木兰、厚朴；有的呈圆锥状，如草莓；有的呈倒圆锥状，如莲的花托；有的凹陷呈杯状，如金樱子、蔷薇；还有些植物的花托顶部形成肉质增厚部分，呈平坦垫状、杯状的盘状物，并可分泌蜜汁，如枣、卫矛、柑橘。

（3）花被

花被是花萼和花冠的总称，特别在花萼和花冠的形态相似不易区分时多称为花被，如百合、麦冬、黄精等。

① 花萼：花萼是一朵花中所有萼片的总称。位于花的最外层，常呈绿色，叶片状。萼片彼此分离的称为离萼，如毛茛、油菜；萼片彼此合生的称为合萼，如曼陀罗、地黄，其下部连合部分称为萼筒或萼管，上部分离的部分称萼齿或萼裂片。有些萼筒的一侧还向外延长成一管状或囊状突起，称为距，如凤仙花、旱金莲等。花开放前花萼即脱落的称为早落萼，如白屈菜、虞美人等；而有些植物果期花萼仍存在，并随果实一起增大，称宿存萼，如柿、辣椒等。有些植物的花萼下还有一轮绿色的苞片，称为副萼，如棉花、草莓等。萼片大而鲜艳呈花冠状的称为瓣状萼，如乌头、铁线莲。此外，牛膝、青葙的花萼变成膜质半透明，菊科植物的花萼可变态成冠毛，如蒲公英等。

花萼不仅外形似叶，其结构也较相似，上下表面为表皮，在表皮之间夹杂有气孔，上下表皮之间为含叶绿体的薄壁细胞，但很少有栅栏组织和海绵组织的分化，其中有自花托进入的维管束。

② 花冠：花冠是一朵花中所有花瓣的总称，位于花萼的内侧。花瓣常具各种鲜艳的颜色。与花萼类似，花瓣也有合瓣花冠和离瓣花冠。花瓣基部延长成管状或囊状，也称距，如紫花地丁、延胡索等。有些植物还有副冠，如水仙。

花冠常有多种形态，可为某类植物独有的特征。常见的花冠有以下几种类型（图2-2）。

a.十字形花冠：花瓣4枚，分离，上部外展呈十字形，如紫罗兰、香雪球、二月蓝、萝卜、白菜、荠菜等。

b.蝶形花冠：花瓣5枚，分离，上面一枚最大的称为旗瓣，侧面两枚较小的称为翼瓣，最下面两枚最小，顶端部分常联合，并向上弯曲，称为龙骨瓣，如黄芪、甘草等。

c.唇形花冠：花冠二唇形，下部筒状，上唇常2裂，下唇常3裂，如国槐、紫荆、紫云英等。

d.管状花冠：花瓣合生，花冠管细长，如红花、菊花等的管状花。

e.舌状花冠：花冠基部呈一短筒，上部向一侧延伸呈扁平舌状，如蒲公英、向日葵等的舌状花。

f.漏斗状花冠：花冠筒较长，自基部向上逐渐扩大，上部外展呈漏斗状，如牵牛、甘薯、曼陀罗等。

g.高脚碟状花冠：花冠下部呈细长管状，上部水平展开呈碟状，整体似高脚碟子，如水仙花、长春花、迎春花等。

h.钟状花冠：花冠筒宽而较短，上部扩大呈钟状，如党参、沙参、桔梗等桔梗科植物。

i.辐状花冠：或称轮状花冠，花冠筒很短，裂片由基部向四周扩展，形如车轮，如龙葵、茄、辣椒等。

j.壶状花冠：花冠合生，靠下部膨大成圆形或椭圆形，上部收缩成一短颈，顶部裂片向外展，如石楠。

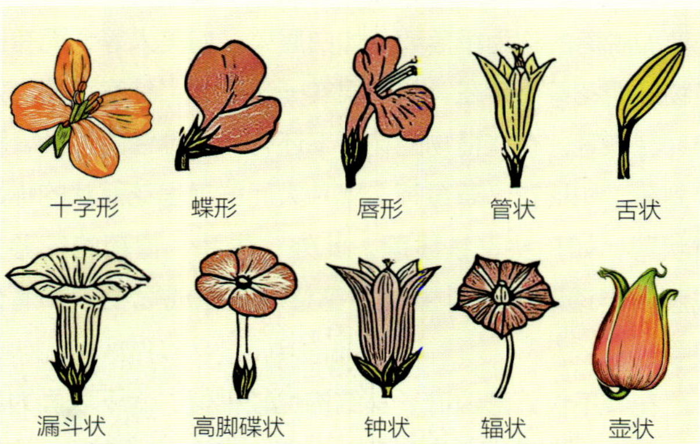

图2-2　花冠的类型示意图

管状、辐状、十字形花冠，以及大多数漏斗状和钟状花冠，其花瓣或花冠裂片形状、大小相似，整体排列均匀，能通过花的中心作出两个或两个以上的对称面，这类花称为辐射对称花（整齐花）。蝶形、唇形、舌状花冠，各花瓣的形状、大小不一致，通过花中心纵切只能有一个对称面，称为两侧对称。也有一些植物的花是不对称的，没有对称面，称为不对称花，如美人蕉的花冠位于花萼的上方或内轮，由若干花瓣组成，排列为一轮或多轮。

（4）花蕊（图2-3）

① 雄蕊群：一朵花中所有雄蕊的总称，是雄性生殖器官。

a. 雄蕊的组成：典型的雄蕊由花丝和花药两部分组成，着生于花托或花冠筒上。各类植物雄蕊数目是不同的，多与花瓣同数或为其倍数，数目超过10个的称雄蕊多数，也有一朵花仅有1个雄蕊的，如京大戟、姜、白及。

◎花丝：花丝多细长，下部着生于花托或花被基部，上部支持花药。其粗细、长短因植物种类而异，如合欢的花丝特别长，细辛的花丝特别短小。

◎花药：为花丝顶端膨大的囊状体，常由4个或2个药室或花粉囊组成，分为左右两半，中间为药隔。花粉囊中产生花粉，雄蕊成熟时花粉囊裂开，散出花粉粒。

花药开裂的方式各不相同，常见的有：纵裂，花粉囊沿纵轴开裂，花粉粒从缝中散出；横裂，花粉囊沿中部横向裂开，花粉粒从缝中散出；孔裂，花粉囊顶端裂1个小孔，花粉粒由此小孔散出；瓣裂，花粉囊侧壁上裂成几个小瓣，花粉粒由瓣下的小孔散出。

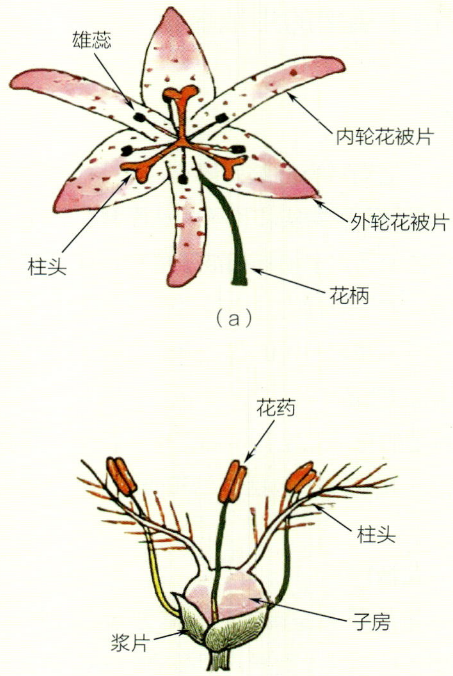

图2-3　雄蕊和雌蕊示意图

此外，花药在花丝上的着生方式有以下几种情况（图2-4）。

· 全着药：花药全部附着在花丝上，如紫玉兰。

· 基着药：花药基部着生于花丝的顶端，如樟、茄。

· 背着药：花药背部着生于花丝上，如杜鹃、马鞭草。

· 丁字着药：花药横向着生于花丝顶端，与花丝成丁字状，如百合、卷丹。

· 个字着药：花药上部连合，着生在花丝上，下部分离，略成个字状，如泡桐、地黄。

· 广歧着药：花药左右两半完全分离平展，与花丝成垂直着生，如益母草、薄荷。

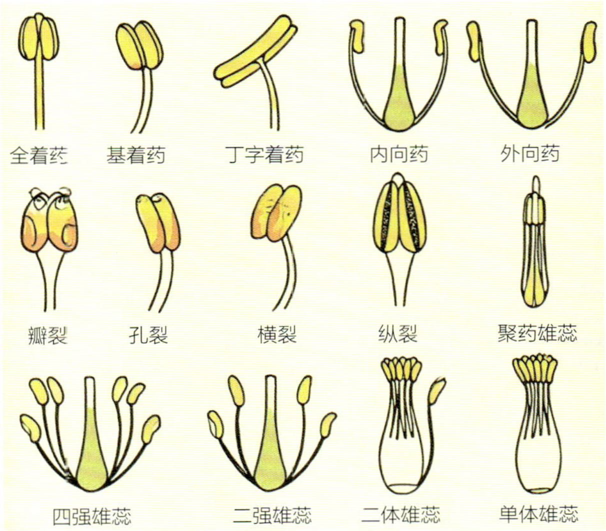

图2-4　雄蕊类型与花药特性图解

b. 雄蕊的类型：一朵花中雄蕊的数目、长短、分离、连合及排列等状况，随植物种类不同而异，常见的有以下几种。

· 离生雄蕊：雄蕊彼此分离，长度大致相似，是大多数植物所具有的雄蕊类型。

· 二强雄蕊：雄蕊4枚，分离，2长2短，如紫苏、地黄。

· 四强雄蕊：雄蕊6枚，分离，4长2短，为十字花科植物特征，如油菜、芥菜、萝卜等。

· 单体雄蕊：雄蕊的花丝连合成1束，呈圆筒状，花药分离，如棉花、苦楝、木槿等。

· 二体雄蕊：雄蕊的花丝连合成2束，如扁豆、甘草及多数豆科植物，雄蕊10枚，常为9枚连合，1枚分离。又如紫堇、延胡索等部分罂粟科植物，雄蕊6枚，每3枚连合，成为2束。

· 多体雄蕊：雄蕊多数，花丝分别连合成数束，如金丝桃、元宝草、酸橙等。

· 聚药雄蕊：雄蕊的花药连合成筒状，而花丝彼此分离，如菊花、蒲公英、向日葵等菊科植物。

还有少数植物的花中，一部分雄蕊不具花药，称为不育雄蕊或退化雄蕊，如鸭跖草；还有少数植物雄蕊发生变态而成花瓣状，如姜、美人蕉等。

② 雌蕊群：雌蕊群位于花的中央，是一朵花中所有雌蕊的总称。

a. 雌蕊的组成：雌蕊由子房、花柱、柱头三部分组成。子房是雌蕊基部的膨大部分，其底部着生在花托上。花柱位于子房顶部，与柱头相连，其粗细长短不一，如玉米的花柱细长如丝，莲的花柱很短，而罂粟、木通则不存在花柱。柱头位于花柱的顶端，其形态变化较大，有圆盘状、羽毛状、头状及分枝状等。柱头表面不光滑，具乳头状突起，并能分泌黏液，有利于花粉的固着及萌发。

b. 雌蕊的类型：雌蕊由心皮构成，心皮为适应生殖的变态叶。心皮的边缘相当于叶缘部分，当心皮卷合时，其边缘的合缝线称为腹缝线，心皮的背部相当于叶脉部分，称为背缝线。胚珠常着生于腹缝线上。根据组成雌蕊的心皮数目，雌蕊可分为以下几种。

· 单雌蕊：一朵花中仅有1个心皮构成的雌蕊，如杏、桃、黄芪等。

· 离生心皮雌蕊：一朵花内生多数离生的单雌蕊，如毛茛、八角茴香、五味子等。

· 复雌蕊：由2个以上心皮彼此联合构成的雌蕊，又称合生心皮雌蕊，如桑、连翘、龙胆（2心皮）、百合、石斛（3心皮）、卫矛（4心皮）、马兜铃、罂粟、柑（5个以上心皮）。组成雌蕊的心皮数往往可由柱头或花柱分裂的数目、子房上主脉的数目以及子房室数来判断。

c. 子房着生的位置：子房着生于花托上的位置以及与花的各部分关系，在不同植物类群中有所不同，常见的有下列几种（图2-5）。

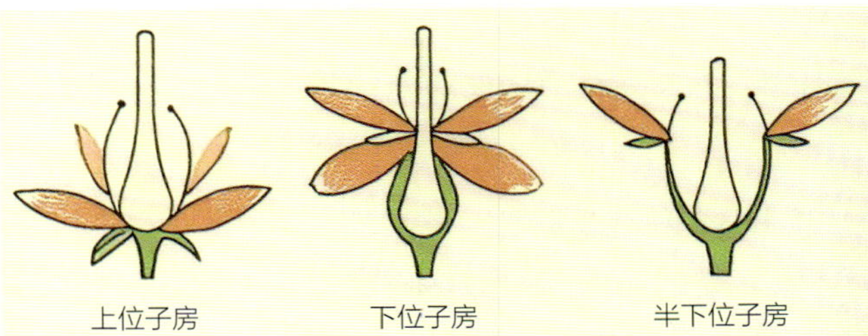

图2-5　子房着生的位置示意图

· 上位子房：花托扁平或突起，仅子房底部与花托相连，花萼、花冠和雄蕊均着生于子房下方的花托上，这种花称为下位花，如百合、毛茛、油菜。若花托下凹陷呈杯状，子房不与花托愈合，花萼、花冠和雄蕊着生于杯状花托边缘，这种花称为周位花，如桃、杏。

· 下位子房：子房全部生于凹陷的花托内，并与花托完全愈合，花萼、花冠、雄蕊生于子房上方的花托边缘，这种花称为上位花，如人参、当归、梨。

· 半下位子房：子房下半部与凹陷花托愈合，上半部外露，花萼、花冠和雄蕊着生于花托的边缘，这种花也称为周位花，如桔梗、党参等。

d. 子房的室数：子房的室数与心皮数和结合状态有关。单雌蕊的子房只有1室，称为单子房。合生心皮雌蕊的子房称为复子房。其中有的仅是心皮边缘连合，形成的子房只有1室，但有的心皮向内卷入，在中心连合形成了与心皮数相等的子房室，称为复室子房。

e. 胎座的类型：胚珠在子房内着生的部位称为胎座，常见的胎座类型有以下几种（图2-6）。

· 边缘胎座：单心皮雌蕊，子房1室，胚珠沿腹缝线的边缘着生，如白扁豆、甘草等。

· 侧膜胎座：合生心皮雌蕊，子房1室，胚珠沿相邻二心皮的腹缝线着生，如桔梗、罂粟、紫花地丁等。

· 中轴胎座：合生心皮雌蕊，子房多室，胚珠着生于心皮边缘向子房中央愈合的中轴上，如百合、桔梗等。

· 特立中央胎座：由合生心皮雌蕊形成，但子房室隔膜和中轴上部均消失，从而形成子房1室，胚珠着生于残留的中轴周围，如石竹、报春花、马齿苋等。

· 基生胎座：子房1室，胚珠1枚着生于子房室基部，如大黄、向日葵、胡椒等。

· 顶生胎座：子房1室，胚珠1枚着生于子房室顶部，如桑、榆等。

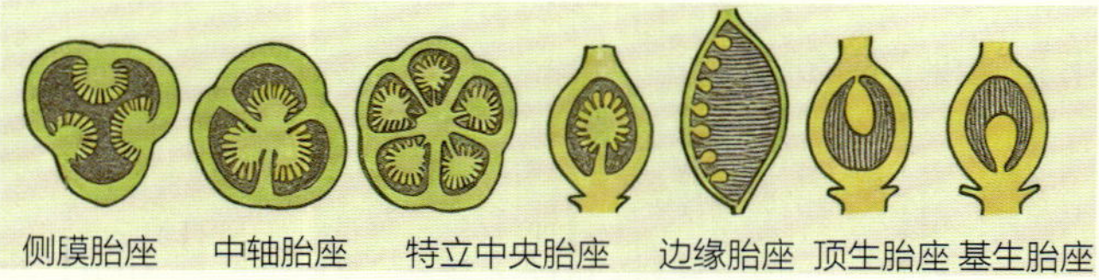

图2-6　胎座的类型示意图

f. 胚珠的构造及类型

ⓐ 胚珠的构造：胚珠是种子的前身，着生于胎座上，其数目随植物种类不同而不同。胚珠的外观常为椭圆状或近球状，具1个短柄，称珠柄，维管束即从胎座通过珠柄进入胚珠。大多数被子植物有2层珠被，外层称为外珠被，内层称为内珠被。裸子植物仅具1层珠被，极少数植物不具珠被。珠被内部称珠心，由薄壁细胞组成，是胚珠的重要部分。胚囊由珠心组织内的胚囊母细胞发育而来，不同植物的胚囊细胞数目不同，一般成熟胚囊有8个细胞（靠近珠孔有3个，中间一个较大的为卵细胞，两侧为2个助细胞，与珠孔相反的一端有3个反足细胞，胚囊的中央有2个极核细胞）。珠被并不完全闭合，顶端有1个小孔，称珠孔，是受精的花粉管到达珠心的通道。珠被、珠心基部和珠柄汇合处称为合点，是维管束进入胚囊的通道。胚珠受精后发育成种子。

ⓑ 胚珠的类型：胚珠在生长时，由于珠柄和其他部分生长速度不同，使珠孔、合点与珠柄的位置有所变化而形成以下几种类型（图2-7）。

· 直生胚珠：胚珠各部分均匀生长，胚珠直立，珠柄在下，珠孔在上，珠柄、合点、珠心和珠孔在一条直线上，如蓼科、胡椒科植物。

· 横生胚珠：胚珠一侧生长快，另一侧生长慢，整个胚珠横列，合点、珠心、珠孔成一直线与珠柄相垂直，如锦葵科、玄参科、茄科的某些植物。

· 弯生胚珠：胚珠下半部的生长比较均匀，但胚珠的上半部一侧生长较快，另一侧生长较慢，生长快的一侧向慢的一侧弯曲，因此珠孔弯向珠柄，整个胚珠呈肾形，珠柄、合点、珠心和珠孔不在一条直线上，如十字花科、豆科的某些植物。

· 倒生胚珠：胚珠一侧生长迅速，另一侧生长缓慢，使胚珠向生长慢的一侧弯转而使胚珠倒置，合点在上，珠孔靠近珠柄，珠柄很长并与珠被愈合，形成一条明显的纵行隆起，称为珠脊。珠柄、合点、珠心和珠孔几乎在一条直线上。倒生胚珠是大多数被子植物的胚珠类型，如蓖麻、杏、百合等。

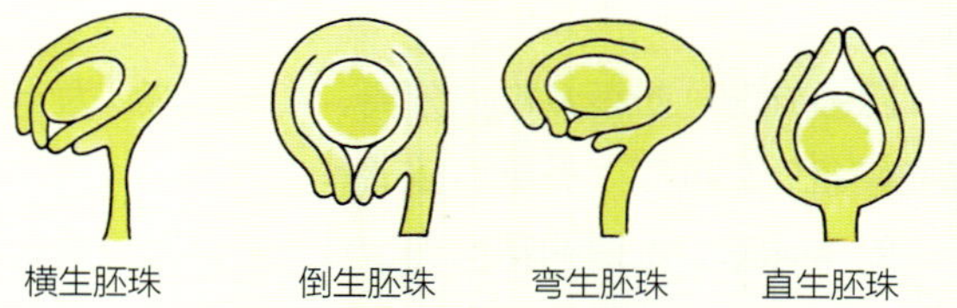

图2-7　胚珠的类型示意图

g. 雌蕊的构造：雌蕊由子房、花柱、柱头组成。

· 子房：是指雌蕊基部膨大且囊状的部分，外面是心皮围绕形成的子房壁，壁内的腔室称为子房室。子房室的数目因植物种类而不同。子房壁的构造和叶片相似，横切面可见内、外两层表皮。内外表皮均由1列排列紧密的小型薄壁细胞组成，有气孔和毛茸。两层表皮之间为多层薄壁细胞，无栅栏组织分化。心皮通常有3条维管束，1条中央维管束（相当于背缝线），2条侧束（相当于腹缝线）。胚珠的维管联结通常是由侧束所衍生。在中轴胎座的子房中，侧束位于子房的中央，韧皮部朝向内侧（近轴的），木质部朝向外侧（远轴的）。两个靠近的心皮边缘上的侧束可按胚胎类型进行并合。这种并合可以是同一心皮的，也可以是两个不同心皮的。

· 花柱：其构造与子房壁相似，最外层是表皮，有时可具毛茸，其内为薄壁组织。花柱有实心的和空心的两类。大多数被子植物具有实心的花柱。

· 柱头：有些植物的柱头可能分泌某种化学物质，诱导花粉萌发，这种柱头称为“湿柱头”，如罂粟；有些植物的柱头并不分泌某种黏液，称为“干柱头”，如棉花。湿柱头上覆盖的表皮细胞通常长成乳头状、短毛或长分枝毛状结构，如番红花的柱头（图2-8）即属此类。

图2-8　番红花的柱头与花柱

2.1.1.2　花的类型

在长期演化过程中，被子植物花的各部分发生了不同程度的变化，形成不同的类型，一般有以下几种。

① 完全花和不完全花：花萼、花冠、雄蕊和雌蕊四部分俱全的花称为完全花，如桔梗、桃等；缺少其中一部分或几部分的花称为不完全花，如桑、南瓜等。

② 重被花、单被花、无被花和重瓣花：同时具有花萼和花冠的花称为重被花，如桔梗、党参。仅有花萼而无花冠，或花萼与花冠不易区分时，称为单被花。单被花的花被可为1轮也可为多轮，但其颜色、形态常无区别，一般是各种鲜艳的颜色，如玉兰为白色，白头翁为紫色等。没有花被的花称为无被花，这种花常呈绿色，如杜仲、胡椒、杨柳等。花被较多，常为重瓣的，称为重瓣花，如碧桃等栽培植物。

③ 两性花、单性花和无性花

一朵花中既有雄蕊又有雌蕊的称为两性花，如牡丹、桔梗。仅有雌蕊或仅有雄蕊的则称为单性花，其中只有雄蕊的称为雄花；只有雌蕊的称为雌花；同株植物既有雌花又有雄花的称为雌雄同株，如南瓜、黄麻；雌花和雄花分别存在于同种异株上的，称为雌雄异株，如银杏、桑；单性花和两性花存在于同株植物上的，称为杂性同株，如朴树；若两者分别存在于同种异株上，则称为杂性异株，如臭椿、葡萄；若雄蕊和雌蕊均退化或发育不全，则称为无性花。

④ 辐射对称花、两侧对称花和不对称花

若花被（主要指花冠）形状一致，大小相似，通过花的中心可做2个以上对称面的花称为辐射对称花或整齐花，如桃、梨、牡丹。若花被形状、大小有较大差异，通过花的中心仅可做1个对称面的花称为两侧对称花或不整齐花，如黄芩、扁豆等。无对称面的花称为不对称花，如旱金莲、缬草、美人蕉等。

2.1.1.3　花序

花在花轴上排列的方式，称为花序。有些植物的花单生于枝的顶端或叶腋，称为单生花，如牡丹、杏。花序的总花梗称为花序轴或花轴，花序轴可以分枝或不分枝。花序上的花称为小花，小花的梗称为小花梗。小花梗及总花梗下常带有小型的变态叶，分别称为小苞片和总苞片。无叶的总花梗称为花葶。

根据花在花轴上排列的方式及开放顺序，花序常可分为无限花序和有限花序两大类。

（1）无限花序（总状花序类）

花序轴在开花期内可继续伸长，产生新的花蕾，开放顺序是花序轴基部的花先开，然后向顶端依次开放，或由边缘向中心开放，这种花序称为无限花序。

① 总状花序：花序轴细长，其上着生许多花柄近等长的小花，如油菜、荠菜。

② 穗状花序：似总状花序，但小花具短柄或无柄，如车前、唐菖蒲。

③ 柔荑花序：由单性花组成，花轴细长柔软，下垂或直立，花后整个花序或果序脱落，如杨、柳、胡桃、枫杨、板栗。

④ 肉穗花序：似穗状花序，但花序轴肉质肥大呈棒状，其上密生许多无柄的单性小花，花序外面常具一大型苞片，称佛焰苞，故又称佛焰花序，是天南星科植物的主

要特征，如半夏、天南星、马蹄莲等。

⑤ 伞房花序：似总状花序，但小花梗不等长，下部的长，向上逐渐缩短，上部近乎平顶状，如苹果、山楂、绣线菊。

⑥ 伞形花序：花序轴缩短，在总花梗顶端着生许多放射状排列、花柄近等长的小花，全形似张开的伞，如伞形科、石蒜科、五加科植物。

⑦ 头状花序：花序轴极缩短，呈盘状或头状的花序托，其上密生许多无梗小花，下面具多数总苞片，如菊花、蒲公英、向日葵、红花等。

⑧ 隐头花序：花序轴肉质膨大而下陷成囊状，仅留一小孔与外界相通，为昆虫进出腔内传播花粉的通道，其内壁上着生许多无柄的单性小花，如薜荔、无花果、榕树等。

以上所列均为简单花序，其花序轴（花轴）不分枝。若花序的花序轴具有分枝，且每一分枝本身又构成一种简单花序，则称为复合花序（复花序）。常见的复合花序类型包括：圆锥花序（又称复总状花序），在总花序轴上分生出许多小枝，每小枝各成一次级总状花序，整体呈圆锥状，如女贞、南天竹、玉米（雄花序）；复穗状花序，花序轴每一分枝为一穗状花序，如小麦、香附子；复伞形花序，在总花梗顶端分出若干呈伞形排列的小伞形花序，如柴胡、胡萝卜、小茴香；复伞房花序，花序轴的分枝呈伞房状排列，每一分枝又为一伞房花序，如花楸属植物的花序；复头状花序，由许多小头状花序集生于总花轴上构成，如蓝刺头。

(2) 有限花序（聚伞花序类）

有限花序与无限花序相反，花序轴顶端的花先开放，故花序轴不能继续生长，只能在顶花下面产生侧轴，各花由内向外或由上而下陆续开放。根据花序轴上端分枝等情况可以分为以下几种。

① 单歧聚伞花序：花序轴顶端生1朵花，先开放，而后在其下方产生1侧轴，同样顶端生1朵花，如此连续分枝则为单歧聚伞花序。若花序轴下分枝均向同一侧生出而呈螺旋状，称螺状聚伞花序，如紫草、附地菜。若分枝左、右交替生出，则称蝎尾状聚伞花序，如唐菖蒲。

② 二歧聚伞花序：花序轴顶花先开，后在其下两侧同时产生两个等长的分枝，每分枝以同样方式继续开花和分枝，如卫矛、大叶黄杨、石竹。

③ 多歧聚伞花序：花序轴顶花先开，其下同时产生数个侧轴，侧轴多比主轴长，各侧轴又形成小的聚伞花序，称多歧聚伞花序。若花轴下有杯状总苞，则称杯状聚伞花序（大戟花序），如京大戟、猫眼草、泽漆、甘遂等大戟科大戟属植物。

④ 轮伞花序：聚伞花序生于对生叶的叶腋成轮状排列称轮伞花序，如益母草、薄荷等唇形科植物。

此外，有些植物花的序既有无限花序又有有限花序的特征，称为混合花序，如紫丁香、葡萄的花序轴成无限式，但生出的每一侧枝为有限的聚伞花序，称为聚伞圆锥花序。

花序的类型示意如图2-9、表2-1所示。

2.1.2 果实

果实是被子植物独有的繁殖器官，是花受精后由雌蕊的子房发育形成的特殊结构，内含种子，外具果皮。果实有保护种子和散布种子的作用。

2.1.2.1 果实的发育和特征

在果实发育过程中，花的各部分变化显著，花萼、花冠一般脱落，雄蕊和雌蕊的柱头、花柱先后枯萎脱落，胚珠发育成种子，子房逐渐膨大而发育成果实。单纯由子房发育成的果实称为真果，如桃、柑橘、杏、柿等。有些植物除子房外，花的其他部分如花被、花柱及花序轴也参与果实的形成，这种果实称为假果，如梨、山楂、无花果、凤梨等（图2-10）。

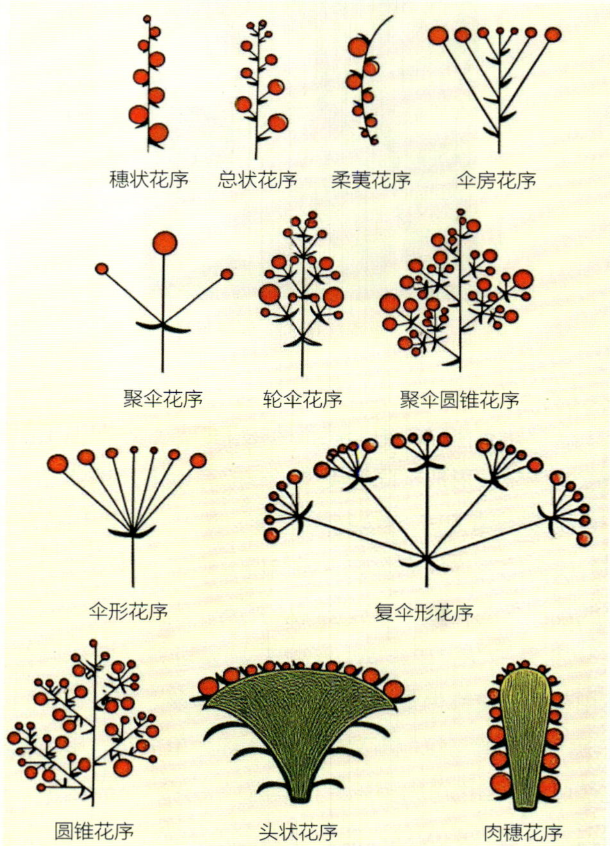

图2-9 花序的类型示意

表2-1　花序类型及代表植物

花序类型	代表植物			
圆锥花序				
	黄山栾树	枇杷	葡萄	水稻
穗状花序				
	姜荷花	蓝花鼠尾草	大麦	千屈菜
总状花序				
	油菜	风信子	毛地黄	紫藤
伞房花序				
	梨	竹叶花椒	山茱萸	木绣球

续表

花序类型	代表植物			
伞形花序				
	韭菜	洋葱	石蒜	君子兰
复伞形花序				
	柴胡	前胡	香菜	胡萝卜
头状花序				
	雏菊	蒲公英	孔雀草	南非万寿菊

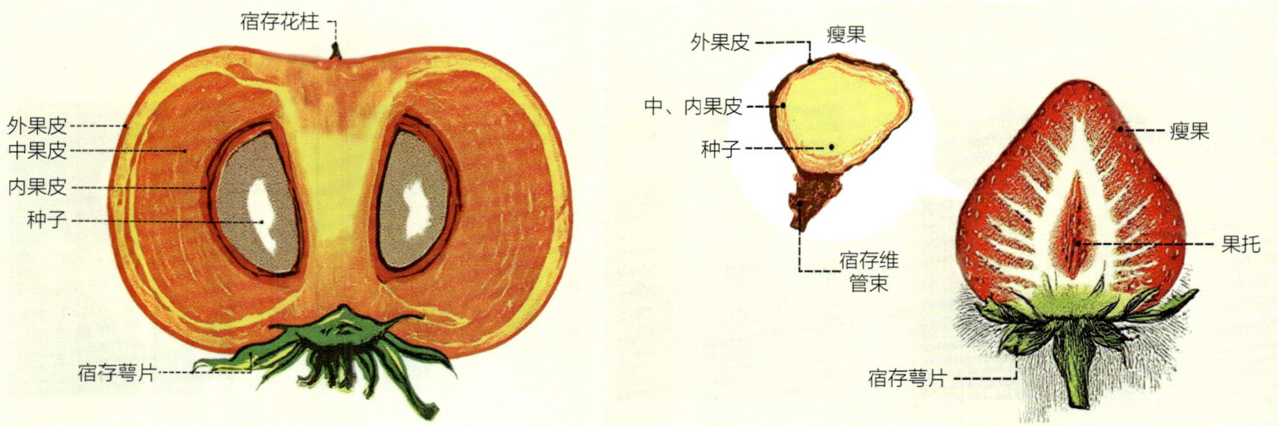

（a）真果　　（b）假果

图2-10　果实的发育和特征

2.1.2.2 果实的类型

根据果实的来源、结构和果皮性质的不同可分为单果、聚合果和聚花果三大类。

（1）单果

一朵花只有一个雌蕊（单雌蕊和复雌蕊）发育成1个果实的称为单果，依据单果果皮的质地不同，分为干果和肉质果。

① 肉质果：果实肉质多汁，成熟时不开裂，又分为以下几种。

a.浆果：由单心皮或合生心皮雌蕊发育形成，外果皮薄，中果皮和内果皮肉质多汁，内有1至多枚种子，如葡萄、枸杞、番茄、忍冬等。

b.柑果：由多心皮合生雌蕊具有中轴胎座的上位子房发育形成，外果皮较厚，革质，内含油室；中果皮与外果皮结合，界限不明显，中果皮疏松海绵状，具多分枝的维管束　内果皮膜质，分隔成多室，内壁生有许多肉质多汁的囊状毛，即是可食部分。柑果是芸香科柑橘属植物所特有的，如橙、柚、柑橘等。

c.核果：多由单心皮雌蕊发育而成，外果皮薄，中果皮肉质肥厚，内果皮坚硬、木质，形成坚硬的果核，每枚内含1粒种子，如杏、桃、梅、李等。

d.梨果：由5心皮合生的下位子房连同花托和萼筒发育而成的肉质假果，外面肉质可食部分主要来自花托和萼筒，外果皮和中果皮肉质的界限不明显，内果皮坚韧，革质或木质，常分隔为5室，每室含2粒种子，如苹果、梨、山楂等。

e.瓠果：由3心皮合生侧膜胎座的下位子房连同花托发育而成的假果，外果皮坚韧，中、内果皮及胎座肉质，为葫芦科植物所特有，如西瓜、冬瓜、栝楼、罗汉果等。

② 干果：果实成熟时果皮干燥，根据果皮开裂或不开裂分为裂果和不裂果两类。

a.裂果：果实成熟后自行开裂，依据心皮组成及开裂方式不同又分为以下几种。

· 蓇葖果：由单心皮或离生心皮单雌蕊发育而成的果实，成熟后沿腹缝线或背缝线一侧开裂，如杠柳、徐长卿、八角茴香、芍药、玉兰等。

· 荚果：豆科植物所特有的果实，由单心皮发育形成，有的荚果成熟时沿背、腹缝线开裂成2片，如赤小豆、白扁豆、绿豆；有的荚果成熟时不开裂，如皂荚、紫荆、刺槐、落花生；有的荚果成熟时，种子间呈节节断裂，但每节不开裂，内含1种子，如含羞草、山蚂蝗；有的荚果呈螺旋状，并具刺毛，如苜蓿；有的荚果肉质呈念珠状，如槐。

· 角果：分为长角果和短角果。是由2心皮合生且具侧膜胎座的上位子房发育而成的果实，由2心皮边缘合生出假隔膜，将子房隔为2室，种子着生在假隔膜两侧。果实成熟后，果实沿腹缝线自下而上开裂，成2片脱落，假隔膜仍留在果柄上。角果是十字花科植物的特征。长角果细长，如萝卜、油菜；短角果宽短，如荠菜、独行菜等。

· 蒴果：由合生心皮的复雌蕊发育而成，子房1至多室，每室含多数种子，是裂果中最普通的一类果实，果实成熟时开裂方式较多，常见的有以下几种。

Ⅰ.瓣裂（纵裂），果实开裂时沿纵轴方向裂成数个果瓣，其中，沿腹缝线开裂的称室间开裂，如马兜铃、蓖麻；沿着背缝线开裂的称室背开裂，如百合、鸢尾等；沿背、腹缝线同时开裂，但子房间壁仍与中轴相连的称室轴开裂，如曼陀罗、牵牛。

Ⅱ.孔裂，果实成熟顶端呈小孔状开裂，种子由小孔散出，如罂粟、桔梗。

Ⅲ.盖裂，果实中部呈环状横裂，上部果皮呈帽状脱落，如马齿苋、车前、莨菪。

Ⅳ.齿裂，果实成熟顶端呈齿状开裂，如女贞、石竹。

b.不裂果（闭果）：果实成熟后果皮不开裂，或分离成几个部分，但种子仍包被于果实中。常分为以下几种。

· 瘦果：果皮较薄而坚韧，内含1粒种子，成熟时果皮易与种皮分离，为闭果中最普通的一种，如白头翁、毛茛。

· 颖果：果实内含1粒种子，果皮薄与种皮愈合，不易分离，农业生产中常把颖果称为“种子”，是禾本科植物特有的果实，如小麦、玉米、稻等。

· 坚果：果实坚硬，内含1粒种子，果皮与种皮分离，如板栗、栎等壳斗科植物的果实，这类果实外常有总苞（壳斗）包围。也有的坚果很小，无壳斗包围，称小坚果，如益母草、薄荷、紫草等。

· 翅果：果实内含1粒种子，果皮一端或周边向外延伸成翅状，如杜仲、榆等。

· 胞果：也称囊果，果皮薄而膨胀，疏松地包围种子，而与种子极易分离，如青葙、地肤子、藜等。

· 双悬果：由2心皮合生雌蕊下位子房发育形成的果实，果实成熟时分离成2个分果，双双悬挂在心皮柄上端，心皮柄的基部与果梗相连，每个分果内各含1粒种子，如当归、白芷、前胡、小茴香、蛇床子等。双悬果是伞形科植物特有的果实。

常见植物的果实如图2-11所示。

番茄

枸杞

葡萄

柿

稠李

朴

桃

樱桃

梨

苹果

橙

柑橘

柠檬

柚

西瓜

南瓜

大豆

合欢

紫荆

牡丹

芍药

百合

荠菜

萝卜

油菜

图2-11 常见植物的果实

(2）聚合果

聚合果是由1朵花中许多离生心皮雌蕊形成的果实，每个雌蕊形成1个单果，聚生于同一花托上，根据单果类型不同，可分为以下几种。

① 聚合蓇葖果：许多蓇葖果聚在同一花托上，如乌头、厚朴、八角茴香。

② 聚合瘦果：许多瘦果聚生于突起的花托上，如白头翁、毛茛。

③ 聚合核果：许多小核果聚生于突起的花托上，如悬钩子。

④ 聚合坚果：许多小坚果嵌生于膨大、海绵状倒圆锥形的花托中，如莲。

⑤ 聚合浆果：许多浆果聚生在延长或不延长的花托上，如北五味子。

(3）聚花果

聚花果又称复果，是由整个花序发育成的果实。如无花果是由隐头花序形成，其花序轴肉质化并内陷成囊状，囊的内壁上着生许多小瘦果；凤梨（菠萝）是由多数不孕的花着生在肥大肉质的花序轴上所形成的果实。

2.1.2.3　果实的组织构造

果实包括果皮和种子两部分，通常以观察果皮构造为主，果皮的构造可分为外果皮、中果皮、内果皮三部分。

(1）外果皮

与叶的下表皮相当，是果实的最外层组织，通常为一列细胞组成，外被角质层或蜡被，偶有气孔存在，有的表皮中含有有色物质或色素，如花椒；有的表皮细胞间嵌有油细胞，如北五味子；表皮细胞有的具有毛茸，多数为非腺毛，少数具有腺毛，如山茱萸，也有的具有腺鳞，如蔓荆子。

(2）中果皮

与叶肉组织相当，是果皮中层，通常较厚，大多由薄壁细胞组成，细胞中有时含淀粉粒，如五味子。在中部有细小的维管束，有的含石细胞、纤维，如马兜铃、连翘；有的含油细胞、油室及油管等。如荜澄茄的果皮内部有石细胞和油细胞分布，小茴香的果皮内可见油管。

(3）内果皮

与叶的上表皮相当。是果皮最内层，通常为一列细胞组成。也有的内果皮细胞全为石细胞，如胡椒；核果的内果皮（果核）即由多层石细胞组成，如杏、桃、梅。有的内果皮由多数的5～8个长短不等的扁平细胞镶嵌状排列，此种细胞称“镶嵌细胞”，这是伞形科植物果实的共同特征。

2.1.3　种子

2.1.3.1　种子的形态特征

种子是由胚珠受精后发育而成的，由种皮、胚和胚乳三部分组成。

种子的形状、大小、色泽、表面纹理等随植物种类不同而异。种子常呈圆形、椭圆形、肾形、卵形、圆锥形、多角形等。种子大小差异悬殊，较大的如椰子、棕榈、银杏、桃等；较小的如菟丝子、葶苈等；极小的如白及、天麻等。种子颜色也非常丰富，如绿豆为绿色，扁豆为白色，赤小豆为红紫色，莨菪为红棕色，相思子的种子一端为红色，另一端为黑色。

有的种子表面平滑，具光泽，如北五味子；有的种子表面粗糙，如长春花、天南星；有的种子表面不光滑而具皱褶，如乌头、车前；有的种子表面密生瘤状突起，如太子参；有的种子顶端或一端具毛状附属物，称为种毛或冠毛，如白前、络石、蒲公英等。有的种子在种皮外有假种皮，是由珠柄、合点或胎座部位的组织延伸而成的，有的为肉质，如龙眼、荔枝、苦瓜、卫矛；有的呈非常薄的膜质，常呈棕色、黄色，如白豆蔻、红豆蔻。有些植物的外种皮，在珠孔处由珠被扩展形成海绵状突起物，称为种阜，如蓖麻、油桐、木薯等。

(1）种皮

种皮由珠被发育而来，在种皮上可以看到以下结构。

① 种脐：是种子成熟后从种柄或胎座上脱落后留下的疤痕，常呈圆形或椭圆形。

② 种孔：由胚珠上的珠孔发育而成，是种子萌发时吸收水分和胚根伸出的部位。

③ 种脊：是种脐到合点之间隆起的脊棱线，内含维管束。倒生胚珠发育成的种子，其种脊呈一条狭长的突起，如杏、蓖麻；弯生胚珠或横生胚珠形成的种子，种脊短；而由直生胚珠发育成的种子，因种脐和合点位于同一位置，故无种脊。

④ 合点：是种皮上维管束的汇合之处。

(2）胚

胚由卵细胞和一个精子受精后发育而成，是种子中尚未发育的幼小植物体。胚是由胚根、胚轴（又称胚茎）、胚芽和子叶四部分组成。胚根正对着种孔，将来发育成主根；胚轴向上伸长，成为根与茎的连接部分；子叶为胚吸收养料或贮藏养料的器官，在种子萌发后可变绿而进行光合作用，但通常在真叶长出后枯萎。单子叶植物具1枚子叶，双子叶植物具2枚子叶，裸子植物具多枚子叶。胚芽为胚顶端未发育的地上枝，在种子萌发后发育成植物的主茎。

(3) 胚乳

胚乳是极核细胞和一个精子受精后形成的，是种子内的营养组织，供给胚发育所需要的养料。胚乳常位于胚的周围，呈白色，胚乳细胞内含有丰富的淀粉、蛋白质、脂肪等物质。大多数植物的种子，当胚发育和胚乳形成时，胚囊外面的珠心细胞被胚乳吸收而消失，但也有少数植物种子的珠心在种子发育过程中未被完全吸收，从而形成营养组织包围在胚乳和胚的外部，称为外胚乳，如肉豆蔻、棕榈、胡椒、姜、甜菜、石竹等。

2.1.3.2 种子的类型

被子植物的种子可分为有胚乳种子和无胚乳种子。常见的有胚乳种子具有发达的胚乳，胚相对较小，子叶很薄，如蓖麻、柳、小麦、玉米等。无胚乳种子常具发达的子叶，胚在发育过程中，吸收了胚乳的养料，并贮藏于胚的子叶中，故不存在胚乳，这类种子的子叶较肥厚，如大豆、杏仁、南瓜子等。

2.1.3.3 种子的组织构造

种子的组织构造特征主要在种皮，因为种皮的构造常因植物的种类而不同。

(1) 种皮

有的种皮只有一层细胞，但多数种皮由数列形状不同的细胞层构成。

① 表皮层：多数种子的种皮表皮由一列薄壁细胞组成。有的表皮细胞充满黏液质，如白芥子、车前子；有的部分（如牵牛子）或全部（马钱子）分化为非腺毛；有的表皮细胞中单独或成群地散列着石细胞，如杏仁、桃仁；也有含部分石细胞的，如五味子、天仙子；有的表皮细胞中含有色素，如牵牛子、青葙子；有的表皮细胞成为狭长的栅状细胞，其细胞壁常有不同程度的木化增厚，如豆科植物的种子。

② 栅状细胞层：有些种子的表皮下方常有栅状细胞层，由1列或2～3列狭长的细胞排列而成，细胞的内壁和侧壁多木化增厚，如决明子；有的内壁和侧壁增厚，而外壁非常薄，如白芥子。在栅状细胞的外缘处，有时可见一条折光率特别强的光辉带，如牵牛子、菟丝子。

③ 油细胞层：有些种子的表皮层下方有油细胞层，内含挥发油，如白豆蔻、砂仁。

④ 色素细胞层：具有颜色的种子，除表皮细胞可含色素外，内层细胞或者内种皮细胞也可含色素物质，如白豆蔻、黑芥子。

⑤ 石细胞：除表皮细胞有时为石细胞外，也有表皮的内层几乎全为石细胞组成，如瓜蒌仁；或内种皮为石细胞，如白豆蔻的内种皮为石细胞层。

⑥ 营养层：种皮的皮层常有数列贮存淀粉粒的薄壁细胞，称为营养层。成熟种子的营养层常因种子发育过程中淀粉被消耗殆尽而成为扁缩颓废的薄壁细胞层。

(2) 胚乳

通常由贮藏脂肪油和糊粉粒的薄壁细胞组成，有时细胞中还含有淀粉粒或草酸钙结晶，胚乳细胞均呈等径的多面体，细胞壁一般较薄，多由纤维素组成，也有的由半纤维素增厚形成厚壁性细胞，其上可见明显的纹孔，新鲜时可见胞间连丝，如马钱子。少数种子有发达的外胚乳，如豆蔻；也有少数种子的外胚乳不规则地嵌入内胚乳中而形成具有特殊花纹的错入组织，如肉豆蔻；而棕榈则有部分种皮连同外胚乳嵌入内胚乳而形成错入组织。

(3) 胚

有胚乳的种子，一般胚乳丰富，胚较小，或胚的子叶大形，但特别丰满，子叶细胞为类圆形或多面体，常具细胞间隙，外层表皮细胞具有极薄的角质层，常无气孔分布。有的植物在子叶的组织中还会形成分泌腔和草酸钙结晶，如牵牛子。

2.2 裸子植物的生殖器官

裸子植物的生殖器官在形态与结构上与被子植物存在根本差异，其最显著特征为不形成真正的花，即缺乏花被、雌蕊及子房等结构，故规范命名为孢子叶球或球花。孢子叶作为孢子叶球的基本组成单位，根据其功能、所产生孢子类型及最终发育结构，可分为小孢子叶球（雄球花）和大孢子叶球（雌球花）两大类。

2.2.1 雄球花（小孢子叶球）

裸子植物的雄性生殖器官称为雄球花或小孢子叶球，其结构和功能与被子植物的花既有紧密的联系，又有明显的区别。

(1) 结构组成

雄球花由多数小孢子叶（相当于雄蕊）聚生而成。每个小孢子叶的下表面着生2至多个小孢子囊（又称花粉囊），囊内产生大量小孢子，即花粉（图2-12）。

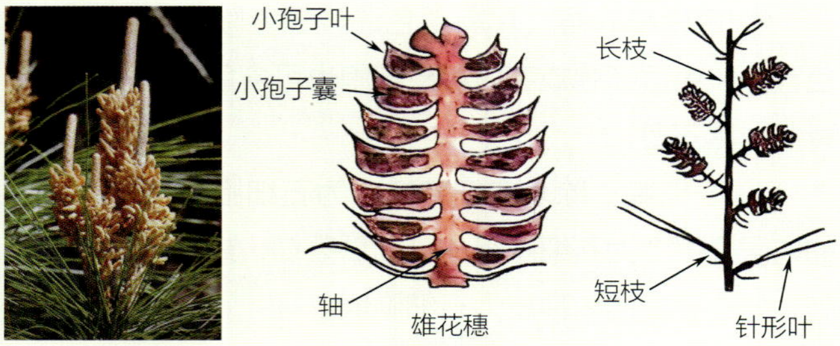

图2-12　马尾松的雄球花/雄花穗

（2）代表类群示例

① 苏铁类：雄球花呈柱状圆锥形，小孢子叶鳞片状或盾状，密集螺旋排列（图2-13）。

（a）小孢子叶球　（b）小孢子叶

图2-13　苏铁雄球花

② 银杏：雄球花呈柔荑花序状，具短柄，小孢子叶具2~4个悬垂的小孢子囊（图2-14）。

图2-14　银杏雄球花柔荑花序状

③ 松科（如黑松、马尾松）：雄球花卵形或长椭圆形，长1~3厘米，含50~200个小孢子叶；每个小孢子叶具2个小孢子囊；花粉成熟时，小孢子囊纵裂，花粉靠风力传播（图2-15）。

（a）松树雄球花　（b）松花粉　（c）松树雌球花

图2-15　松树的球花

（3）花粉的形态与传播

松科植物的花粉具显著的气囊结构，气囊占花粉体积的40%~60%，极大增强风力传播距离。

柏科植物的花粉一般不具气囊，花粉粒直径约20~40 μm。

松树雄球花多在春季开放，常呈黄色或红色，着生于新枝基部，借风媒传粉。

2.2.2　雌球花（大孢子叶球）

雌球花为裸子植物的雌性生殖器官，由多个大孢子叶聚集形成。雌球花与雄球花共同构成裸子植物的孢子叶球系统，是区别于被子植物真花的关键特征。其形态、组成和着生方式在不同类群中差异显著，为裸子植物分类与系统演化研究的重要依据（图2-16和图2-17）。

图2-16　苏铁大孢子叶球

图2-17　松科植物的雌球花

(1) 结构组成

① 大孢子叶：构成雌球花的基本单位，形态较为原始多样，在不同类群中表现显著差异。

a. 苏铁类：大孢子叶呈羽状或盾状，丛生于茎顶。

b. 银杏：大孢子叶简化成具长柄的盘状珠座（珠领），顶端着生直生胚珠。

c. 松柏类：大孢子叶特化为珠鳞，其腹面（上表面）基部着生胚珠，珠鳞与苞鳞（苞片）部分合生或离生。

② 胚珠：裸露着生于大孢子叶上，受精后发育为种子，由珠被、珠心和珠孔等部分构成。

③ 苞鳞：存在于部分类群（如松柏类）中，位于珠鳞腋间或下方，起保护作用，其与珠鳞的离合程度为重要分类依据。

(2) 代表性类群的结构特点

① 松科：雌球花由多数螺旋状排列的珠鳞和苞鳞组成，每个珠鳞腹面具2枚倒生胚珠。

② 杉科：苞鳞发达且与珠鳞半合生或合生，每个珠鳞腹面具2～9枚胚珠。

③ 柏科：珠鳞交互对生或轮生，珠鳞与苞鳞完全合生，每个珠鳞腹面具1至多枚胚珠。

④ 苏铁科：大孢子叶密被黄褐色绒毛，羽状分裂，其两侧着生2～10枚胚珠。

雌球花的结构特征是研究裸子植物系统演化和进行分类鉴定的重要形态学依据。其胚珠裸露、无子房包被的结构，是裸子植物区别于被子植物的核心特征（图2-18）。

（a）雌球花形态　（b）雌球花组成　（c）雌花穗发育成球果

（d）雌花穗　（e）球果　（f）在松枝上三代同堂的球果

图2-18　松树球花的发育（以马尾松为例）

(3) 雌球花的多种特化结构

大孢子叶常因变态而名称各异，如羽状大孢子叶（苏铁）、珠鳞（松柏类）、珠领（银杏）、珠托（红豆杉）、套被（罗汉松）、被盖（麻黄），如图2-19所示。

大孢子叶（苏铁）　珠鳞（侧柏）　珠领（银杏）

珠托（红豆杉）　套被（罗汉松）　被盖（麻黄）

图2-19　裸子植物雌球花的特化结构

① 珠鳞（松柏类植物特有）：鳞片状结构，长度范围为5~15mm，表面具角质化保护层。珠鳞（种鳞）和苞鳞是松杉纲植物分类的重要依据。一般来说，松科植物种

鳞和苞鳞分离，柏科植物种鳞和苞鳞合生，杉科植物种鳞和苞鳞半合生。

② 珠领（银杏科植物典型特征）：环状突起结构，高度2~3mm，具分泌功能。银杏大孢子叶球有1个长柄，柄端有2个环形的大孢子叶，特称珠领。大孢子叶上各生1个直生胚珠，在受粉期，珠孔有明显的传粉滴。珠心中间凹陷成花粉室。

③ 珠托（红豆杉科植物标志性结构）：盘状器官，直径3~5mm，表面具黏液分泌细胞。

（4）大孢子叶的形态功能转化

大孢子叶通过细胞壁次生加厚和木质化，特化为种鳞，其机械强度提升3~5倍，既增强了对种子的保护，也实现了传播调控。

（5）独特的生殖延迟现象

以松属（图2-20）为例，其受精过程呈现显著时序特征：传粉后需12个月完成配子体发育（花粉管日生长仅0.5~2μm），受精后再经18~24个月球果才成熟。这种延迟策略确保胚乳充分分化（经历16~20个细胞周期）和种皮充分木质化（增厚3~5倍），具有重要生物学意义。

雌球果在不同发育年份会呈现明显的形态和功能变化。其发育过程可分为以下几个典型阶段。

① 第一年：形成与授粉，球果初生时为绿色或紫红色球状结构，珠孔分泌传粉滴以捕获花粉。

② 第二年：受精与球果成熟，球果体积增大，珠鳞木质化并转为绿褐色，胚珠发育为种子。

③ 第二年秋季至第三年（成熟期）：球果完全木质化，呈褐色，鳞片张开释放种子，部分类群需高温或干燥以促进开裂。

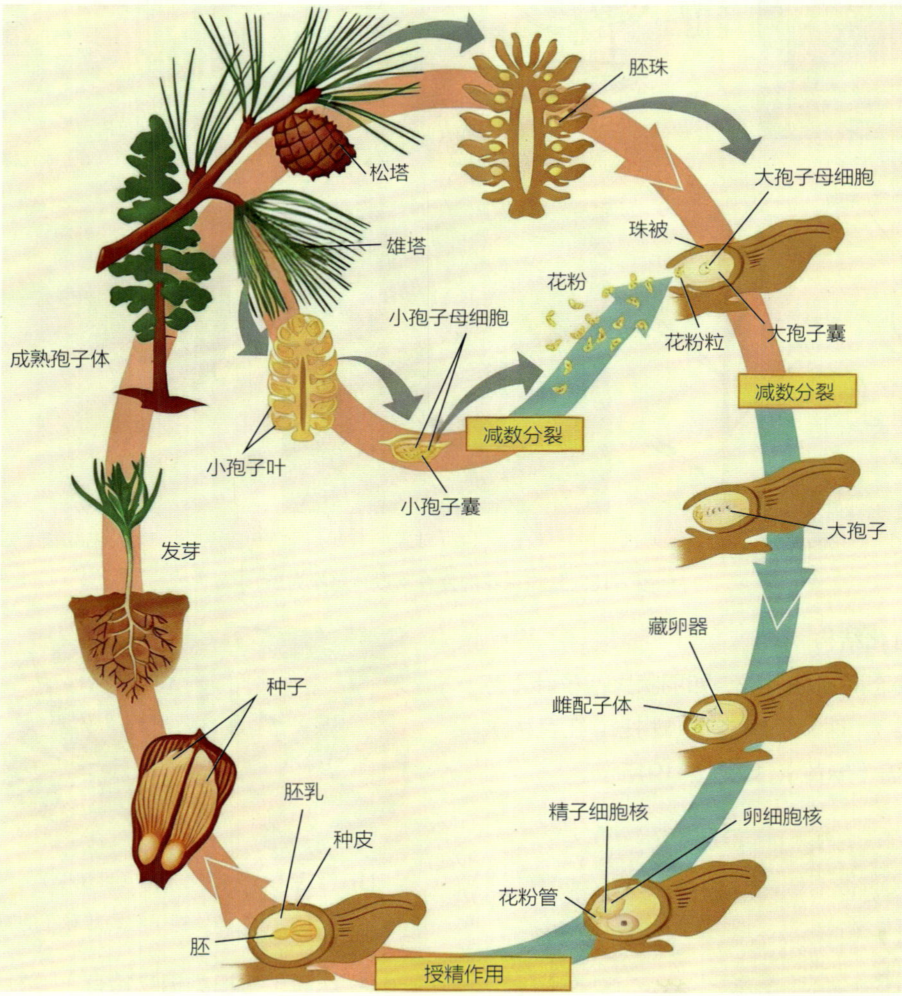

图2-20　以松树为例的裸子植物生命史

基础 3　植物分类学概述

◇ 3.1　植物分类的基础知识

3.1.1　植物分类的方法

（1）人为分类方法

是按照人们的目的和需要，以植物的一个或几个特征或经济意义作为分类依据的分类方法。如将植物分为木本或草本植物、粮食或经济作物等。此种方法简单易懂，便于掌握，但不能反映植物类群的进化规律与亲缘关系。

（2）自然分类方法（系统发育分类法）

是以植物进化过程中亲缘关系的远近作为分类依据的方法。判断亲缘关系亲疏的核心，是依据植物间相同特征的数量：相同特征越多，亲缘关系越近；相同特征越少，亲缘关系越远。这种方法科学性较强，在生产实践中也有重要意义。例如，可根据植物亲缘关系，选择亲本以进行人工杂交，培育新品种；也可根据亲缘关系探索植物资源。

3.1.2　植物的分类单位

植物分类体系采用一系列等级单位，依范围从大到小、等级从高到低依次为：界、门、纲、目、科、属、种。其中，种是分类的基本单位。必要时，可在主要等级前增设“亚”级（如亚门、亚纲等）。种下分类单位包括亚种、变种和变型。行业实践中，科、属、种三级最为常用。

示例：陆地棉（*Gossypium hirsutum* L.）的分类地位如下。

界：植物界（Plantae）

门：被子植物门（Magnoliophyta）

纲：双子叶植物纲（Magnoliopsida）

目　锦葵目（Malvales）

科　锦葵科（Malvaceae）

属　棉属（Gossypium）

3.1.3　植物命名法则

国际采用双名法（Binomial Nomenclature）对植物进行科学命名，由瑞典植物学家林奈于1753年确立，有效避免了同物异名与异物同名的混乱。

（1）书写规范

属名（名词，首字母大写）+ 种加词（形容词/名词，全小写）+ 命名人姓氏缩写（首字母大写）。

示例：*Mentha arvensis* L.

格式要求：属名和种加词在印刷体中采用斜体，手写时于其下加下划线。

常见错误纠正：

× “*Rosaceae*”（科名及以上单位不用斜体）。

√ *Rosa rugosa* Thunb.（种级名称需用斜体）。

（2）命名人缩写规则

L. = Linnaeus（林奈）。

Thunb. = Thunberg（桑伯格）。

（3）栽培品种命名

规范：属名 + 种加词 + ‘栽培品种名’。

示例：*Camellia japonica* ‘Debutante’（单引号，正体）。

（4）种下等级缩写

亚种 (Subspecies)：缩写为 subsp. 或 ssp.（如：*Prunus persica* subsp. *ferganensis*）

变种 (Varietas)：缩写为 var.（如：*Oryza sativa* var. *glutinosa*）

变型 (Forma)：缩写为 f.（如：*Prunella vulgaris* f. *alba*）

3.1.4　植物检索表的编制及其应用

植物分类检索表是鉴定植物类群的工具，在植物志、植物手册等书籍中均有植物的分科、分属及分种检索表，通过查阅检索表可以初步确定某一植物的科、属、种名。

植物分类检索表采用二歧归类方法编制而成。即选择某些植物与另一些植物的主要区别特征编列成相对的项号，然后分别在所属项下再选择主要的区别特征，编列成相对应的项号，如此类推编项直到一定的分类等级。

使用检索表时，将标本的特征与检索表上所记载的特征进行比较，如标本特征与记载相符合，则按项号逐次查阅；如其特征与检索表记载的某项号内容不符，则应查阅与该项相对应的一项，如此继续查对，便可检索出该标本的分类等级名称。

常见的植物分类检索表有定距式和平行式两种。

（1）定距式（级次式）检索表

将每一对互相区别的特征分开编排在一定的距离处，标以相同的项号，每低一项号退后一字，为使用最多的检索表。范例如下。

1. 植物体构造简单，无根、茎、叶的分化，无胚胎（低等植物）
  2. 植物体不为藻类和菌类所组成的共生体
    3. 植物体内含叶绿素或其他光合色素，营自养生活……藻类植物
    3. 植物体内无叶绿素或其他光合色素，营异养生活……菌类植物
  2. 植物体为藻类和菌类所组成的共生体……地衣类植物
1. 植物体构造复杂，有根、茎、叶的分化，有胚胎（高等植物）
    4. 植物体有茎和叶，而无真根……苔藓植物
    4. 植物体有茎、叶和真根
      5. 植物以孢子繁殖……蕨类植物
      5. 植物以种子繁殖……种子植物
        6. 胚珠裸露，不为心皮所包被……裸子植物
        6. 胚珠被心皮构成的子房包被……被子植物

（2）平行式检索表

将每一对相区分的特征编以同样的项号，并紧接并列，项号虽变但不退格，项末注明应查的下一项号或查到的分类等级。将上列定距式检索表改为平行式检索表则为：

1. 植物体构造简单，无根、茎、叶的分化，无胚胎（低等植物）……2
1. 植物体构造复杂，有根、茎、叶的分化，有胚胎（高等植物）……4
2. 植物体为藻类和菌类所组成的共生体……地衣类植物
2. 植物体不为藻类和菌类所组成的共生体……3
3. 植物体内含叶绿素或其他光合色素，营自养生活……藻类植物
3. 植物体内无叶绿素或其他光合色素，营异养生活……菌类植物
4. 植物体有茎和叶，而无真根……苔藓植物
4. 植物体有茎、叶和真根……5
5. 植物以孢子繁殖……蕨类植物
5. 植物以种子繁殖……种子植物
6. 胚珠裸露，不为心皮所包被……裸子植物
6. 胚珠被心皮构成的子房包被……被子植物

3.2 植物界的基本类群

植物界依据亲缘关系、形态结构及生活习性，可分为16个门。其总体分类体系如图3-1所示。

植物界约有50万种，其演化遵循从低等到高等、从简单到复杂、从水生到陆生的规律。

低等植物与高等植物的核心区别如表3-1所示。

3.2.1 低等植物

（1）藻类植物

一群原始的低等自养植物。植物体为单细胞、群体、丝状体或叶状体，多生活于海水或淡水中，少数生于潮湿处。细胞含光合色素，可进行光合作用。

① 蓝藻门：原核生物，细胞无真正的细胞核与叶绿

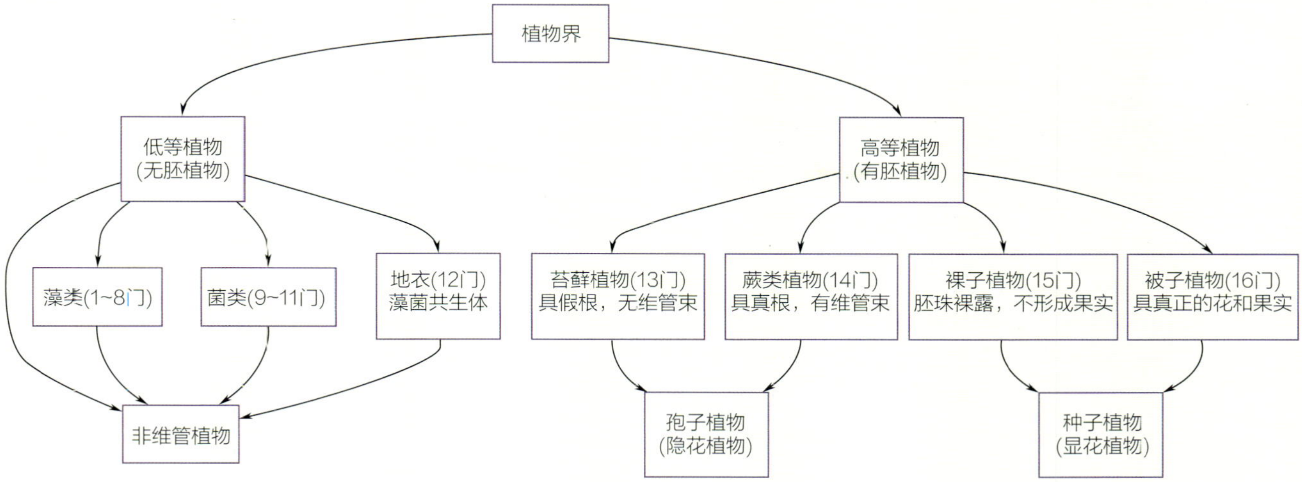

图3-1　植物界的基本类群

表3-1　低等植物与高等植物的核心区别

特征	低等植物	高等植物
生境	多数水生或湿生	多数陆生，少数水生
植物体结构	简单，为单细胞、群体或多细胞体；无根、无茎、叶分化；无维管束	复杂，有根、茎、叶分化（苔藓植物具假根）；除苔藓植物外，具维管束
配子生殖器官	雌性生殖器官常为单细胞	雌性生殖器官为多细胞
胚胎发育	合子直接发育成新植物体，不形成胚	合子发育成胚，再由胚发育成新植物体

体，含藻蓝素，呈蓝绿色，如颤藻、发菜。

② 绿藻门：真核生物，细胞具细胞核与叶绿体，色素组成与高等植物相似，呈绿色，如水绵、衣藻。

（2）菌类植物

一类异养生活的低等植物。植物体为单细胞、群体或菌丝体。细胞一般不含光合色素，营腐生或寄生生活。

① 细菌门：单细胞原核生物，多数异养，依形态分为球菌、杆菌、螺旋菌。

② 真菌门：真核生物，植物体多为菌丝体，常形成子实体，如青霉、酵母菌、蘑菇。

（3）地衣门

由藻类与真菌共生形成的特殊复合有机体。依形态可分为壳状地衣、叶状地衣和枝状地衣。

3.2.2　高等植物

（1）苔藓植物门

高等植物中最原始的类群，多生于阴湿环境。植物体为叶状体或拟茎叶体，具假根，无维管组织。配子体发达且为优势世代，孢子体退化并寄生在配子体上。生活史中出现颈卵器与精子器，精子具鞭毛，受精离不开水。合子发育成胚。代表植物：地钱、小金发藓。

（2）蕨类植物门

绝大多数为陆生植物。孢子体发达，有根、茎、叶的分化和维管组织；配子体（原叶体）简单微小但能独立生活。生活史为典型的世代交替。代表植物：华南毛蕨、芒萁。

（3）裸子植物门

多年生木本植物，具形成层和次生结构。孢子体高度发达；配子体极度简化，寄生在孢子体上。胚珠裸露，不形成子房和果实。产生花粉管，使受精过程脱离水的限制，更适应陆地生活。保留颈卵器结构。代表植物：马尾松、苏铁、杉木。

（4）被子植物门

植物界中最高级、最繁盛的类群。其进化特征如下。

① 具真正的花。

② 胚珠包被于子房内，子房发育成果实，种子有果皮包被。

③ 双受精现象（特有）。

④ 孢子体高度发达，组织结构与生理功能高度完善。

⑤ 对陆生环境具有最广泛的适应性。

第2部分

实战篇

✣ 知识目标

①掌握针叶树、阔叶树、竹类、花卉等各大类群的定义、分类方法及代表植物；理解根、茎、叶、花、果实等器官的形态特征在植物识别中的应用。

②熟悉松科、禾本科、蔷薇科等关键植物科的核心形态特征；熟练掌握重点植物的科属归属、识别要点、生态习性及物候特点。

③理解植物在生态、园林、农业、药材等方面的功能与应用价值。

④了解浙江及长江流域典型乡土植物与道地药材；掌握繁殖栽培、水肥管理及常见病虫害防控等基本知识。

✣ 技能目标

①能独立识别常见植物300种以上，准确描述其关键特征，区分易混淆物种。

②能根据具体生境与功能需求（如观赏、生态修复、经济生产等），合理选择与配置植物，制定初步种植方案。

③能实施育苗、修剪、水肥管理等栽培操作，识别常见病虫害并提出基本防治建议。

④能综合分析植物生长异常或配置问题，结合地域特点提出改进方案。

✣ 素质目标

①养成细致观察、系统记录、严谨判断的科学习惯，形成系统性生态观。

②树立生态保护与可持续发展意识，增强对珍稀植物、乡土资源及绿色生产的认同。

③通过对浙江特色植物、道地药材等的学习，增强乡土情怀、文化自信与服务乡村振兴的使命感。

④具备团队协作能力，能完成调查、设计等任务，并进行有效的专业沟通与表达。

项目1 针叶树

单元1.1 常绿针叶乔木识别与应用

◈ 任务1.1.1 掌握级物种

A1 苏铁

学名： *Cycas revoluta*

科属： 苏铁科，苏铁属

别名： 铁树、凤尾蕉（《群芳谱》）、避火蕉（古称）

分布： 原生分布于中国华南、日本南部及印度尼西亚等地

栽培类型： 常绿木本植物，乔木状，生长缓慢，寿命极长

●○ 识别特征速查表

项目		特征描述
形态特征	茎	圆柱形，粗壮，通常单一不分枝或极少分枝，表面密被螺旋状排列的叶柄残基（叶痕），似鳞甲
	叶	羽状复叶，簇生于茎干顶端，形成优美的冠丛 叶片革质，深绿色，有光泽。小叶（羽片）线形，坚硬，边缘显著向背面反卷（其种加词“*revoluta*”即意为“反卷的”），叶尖尖锐 新叶萌发时柔软，初呈淡绿色，后逐渐变硬变深
	球果	非典型球果，松散大孢子叶丛，不闭合；胚珠直接着生于大孢子叶边缘
	雄球花（小孢子叶球）	圆柱形锥状，金黄色，高耸于叶丛中心，形似玉米，松软且会产生大量花粉，花粉含鞭毛精子（原始特征）
	雌球花（大孢子叶球）	由多数大孢子叶组成，大孢子叶羽状分裂，密被黄褐色绒毛，边缘着生胚珠
	种子（跨世代复合体）	种子较大，卵圆形或倒卵圆形，成熟时呈朱红色或橘红色，非常鲜艳（醒目色警示毒性）
特殊特征		√茎髓含淀粉（“西米”原料） √根系具珊瑚状根瘤，与固氮蓝藻共生

●○ 生活史关键特点

世代交替： 常绿木本，配子体寄生，雌雄异株。

原始受精： 保留鞭毛精子，需水媒介受精。

生长特征： 年生长量＜5厘米，15~20年开花，寿命极长，可达数百年甚至更久。

适应机制： 肉质根储水抗旱，羽叶耐盐雾。

●○ 应用价值

观赏价值： 苏铁是一种古老的孑遗植物，被誉为“活化石”。其树形古朴典雅，叶片苍翠挺拔，充满热带风情和力量感，是优良的园林造景和盆景材料。

文化寓意： 因其生长缓慢和坚硬的特质，常被赋予“坚贞不屈”“长寿吉祥”的象征意义。俗语“铁树开花”比喻事情罕见或极难实现。

其他： 茎干内含淀粉，可加工食用（需经特殊处理去毒，切勿自行尝试），即“西米”；叶片可作为插花材料。

●○ 注意事项

⚠ **防护警告：** 苏铁全株有毒，特别是种子和茎顶髓心毒性最强，含有苏铁苷等毒素，误食可引起严重的呕吐、腹泻，甚至肝衰竭，务必远离儿童和宠物。

✕ **栽培禁忌：** 忌碱性土、过度遮阴、冬季渍水。

特殊维护： 可定期修剪下部老叶（通常保留数轮健康叶丛）。

A2 雪松

学名： *Cedrus deodara*

科属： 松科，雪松属

分布： 雪松属为间断分布，原生分布于喜马拉雅山脉西部（*C. deodara*）、地中海东部（*C. libani*）及北非阿特拉斯山脉（*C. atlantica*）

栽培类型： 常绿巨型乔木，树高可达40~60米，寿命极长，可达数千年

●○ 识别特征速查表

项目		特征描述
形态特征	茎	成年树呈宽阔的金字塔形或平顶状（尤其老龄黎巴嫩雪松），树干通直粗壮，树皮灰褐色，老时裂成鳞片状
	枝叶	针叶：针形，坚硬，先端尖。颜色从亮绿色到银灰色不等。在长枝上螺旋状散生，在短枝上簇生 小枝：分为长枝和短枝
	球果	球果圆柱形或卵圆形，巨大而醒目，直立向上生长于枝顶，此特征与冷杉类似，是区别于其他松科植物（如松属、云杉属）的关键。成熟需2~3年，成熟后鳞片会脱落，释放带翅的种子，留下一个中轴
	雄球花（小孢子叶球）	雌雄同株异花 圆柱形，较大，成熟时呈黄褐色，于秋季大量开花，花粉量大
	雌球花（大孢子叶球）	卵圆形，较小，通常位于树冠上部
	种子（跨世代复合体）	种子不规则三角形或卵圆形，上部具宽大的膜质翅。含苦味树脂（但毒性低于紫杉等裸子植物）
特殊特征		√抗寒结构：针叶具厚蜡质层，气孔深陷 √树脂防御：含丰富树脂道，分泌抗菌物质 √深根系：主根发达，增强抗旱抗风能力

●○ 生活史关键特点

世代交替： 常绿乔木，配子体简化寄生。

生殖特性： 雌雄同株异花，风媒传粉。

生长特征： 幼树生长速度中等，在理想条件下年生长量可达30厘米以上。通常需要生长多年后方可开花。

适应机制： 针叶蜡质抗旱，深根系抗风。

●○ 应用价值

观赏价值： 树体高大雄伟，树形优美，四季常青，气势非凡，是极佳的园林观赏树种。

文化寓意： 在西方文化中，尤其是黎巴嫩雪松，是力量、不朽、神圣与和平的象征。

经济价值： 木材坚硬致密，含有芳香油脂，耐腐防虫，是极珍贵的高级用材，用于建造庙宇、宫殿，造船，制作家具等。木材的香气可驱虫。

精油： 从木材中提取的精油可用于芳香疗法和化妆品工业。

●○ 注意事项

⚠ **防护警告：** 花粉可能引发过敏（春季高发）。

✕ **栽培禁忌：** 忌低洼地/黏重土；移植需带土球，裸根移植成活率低。

关键区分： 中文俗称“雪松”，有时会与同样高大的杉科植物（如巨杉、北美红杉）或柏科植物混淆，但雪松属独特的直立球果和簇生于短枝的针叶是其主要识别特征。

常见种类有喜马拉雅雪松（*Cedrus deodara*）、黎巴嫩雪松（*C. libani*）和大西洋雪松（*C. atlantica*）等。

A3 日本五针松

学名： *Pinus parviflora*

别名： 五针松（因其每束5针）、五钗松

科属： 松科，松属

分布： 原生于日本本州、四国、九州的温带山区及南部沿海地区，在韩国也有分布

栽培类型： 常绿乔木，自然生长下高10~25米，树冠圆锥形至广卵形。但更广为人知的是其作为盆景的形态，通过人工控制，高度可在0.5~3米，形态千变万化

识别特征速查表

项目		特征描述
形态特征	茎	幼树树皮平滑呈灰绿色，成年后树皮裂成不规则鳞片状薄片脱落，露出浅褐色内皮，整体显得较为光滑，老干苍劲古朴
	叶	针叶5针一束（“五针松”名称由来），这是其最核心的识别特征 针叶细短而柔软，略呈弯曲状，长约3~6厘米 叶色正面呈深绿色，背面有明显的白色气孔带，整体看起来呈蓝绿色或银绿色，十分雅致
	球果	卵圆形或长卵圆形，较小，长约5~10厘米。成熟前绿色，成熟后为淡褐色。种鳞薄而张开，种子可脱落
	雄球花（小孢子叶球）	簇生新枝基部，圆柱形（长1~1.5厘米），黄色，密集排列小孢子叶
	雌球花（大孢子叶球）	着生新枝顶端，卵圆形（初生时紫红色），具螺旋状排列的珠鳞
	种子（跨世代复合体）	卵圆形或椭圆形，略扁平；深褐色至黑色；上部具膜质翅
特殊特征		√ 耐寒结构：针叶表面气孔内陷，具厚角质层抵御低温 √ 菌根共生：与多种外生菌根真菌形成互利共生体 √ 树脂防御：枝干富含树脂道，可分泌抗菌物质

生活史关键特点

世代交替： 孢子体乔木，配子体寄生，雌雄同株。

生殖特性： 风媒传粉，球果成熟需28~32个月，种子具翅。

生长特征： 幼树生长缓慢；自然状态下需生长多年后方可开花；寿命很长。

应用价值

观赏价值： 树姿优美，叶色雅致，四季常青，富有画意，具有极高的观赏价值。它以其独特的五针一束、银绿色的针叶和优雅的树姿，成为东方园林美学的重要载体。尤其是在盆景领域，地位非常重要，是深受盆景爱好者喜爱的经典树种。

文化寓意： 在东亚文化中，松树象征长寿、坚韧和不屈的品格。日本五针松因其优雅的形态，更常与风雅、静寂的美学相联系。

注意事项

⚠ **毒性警告：** 花粉过敏体质者春季需防护。

✕ **栽培禁忌：** 忌碱性土、尿素施肥（引发针尖枯黄）；盆景忌频繁移栽（间隔≥3年）。

与白皮松（*P. bungeana*）区分： 白皮松最显著特征是树皮呈乳白色，片状剥落，形成斑斓的斑纹，且针叶是3针一束。

A4 马尾松

学名： *Pinus massoniana*

别名： 青松、山松（南方俗称）、枞树（两广地区）

科属： 松科，松属

分布： 为中国特有种，分布范围是秦岭、淮河以南的广大地区，是中国南方分布最广、资源量最大的乡土松树

栽培类型： 常绿高大乔木，高可达45米，是典型的阳性速生先锋树种

识别特征速查表

项目		特征描述
形态特征	茎	树干通直或略弯曲。树皮下部灰褐色，呈不规则裂片；上部及枝条皮红褐色，呈薄片状剥落。这是其重要特征之一
	叶	针叶2针一束（偶见3针一束），细长而柔软，略有扭曲，像马尾一样，故名马尾松。叶长通常12~20厘米，边缘有细锯齿，叶色翠绿
	球果	卵圆形或圆锥状卵形，长4~7厘米，有短梗，常宿存树上数年不落。成熟时呈栗褐色，种鳞的鳞脐微凹，通常无刺
	雄球花（小孢子叶球）	雌雄同株；雄球花圆柱形（长1.5~2厘米），多数，聚生于新枝下部，淡红褐色
	雌球花（大孢子叶球）	卵圆形，单生或2~4个聚生于新枝顶端，紫红色
	种子（跨世代复合体）	卵圆形或略呈三角形，具膜质种翅，种翅与种子结合紧密
特殊特征		√耐贫瘠结构：深根系可穿透瘠薄土层 √树脂防御：枝干具发达树脂道，分泌松脂抵御虫害 √火适应：厚树皮具有一定耐火能力

生活史关键特点

世代交替： 孢子体高大乔木，配子体简化寄生。

生殖特性： 风媒传粉，球果次年成熟，种子具翅。

生长特征： 幼树生长较快；自然更新苗通常数年即可开花；寿命较长。

适应机制： 深根系抗旱，针叶2针一束，树脂抗虫。

应用价值

观赏价值： 中国南方山林的标志性树种，可用于山地风景区绿化造林，但其观赏性不如黑松、五针松等园林树种。

文化象征： 具有深厚的文化内涵，其形象早见于河姆渡文化遗存。《诗经·小雅》中“如松茂矣”的记载，以及后世工艺品（如龙泉青瓷）中的松纹，均体现了其“长青”“坚韧”的文化象征意义。

生态价值： 荒山造林的先锋树种，水土保持能力强。

注意事项

⚠ **病虫害预警：** 主要的致命性害虫是松材线虫病（由松褐天牛传播），对马尾松林构成巨大威胁（疫区禁止移植）。

✕ **栽培禁忌：** 忌石灰岩土壤、密闭造林（郁闭度 > 0.7易退化）。

与黑松（*P. thunbergii*）区分： 黑松冬芽银白色，针叶粗硬，顶端尖锐。

A5 黑松

学名： *Pinus thunbergii*

别名： 日本黑松、白芽松（因其冬芽银白色）、海松（因其极耐海雾海风，是沿海地区绿化骨干树种）

科属： 松科，松属

分布： 原产于日本和韩国南部，中国华东及华北沿海地区广泛引种栽培

栽培类型： 常绿高大乔木，高可达30~40米。是著名的海岸绿化树种和盆景优良材料

●○ 识别特征速查表

项目		特征描述
形态特征	茎	幼时树皮暗灰色，老时灰黑色，粗厚，裂成块状剥落，显得粗犷苍劲
	芽	最显著特征：冬芽（顶芽）银白色，圆柱形，树脂丰富。这是区分黑松与许多其他松树的重要标志
	叶	针叶2针一束，粗硬尖锐（6~12厘米），横截面半圆形；叶鞘宿存，成叶深绿色具光泽，叶缘细锯齿明显
	球果	圆锥状卵形或卵圆形，长4~6厘米，有短梗。成熟前绿色，成熟后为褐色，鳞脐微凹，有短刺
	雄球花（小孢子叶球）	雌雄同株；雄球花圆柱形（长1~2厘米），密集成穗状，着生于新枝基部，黄褐色
	雌球花（大孢子叶球）	单生或2~3个聚生于新枝顶端，紫红色
	种子（跨世代复合体）	卵圆形（长5~7毫米），具长翅（翅长1.5~2厘米），种皮灰褐色
特殊特征		√ 强阳性树种，极耐海风和盐碱，是海岸绿化首选树种 √ 幼树树皮银灰色，成年后转为特征性灰黑色 √ 日本庭院常用造景树种，可培养成大型盆景 √ 木材富含树脂，耐腐朽

●○ 生活史关键特点

世代交替： 孢子体乔木，配子体寄生，雌雄同株。

生殖特性： 风媒传粉，球果2年成熟，种子具翅。

生长特征： 幼树生长速度中等；自然状态下需生长多年后开花；寿命长。

适应机制： 深根系抗风，厚树皮耐火。

●○ 应用价值

观赏价值： 树姿雄壮，四季浓绿，具有阳刚、坚韧的审美效果。

文化象征： 在中国沿海地区的文化中，黑松常被视为阳刚、坚韧的象征，常见于海滨地区的园林和防护林带。

生态价值： 海岸防风固沙关键树种，抗盐雾能力强；工矿区绿化优选，对重金属污染土壤适应性强。

经济价值： 优质耐腐木材，适用于海港工程及矿柱用材；重要采脂树种，松脂产量高且品质优良。

●○ 注意事项

⚠ **虫害警报：** 松材线虫病中等抗性（需定期注药预防）。

✕ **栽培禁忌：** 忌黏重积水土壤；忌北方春季移栽（易发生流脂病）。

与马尾松（*P. massoniana*）区分： 马尾松冬芽为褐色，芽鳞边缘丝状；针叶更细长柔软；树皮红褐色，片状剥落。

A6 湿地松

学名： *Pinus elliottii*

别名： 美国湿地松、古巴松（早期引种名）

科属： 松科，松属

分布： 原产于美国东南部，中国于20世纪30~40年代开始引种，在长江流域以南的华东、华中、华南地区广泛栽培作为用材林

栽培类型： 常绿高大乔木，在原产地高可达30米，是著名的速生高产用材和产脂树种

●○ 识别特征速查表

项目		特征描述
形态特征	茎	树干通直圆满。树皮灰褐色，纵裂成大的扁平鳞片状剥落，剥落后留下红褐色至橙黄色的内皮痕迹
	叶	针叶2针一束、3针一束或2~3针并存，这是其重要识别特征 针叶粗硬，深绿色，有光泽，通常18~25厘米（远比马尾松长），比大多数中国本土松树更为粗长 树脂道2~9个，多内生
	球果	卵状圆锥形，常2~4个聚生，无梗或具极短梗。球果较大，长6.5~15厘米，成熟后呈红褐色。种鳞的鳞盾肥厚，鳞脐瘤状，具一个锐利的尖刺
	雄球花（小孢子叶球）	雌雄同株；雄球花圆柱形（长3~5厘米），簇生于新枝基部，红褐色
	雌球花（大孢子叶球）	卵圆形，单生或2~3个聚生于新枝顶端，紫红色
	种子（跨世代复合体）	长卵形，略扁平，具革质种翅，深灰褐色至黑色，种翅与种子结合紧密
特殊特征		√ 耐湿结构：根系具发达通气组织，适应沼泽环境 √ 高产树脂：树脂道发达，松脂产量高 √ 速生特性：在适宜条件下年生长量可达1米以上

●○ 生活史关键特点

世代交替： 孢子体高大乔木，配子体退化寄生。

生殖特性： 风媒传粉，球果次年成熟，种子具翅。

生长特征： 生长迅速；栽植后数年即可开花；寿命较长。

适应机制： 耐水湿，抗瘠薄，树脂产量高。

●○ 应用价值

经济价值： 核心价值在于其速生、优质材和高产脂的特性，是重要的工业原料林树种。

文化象征： 作为20世纪上半叶引入中国的重要外来树种，其推广历史与南方荒山造林和纸浆材基地建设密切相关。

生态价值： 因其耐水湿的特性，常被用于中国南方低湿地带的造林和植被构建。但需注意，作为外来物种，应避免在其适生区内大面积单一栽培，以免对本地生态系统造成潜在影响。

●○ 注意事项

⚠ **安全警告：** 球果刺尖锐（采收需戴厚手套）。

✕ **栽培禁忌：** 忌石灰岩土壤（pH > 7.5黄化）；忌密植（株行距建议3米×3米）。

与马尾松（*P. massoniana*）区分： 马尾松针叶细软（2针一束，长12~20厘米），冬芽褐色，球果小且有短梗，鳞脐无刺。湿地松针叶粗长（2~3针并存），冬芽红褐色有反曲鳞片，球果大，鳞脐有尖刺。

A7 杉木

学名： *Cunninghamia lanceolata*

别名： 刺杉、广叶杉（古称）、Chinese Fir（国际通称）

科属： 杉科，杉木属

分布： 为中国特有种，也是中国南方最重要的商品材树种

栽培类型： 常绿巨型乔木，高可达30米以上，胸径可达3米。是速生用材林树种，人工林轮伐期短（15~30年）

●○ 识别特征速查表

项目		特征描述
形态特征	茎	树干通直圆满。树皮红褐色或灰褐色，纵裂成长条片状剥落，内皮淡红色
	枝叶	叶条状披针形，螺旋状着生，但常扭转成假二列状。叶片革质，坚硬，先端锐尖如针（故别名“刺杉”），边缘有细锯齿，叶背有两条宽大的白色气孔带。当年生枝条绿色
	球果	卵圆形或近球形，长2.5~5厘米，苞鳞大，革质，扁平，边缘有尖锐的锯齿，先端有坚硬的刺状尖头。种鳞很小，包裹在苞鳞的腹面。球果成熟后苞鳞片不脱落
	雄球花（小孢子叶球）	簇生于枝顶，圆柱形，长5~10毫米，黄绿色，花粉无气囊
	雌球花（大孢子叶球）	单生或2~3个簇生枝顶，幼时绿色，授粉后发育为球果，苞鳞与珠鳞半愈合
	种子（跨世代复合体）	扁平椭圆形，长5~7毫米，宽3~4毫米，两侧具窄翅（翅缘不规则），种皮薄，褐色
特殊特征		√木材含芳香物质杉木脑（驱虫防腐） √萌芽力极强，可萌蘖更新 √老树叶宿存2~3年不落

●○ 生活史关键特点

世代交替： 孢子体高大常绿乔木，配子体简化寄生。

生殖特性： 风媒传粉，球果当年成熟，种子具窄翅。

生长特征： 生长迅速；栽植后数年即可开花；寿命长。

适应机制： 深根系抗风，心材耐腐，萌芽更新能力强。

●○ 应用价值

经济用途： 速生优质用材，其木材产量高，材质好，广泛用于建筑、家具及木制品加工；树皮可提取单宁，应用于皮革鞣制工业。

文化象征： 在中国传统文化中，杉木因其树干通直、材质优良，很早就被广泛应用于建筑和家具制作，象征着坚固与持久。其在古代绘画中也常被用作表现高尚品格的意象。

生态应用： 高效固碳树种，单位面积年固碳量达普通树种的1.5倍；水源涵养优良树种，林冠截留降雨效果显著。

●○ 注意事项

⚠ **连栽障碍：** 多代经营需轮作或改良土壤。

✕ **栽培禁忌：** 忌石灰岩山地（pH > 7.5导致黄化）；忌密植（初植密度 > 2500株/ha易早衰）。

与柳杉（*Cryptomeria fortunei*）区分： 柳杉叶钻形，先端向内弯曲，质地较软，不扎手；球果苞鳞先端有4~6枚反曲的尖齿。杉木叶尖锐刺手；球果苞鳞先端仅有1枚坚硬的刺状尖头。

A8 柏木

学名： *Cupressus funebris*

别名： 垂柏、香柏（其木材有香气）、扫帚柏、垂丝柏（因其小枝下垂）

科属： 柏科，柏木属

分布： 广泛分布于中国长江流域及以南地区，常见于石灰岩山地

栽培类型： 常绿高大乔木，高可达35米。生长缓慢，寿命极长，可达千年以上

识别特征速查表

项目		特征描述
形态特征	茎	树干通直。树皮淡灰褐色，裂成窄长条片剥落
	枝叶	小枝细长、柔软、下垂，这是柏木最显著、最易辨认的特征，因此得名“垂柏”“垂丝柏” 生鳞叶的小枝扁平，排成一个平面（两面叶） 鳞叶交互对生，先端锐尖，叶背有腺点 幼苗或萌生枝上的叶为刺形
	球果	球形，较小，直径0.8~1.2厘米。成熟时种木质，开裂，果鳞（种鳞）4对，盾形，中央有尖头。每片种鳞内含有多数种子
	雄球花（小孢子叶球）	雌雄同株。雄球花簇生于小枝顶端，卵圆形或长圆形，长3~6毫米，黄色，花粉无气囊
	雌球花（大孢子叶球）	雌球花单生或簇生枝顶，幼时绿色，授粉后发育为球果，珠鳞与苞鳞完全愈合
	种子（跨世代复合体）	扁卵形，长3~5毫米，两侧具窄翅或不明显翅，种皮坚硬，深褐色
特殊特征		√成熟球果可在树上宿存2~3年不脱落 √木材含芳香油脂，耐腐朽 √耐干旱瘠薄，适应性强

生活史关键特点

世代交替： 孢子体常绿乔木，配子体简化寄生。

生殖特性： 风媒传粉，球果2年成熟，种子具翅。

生长特征： 生长缓慢；自然状态下需生长多年后方可开花；寿命极长。

适应机制： 耐旱、耐瘠薄，树皮纤维抗火，枝叶含芳香物质。

应用价值

园林绿化： 树形优美，小枝下垂，常作为庭园观赏树、纪念性场所（如陵园、寺庙）的绿化树，营造肃穆、庄严的氛围。

经济用途： 木材（柏木）淡黄褐色，材质细致，有芳香，耐水湿，抗腐蚀。是优良的造船、建筑、家具、细木工、雕刻用材。

文化寓意： 柏树在中国文化中象征坚毅、长寿、贞洁和不朽。

注意事项

⚠ **病害预警：** 春季需防治柏锈病（转主寄主为梨树）。

✕ **栽培禁忌：** 忌低洼积水地；忌强酸性土（pH < 5.5生长不良）。

与侧柏（*Platycladus orientalis*）区分： 侧柏小枝直立或斜展，不下垂；球果有种鳞4枚（稀6枚），种鳞背部顶端有一个向下弯曲的钩状尖头。

A9 圆柏

学名： *Juniperus chinensis*

别名： 桧柏、桧树、红心柏（木材中心部常呈红褐色）、真柏（其变种var. *sargentii* 是盆景重要材料）

科属： 柏科，刺柏属

分布： 为东亚广泛分布种，原产于中国

栽培类型： 常绿乔木或灌木，高可达20米，栽培变种形态多样

●○ 识别特征速查表

项目		特征描述
形态特征	茎	树皮灰褐色，纵裂成窄条片脱落。老树树干常扭曲，姿态古拙
形态特征	叶	二型叶：同时具有鳞形叶和刺形叶 刺形叶：通常出现在幼树或基部萌蘖枝上，3叶轮生，披针形，先端尖锐，基部不下延，表面有2条白色气孔带 鳞形叶：多见于老树或树冠上部的枝条，交互对生，先端钝，背面近中部有微凹的腺体 同一植株上常两种叶并存
形态特征	球果	肉质，浆果状，不开裂，称为“桧果”。通常球形或卵圆形，径6~8毫米，表面被白粉，成熟后第二年为紫黑色或蓝黑色。这是区别于柏木、侧柏（木质球果）的关键特征
形态特征	雄球花（小孢子叶球）	雌雄异株，稀同株。雄球花簇生于小枝顶端，长椭圆形，长2~3毫米，黄色，花粉无气囊
形态特征	雌球花（大孢子叶球）	单生或簇生枝顶，幼时绿色，授粉后发育为肉质球果
形态特征	种子（跨世代复合体）	卵圆形，长4~6毫米，无翅，种皮坚硬，表面具棱脊
特殊特征		√球果成熟时肉质化（区别于多数柏科植物） √极耐修剪，常作绿篱和造型树 √寿命长，可达千年以上

●○ 生活史关键特点

世代交替： 孢子体常绿乔木或灌木，配子体简化寄生。

生殖特性： 雌雄异株，球果肉质2~3年成熟，种子无翅。

生长特征： 生长速度中等；自然状态下需生长多年后方可开花；寿命极长。

适应机制： 耐修剪，抗污染，鳞刺双型叶，深根系耐旱。

●○ 应用价值

观赏价值： 柏科中形态最多变、应用最广泛的观赏树种之一。树形优美，四季常青，老干虬枝，富于画意。品种繁多，如龙柏、塔柏、铺地龙柏等，满足各种造景需求。

经济用途： 木材致密耐腐，有香气，适用于雕刻、文房用具及细木工等。

文化寓意： 常植于寺庙、陵园，象征永恒和不朽。

●○ 注意事项

⚠ **病害预警：** 转主寄主为苹果、海棠（需隔离种植）。

❌ **栽培禁忌：** 忌积水涝渍（根系需透气）；忌重度盐碱地。

与刺柏（*Juniperus formosana*）区分： 刺柏全为刺形叶，3叶轮生，基部有关节并下延；球果肉质，成熟时呈淡褐色或红褐色。圆柏则同时具有鳞形叶和刺形叶。

A10 龙柏

学名： *Juniperus chinensis* 'Kaizuca'（注意：'Kaizuca' 是其正确的品种加词，意为螺旋的、捻转的）

别名： 螺旋柏、绕龙柏（形态特征命名）、日本桧（商品名）

科属： 柏科，刺柏属

起源： 其起源历史不详，是圆柏的一个古老栽培变种，在东亚地区长期栽培选育而成

栽培类型： 常绿小乔木或灌木（人工控制高度2~8米，自然生长可达12米）

●○ 识别特征速查表

项目		特征描述
形态特征	茎	树冠呈圆柱状或塔柱状，如同直立的绿色火焰，顶端尖削 枝条缠绕盘曲向上生长，宛若游龙，故名“龙柏” 主干常常不明显，侧枝密集
	枝叶	几乎全为鳞形叶，刺形叶极少或缺失，这是与圆柏（二型叶）的重要区别 鳞形叶排列紧密，通常呈翠绿色或蓝绿色。小枝扭曲上升，整体质感细腻
	球果	与圆柏相同，球果为肉质浆果状，成熟后呈蓝黑色，表面被白粉。但龙柏因长期营养繁殖，结果较为罕见
	雄球花（小孢子叶球）	极罕见，偶见时簇生于小枝顶端，长椭圆形，长约2毫米，黄色
	雌球花（大孢子叶球）	极罕见，授粉后发育为肉质球果的情况少见
	种子（跨世代复合体）	偶见时呈卵圆形，长约5毫米，无翅，种皮坚硬
特殊特征		√独特的螺旋状树形（主要观赏特征） √基本不结实，主要靠扦插繁殖 √耐修剪，广泛用于园林造型

●○ 生活史关键特点

世代交替： 栽培变种，常绿乔木或灌木，配子体退化寄生。

生殖特性： 多为扦插繁殖，偶见球果2年成熟。

生长特征： 年生长量15~25厘米，造型依赖人工修剪。

适应机制： 耐修剪，抗污染，螺旋生长抗风雪。

●○ 应用价值

观赏价值： 其核心价值在于其奇特扭曲的枝干和规整独特的柱状树形，观赏性极强，四季常青。

经济用途： 是珍贵的景观苗木，因其独特螺旋状树形而成为高档园林造景的首选材料之一。

生态应用： 对城市环境适应性强，具有一定的空气净化能力；耐土壤瘠薄，具有一定的耐石灰性。

●○ 注意事项

⚠ **虫害警报：** 春夏季需防治柏肤小蠹（蛀食螺旋主干）。

❌ **栽培禁忌：** 忌荫蔽环境（导致螺旋形态消失）；忌尿素施肥（引发徒长破坏造型）。

与塔柏（*J. chinensis* 'Pyramidalis'）区分： 塔柏树冠为紧密的圆锥形，枝条直上伸展而非扭曲，同时具有鳞形叶和刺形叶。

A11 刺柏

学名： *Juniperus formosana*

别名： 台桧、台湾柏、缨络柏（形容其下垂的枝条）

注意：“红桧”特指另一种台湾特有的珍贵树种 *Chamaecyparis formosensis*，二者完全不同，切勿混淆

科属： 柏科，刺柏属

分布： 是中国特有的树种，常见于野生状态，也有人工栽培

栽培类型： 常绿乔木或灌木，自然状态下树高可达12~15米。树冠呈狭塔形或圆锥形

识别特征速查表

<table>
<tr><th colspan="2">项目</th><th>特征描述</th></tr>
<tr><td rowspan="7">形态特征</td><td>茎</td><td>树皮褐色，纵裂成长条薄片脱落</td></tr>
<tr><td>枝叶</td><td>全为刺形叶，3叶轮生（三片叶子从一个点长出），这是区分它与圆柏（二型叶）、侧柏（对生鳞叶）的关键
叶片条状披针形或条状刺形，先端锐尖，基部有关节并不下延（与圆柏的刺形叶区分）
叶片正面微凹，有两条白色的气孔带，绿色中脉明显，背面有纵脊
小枝下垂</td></tr>
<tr><td>球果</td><td>肉质，浆果状，近球形或宽卵圆形，直径6~10毫米
成熟时呈淡红色或淡红褐色（这是与圆柏、龙柏成熟果为蓝黑色的重要区别），顶端有时开裂。内含3粒种子</td></tr>
<tr><td>雄球花（小孢子叶球）</td><td>雌雄同株或异株；雄球花黄色，椭圆形，长3~5毫米，单生于叶腋，春季开放</td></tr>
<tr><td>雌球花（大孢子叶球）</td><td>单生于短枝顶端，初为绿色，成叶发育为肉质球果</td></tr>
<tr><td>种子（跨世代复合体）</td><td>卵圆形或三棱形，长约4~5毫米，无翅，表面具树脂槽，种皮坚硬</td></tr>
<tr><td colspan="2">特殊特征</td><td>√ 耐干旱瘠薄，常见于石灰岩山地
√ 球果可作调味料或入药（具芳香）
√ 与圆柏不同，刺柏全为刺形叶，无鳞形叶</td></tr>
</table>

生活史关键特点

世代交替： 常绿灌木或小乔木，配子体高度退化，依赖于孢子体生存。

生殖特性： 雌雄异株，球果肉质2年成熟。

生长特征： 年生长量5~15厘米，10~15年开花，寿命200~300年。

适应机制： 刺形叶抗旱，耐瘠薄，根系发达固土。

应用价值

观赏价值： 树形挺拔而枝叶轻柔，果实红艳，具有独特的观赏效果。

木材价值： 木材耐水湿，可作船底、桥柱、工艺品等用。

生态价值： 是荒山造林和水土保持的先锋树种之一。

注意事项

⚠ **病害预警：** 球果期需防鸟害（白头翁啄食导致减产）。

❌ **栽培禁忌：** 忌碱性土（pH > 7.5引发黄化病）；忌移植大苗（须根少成活率低）。

与圆柏（*J. chinensis*）区分： 圆柏兼有鳞形叶和刺形叶，球果成熟为蓝黑色。刺柏全为刺形叶，球果成熟为淡红褐色。

A12 罗汉松

学名： *Podocarpus macrophyllus*

别名： 土杉、罗汉杉（因种子似罗汉而得名）

科属： 罗汉松科，罗汉松属（这是一个古老的裸子植物科，与松科、柏科等不同）

分布： 为东亚、东南亚广布种，原生分布于中国长江流域以南至华南

栽培类型： 常绿乔木，在野生环境下高可达20米。但园艺栽培中常通过修剪控制其高度在2~5米，或培育成盆景

识别特征速查表

项目		特征描述
形态特征	茎	树皮灰褐色或浅灰色，成薄片状脱落。枝条开展或斜展，形成宽阔的树冠
	叶	叶形：条状披针形，螺旋状着生，但常扭转成近二列 质地与色泽：革质，有光泽，正面深绿色，背面淡绿色或灰绿色 尺寸：长7~12厘米，宽7~10毫米，先端尖，基部渐窄成短柄
	种子	种子（即核果状部分）由绿色变为紫黑色，其下部膨大的种托则由绿色变为鲜红色。或成熟时，上部的种子变为紫黑色，下部的肉质种托变为鲜红色或紫红色
	雄球花（小孢子叶球）	雌雄异株或同株；雄球花穗状，常3~5个簇生于叶腋，长3~5厘米，黄绿色，花粉具气囊
	雌球花（大孢子叶球）	单生于叶腋，具短梗，由1枚胚珠和数枚苞片组成，受精后胚珠发育为种子，其下的花轴或苞片基部则膨大发育成肉质的种托
	种子（跨世代复合体）	种子卵圆形，外种皮坚硬，内种皮膜质，基部具膨大肉质种托（假种皮），形似罗汉，因此而得名
特殊特征		√种子与种托组合形态独特，似罗汉披袈裟，具观赏价值 √耐修剪，常作盆景或绿篱栽培 √叶形似竹叶，故别名“罗汉杉”“土杉”

生活史关键特点

世代交替： 常绿乔木，配子体高度退化，依赖于孢子体生存。

生殖特性： 雌雄异株，种子具肉质种托。

生长特征： 年生长量20~40厘米，15~20年开花，寿命500~800年。

适应机制： 耐阴耐修剪，抗污染，萌芽力强。

应用价值

观赏价值： 树形古雅，四季常青，种子形态奇特，观赏价值极高。

文化寓意： 在传统风水文化中被认为能带来祥瑞和财富，是豪宅庭院、高档酒店、寺庙常见的镇宅之树。

木材价值： 木材结构细致均匀，易加工，可供家具、文具、农具等用。

注意事项

⚠ **病害预警：** 根腐病（雨季需排水）。

❌ **栽培禁忌：** 忌碱性土（易黄化）；忌强剪（伤口愈合慢）。

与竹柏（*Nageia nagi*）区分： 竹柏叶为卵形或椭圆状披针形，无中脉，具多数平行细脉，叶对生或近对生，无红色肉质种托。

A13 香榧

学名： *Torreya grandis* ‘Merrillii’

别名： 香榧树、玉榧、野杉、榧树、羊角榧（因种子形状得名）

科属： 红豆杉科，榧树属（这是一个古老的裸子植物科）

分布： 为中国特有树种。主要分布于中国浙江、安徽、福建、江西、湖南等地，多生于海拔1400米以下的山地

栽培类型： 常绿高大乔木，野生状态下高可达25米。人工栽培果园中，为便于采收，通常通过管理控制树高在10~15米

识别特征速查表

项目		特征描述
形态特征	茎	树干挺直，树皮淡灰黄色、深灰色或灰褐色，不规则纵裂
	叶	叶形：条状披针形，通常直而不弯，先端有突起的刺状尖头，质地坚硬 排列：螺旋状着生，但常扭转成两列，看似羽状排列 色泽：正面深绿色，有光泽；背面有两条与中脉等宽的黄白色气孔带
	雄球花（小孢子叶球）	雌雄异株，稀同株；雄球花单生叶腋，圆柱形，基部有螺旋排列的苞片
	雌球花（大孢子叶球）	成对生于叶腋，每一雌球花基部都有苞片
	种子（跨世代复合体）	核果状，外形似橄榄，成熟后肉质假种皮为淡紫红色或淡紫褐色，表面被白粉。去除假种皮后，是坚硬的骨质外种皮，其内部包裹的种仁即为可食用的“香榧子” 从传粉到种子成熟需要跨越两个生长季，约20个月，于第二年秋季成熟。因此树上常同时存在大小两代种子，有“三代果”的俗称
特殊特征		√ 叶背具两条明显白色气孔带 √ 假种皮发育过程中由绿色转为淡紫褐色，熟时微被白粉 √ 种子为著名干果“香榧子”，炒食香酥可口

生活史关键特点

世代交替： 常绿乔木，配子体高度退化，依赖于孢子体生存。

生殖特性： 雌雄异株，种子具肉质假种皮。

生长特征： 生长缓慢，年生长量15~20cm，实生苗10~15年开花，寿命可达数百年。

适应机制： 耐阴，喜温暖湿润气候，抗病虫害能力强。

应用价值

食用价值（核心价值）： 种子（香榧子）是著名的珍稀干果，炒熟后松脆可口，风味独特，富含油脂和蛋白质，营养价值高。生品（未经炒制）微有毒，需炒熟后食用。

经济价值： 香榧子价格昂贵，有“坚果界的奢侈品”之称，是产区重要的经济来源。假种皮可提制芳香油；种仁可榨取食用油。

木材价值： 木材纹理直，结构细致，耐水湿，是造船、建筑、家具的优良用材。

观赏价值： 树形优美，四季常青，可用于园林绿化。

注意事项

⚠ **栽培要点：** 幼苗需遮阴；嫁接繁殖可提早结果。

✕ **栽培禁忌：** 忌干旱瘠薄；忌排水不良。

与红豆杉区分： 红豆杉叶较短，背面气孔带黄绿色，种子具杯状红色肉质的假种皮。

A14 南方红豆杉

学名： *Taxus chinensis* var. *mairei*

别名： 美丽红豆杉、紫杉（因红色假种皮得名）、海罗杉、红叶水杉（俗名，易混淆）

科属： 红豆杉科，红豆杉属

分布： 为中国特有变种。分布于长江流域以南的华东、华中、华南、西南，及甘肃、陕西南部的亚热带山地

栽培类型： 常绿乔木，野生状态下高可达25米。人工栽培下，生长缓慢，高度通常为5~15米

识别特征速查表

项目		特征描述
形态特征	茎	树皮赤褐色或暗灰色，裂成狭长薄片脱落。大枝开展，一年生枝绿色或黄绿色
	叶	叶常呈明显的镰刀状弯曲，长度通常比东北红豆杉（*T. cuspidata*）更长
	雄球花（小孢子叶球）	雌雄异株；雄球花圆球形，淡黄色，直径约3~4毫米，6~14枚雄球花簇生于叶腋
	雌球花（大孢子叶球）	单生于叶腋，几乎无梗，由1枚直立胚珠组成，基部具数对交互对生的苞片
	种子（跨世代复合体）	种子坚果状，卵圆形，稍扁，长约6~8毫米，宽约4~5毫米。生于杯状肉质的红色假种皮中。成熟时，鲜红色或橙红色的假种皮包裹着大部分种子，色泽艳丽，晶莹剔透，形似“相思豆”，故名“红豆杉”。这是其最吸引人的观赏特征
特殊特征		√全株含紫杉醇，具有重要药用价值 √假种皮鲜红色，形似“红豆”，极具观赏性 √国家一级保护野生植物，属珍稀濒危物种 √生长缓慢，寿命可达千年以上

应用价值

观赏价值： 其核心价值在于秋季亮丽的红色假种皮果实，观赏性极强。全株有毒，切勿食用。其红色假种皮毒性很低，但仍有风险。

药用价值： 植株富含紫杉醇，是高效的天然抗癌药物原料，这也是导致其野生资源曾被过度破坏的主要原因。

木材价值： 木材心材橘红色，材质坚硬致密，耐水湿，是高级工艺品、雕刻、家具的珍贵用材。

注意事项

⚠ **保护等级：** 国家一级重点保护野生植物（严禁野生资源采挖）。

✕ **栽培禁忌：** 忌积水（易烂根）；忌强碱性土壤。

与香榧（*Torreya grandis* ‘Merrillii’）区分： 香榧叶先端有突起的刺状尖头，背面气孔带白色，种子核果状，巨大。

任务1.1.2 识别级物种

B1 竹柏 *Nageia nagi* 罗汉松科，竹柏属

树皮褐色，呈薄片状剥落；叶对生或近对生，革质，光滑，形态近似竹叶，无显著中脉，具多数平行细脉，为重要鉴别特征；种子球形，成熟时呈紫黑色，表面被白粉，种托不膨大（与罗汉松不同），不宜直接食用。

B2 白皮松 *Pinus bungeana* 松科，松属

树皮光滑，灰绿色或灰白色，呈不规则薄片状剥落，露出浅黄绿色新皮，形成斑驳色斑，为最重要识别特征；叶为3针一束，粗硬，边缘有细锯齿；球果卵圆形，成熟时淡黄褐色，种鳞的鳞盾菱形，横脊显著，鳞脐具短刺。

B3 柳杉 *Cryptomeria japonica* 柏科，柳杉属

树皮红褐色，纵裂成长条片脱落；叶螺旋状排列，钻形，先端向内弯曲，基部常下延；球果近球形，种鳞约20片，苞鳞的尖头和种鳞先端的裂齿均显著，是区别于杉木的重要特征。

B4 侧柏 *Platycladus orientalis* 柏科，侧柏属

小枝扁平，排成一平面，两面同形（与柏木属的重要区别）；叶为鳞形，交互对生，紧贴小枝；球果卵圆形，成熟前肉质、蓝绿色，被白粉，成熟后木质、红褐色并开裂，种鳞4对，顶端一对常无种子。

B5 塔柏 *Juniperus chinensis* ‘Pyramidalis’ 柏科，刺柏属

树冠呈狭窄圆柱状塔形，枝条紧密且向上直伸；叶二型，幼树多为刺形叶（三叶轮生），老树多为鳞形叶（交互对生）；球果呈浆果状，肉质，成熟时褐色或紫蓝色，表面常被白粉。

B6 金塔柏 *Platycladus orientalis* ‘Beverleyensis’ 柏科，侧柏属

树冠紧密，呈规整圆锥形，枝条上展。全为鳞形叶，紧贴小枝。新叶亮金黄色，老叶转为黄绿色。球果木质，被白粉，成熟后种鳞张开，绝非肉质。

B7 南洋杉 *Araucaria cunninghamii* 南洋杉科，南洋杉属

树皮灰褐色，呈横条状剥落；大枝轮生，平展或斜展，侧生小枝密集、下垂；叶二型，幼树及侧枝上的叶呈钻形或针形，弯曲，老树及果枝上的叶呈卵形或三角状卵形；球果卵圆形，苞鳞先端具反曲的尾状尖头；种子椭圆形，具翅。

竹柏

白皮松

柳杉

侧柏

塔柏

金塔柏

南洋杉

单元1.2　常绿针叶灌木识别与应用

◇ 任务1.2.1　掌握级物种

A15　千头柏

学名： *Platycladus orientalis* ‘Sieboldii’

别名： 子孙柏、丛柏（因分枝密集而得名）、凤尾柏、扫帚柏

科属： 柏科，侧柏属

起源： 是侧柏（*Platycladus orientalis*）的一个古老栽培变种（品种），通过人工选育其丛生性状而来

分布： 没有野生种群，作为园艺品种，在东亚地区广泛栽培

栽培类型： 常绿灌木（自然高度1.5~4米，冠幅可达5米）

●○ 识别特征速查表

项目		特征描述
形态特征	树形	丛生灌木状，从基部开始生出大量分枝，形成密集的灌丛，故名“千头柏”
	枝叶	继承了侧柏的特征，全为鳞形叶，小枝扁平，排成一个平面 枝叶比普通侧柏更加密集、细短，整体质感更为细腻 叶色翠绿或黄绿色，另有金叶品种——金黄球柏（金叶千头柏，*Platycladus orientalis* ‘Semperaurescens’）
	球果	幼果肉质，蓝绿色并被白粉；成熟后果皮木质化，种鳞开裂，呈红褐色
	雄花球（小孢子叶球）	雌雄同株；雄球花卵圆形或长椭圆形，非常小，长2~3毫米。初生时为淡绿色，成熟时变为黄褐色。多个雄球花簇生于前一年生小枝的侧面（叶腋）
	雌球花（大孢子叶球）	近球形，同样非常微小，直径3~4毫米。初生时呈蓝绿色或淡紫蓝色，表面覆盖一层白粉，这是其最显著的识别特征。单生于当年生新枝的顶端
	种子（跨世代复合体）	种子长卵形（长约4毫米），无翅，表面具树脂槽
特殊特征		√ 侧柏的栽培变种，分枝极多呈丛生状 √ 耐修剪，常作绿篱或造型植物 √ 抗逆性强，耐干旱瘠薄 √ 全株具特殊香气，可提取芳香油

●○ 生活史关键特点

世代交替： 常绿灌木，配子体高度退化，依赖于孢子体生存。

生殖特性： 多为扦插繁殖，偶见球果当年成熟。

生长特征： 年生长量10~20厘米，丛生灌木形态。

适应机制： 耐修剪抗寒，枝叶密集抗污染。

●○ 应用价值

观赏价值： 核心价值在于其自然成球的优美丛生形态和四季常青的特性，观赏性极强。

生态价值： 抗污染能力强，非常适合城市及工矿区绿化。

●○ 注意事项

⚠ **病害预警：** 易发叶枯病（雨季需喷施波尔多液预防）。

✕ **栽培禁忌：** 忌强修剪（易破坏自然丛生形态）。

与侧柏（*P. orientalis*）区分： 普通侧柏是有明显主干的乔木，树冠不为规整的球形。千头柏是无主干的丛生灌木。

A16 铺地柏

学名： *Juniperus procumbens*

别名： 匍地柏、爬地柏（因生长形态得名）、矮桧、日本匍匐桧

科属： 柏科，刺柏属

分布： 为日本特有种，中国各地均为引种栽培

栽培类型： 常绿匍匐性灌木。植株低矮，自然高度仅0.3~0.5米，但冠幅能横向扩展至3~5米甚至更远

识别特征速查表

项目		特征描述
形态特征	树形	主干匍匐生长，侧枝沿地面平行伸展，尖端及嫩枝略微上扬，但整体呈地毯状铺地生长 老枝树皮赤褐色，常呈鳞片状剥落
	枝叶	全为刺形叶，3叶轮生，这是其与圆柏（二型叶）的重要区别 叶片条状披针形，先端有锐尖的角质尖头，基部不下延 叶色通常为明亮的翠绿色或蓝绿色，表面有两条白粉气孔带，冬季叶色常会转为略带铜紫色 叶片排列紧密，质感较硬
	球果	肉质，浆果状，球形或半球形，直径8~9毫米 成熟前绿色，表面被白粉，成熟后变为蓝黑色或紫黑色。内含2~3粒种子
	雄球花（小孢子叶球）	雌雄异株；雄球花椭圆形，长3~4毫米，黄色，着生于小枝顶端
	雌球花（大孢子叶球）	卵圆形，由3枚轮生的珠鳞组成
	种子（跨世代复合体）	种子卵圆形（长约5毫米），具3棱，无翅
特殊特征		√典型的匍匐型灌木，高度通常不超过50厘米 √极耐干旱瘠薄，是优良的水土保持植物 √适应性强，可作地被或盆景材料 √全株具芳香，可提取精油

生活史关键特点

世代交替： 常绿匍匐灌木，配子体高度退化，依赖于孢子体生存。

生殖特性： 多为扦插繁殖，球果通常需要2年时间成熟。

生长特征： 年生长量5~10厘米，贴地扩展生长。

适应机制： 耐寒耐旱，抗风固土，耐贫瘠。

应用价值

生态价值： 强大的适应性和匍匐性，使其在困难立地（如陡坡、沙地、海滨）绿化中不可替代。

观赏价值： 低矮整齐，四季常青，生长旺盛，观赏期长，是顶级地被植物。广泛应用于岩石园、庭院假山、草坪点缀、基础种植，可覆盖地面形成壮观的绿色地毯。也常种植于屋顶绿化。

注意事项

⚠ **病害预警：** 易感染枝枯病（需及时清除病枝）。

❌ **栽培禁忌：** 忌低洼积水（易烂根）。

与沙地柏（*Juniperus sabina*）区分： 沙地柏同样匍匐，但其为鳞形叶与刺形叶并存（二型叶），揉搓枝叶有强烈臭味；铺地柏全为刺形叶，无强烈异味。

◈ 任务1.2.2 识别级物种

B8 球柏 *Juniperus chinensis* 'Globosa'

柏科，刺柏属

树冠紧密，呈球形或半球形；小枝密集，扁平，排成一平面；叶为鳞形，交互对生，紧贴小枝，全年翠绿色；球果卵圆形，成熟前肉质、蓝绿色、被白粉，成熟后木质、红褐色并开裂。

B9 金叶桧 *Juniperus chinensis* 'Aurea'

柏科，刺柏属

树冠呈塔形或圆锥形，枝条密集；新生鳞叶呈金黄色，后渐变为黄绿色，刺叶亦具黄斑；叶二型，幼树多为刺形叶（三叶轮生），老树多为鳞形叶（交互对生）；球果浆果状，肉质，成熟时褐色或紫黑色，被白粉。

B10 洒金千头柏 *Platycladus orientalis* 'Aurea Nana'

柏科，侧柏属

树冠呈丛生球形，枝叶密集；小枝扁平，排成一平面，部分枝叶呈金黄色，夹杂绿色斑纹，为核心观赏特征；叶为鳞形，交互对生，紧贴小枝；球果卵圆形，成熟前肉质、蓝绿色、被白粉，成熟后木质、红褐色并开裂。

球柏

金叶桧

洒金千头柏

单元1.3 落叶针叶乔木识别与应用

◈ 任务1.3.1 掌握级物种

A17 金钱松

学名： *Pseudolarix amabilis*

别名： 金松、水树（因其喜湿润环境）

科属： 松科，金钱松属（该属仅此一种，是中国特有的单型属植物，非常古老和独特）

分布： 为中国特有的孑遗植物，有“活化石”之称，分布于长江中下游以南地区的零星山地

栽培类型： 落叶大乔木，野生状态下高可达40~60米，胸径可达1.5米，是著名的巨型树种

●○ 识别特征速查表

项目		特征描述
形态特征	茎	树干通直，树皮赤褐色，粗糙，裂成不规则的鳞片状剥落
	叶	叶形：条形，扁平柔软 排列：在长枝上螺旋状散生，在短枝上15~30枚簇生，呈放射状平展，圆如铜钱，秋季叶色变为金黄，故名“金钱松”。这是其最独特的景观 叶长3~7厘米，上面中脉不隆起，下面中脉隆起
	球果	卵圆形或倒卵圆形，长6~8厘米，直径4~5厘米，成熟后果轴宿存，种鳞连同种子一同脱落（这是与松属、落叶松属球果宿存的显著区别）。种鳞木质，卵状披针形
	雄球花（小孢子叶球）	雌雄同株；雄球花穗状圆柱形，数个簇生于短枝顶端，黄色，长5~8毫米
	雌球花（大孢子叶球）	由多数苞鳞和珠鳞组成，苞鳞与珠鳞离生。单生于短枝顶端，紫红色，珠鳞约50枚
	种子（跨世代复合体）	种子卵圆形，长约6~8毫米，上部具膜质长翅，翅长约为种子长度的2倍（约1.5~2.0厘米）
特殊特征		√ 我国特有单种属植物，被誉为“活化石”，国家二级保护植物 √ 落叶针叶树，秋叶金黄色，极具观赏价值 √ 短枝上叶片呈金钱状簇生，故得名“金钱松” √ 树皮可入药，称“土荆皮”，有杀虫止痒功效

●○ 生活史关键特点

世代交替： 落叶乔木，配子体高度退化，依赖于孢子体生存。

生殖特性： 雌雄同株，球果当年成熟，种子具翅。

生长特征： 年生长量30~60厘米，15~20年开花，寿命200~300年。

适应机制： 秋叶金黄色，短枝簇生，深根系耐寒。

●○ 应用价值

观赏价值： 其核心价值在于秋季叶片变为灿烂的金黄色，簇生于短枝上，形似古钱串，壮观无比，是世界上著名的秋色叶树种之一。

研究价值： 作为古老的孑遗植物和单型属植物，具有极高的植物系统进化和古地理学研究价值。

木材价值： 木材纹理直，结构较粗，耐水湿，是良好的用材。

●○ 注意事项

⚠ **保护等级：** 国家二级重点保护野生植物。

❌ **栽培禁忌：** 忌盐碱土（pH > 7.5生长不良）。

与落叶松属（*Larix*）植物区分： 落叶松属植物具有簇生短枝叶，但其叶截面呈四棱形，球果成熟时种鳞宿存，不脱落。金钱松叶扁平，球果成熟时种鳞连同苞鳞一同脱落。

A18 水杉

学名： *Metasequoia glyptostroboides*

别名： 活化石树、黎明红杉（因历史渊源得名）

科属： 杉科，水杉属（该属为单型属，仅此一种，是著名的“活化石”）

分布： 为中国特有种，天然分布区极其狭窄，仅局限于湖北利川、重庆石柱、湖南龙山三地交界的狭小区域。IUCN评估为濒危（EN）

栽培类型： 落叶大乔木，野生状态下高可达35~50米，胸径可达2.5米。人工栽培下，高度通常为15~25米

●○ 识别特征速查表

项目		特征描述
形态特征	茎	树干通直挺拔，基部常膨大。树皮灰褐色，浅纵裂，成长条片状脱落
	叶	叶形：条形，扁平柔软，交互对生 排列：叶片在小枝上呈羽状二列，宛若优雅的羽毛。这是其最易识别的特征之一 叶长1~2厘米，冬季与无芽小枝一同脱落
	球果	近球形，具长柄，下垂，长1.8~2.5厘米，直径1.6~2.3厘米 种鳞交互对生，木质，盾形，通常11~12对。这是其分类的重要依据
	雄球花（小孢子叶球）	雌雄同株；雄球花集生成总状或圆锥花序，顶生于去年生的小枝上，花序长3~5厘米
	雌球花（大孢子叶球）	单生于小枝顶端，具长梗，由多枚交互对生的苞鳞和珠鳞组成，通常每轮（交叉对生为两枚）共约14~16枚
	种子（跨世代复合体）	由多枚交互对生的苞鳞和珠鳞组成，通常每轮（交叉对生为两枚）共约14~16枚
特殊特征		√ 著名的“活化石”植物，国家一级保护野生植物 √ 落叶乔木，生长迅速，适应性强 √ 喜湿润环境，适宜在河岸、低湿地生长 √ 树姿优美，是优良的观赏和造林树种

●○ 生活史关键特点

世代交替： 落叶乔木，配子体高度退化，依赖于孢子体生存。

生殖特性： 雌雄同株，球果当年成熟，种子具翅。

生长特征： 年生长量80~120厘米，15~20年开花，寿命300~500年。

适应机制： 喜湿耐涝，秋色艳丽，抗病虫害。

●○ 应用价值

观赏与生态价值： 核心价值在于其独特的“活化石”身份、优美的树形和速生的特性，是绿化、观赏和科普教育的珍贵材料。

研究价值：对于研究植物系统演化、古植物学和古气候学具有重要价值。

木材价值：木材轻软，可供建筑、造纸等用。

●○ 注意事项

⚠ **保护等级：**国家一级重点保护野生植物。

❌ **栽培禁忌：**忌干旱瘠薄土壤。

与落羽杉（*Taxodium distichum*）区分：落羽杉的叶也为羽状，但其叶互生（水杉对生），球果圆形且表面有疣状突起。

A19 池杉

学名：*Taxodium ascendens*

别名：池柏、沼杉（因适生湿地环境得名）

科属：杉科，落羽杉属

分布：原产于北美东南部（美国），并非中国特有种。中国于20世纪初开始引种，在长江流域及华南地区广泛栽培，生长良好，尤其在湿地、水边常见

栽培类型：落叶乔木，在原产地高可达25~30米，甚至更高。人工栽培下，高度通常为15~20米

●○ 识别特征速查表

项目		特征描述
形态特征	茎	树干基部常膨大，在湿地环境中会长出膝状呼吸根，高出地面或水面，状如竹笋。树皮褐色，纵裂成长条片脱落
	叶	叶形：钻形（钻状条形），紧贴小枝向内螺旋状生长，不展成二列。这是区别于落羽杉（*T. distichum*）和水杉（*M. glyptostroboides*）的最关键特征 叶片长4~10毫米，先端渐尖，微内弯 叶色春、夏季为绿色，秋季变为古铜色或红褐色
	球果	圆球形或矩圆状球形，直径2~4厘米，成熟时淡褐黄色。种鳞木质，盾形，顶部有沟槽
	雄球花（小孢子叶球）	雌雄同株；雄球花集生成下垂的圆锥花序，着生于去年生小枝顶端，花序长5~10厘米，黄绿色
	雌球花（大孢子叶球）	由多数螺旋状排列的苞鳞和珠鳞组成，苞鳞与珠鳞仅基部合生。单生于小枝顶端，珠鳞螺旋状排列
	种子（跨世代复合体）	种子呈不规则三角形，具3个锐利的棱角，长约1~1.5厘米，种皮坚硬
特殊特征		√ 强耐水湿树种，能在长期淹水条件下生长 √ 树干基部常形成板状根和呼吸根（膝状根） √ 秋叶呈红褐色，观赏价值高 √ 原产于北美，我国长江流域广泛引种栽培

●○ 生活史关键特点

世代交替：落叶乔木，配子体高度退化，依赖于孢子体生存。

生殖特性：雌雄同株，球果当年成熟，种子具棱。

生长特征：年生长量60~100厘米，15~20年开花，寿命300~500年。

适应机制：膝状呼吸根，耐水湿，秋叶红褐色。“膝根”：生长在水淹环境的池杉和落羽杉都会产生凸出地面的呼吸根（膝根），这是它们适应湿地环境的重要特征。

●○ 应用价值

生态价值：核心价值在于其卓越的耐水湿能力和改良湿地的作用，生态效益显著。

观赏价值：独特的钻形叶和窄冠树形别具一格，秋季叶色变化也是一大看点。

木材价值：木材耐腐，可用于造船、建筑、枕木等。

●○ 注意事项

⚠ **栽培要点：**幼苗期需防日灼。

❌ **栽培禁忌：**忌干旱瘠薄土壤；忌pH > 7.5的碱性土。

与落羽杉（*T. distichum*）区分：落羽杉的叶为条形、扁平，在侧生短枝上排成二列，呈羽毛状；池杉的叶为钻形，紧贴小枝不展成二列。

◈ 任务1.3.2　识别级物种

B11 中山杉 *Taxodium* 'Zhongshanshan' 杉科，落羽杉属

树干基部常具屈膝状呼吸根；叶线形，扁平，柔软，在小枝上呈二列羽状排列，秋季转为红褐色；球果球形或卵圆形，成熟时淡褐色，种鳞盾形；耐水湿，适应性强，为重要生态与景观树种。

B12 落羽杉 *Taxodium distichum* 杉科，落羽杉属

树干基部常形成板状根及屈膝状呼吸根；叶线形，扁平，柔软，呈二列羽状排列，秋季转为红褐色并凋落；球果球形，具短梗，成熟时淡褐色，种鳞盾形；种子呈不规则三角形，具棱脊。

B13 东方杉 *Taxodium* × *Cryptomeria* 杉科，落羽杉属

树干通直，基部有时形成屈膝状呼吸根；叶线形，扁平，柔软，呈羽状排列，秋季部分转为红褐色；球果近球形，种鳞盾形，苞鳞与种鳞合生；适应性强，耐水湿，生长迅速。

中山杉

落羽杉

东方杉

项目2　阔叶树

单元2.1　常绿阔叶乔木识别与应用

◇ 任务2.1.1　掌握级物种

A20 秃瓣杜英

学名： *Elaeocarpus glabripetalus*

别名： 假杨梅（果实形似杨梅）、胆八树（古称）

注：“山杜英”通常指另一近缘种*Elaeocarpus sylvestris*，切勿混淆

科属： 杜英科，杜英属

原产地： 中国长江流域以南至华南地区，日本、越南也有分布

●○ 识别特征速查表

项目		具体描述
形态特征	类型	常绿乔木（自然高10~20米，园林应用多控制在5~8米，寿命80~120年）
	根	主根明显，侧根发达，具菌根
	茎	树皮灰褐色，老树皮呈不规则片状剥落
	叶	单叶互生，革质，披针形；叶缘有波状钝齿，秋冬部分老叶变红
	花	总状花序腋生，花小，白色，花瓣先端撕裂状
	果	核果椭圆形，熟时蓝黑色；果核（内果皮）表面平滑，无沟纹
识别关键		√树皮剥落：成年树皮片状剥落呈斑驳状 √红叶现象：秋冬部分老叶变红（温差大时更明显） √花瓣撕裂：白色花瓣先端呈流苏状撕裂
易混淆种区分		与中华杜英（*E. chinensis*）区别：秃瓣杜英叶片狭披针形至倒披针形，长8~13厘米，宽3~5厘米；中华杜英叶片长圆形至披针形，长5~8厘米，宽1.5~3厘米

●○ 生长习性与栽培条件

特性	具体表现
光照	中性偏阳，幼树耐阴，成树需充足光照
温度	耐-5℃低温，生长适温18~28℃
水分	喜湿润环境，耐短期积水
土壤	酸性至中性红壤或黄壤，要求土层深厚

●○ 应用价值

生态价值： 冠大荫浓，根系发达，具有卓越的水土保持功能，为多种野生动物提供栖息环境，是生态修复工程的理想树种。

经济价值： 木材可作一般用材，树皮可提制栲胶。

园林价值： 树姿挺拔优美，四季翠绿，秋叶绚丽多彩，观赏期长，广泛应用于城市公园、道路绿化和景观节点打造。

●○ 配置建议

四季常青，且部分老叶在秋季变红，形成“万绿丛中一点红”的意境，适合孤植以展示其独特季相。

A21 广玉兰

学名： *Magnolia grandiflora*

别名： 荷花玉兰（因花大如荷花）、洋玉兰（原产北美）

科属： 木兰科，木兰属

原产地： 北美洲东南部，现中国长江流域及以南广泛栽培

识别特征速查表

项目		具体描述
形态特征	类型	常绿乔木，高可达30米，树冠阔圆锥形
	根	主根粗壮，侧根发达，根系较深
	茎	树皮灰褐色，纵裂，幼枝密被锈褐色绒毛
	叶	单叶互生，厚革质，椭圆形或长椭圆形，长10~20厘米；叶面深绿光亮，叶背密被锈色绒毛
	花	单生枝顶，花径15~20厘米，白色，芳香；花被片6~9枚，厚肉质；花期5~7月
	果	聚合果成熟时褐色，开裂后露出鲜红色的种子
识别关键		√ 大花如荷：花径可达20厘米，洁白芳香，形似荷花 √ 叶背锈毛：叶片背面密被锈褐色绒毛，触摸有明显质感 √ 聚合果：成熟时红色，种子由丝状珠柄连接悬挂于果荚外
易混淆种区分		与白玉兰（*M. denudata*）区别：广玉兰常绿，叶厚革质，花夏季开放；白玉兰落叶，叶纸质，花早春先叶开放

生长习性与栽培条件

特性	具体表现
光照	喜光，幼苗稍耐阴，成树需充足光照
温度	成年植株可耐约-10℃的短期低温，生长适温15~30℃
水分	喜湿润，耐短期积水，忌长期干旱
土壤	喜肥沃、排水良好的微酸性至中性土壤（pH 5.5~7.0）

应用价值

生态价值： 树冠广展浓密，根系深广发达，具有突出的滞尘降噪能力，能为鸟类和昆虫提供良好的栖息环境，是城市生态建设的优选树种。

经济价值： 木材质地坚硬致密，是制作高档家具的优良用材；花朵可提取香精，叶片和树皮富含药用成分，具有较高的经济开发潜力。

园林价值： 树形雄伟挺拔，四季常青，夏季绽放硕大洁白花朵，兼具观叶观花效果，是城市公园、广场和道路绿化的经典树种，特别适合作为景观主景树使用。

配置建议

可与其他常绿树种混植以丰富层次，或作行道树列植以展现雄伟树形和季相变化，搭配观花灌木及耐阴地被构建多层次景观，注意保留观赏空间并避免与化感树种混栽。

A22 深山含笑

学名： *Michelia maudiae*

别名： 莫夫人含笑（纪念植物学家莫夫人）；野厚朴（民间俗称，因其树皮类似厚朴）

科属： 木兰科，含笑属

原产地： 中国长江流域以南（浙江、福建、湖南、广东、广西、贵州等），野生资源富集于湖南溆浦、江西庐山等地

识别特征速查表

项目		具体描述
形态特征	类型	常绿乔木（自然高10~20米，园林栽培常控高5~8米）
	根	主根粗壮，侧根发达，具菌根共生
	茎	幼树树皮灰褐色，平滑不裂；老树皮灰褐色，略显粗糙
	叶	单叶互生，革质，宽椭圆形（长7~18厘米，宽4~8厘米）；叶面深绿色光亮，叶背灰绿色被白粉；叶缘全缘，先端急尖
	花	单生叶腋，花径10~12厘米，纯白色，基部淡红色；花被片9片，外轮倒卵形；芳香浓郁；花期2~3月
	果	聚合果长7~15厘米，蓇葖果长圆形，熟时背缝开裂；种子红色，斜卵圆形
识别关键		√ 白粉覆盖：幼枝、芽、叶背均被白粉，触感明显 √ 花大洁白：花径可达12厘米，芳香浓郁，早春开放 √ 红色种子：聚合果开裂后露出鲜红种子，观赏性强
易混淆种区分		与乐昌含笑（*M. chapensis*）区别：深山含笑叶背被白粉，花纯白色；乐昌含笑叶背无白粉，花淡黄色

生长习性与栽培条件

特性	具体表现
光照	喜光，幼树耐半阴，成树需充足光照
温度	具有一定耐寒性，可耐短期约-5~-8℃低温（成年植株），生长适温15~28℃
水分	喜湿润，忌积水，耐短期干旱
土壤	喜酸性土壤（pH 5.0~6.5），要求土层深厚、疏松肥沃的沙质壤土

应用价值

生态价值： 树冠浓密，枝叶繁茂，根系发达，具有良好的水土保持和防风固土功能，为鸟类及小型哺乳动物提供栖息地，是山地生态修复的重要树种。

经济价值： 木材质地坚硬，纹理美观，适合制作高档家具及工艺品；花可提取芳香油，树皮含药用成分，兼具用材林和经济林开发潜力。

园林价值： 树形优美，四季常绿，春季开花时满树洁白，芳香四溢，观赏价值极高，适合庭院、公园及风景区绿化，是优良的景观树种。

配置建议

宜孤植于庭院展现雪白花姿，或与常绿乔木混植营造芳香景观带，搭配杜鹃、茶梅等花灌木增强层次，注意选择酸性土壤且在避风向阳处栽植。

A23 女贞

学名： *Ligustrum lucidum*

别名： 蜡树（因果实被白粉，形似蜡丸）

科属： 木犀科，女贞属

原产地： 中国长江流域及以南地区，日本、朝鲜半岛也有分布

识别特征速查表

项目		具体描述
形态特征	类型	常绿乔木或灌木（高3~15米）
	根	主根明显，侧根发达
	茎	树皮灰褐色，光滑；小枝绿色，具皮孔
	叶	单叶对生，革质，卵形至卵状披针形，长6~12厘米，全缘；叶面深绿色，光亮
	花	圆锥花序顶生，长10~20厘米；小花白色，芳香；花期6~7月
	果	核果肾形（6~8毫米），熟时蓝黑色，被白粉
识别关键		√光亮革质叶：叶面有蜡质光泽 √蓝黑核果：冬季宿存枝头 √对生叶序：典型木犀科特征
易混淆种区分		与小叶女贞（*L. quihoui*）区别：女贞为乔木，叶较大(6~12厘米)，大型圆锥花序顶生；小叶女贞为灌木，叶较小(2~5厘米)，圆锥花序常侧生

生长习性与栽培条件

特性	具体表现
光照	喜光，耐半阴
温度	耐-15℃低温，适应性强
水分	耐旱，耐水湿
土壤	对土壤要求不严，耐轻度盐碱

应用价值

生态价值： 树冠浓密呈广卵形，根系发达且耐贫瘠，具有突出的抗污染和吸附粉尘能力，为鸟类提供优质栖息环境，是城市生态修复的先锋树种。

经济价值： 木材致密，可供一般细木工用；果实含油率约15%~20%，可提炼工业用油；全株可入药，具有显著的药用开发价值。

园林价值： 树形端庄优美，四季常绿，冬季紫黑色果实缀满枝头，耐修剪易造型，广泛应用于绿篱、行道树和庭院造景，是城市立体绿化的优选树种。

配置建议

宜作绿篱或造型灌木，可修剪成球状、柱状；作行道树时列植间距4~5米；与红叶石楠、金叶女贞搭配形成色叶景观。注意定期修剪保持树形，果实成熟期需防鸟啄食。

A24 紫楠

学名： *Phoebe sheareri*

别名： 紫金楠（因木材和树皮略带紫色得名）

科属： 樟科，楠属

原产地： 中国特有树种，分布于长江流域及以南地区

●○ 识别特征速查表

项目		具体描述
形态特征	类型	常绿乔木（高可达20米）
	根	根系深广，侧根发达
	茎	树皮灰褐色，不规则纵裂；小枝密被黄褐色绒毛
	叶	单叶互生，革质，倒卵形或椭圆状倒卵形（长8~22厘米）；叶缘全缘；幼叶密被锈色绒毛，老叶背面被灰褐色绒毛
	花	圆锥花序腋生，花小，黄绿色；花被片6枚，卵形；花期5~6月
	果	核果卵形（约1厘米），熟时蓝黑色，基部具宿存花被片
识别关键		√ 叶背密毛：叶背尤其脉上密被灰褐色绒毛（手摸有明显质感） √ 枝叶被绒毛：小枝和叶背均被明显绒毛 √ 宿存花被片：果实基部具反卷的宿存花被
易混淆种区分		与闽楠（*P. bournei*）区别：紫楠小枝、叶柄及叶背密被长绒毛；闽楠小枝、叶柄及叶背被短灰褐色贴伏柔毛

●○ 生长习性与栽培条件

特性	具体表现
光照	耐阴，幼树尤需遮阴
温度	喜温暖，耐短期轻度低温（约-5~-8℃），幼苗需防寒
水分	喜湿润，忌干旱
土壤	喜深厚肥沃的酸性或微酸性土壤（pH 5.0~6.5）

●○ 应用价值

生态价值： 树冠广阔浓密，枝叶茂盛且根系发达，具有极强的水土保持能力和显著的空气净化效果，为多种鸟类和小型哺乳动物提供理想的栖息环境，是亚热带常绿阔叶林生态系统的重要建群树种。

经济价值： 木材纹理细腻，质地坚硬且耐腐蚀，光泽性好，是制作高档家具、精密仪器箱盒和建筑材料的优良用材。

园林价值： 树形挺拔端庄，枝叶浓密，四季常青，新叶紫红色，老叶深绿色，色彩变化丰富，观赏价值极高，广泛应用于寺庙、古典园林和重要场所的绿化，是传统园林的珍贵树种。

●○ 配置建议

宜孤植或对植于重要建筑前作为主体景观树，或群植于山坡营造森林景观；因其耐阴性好，可与其他乔木组成复层群落。注意选择避风环境，幼树期需加强防寒保护。

A25 石楠

学名： *Photinia serratifolia*

别名： 千年红（新叶红色持久）、扇骨木（木材适合制扇骨）、山官木（古时用作官署绿化）

科属： 蔷薇科，石楠属

原产地： 中国秦岭淮河以南各地，日本、东南亚也有分布

识别特征速查表

项目		具体描述
形态特征	类型	常绿乔木（高6~15米）
	根	根系发达，具萌蘖性
	茎	树皮灰褐色，粗糙；幼枝灰褐色
	叶	单叶互生，革质，长椭圆形（8~22厘米）；叶缘有疏生浅钝细锯齿，或近乎全缘，新叶红色，老叶深绿色
	花	复伞房花序顶生（径10~16厘米），小花白色（径6~8毫米）；花期4~5月
	果	梨果球形（5~6毫米），熟时红色，经冬不落
识别关键		√大型白花：春季顶生大型复伞房花序，花多而密，洁白醒目 √伞房花序顶生，春季绽放时，繁密的小白花聚集成球，如雪覆树冠 √红果越冬：冬季红果缀枝
易混淆种区分		与红叶石楠（*P.×fraseri*）区别：石楠新叶为红铜色，持续时间短，很快转为深绿色；红叶石楠新叶为鲜红色，且红艳期极长，全年可多次萌发红叶

生长习性与栽培条件

特性	具体表现
光照	喜光，耐半阴
温度	耐-12℃低温，适应性强
水分	耐旱，忌积水
土壤	喜微酸性至中性壤土（pH 5.5~7.5）

应用价值

生态价值： 树冠紧凑浓密，根系发达且耐贫瘠，具有突出的抗污染和固二护坡能力，为鸟类及昆虫提供栖息场所，是工矿区生态修复的优选树种。

经济价值： 木材质地坚硬耐腐，适合制作农具和工艺品；叶片可提取鞣质。

园林价值： 树形端庄秀丽，四季常绿，春季新叶红艳，白花繁密，秋季红果累累，冬季红果宿存，具有多季观赏性，特别适合作为绿篱、景观树和庭院点缀树种。

配置建议

宜作行道树或庭院主景树，丛植展现新叶红艳特色；与常绿灌木搭配形成层次，或与开花植物间植营造季相变化。注意新叶期需充足光照以保持艳红色泽。

A26 樟树

学名：*Cinnamomum camphora*

别名：香樟（全株含芳香油）、乌樟（老树皮呈黑褐色）、芳樟（突出其香气特征）

科属：樟科，樟属

原产地：中国南方（长江流域以南广泛栽培）及东南亚

●○ 识别特征速查表

项目		具体描述
形态特征	类型	常绿大乔木（高20~30米）
	根	主根发达，侧根粗壮，具深根性
	茎	树皮黄褐色，纵裂；幼枝绿色，稍具棱，无毛或微微被毛；老枝灰褐色
	叶	单叶互生，革质，卵形或卵状椭圆形（6~12厘米）；离基三出脉，脉腋有腺窝；揉碎有樟脑香
	花	圆锥花序腋生，小花黄绿色；花期4~5月
	果	浆果球形（6~8毫米），熟时紫黑色
识别关键		√ 离基三出脉：具两对明显的基生侧脉 √ 腺窝特征：叶背脉腋具明显腺体 √ 全株芳香：枝叶、木材均含樟脑香气
易混淆种区分		与天竺桂（*Cinnamomum japonicum Siebold*）区别：樟树叶脉腋具明显腺窝，叶片揉碎有浓烈樟脑味；天竺桂叶脉腋无腺窝或腺窝不明显，叶片揉碎有肉桂或丁香味

●○ 生长习性与栽培条件

特性	具体表现
光照	喜光，幼树耐阴，成年后需充足光照
温度	耐短期-7~-10℃低温（成年健壮植株），幼苗需防寒，适温15~30℃
水分	耐湿，稍耐旱
土壤	喜深厚肥沃微酸性土（pH 5.5~6.5）

●○ 应用价值

生态价值：树冠广阔浓密，根系发达且抗风性强，具有显著的净化空气、吸附粉尘和调节小气候功能，为鸟类及昆虫提供优质栖息地，是城市生态建设的首选树种。

经济价值：木材纹理美观、防虫耐腐，是制作高档家具和工艺品的顶级用材；枝叶可提取樟脑和樟油，经济价值极高；果实可提炼工业用油。

园林价值：树形雄伟端庄，四季常绿，枝叶茂密，叶色浓绿，抗污染性强，广泛用于城市行道树、公园绿化和庭院造景，是南方地区标志性景观树种。

●○ 配置建议

宜作行道树或庭荫树，孤植展现雄伟树姿；丛植时保持8~10米间距。与楠木、栲树混交可构建稳定群落，栽植需远离建筑物地基、地下管线（建议距离5~8米以上），以防根系生长造成破坏。古树保护需留足10米×10米生长空间。

任务2.1.2 识别级物种

B14 花榈木 *Ormosia henryi* 豆科，红豆属

树皮灰绿色，平滑；小枝密被灰黄色绒毛；奇数羽状复叶，小叶5~9枚，革质，长椭圆形，叶背密被灰黄色绒毛；圆锥花序顶生或腋生，花冠黄白色；荚果扁平，木质，成熟时开裂；种子鲜红色，有光泽，椭圆形，种脐长约3毫米，为核心观赏特征。

B15 乐昌含笑 *Michelia chapensis* 木兰科，含笑属

树皮灰褐色，平滑；小枝具环状托叶痕；叶薄革质，倒卵形或长椭圆形，叶面深绿色有光泽，叶背灰绿色被白粉；花单生叶腋，花被片9~12枚，淡黄色，芳香，为核心观赏特征；聚合蓇葖果卵球形，成熟时褐色并开裂；种子红色。

B16 乳源木莲 *Manglietia yuyuanensis* 木兰科，木莲属

树皮灰褐色；小枝绿色，具环状托叶痕；叶革质，倒披针形或狭椭圆形，叶面深绿色有光泽，叶背灰绿色；花单生枝顶，花被片9~12枚，外轮淡绿色，内轮白色，芳香，为核心观赏特征；聚合蓇葖果卵球形，成熟时暗紫色；种子红色。

B17 苦槠 *Castanopsis sclerophylla* 壳斗科，锥属

树皮深灰色，纵裂；小枝具棱；叶革质，长椭圆形，中部以上具锯齿，叶背密被灰白色鳞秕；雄花序穗状，雌花单生；壳斗球形，具瘤状苞片，密生针刺，完全包裹坚果，为核心特征；坚果圆锥形，成熟时棕褐色。

B18 木荷 *Schima superba* 山茶科，木荷属

树皮灰褐色，块状纵裂；小枝具皮孔；叶革质，椭圆形，边缘具钝锯齿；花单生叶腋，白色，花瓣5枚，具芳香，为核心观赏特征；蒴果扁球形，木质，成熟时5裂；种子肾形，扁平，周边具翅。

B19 浙江樟 *Cinnamomum chekiangense* 樟科，樟属

浙江樟树皮青褐色，小枝绿色具棱。叶革质，椭圆形，离基三出脉，叶背淡黄绿色。叶脉腋处具显著腺窝，叶片揉碎散发强烈辛辣香气。圆锥花序腋生，花淡黄色。核果卵形，熟时黑紫色，果托浅盘状。腺窝与辛辣香气为其核心识别特征。

B20 厚皮香 *Ternstroemia gymnanthera* 山茶科，厚皮香属

树皮灰褐色，平滑；小枝粗壮，具纵棱；叶革质，簇生枝顶，倒卵形，全缘，叶面深绿色，叶背淡绿色；花单生叶腋，淡黄色，具芳香，为核心观赏特征；蒴果球形，成熟时褐色，室背开裂；种子红色，具假种皮。

花榈木

乐昌含笑

乳源木莲

苦槠

木荷

浙江樟

厚皮香

B21 棕榈 *Trachycarpus fortunei*

棕榈科，棕榈属

树干圆柱形，直立，常被宿存叶柄基部和纤维状叶鞘包裹；叶簇生茎顶，掌状深裂，裂片多数，先端下垂；花序腋生，分枝成圆锥状，花小，黄色；核果肾形，成熟时蓝黑色，被白粉。

B22 加纳利海枣 *Phoenix canariensis*

棕榈科，刺葵属

茎干粗壮，直立，常被覆瓦状排列的叶柄残基；叶大型，羽状全裂，裂片狭长，先端锐尖，在叶轴上呈多列排列；花序腋生，大型，分枝多，花小，黄色；果实长椭圆形，成熟时橙黄色；树形雄伟，为典型热带景观树种。

B23 桂花 *Osmanthus fragrans*

木犀科，木犀属

树皮灰褐色，平滑；小枝黄褐色，具皮孔；叶革质，椭圆形，全缘或上半部具细锯齿；花簇生叶腋，花冠淡黄色、橙黄色或白色，芳香浓郁；核果椭圆形，成熟时紫黑色。

B24 幸福树 *Radermachera sinica*

紫葳科，菜豆树属

树反浅灰色，纵裂；小枝具皮孔；叶对生，二至三回羽状复叶，小叶卵形，全缘；圆锥花序顶生，花冠钟状，白色至淡黄色；蒴果细长，圆柱形，成熟时褐色，开裂；种子椭圆形，具翅。

B25 橡皮树 *Ficus elastica*

桑科，榕属

树皮灰褐色，平滑；小枝粗壮，具环状托叶痕；叶厚革质，长椭圆形，全缘，先端具短尖，叶面深绿色有光泽，托叶红色，包被顶芽；隐头花序成对腋生；榕果椭圆形，成熟时黄色。

B26 金合欢 *Acacia farnesiana*

豆科，相思树属

树皮灰褐色，粗糙；小枝常呈“之”字形曲折，具托叶刺；二回羽状复叶，羽片4~8对，小叶10~25对，线形；头状花序球形，花黄色，芳香；荚果圆柱形，肿胀，成熟时暗褐色；种子卵形，褐色。

B27 油橄榄 *Olea europaea*

木犀科，木犀榄属

树皮灰褐色，粗糙；小枝四棱形；叶革质，对生，披针形，全缘，叶面深绿色，叶背银白色；圆锥花序腋生，花小，黄白色；核果椭圆形，成熟时紫黑色，含油率高，为重要经济特征。

棕榈

加纳利海枣

桂花

幸福树

橡皮树

金合欢

油橄榄

单元2.2 常绿阔叶灌木识别与应用

◈ 任务2.2.1 掌握级物种

A27 枸骨

学名： *Ilex cornuta*

别名： 鸟不宿（因叶刺密集鸟类难以栖息）、猫儿刺（叶形似猫耳）、圣诞刺（欧美常用作圣诞装饰）

科属： 冬青科，冬青属

原产地： 中国长江中下游地区，朝鲜半岛也有分布

●○ 识别特征速查表

项目		具体描述
形态特征	类型	常绿灌木或小乔木（高3~5米）
	根	根系发达，萌蘖性强
	茎	树皮灰白色，平滑；小枝粗壮
	叶	单叶互生，革质，四角状长圆形（4~8厘米）；叶缘1~3对尖硬刺齿，顶端具1枚大刺齿
	花	簇生叶腋，黄绿色，雌雄异株；花期4~5月
	果	核果球形（8~10毫米），熟时鲜红色，经冬不落
识别关键		√奇特叶形：四角状带刺叶片 √红果冬艳：冬季红果缀枝 √坚硬叶质：叶片革质坚硬 √注意毒性：叶片和果实均具毒性，不可食用
易混淆种区分		与无刺枸骨（*I. cornuta* 'Fortunei'）区别：枸骨叶缘具硬刺；无刺枸骨叶全缘或仅顶端1刺

●○ 生长习性与栽培条件

特性	具体表现
光照	喜光，耐阴
温度	耐-15℃低温，适应性强
水分	耐旱，忌积水
土壤	喜肥沃、排水良好的微酸性土壤，对土壤适应性较强，但忌盐碱土

●○ 应用价值

生态价值： 枝叶浓密，具有良好的阻隔和防护功能；红果为鸟类提供越冬食物。

经济价值： 果实、枝叶有毒，不可食用。可入药，但须经专业炮制。木材坚硬致密，可制作工艺品。

园林价值： 抗污染性强，耐修剪，是庭院、公园绿化的优良树种，尤其适合在长江流域及以南地区栽培。

●○ 配置建议

宜丛植于庭院角隅或作刺篱，与南天竹、火棘组成冬景植物群；在欧美风格庭院中可修剪成几何造型。

A28 无刺枸骨

学名： *Ilex cornuta* ‘Fortunei’

别名： 福氏枸骨（纪念发现者Fortunei）、圆叶枸骨（叶缘圆钝无刺）、平安树（叶形圆满寓意吉祥）

科属： 冬青科，冬青属

原产地： 中国长江中下游地区，为枸骨的园艺变种

●○ 识别特征速查表

项目		具体描述
形态特征	类型	常绿灌木或小乔木（高2~4米）
	根	根系发达，萌蘖性强
	茎	树皮灰白色，平滑；枝条开展
	叶	单叶互生，革质，椭圆形至长圆形（5~10厘米）；叶缘全缘或仅顶端1钝齿，叶基圆形
	花	簇生叶腋，黄绿色，雌雄异株；花期4~5月
	果	核果球形（8~10毫米），熟时鲜红色，经冬不落
识别关键		√圆润叶形：叶缘无尖刺，形态圆润 √红果冬艳：冬季红果缀枝持久 √光滑叶面：叶片革质光亮 √注意毒性：叶片和果实均具毒性，不可食用
易混淆种区分		与原种枸骨区别：本变种叶全缘无刺；原种叶缘具3~5对尖硬刺齿

●○ 生长习性与栽培条件

特性	具体表现
光照	喜光，耐阴
温度	耐-12℃低温，适应性强
水分	耐旱，忌积水
土壤	喜微酸性至中性土壤（pH 5.5~7.5）

●○ 应用价值

生态价值： 树冠圆整茂密，能为鸟类和小型动物提供良好的栖息和庇护场所；红色果实是鸟类冬季的重要食物来源。

经济价值： 果实、枝叶有毒，不可食用；可入药，但须经专业炮制。

园林价值： 抗逆性较强，耐修剪，观赏价值高，是庭院、公园、居住区绿化的优良观果、观叶树种，尤其适合在长江流域及以南地区栽培。

●○ 配置建议

宜丛植于庭院入口或窗前，可修剪成球形、塔形等几何造型；与金叶女贞、红叶石楠搭配形成色叶对比。

A29 龟甲冬青

学名： *Ilex crenata* ‘Convexa’

别名： 龟背冬青（叶片凸起似龟甲）、凸叶冬青（突出叶片形态特征）、日本冬青（原种产自日本）

科属： 冬青科，冬青属

原产地： 日本，中国长江流域及以南地区广泛栽培

识别特征速查表

项目		具体描述
形态特征	类型	常绿灌木（高0.5~1.5米）
	根	须根发达，浅根系
	茎	枝条细密，树皮灰褐色
	叶	单叶互生，革质，椭圆形（1~3厘米）；叶面深绿光亮，叶背淡绿有腺点；叶缘具浅钝锯齿，叶面凸起呈龟甲状
	花	单性花，雌雄异株，花小，白绿色；花期5~6月
	果	核果球形（约5毫米），熟时黑色
识别关键		√龟甲状叶：叶面明显凸起 √细密枝叶：枝条紧凑细密 √黑色小果：冬季核果成熟为黑色
易混淆种区分		与钝齿冬青（*I. crenata*）区别：龟甲冬青叶面凸起明显；钝齿冬青叶面平坦

生长习性与栽培条件

特性	具体表现
光照	喜半阴环境，耐阴，在凉爽地区可适应全日照
温度	耐-8℃低温，生长适温15~25℃
水分	喜湿润，忌积水
土壤	喜酸性腐殖土（pH 5.0~6.5）

应用价值

生态价值： 枝叶密集且根系发达，具有优良的滞尘降噪和土壤固定能力，为小型鸟类及昆虫提供庇护场所，是城市生态微环境修复的特色灌木。

园林价值： 叶形奇特似龟甲，四季浓绿光亮，耐修剪易造型，观赏价值高，广泛应用于绿篱造型、盆景艺术及庭院点缀，是精品园林的首选灌木。

配置建议

宜作低矮绿篱、造型球或盆景；与杜鹃、南天竹搭配种植效果佳。夏季需遮阴，定期修剪保持株型紧凑。

A30 海桐

学名： *Pittosporum tobira*

别名： 七里香（花香传播远）

科属： 海桐花科，海桐花属

原产地： 中国长江流域以南沿海地区，日本、朝鲜半岛也有分布

识别特征速查表

项目		具体描述
形态特征	类型	常绿灌木或小乔木（高2~6米）
	根	根系发达
	茎	树皮灰褐色，嫩枝绿色被柔毛
	叶	单叶互生，革质，倒卵形（4~10厘米）；叶面深绿色光亮，叶背浅绿色；叶全缘，叶片常簇生于枝顶，呈轮生状
	花	伞房花序顶生，花冠白色后转黄，芳香；花期4~5月
	果	蒴果卵圆形（约1厘米），熟时3瓣裂，露出红色黏液种子
识别关键		√ 簇生亮叶：叶片多聚生枝顶 √ 变色香花：花色由白变黄，芳香浓郁 √ 红籽黏液：蒴果开裂后，露出被红色黏稠假种皮包裹的种子
易混淆种区分		与台湾海桐（*P. pentandrum* var. *formosanum*）区别：海桐叶较宽（4~10厘米）；台湾海桐叶窄长（2~5厘米）

生长习性与栽培条件

特性	具体表现
光照	喜光，耐半阴
温度	耐-10℃左右低温（成年植株），适应性强，适温15~28℃
水分	耐旱，耐海雾
土壤	适应性强，耐轻度盐碱（pH 6.0~8.0）

应用价值

生态价值： 树冠圆整浓密，根系发达且耐盐碱，具有良好的抗风性能和净化空气功能，为滨海地区鸟类提供栖息场所，是海岸带生态修复的先锋树种。

园林价值： 树形优美挺拔，叶片革质光亮，夏季白花芳香，秋季橙红色果实观赏性强，特别适合作为滨海城市行道树、防护林和景观绿化的特色树种。

配置建议

宜作绿篱或海岸绿化，丛植于庭院入口；与棕榈类、苏铁或其他抗风灌木搭配营造海滨景观。耐修剪，可造型为球状或塔形，但应注意花期，避免强剪影响开花。

A31 黄杨

学名： *Buxus sinica*
别名： 瓜子黄杨（叶形似瓜子）、千年矮（生长缓慢）
科属： 黄杨科，黄杨属
原产地： 中国中部及东部地区

识别特征速查表

项目		具体描述
形态特征	类型	常绿灌木或小乔木（高1~6米）
	根	根系发达，须根密集
	茎	老树皮灰褐色，不规则薄片状剥落；小枝四棱形，绿色
	叶	单叶对生，革质，倒卵形（1~3厘米）；叶面深绿色光亮，叶背淡绿色；全缘
	花	花簇生叶腋，无花瓣，花萼4片，黄绿色；花期3~4月
	果	蒴果球形（约8毫米），熟时3裂
识别关键		√方形小枝：嫩枝明显四棱形 √瓜子形叶：叶片小巧光亮 √缓慢生长：年生长量约10厘米
易混淆种区分		与雀舌黄杨（*B. bodinieri*）区别：黄杨叶较大（1~3厘米），叶先端圆钝；雀舌黄杨叶较小（0.5~1.5厘米），叶先端微凹

生长习性与栽培条件

特性	具体表现
光照	耐阴，耐晒
温度	耐-15℃低温，适温15~25℃
水分	耐旱，忌积水
土壤	喜肥沃、排水良好的中性至微酸性土壤（pH 6.0~7.5），耐石灰质土壤

应用价值

生态价值： 枝叶浓密紧凑，根系发达且耐修剪，具有显著的滞尘降噪和改善微气候功能，为小型鸟类提供庇护场所，是城市生态绿化的基础树种。

经济价值： 木材质地细腻，可供雕刻和工艺品制作；造型苗木市场价值高，兼具艺术收藏和园艺经济双重开发价值。

园林价值： 树形端庄优美，四季常青，耐修剪易造型，观赏期全年无休，特别适合绿篱修剪、盆景艺术和庭院造景，是传统园林中不可或缺的造型树种。

配置建议

宜修剪成各种造型或作绿篱，可与红叶石楠、金叶女贞组成色块；盆景栽培需用排水良好、肥沃的沙质壤土。注意定期疏剪内部枝条保持通风，预防病虫害。

A32 金边胡颓子

学名： *Elaeagnus pungens* ‘Aurea’

别名： 金缘胡颓子（叶缘金色特征）、花叶胡颓子（斑叶特性）

科属： 胡颓子科，胡颓子属

原产地： 中国长江流域（为胡颓子的园艺栽培变种）

●○ 识别特征速查表

项目		具体描述
形态特征	类型	常绿灌木（高2~4米）
	根	根系发达，具根瘤菌
	茎	枝条开展，具棘刺，幼枝被银白色鳞片
	叶	单叶互生，革质，椭圆形（5~10厘米）；叶面深绿色，具金黄色边缘；叶背银白色，被鳞片
	花	簇生叶腋，银白色，芳香；花期10~11月
	果	核果椭圆形（约1.5厘米），成熟时红色，表面被锈色鳞片
识别关键		√金边银背：叶缘金黄色，叶背银白色 √冬季开花：秋末冬初开花 √鳞片枝条：幼枝被银色鳞片
易混淆种区分		与原种胡颓子区别：本变种叶缘金黄色；原种叶片全绿色

●○ 生长习性与栽培条件

特性	具体表现
光照	喜光，耐半阴
温度	耐-8℃低温，适温15~28℃
水分	耐旱，忌积水
土壤	耐贫瘠，适应性强

●○ 应用价值

生态价值： 树冠开展，根系发达且耐盐碱，根系发达，耐贫瘠，能固氮改良土壤；红色果实为鸟类提供食物。

园林价值： 叶缘金黄油亮，秋冬红果挂枝，观赏期长达5个月，抗性强且耐修剪，是优良的彩叶景观树和庭院点缀树种。

●○ 配置建议

宜丛植于庭院显要位置突出彩叶效果，或修剪成球形点缀草坪；与红叶石楠、洒金桃叶珊瑚搭配增强色彩对比。在花后（冬季）或早春新芽萌动前进行修剪，以促进新枝萌发，保持斑叶鲜艳度。

A33 含笑

学名： *Michelia figo*

别名： 香蕉花（花香似香蕉）、含笑梅（花态半开似含笑）、山节子（枝节明显）

科属： 木兰科，含笑属

原产地： 中国华南地区（广东、福建等地）

识别特征速查表

项目		具体描述
形态特征	类型	常绿灌木（高2~3米）
	根	根系发达，具菌根
	茎	分枝密集，嫩枝被褐色绒毛
	叶	单叶互生，革质，椭圆形（4~10厘米）；叶面深绿色光亮，叶背被褐色绒毛；全缘
	花	单生叶腋，花径2~3厘米；花被片6片，淡黄色带紫晕；芳香浓郁；花期3~5月
	果	聚合果卵圆形（2~3厘米），蓇葖果熟时开裂
识别关键		√半开含笑：花瓣不完全展开 √香蕉香气：独特甜香 √绒毛叶背：叶背密被褐色绒毛
易混淆种区分		与深山含笑（*M. maudiae*）区别：含笑为灌木，花小（2~3厘米）；深山含笑为乔木，花大（10~12厘米）

生长习性与栽培条件

特性	具体表现
光照	喜半阴，忌强光
温度	耐-5~-8℃低温（成年健壮植株），幼苗需防寒，适温18~28℃
水分	喜湿润，忌积水
土壤	喜肥沃酸性土（pH 5.0~6.5）

应用价值

生态价值：树冠浓密呈伞形，根系发达且适应性强，具有显著的滞尘降噪和调节小气候功能，其芳香花朵为传粉昆虫提供优质蜜源，是城市生态建设的优良树种。

园林价值：树形优美端庄，四季常绿，花期（3~5月）绽放乳白色花朵，芳香馥郁，特别适合丛植于庭院、窗前、亭旁等便于赏香的位置。

配置建议

宜丛植于庭院、窗前、亭台旁等便于赏香的位置，与山茶、杜鹃配植；盆栽需用酸性培养土。花后及时进行修剪整形，以保持株型美观，并利于来年开花。

A34 金森女贞

学名：*Ligustrum japonicum* 'Howardii'

别名：黄金女贞（突出叶色特征）、日本女贞（原种来源）、斑叶女贞（叶片色彩变化）

科属：木犀科，女贞属

原产地：日本（为日本女贞的园艺栽培品种）

识别特征速查表

项目		具体描述
形态特征	类型	常绿灌木（高1~3米）
	根	根系发达，适应性强
	茎	枝条直立，嫩枝浅绿色
	叶	单叶对生，革质，卵形（4~8厘米）；新叶明黄色，老叶呈现黄绿相间的斑驳色
	花	圆锥花序顶生（10~15厘米），小花白色；花期6~7月
	果	核果椭圆形（约8毫米），熟时紫黑色
识别关键		√斑驳叶色：新叶亮黄色，老叶黄绿色斑驳 √对生叶序：典型木犀科特征 √直立株型：枝条挺拔紧凑

续表

项目	具体描述
易混淆种区分	与金叶女贞（*L.×vicaryi*）区别：金森女贞为常绿灌木，叶厚革质，老叶黄绿斑驳；金叶女贞为半常绿灌木，叶薄纸质，叶色为均匀的金黄色，冬季可能落叶

●○ 生长习性与栽培条件

特性	具体表现
光照	喜光，耐半阴（光照不足会使叶色变绿）
温度	耐-12℃低温，适温15~28℃
水分	耐旱，忌积水
土壤	适应性强，pH 5.5~7.5均能生长

●○ 应用价值

生态价值：树冠紧凑饱满，根系发达且耐修剪，具有突出的滞尘降噪和空气净化功能，其蓝黑色果实为鸟类提供越冬食物，是城市生态绿化的优选灌木。

经济价值：新叶金黄持久（观赏期达8个月），园艺品种市场溢价显著。

园林价值：叶色随季节变化（新叶亮黄色，成熟后变为黄绿斑驳色），耐强修剪且造型多样，特别适合色块拼图、模纹花坛和庭院精致绿化，是现代园林彩叶灌木的代表品种。

●○ 配置建议

宜作模纹花坛或彩篱，与红叶石楠、紫叶小檗组成色叶景观；丛植时保持30~50厘米间距。定期修剪促进新叶萌发，维持鲜艳叶色。避免过量施用氮肥，以防叶色返绿。

A35 小蜡

学名：*Ligustrum sinense*

别名：山指甲（民间俗称）

科属：木犀科，女贞属

原产地：中国长江流域及以南各省

●○ 识别特征速查表

项目		具体描述
形态特征	类型	常绿或半常绿灌木（高1~3米）
	根	根系发达，萌蘖性强
	茎	小枝圆柱形，密被短柔毛；老枝灰褐色
	叶	单叶对生，纸质，椭圆形（2~5厘米）；叶面深绿色，叶背淡绿色；全缘
	花	圆锥花序顶生（4~10厘米），小花白色，芳香；花期5~6月
	果	核果近球形（4~6毫米），熟时紫黑色
识别关键		√细密枝叶：小枝叶片细小密集 √小枝被毛：小枝密被短柔毛（重要识别特征） √芳香白花：花序具淡雅香气
易混淆种区分		与女贞（*L. lucidum*）区别：小蜡叶较小（2~5厘米），灌木状；女贞叶大（6~12厘米），乔木状

●○ 生长习性与栽培条件

特性	具体表现
光照	喜光，耐半阴
温度	耐-10℃低温，适温15~28℃
水分	耐旱，耐水湿
土壤	适应性强，对土壤要求不严，但以肥沃、排水良好的沙质壤土为佳

●○ 应用价值

生态价值：树冠浓密且适应性强，枝叶密集，根系发达，具有良好的水土保持能力。其白色小花为传粉昆虫提供蜜源，是城乡过渡带生态建设的优良灌木。

园林价值：树形自然舒展，春夏白花如雪，秋季蓝果累累，耐修剪且抗污染，特别适合作为绿篱、行道灌木和工矿区绿化树种。

●○ 配置建议

宜丛植作绿篱或修剪成球形，与红叶石楠、金叶女贞搭配形成色块景观；作绿篱时保持30厘米株距。花后及时修剪保持株型，注意防治蚧壳虫危害。

A36 栀子

学名： *Gardenia jasminoides*

别名： 山栀子（野生种特征）、黄栀子（果实特征）、玉荷花（花形雅称）

科属： 茜草科，栀子属

原产地： 中国长江流域以南各地

识别特征速查表

项目		具体描述
形态特征	类型	常绿灌木（高0.5~2米）
	根	主根明显，侧根发达
	茎	树皮灰褐色，嫩枝绿色被毛
	叶	单叶对生或三叶轮生，革质，长椭圆形（5~15厘米）；叶面深绿色光亮，叶脉明显；全缘
	花	单生枝顶，花径5~7厘米，花单瓣至重瓣（因品种而异），花冠高脚碟状，初开纯白色，后渐变为乳黄色
	果	浆果卵形或椭圆形（2~4厘米），成熟时橙黄色至橙红色，表面具5~8条纵棱
识别关键		√ 高脚碟状花：花冠裂片旋转状排列，花冠管细长 √ 浓烈芳香：香气传播远 √ 橙红果实：秋季观果明显
易混淆种区分		与栽培品种“大花栀子”（*G. jasminoides* 'Grandiflorum'）区别：栀子泛指原种及其品种，花径变化大；大花栀子以花特大（直径可达10厘米）为主要特征

生长习性与栽培条件

特性	具体表现
光照	喜半阴，忌强光
温度	耐短期-2~-5℃低温（成年健壮植株），幼苗和不健壮植株耐寒性更差，需防护；适温18~28℃
水分	喜湿润，忌积水
土壤	必须酸性土（pH 4.5~5.5）

应用价值

生态价值： 枝叶茂密且根系发达，具有显著的滞尘降噪和改善微气候功能，其芳香花朵为传粉昆虫提供重要蜜源，是城市生态绿化的优质灌木。

经济价值： 果实可提取栀子黄色素（天然食品着色剂），果实含栀子苷等药用成分，兼具食品工业和医药开发价值，经济附加值高。

园林价值： 株型饱满，四季常绿，夏季绽放洁白芳香花朵，观赏期长达3个月，特别适合庭院点缀、芳香花园和景观灌木配置，是传统园林的经典花木。

配置建议

宜丛植于林缘、庭院半阴处，与杜鹃、山茶组成酸性植物群落；盆栽需用泥炭土。花后及时摘除残花，定期施用硫酸亚铁或硫磺粉等土壤改良剂，以维持土壤酸性。推荐使用硫磺粉或酸性有机肥（如腐熟松针土）长期改良土壤酸度。

A37 雀舌栀子

学名： *Gardenia jasminoides* ‘Radicans’

别名： 小叶栀子（叶片细小）、匍地栀子（枝条匍匐）、迷你栀子（株型矮小）

科属： 茜草科，栀子属

原产地： 中国（为栀子的矮生匍匐型栽培变种）

●○ 识别特征速查表

项目		具体描述
形态特征	类型	常绿矮灌木（高20~60厘米）
	根	须根发达，浅根系
	茎	枝条匍匐，密生，嫩枝绿色
	叶	单叶对生或三叶轮生，革质，倒披针形至狭长圆形（2~4厘米）；叶面深绿色光亮，侧脉不明显；全缘
	花	单生枝顶，花径3~4厘米，通常单瓣或半重瓣（因具体品系而异），花白色，后渐变为乳黄色，芳香；花期5~7月
	果	浆果少见（栽培种多不育）

续表

项目	具体描述
识别关键	√迷你株型：植株低矮紧凑 √狭长小叶：叶片狭长，短小（2~4厘米） √匍匐生长：枝条自然贴地扩展
易混淆种区分	与原种栀子区别：本变种株高＜60厘米，叶＜4厘米；原种株高2米，叶5~15厘米

●○ 生长习性与栽培条件

特性	具体表现
光照	喜半阴，忌暴晒
温度	耐寒性稍差，低于原种，耐短期-2~-3℃低温，需注意防寒，适温15~28℃
水分	喜湿润，忌积水
土壤	必须酸性腐殖土（pH 4.5~5.5）

●○ 应用价值

生态价值： 枝叶细密紧凑，根系发达且耐修剪，具有突出的滞尘降噪和改善微环境功能，其小型白花为传粉昆虫提供特殊蜜源，是城市精细绿化的特色灌木。

经济价值： 小叶品种观赏价值更高，盆栽苗木市场溢价显著；花朵仍保留栀子芳香特性，具有园艺经济和特色加工价值。

园林价值： 叶片小巧似雀舌，株型圆润饱满，耐强修剪造型，繁花如星点缀，特别适合盆景艺术、庭院微景观和精品绿篱营造。

●○ 配置建议

宜作林缘、庭院阴湿处的地被或盆栽，盆栽可制作微型盆景；与苔藓、虎耳草搭配营造阴生景观。定期修剪保持株型，花前或早春施用酸性肥料，以促进开花和生长。

A38 十大功劳

学名： *Berberis fortunei*（原学名 *Mahonia fortunei*）

别名： 狭叶十大功劳（叶片狭长）、福氏十大功劳（纪念植物学家Fortune）、黄天竹（果实似南天竹）

科属： 小檗科，十大功劳属

原产地 中国长江流域及以南地区

●○ 识别特征速查表

项目		具体描述
形态特征	类型	常绿灌木（高0.5~2米）
	根	根系发达，具横走根茎
	茎	直立丛生，木质部（木材）鲜黄色
	叶	奇数羽状复叶（长15~30厘米），小叶5~9对，狭披针形（8~12厘米）；叶缘具刺齿；革质有光泽
	花	直立丛生，木质部（木材）鲜黄色
	果	浆果球形（6~8毫米），熟时蓝黑色，被白粉
识别关键		√羽状复叶：小叶狭长带刺齿 √黄花蓝果：秋季花果同观 √黄色木材：茎的木质部为鲜黄色
易混淆种区分		与阔叶十大功劳（*Berberis bealei*）区别：本种小叶狭长（宽1~2厘米）；阔叶种小叶较宽（宽3~5厘米）

●○ 生长习性与栽培条件

特性	具体表现
光照	耐阴性强
温度	耐寒性强，可耐-10~-15℃低温
水分	喜湿润，耐短期干旱
土壤	喜肥沃酸性土（pH 5.0~6.5）

●○ 应用价值

生态价值： 枝叶茂密且根系发达，具有突出的水土保持和改良土壤功能，其黄花、蓝果为鸟类及昆虫提供食源，是山地生态修复的优良灌木。

经济价值： 全株含小檗碱等药用成分，是重要的中药材原料；全株有毒，不可食用。

园林价值： 四季常绿，春季黄花成簇，秋季蓝果累累，耐阴性强，特别适合林下绿化、庭院点缀和药用植物园配置，具有多季观赏性。

●○ 配置建议

宜丛植于林缘、建筑背阴处，与八角金盘、洒金桃叶珊瑚搭配；盆栽需用酸性基质。果实有毒，但能吸引鸟类取食，种植时需考虑景观与生态功能的平衡，并避免儿童误食。

A39 阔叶十大功劳

学名： *Berberis bealei*（原学名 *Mahonia bealei*）

别名： 大叶十大功劳（突出叶片特征）、华南十大功劳（地理分布）、猫儿刺（叶缘锐刺似猫爪）

科属： 小檗科，十大功劳属

原产地： 中国华南至西南地区

识别特征速查表

项目		具体描述
形态特征	类型	常绿灌木（高1.5~3米）
	根	根系发达，具横走根茎
	茎	粗壮直立，断面亮黄色
	叶	奇数羽状复叶（长30~50厘米），小叶9~15枚，宽卵形（5~10厘米）；叶缘具5~7刺齿；厚革质
	花	密集的直立总状花序（长15~30厘米），小花柠檬黄色，有香气；花期11月至翌年3月
	果	浆果椭圆形（8~10毫米），熟时蓝黑色被白霜
识别关键		√宽大复叶：小叶宽卵形，叶轴粗壮 √冬春开花：花期横跨冬春两季 √黄色木材：茎的木质部为鲜黄色
易混淆种区分		与十大功劳（*Berberis fortunei*）区别：阔叶十大功劳小叶宽卵形；十大功劳小叶狭披针形

生长习性与栽培条件

特性	具体表现
光照	耐阴，忌强光直射
温度	耐寒性较强，成年植株可耐-10℃左右低温
水分	喜湿润，忌积水
土壤	喜肥沃微酸性腐殖土（pH 5.5~6.5）

应用价值

生态价值： 树冠开展浓密，根系深广且耐阴性突出，具有显著的水源涵养和改良林下土壤功能，其浆果为越冬鸟类提供重要食物来源。

经济价值： 全株富含小檗碱等多种生物碱，是提取黄连素等药物的重要原料，在中医药中应用广泛。

园林价值： 大型革质叶片四季常绿，冬季至早春垂挂黄花穗，秋季蓝黑果实宿存，适合林缘绿化、庭院荫蔽区美化及专类药圃建设。

配置建议

宜群植于林缘、庭院荫蔽处，与八角金盘、熊掌木组成耐阴植物群落；作药用栽培需保持1米间距。果实有毒，但能吸引鸟类取食，种植时需预留空间，并避免儿童误食。

A40 火棘

学名： *Pyracantha fortuneana*

别名： 火把果（果簇红艳如火把）；救军粮（历史记载其果可充饥）；红子刺（枝具锐刺，果红色）

科属： 蔷薇科，火棘属

原产地： 中国长江流域及以南地区，野生于山坡、路旁灌丛中

●○ 识别特征速查表

项目		具体描述
形态特征	类型	常绿灌木（高1~3米），多分枝，呈丛生状；枝条平展或斜升，老枝常呈拱形
	根	根系发达，耐旱，耐瘠薄
	茎	幼枝被锈色短柔毛；侧生短枝常变态成尖锐的枝刺（长0.5~2厘米）
	叶	单叶互生，倒卵形至长圆形（长1.5~6厘米），叶缘钝锯齿，叶面深绿色有光泽
	花	复伞房花序（径3~4厘米），小花白色（径约1厘米），花瓣5枚；花期3~5月
	果	梨果扁球形（径0.5~1厘米），熟时鲜红色，簇生枝头，宿存至翌年2月
识别关键		√红果累累：秋冬枝头密布鲜红色小果，观赏期长达半年 √枝刺明显：枝条具硬刺，触之易扎伤 √白花如雪：春季白花成簇，与深绿色叶对比鲜明
易混淆种区分		与枸骨（*Ilex cornuta*）区别：火棘叶缘钝锯齿，果红色簇生；枸骨叶缘具尖刺齿，果单生

●○ 生长习性与栽培条件

特性	具体表现
光照	喜光，耐半阴（光照不足时结果减少）
温度	耐-15℃低温，适温-10~35℃，黄河以南可露地越冬
水分	耐旱，忌积水
土壤	耐瘠薄，对土壤要求不严，在微酸性、中性及微碱性土壤（pH 5.5~8.0）中均能生长，以排水良好的沙壤土为佳

●○ 应用价值

生态价值： 枝叶茂密且根系强健，具有突出的防风固土和抗污染能力，其密集红果为鸟类提供越冬食物，是生态防护林建设的优良灌木。

经济价值： 果实可加工果酱、果汁或酿酒；造型苗木市场需求稳定，兼具食用和园艺经济价值。

园林价值： 秋季红果缀满枝头（挂果期5~6个月），四季常绿耐修剪，特别适合绿篱造型、庭院点缀和冬季观果景观营造。

●○ 配置建议

宜丛植于坡地或庭院作刺篱，也可修剪造型为盆景，需保证光照充足以促进结果，注意避免低洼积水。

A41 红花檵木

学名： *Loropetalum chinense* ‘Rubrum’

别名： 红桎木（古称，因其枝条柔韧可编织）；红檵花（因花丝细长如缕得名）

科属： 金缕梅科，檵木属

原产地： 中国长江中下游及其以南地区（湖南、江西等地），现广泛栽培于亚热带地区

●○ 识别特征速查表

项目		具体描述
形态特征	类型	常绿灌木或小乔木（栽培多呈灌木状，高1~4米）
	根	根系发达，主根粗壮，侧根密集
	茎	树皮暗灰色，嫩枝被星状毛；老枝具不规则纵裂
	叶	单叶互生，革质，卵形（2~5厘米）；叶面暗紫色或绿色（因品种而异），叶背灰绿色；全缘
	花	3~8朵簇生成头状花序或短穗状花序
	果	蒴果木质，卵圆形（约7毫米），熟时4瓣裂，种子黑色有光泽
识别关键		√丝带状花瓣：花瓣4枚，细长扭曲，如缕状 √叶色多变：栽培品种叶色有暗紫色、红绿色相间等变化 √星状毛被：嫩枝、叶背、花萼均被星状绒毛
易混淆种区分		与原生白花檵木（*L. chinense*）区别：本变种花叶均为红色；原种花白色，叶绿色

●○ 生长习性与栽培条件

特性	具体表现
光照	喜光，耐半阴（光照不足时叶色变绿）
温度	耐-5~-8℃低温（成年健壮植株），幼苗需防寒，生长适温18~30℃
水分	喜湿润，忌积水
土壤	喜微酸性肥沃土壤（pH 5.5~6.5），耐瘠薄

●○ 应用价值

生态价值： 枝叶密集且根系发达，具有良好的水土保持能力和显著的吸尘降噪效果，为早春重要蜜源，为传粉昆虫提供食物，是生态修复和城市绿化的优良灌木。

经济价值： 是苗木产业中重要的观赏灌木品种；植株适应性强，繁殖容易，兼具观赏价值和经济价值。

园林价值： 花叶俱美，花期长，色彩鲜艳，观赏效果极佳，广泛应用于色块绿化、绿篱、造型树桩等园林场景，是现代园林中重要的彩叶观赏灌木。

●○ 配置建议

宜丛植于草坪、林缘作点缀，或作色块、绿篱大面积种植；可与金叶女贞、杜鹃等搭配形成色彩对比。注意花后修剪促进分枝，定期施用硫磺粉或酸性有机肥（如腐熟松针土）以维持土壤酸性。喜充足光照以使叶色鲜艳，但夏季高温期需适当遮阴，防止叶片灼伤。

A42 南天竹

学名： *Nandina domestica*

别名： 天竺（古称，因其竹状茎秆）；南天烛（果序红艳如烛）；蓝田竹（典故源于《本草纲目》）

科属： 南天竹科，南天竹属

（注：分类学已更新，南天竹属现已从小檗科中分出，独立为南天竹科）

原产地 中国、日本，在中国分布于长江流域及以南地区

识别特征速查表

项目		具体描述
形态特征	类型	常绿灌木（高1~3米）
	根	根系发达，根状茎横走
	茎	茎干直立，少分枝，幼枝常为红色，老枝灰褐色
	叶	2~3回羽状复叶互生，小叶革质，椭圆状披针形（3~10厘米）；冬季叶常变红色
	花	圆锥花序顶生，花小，白色；萼片6枚，卵形，白色，花瓣状；花期5~7月
	果	浆果球形（6~8毫米），熟时鲜红色，稀白色变种；果期9~11月，宿存至翌年春
识别关键		√竹状茎干：茎干直立少分枝，形似竹秆 √红果冬艳：冬季红果累累，经久不落 √叶色季相：小叶冬季常变为红色 √注意毒性：全株有毒，尤其是红色果实，不可食用
易混淆种区分		与十大功劳（*Berberis fortunei*）区别：南天竹为羽状复叶，浆果红色；十大功劳为奇数羽状复叶，浆果蓝黑色

生长习性与栽培条件

特性	具体表现
光照	喜半阴环境，耐阴，在适宜条件下可耐受全日照
温度	耐-10℃低温，生长适温15~25℃
水分	喜湿润，耐旱性较差
土壤	喜肥沃、排水良好的微酸性至中性土壤（pH 6.0~7.0）

应用价值

生态价值： 枝叶茂密且果实持久，具有良好的水土保持能力和显著的景观稳定性，冬季红果为鸟类提供重要食物来源，是维持冬季生态平衡的关键植物。

经济价值： 根、茎、果均可入药（《本草纲目》记载其“清热除湿，通经活络”）；植株形态优雅，是传统插花的重要材料，兼具药用和观赏经济价值。

园林价值： 形态清雅，四季可观：春观新叶，夏赏白花，秋看红叶，冬观红果，是少有的四季皆宜的观赏灌木，广泛应用于古典园林、庭院点缀和盆景制作。

配置建议

宜丛植于庭院角落、建筑背阴处或林缘下，或与山石、水体搭配营造意境；作基础种植时需注意避让强光。注意保持土壤湿润，花后适当修剪促进果序发育。

A43 金边瑞香

学名： *Daphne odora* ‘Aureomarginata’

别名： 金边睡香（古称，因其花香浓烈令人沉醉）；瑞兰（祥瑞之兰）

科属： 瑞香科，瑞香属

原产地： 中国长江流域（原种），本栽培品种选育于江西庐山

识别特征速查表

项目		具体描述
形态特征	类型	常绿灌木（高0.5~1.5米）
	根	根系肉质，浅根性，须根发达，怕积水
	茎	树皮灰褐色，嫩枝紫褐色，粗壮无毛
	叶	单叶互生，革质，长椭圆形（5~10厘米）；叶缘金黄色，叶面深绿色有光泽；全缘
	花	头状花序顶生，花被筒状，先端4裂；外面红紫色，内面白色；浓香；花期2~4月
	果	浆果红色，球形（约1厘米），但在栽培中少见结果
识别关键		√金边绿叶：叶片边缘具明显金黄色镶边 √筒状花被：花被筒状，先端4裂，花朵簇生成团 √浓烈花香：开花时香气浓郁，数十米外可闻
易混淆种区分		与普通瑞香（*D. odora*）区别：本品种叶缘金黄色；原种叶全绿色无金边

生长习性与栽培条件

特性	具体表现
光照	耐半阴，忌烈日暴晒
温度	耐寒性较差，忌严寒，越冬温度不宜低于−5℃，需保护，生长适温15~25℃
水分	喜湿润，忌积水（肉质根易烂）
土壤	喜肥沃、排水良好的酸性沙壤土（pH 5.5~6.5）

应用价值

生态价值： 枝叶密集且根系固土能力强，具有较好的水土保持效果，花期极早且花香浓郁，为早春传粉昆虫提供重要蜜源，是生态园林中珍贵的早花植物。

经济价值： 花朵可提取高级香精，用于化妆品和香水工业；植株形态优美，是高档盆栽和年宵花市场的重要品种，兼具芳香经济价值和观赏经济价值。

园林价值： 观叶赏花俱佳，叶色雅致，花期冬末至早春，花香浓郁，寓意吉祥，是极受欢迎的年宵花木，广泛应用于古典园林、庭院点缀和室内盆栽。

配置建议

宜植于庭院蔽荫处、廊下或窗前等便于赏香的位置，或与山石、水景搭配营造意境；盆栽时需用酸性土。夏季需遮阴防晒，雨季注意排水防烂根。花后修剪保持株型，忌施浓肥。

A44 美人茶

学名： *Camellia sasanqua* 'Uraku'

别名： 美人椿（因其花姿娇美）、冬美人（花期在冬季）

科属： 山茶科，山茶属

原产地： 日本（栽培起源），中国长江流域及以南地区广泛栽培

识别特征速查表

项目		具体描述
形态特征	类型	常绿灌木或小乔木（高2~5米）
	根	根系发达，主根明显，侧根细密
	茎	树皮灰白色，光滑；嫩枝淡褐色，无毛
	叶	单叶互生，革质，椭圆形（6~10厘米）；叶缘有细锯齿，叶面深绿色有光泽
	花	花单生枝顶，花冠半重瓣至重瓣，粉红色；花瓣排列整齐，花形优雅；花期11月至翌年3月
	果	蒴果球形（2~3厘米），熟时褐色，3瓣裂
识别关键		√冬春开花：花期在严寒季节 √花姿优雅：花半重瓣，花瓣排列整齐，花形秀丽 √叶色亮绿：叶片革质有光泽，四季常青
易混淆种区分		与山茶（*Camellia japonica*）区别：美人茶株型较开展，叶片较茶梅稍大，花期早（冬初至早春）；山茶叶片更大更厚，花期多为冬末至春季

生长习性与栽培条件

特性	具体表现
光照	喜半阴，忌强光直射
温度	耐-5~-8℃低温（成年健壮植株），花蕾期需防霜冻，生长适温12~25℃
水分	喜湿润，忌干旱和积水
土壤	喜肥沃、排水良好的微酸性土壤（pH 5.5~6.5）

应用价值

生态价值： 树冠茂密且四季常青，具有良好的遮阴和保湿效果；在冬季温暖地区，其花可为早春的传粉昆虫提供蜜源，是冬季生态系统中的重要蜜源植物。

经济价值： 花姿优美，花期正值春节前后，是重要的年宵花木；植株抗性强，养护成本低，在园林绿化和盆栽市场具有重要的经济价值。

园林价值： 花叶俱美，花期在百花凋零的冬季，花姿优雅，色彩娇艳，为冬春园林增添亮丽色彩，广泛应用于庭院、公园和专类园。

配置建议

宜植于庭院半阴处、建筑东北侧或林缘地带，可与常绿树种搭配形成层次；盆栽时需用酸性培养土。注意夏季遮阴，花后适当修剪。黄河以北地区需盆栽室内越冬，或采取严密防寒措施。

A45 银姬小蜡

学名： *Ligustrum sinense* ‘Variegatum’

别名： 银边小蜡（因叶缘银白色得名）、花叶女贞

科属： 木犀科，女贞属

原产地： 中国中部和南部（原种），本栽培品种广泛分布于长江流域及以南地区

识别特征速查表

项目		具体描述
形态特征	类型	常绿灌木或小乔木（栽培多呈灌木状，高1~3米）
	根	根系发达，主根粗壮，侧根密集
	茎	树皮灰褐色，嫩枝密被短柔毛，四棱形
	叶	单叶对生，革质，椭圆形或卵形（2~5厘米）；叶缘银白色，叶面深绿色；全缘
	花	圆锥花序顶生，花小，白色；花冠4裂；芳香；花期5~6月
	果	核果近球形（5~8毫米），熟时紫黑色
识别关键		√银边绿叶：叶片边缘具明显银白色镶边 √对生叶序：典型木犀科特征，小枝四棱形 √圆锥花序：花序顶生，小花繁密而芳香
易混淆种区分		与金叶女贞（*L.* × *vicaryi*）区别：银姬小蜡叶缘银白色，叶心绿色；金叶女贞全叶金黄色

生长习性与栽培条件

特性	具体表现
光照	喜光，耐半阴（光照充足时叶色更鲜艳）
温度	耐-10℃低温，生长适温15~28℃
水分	耐干旱，忌积水
土壤	适应性强，耐瘠薄，喜微酸性至中性土壤（pH 6.0~7.5）

应用价值

生态价值： 枝叶茂密且适应性强，具有显著的滞尘降噪和空气净化能力，花期提供蜜源，果期为鸟类提供食物，是城市生态系统中重要的多功能灌木。

经济价值： 繁殖容易，生长迅速，是绿篱和色块苗的重要生产品种；植株抗逆性强，养护成本低，在园林工程中具有重要的经济价值。

园林价值： 叶色雅致，四季常青，春夏白花繁密，观赏期长，是优秀的彩叶灌木，广泛应用于绿篱、色块、造型等园林造景。

配置建议

宜作绿篱、色块或丛植于庭院、道路旁。可与红花檵木、金叶女贞等彩叶植物搭配，形成色彩对比。需定期修剪以保持良好株型和促发新枝，使银边叶色更加亮丽。注意在碱性土地区施用硫酸亚铁等改良剂防止黄化。

A46 茶梅

学名： *Camellia sasanqua*

别名： 冬山茶（因冬季开花得名）

科属： 山茶科，山茶属

原产地： 日本南部及中国东南沿海地区，现广泛栽培于长江流域及以南地区

识别特征速查表

项目		具体描述
形态特征	类型	常绿灌木或小乔木（高1~5米）
	根	根系发达，主根粗壮，侧根细密
	茎	树皮灰褐色，嫩枝淡褐色，被短柔毛
	叶	单叶互生，革质，椭圆形（3~7厘米）；叶缘有细锯齿，叶面深绿色，有光泽
	花	单生枝顶，花冠单瓣或半重瓣，花色有白色、粉色、红色等；花期10月至翌年2月
	果	蒴果球形（2~3厘米），熟时褐色，3瓣裂
识别关键		√冬季开花：花期在秋冬季 √ 花叶较小：花和叶片均比山茶（*C. japonica*）小 √嫩枝有毛：嫩枝被短柔毛
易混淆种区分		与山茶（*C. japonica*）区别：茶梅花、叶较小，嫩枝有毛；山茶花、叶较大，嫩枝无毛

生长习性与栽培条件

特性	具体表现
光照	喜阳光充足，也耐半阴（比山茶更喜光）
温度	耐−8℃低温，生长适温15~25℃
水分	喜湿润，忌积水
土壤	喜肥沃、排水良好的微酸性土壤（pH 5.5~6.5）

应用价值

生态价值： 树冠茂密且四季常青，具有良好的遮阴和保湿效果，秋冬季开花，是寒冷季节生态系统中的重要蜜源植物。

经济价值： 花期正值少花季节，是重要的冬季观赏花木，在园林绿化中经济价值显著。

园林价值： 花叶俱美，花期在百花凋零的秋冬季，花姿优雅，色彩丰富，为冬春园林增添亮丽色彩，广泛应用于庭院、公园和专类园。

配置建议

在长江流域及以北地区露地栽培需选择避风向阳处，黄河以北地区需盆栽室内越冬。可与常绿树种搭配形成层次；盆栽时需用酸性培养土。注意花后适当修剪，保持树形美观。北方地区盆栽越冬需保护。

◈ 任务2.2.2 识别级物种

B28 杜鹃 *Rhododendron simsii* 杜鹃花科，杜鹃花属

小枝密被糙伏毛；叶革质，卵形，全缘，两面被糙伏毛；花2~3朵簇生枝顶，花冠漏斗形，玫瑰红色，具深红色斑点；蒴果卵球形，密被糙伏毛；种子细小，多数。

B29 夹竹桃 *Nerium oleander* 夹竹桃科，夹竹桃属

树皮灰褐色；小枝绿色，含水液；叶革质，3~4枚轮生，线状披针形，全缘；聚伞花序顶生，花冠漏斗状，粉红色、白色或黄色，具芳香；蓇葖果双生，长圆形；种子顶端具种毛。全株有毒。

B30 红叶石楠 *Photinia × fraseri* 蔷薇科，石楠属

小枝灰褐色；叶革质，长椭圆形，幼叶鲜红色，后渐变为绿色，边缘具细锯齿；复伞房花序顶生，花小，白色；梨果球形，成熟时红色。

B31 云南黄馨 *Jasminum mesnyi* 木犀科，素馨属

小枝四棱形，绿色；叶对生，三出复叶，小叶卵形，全缘；花单生叶腋，花冠黄色，高脚碟状，半重瓣；常不结果。

B32 山茶 *Camellia japonica* 山茶科，山茶属

树皮灰褐色；小枝淡褐色；叶革质，椭圆形，边缘有细锯齿；花单生枝顶，花瓣5~7枚，红色、粉色或白色；蒴果球形，成熟时室背开裂；种子球形，褐色。

B33 金叶女贞 *Ligustrum × vicaryi* 木犀科，女贞属

小枝淡黄色；叶对生，革质，卵形，全缘，新叶金黄色，老叶黄绿色；圆锥花序顶生，花小，白色；核果球形，成熟时紫黑色。

B34 珊瑚树 *Viburnum odoratissimum* 忍冬科，荚蒾属

树皮灰褐色；小枝具皮孔；叶革质，椭圆形，边缘上部具浅锯齿；聚伞花序圆锥状，花小，白色，芳香；核果卵形，成熟时红色，后转黑色。

B35 雀舌黄杨 *Buxus bodinieri* 黄杨科，黄杨属

小枝四棱形，密被短柔毛；叶革质，匙形，全缘，先端钝圆；花序腋生，花小，黄绿色；蒴果球形，成熟时开裂；种子黑色，有光泽。

B36 直立冬青 *Ilex crenata* 'Sky Pencil' 冬青科，冬青属

树冠狭窄圆柱形，分枝直立紧凑；叶革质，小而密，椭圆形，深绿色，有光泽；花小，白色，腋生；核果球形，成熟时黑色。

B37 '先令'冬青 *Ilex × altaclerensis* 'Golden King' 冬青科，冬青属

小枝绿色；叶革质，卵形，边缘具刺齿，叶面深绿色，具金黄色斑纹；花小，白色，簇生；核果球形，成熟时红色。

B38 千层金 *Melaleuca bracteata* 桃金娘科，白千层属

树皮灰白色，纸质，多层剥落；小枝纤细；叶互生，线形，革质，金黄色，具芳香气味；穗状花序顶生，花小，白色；蒴果杯状，顶端平截。

B39 小叶女贞 *Ligustrum quihoui* 木犀科，女贞属

小枝灰褐色，被微柔毛；叶革质，椭圆形，全缘；圆锥花序顶生，花小，白色，芳香；核果近球形，成熟时紫黑色。

B40 鹅掌柴 *Heptapleurum heptaphyllum* 五加科，鹅掌柴属

小枝具皮孔；叶互生，掌状复叶，小叶5~9枚，椭圆形，全缘；圆锥花序顶生，花小，白色；核果球形，成熟时黑色。

B41 赤楠 *Syzygium buxifolium* 桃金娘科，蒲桃属

树皮灰褐色；小枝四棱形；叶革质，对生，椭圆形，全缘；聚伞花序顶生，花小，白色；浆果球形，成熟时紫黑色。

B42 大花六道木 *Abelia × grandiflora*

忍冬科，六道木属

小枝红褐色；叶对生，卵形，边缘具疏齿；聚伞花序腋生或顶生，花冠漏斗形，粉白色；瘦果长圆形，顶端宿存萼片。

B43 菲油果 *Acca sellowiana*

桃金娘科，野凤榴属

树皮灰褐色；小枝密被灰白色绒毛；叶革质，对生，椭圆形，叶背密被白色绒毛；花单生，花瓣外面白色，内面紫红色，雄蕊红色；浆果椭圆形，成熟时绿色，可食用。

B44 变叶木 *Codiaeum variegatum*

大戟科，变叶木属

小枝具乳汁；叶互生，革质，形状及颜色多样，常具黄、红、绿等斑纹；总状花序腋生，花小，不明显；蒴果球形。

B45 银边大叶黄杨 *Euonymus japonicus* 'Albo-marginatus'

卫矛科，卫矛属

小枝绿色；叶革质，对生，椭圆形，边缘具白色斑纹；聚伞花序腋生，花小，淡绿色；蒴果扁球形，成熟时粉红色。

杜鹃

夹竹桃

红叶石楠

云南黄馨

山茶

金叶女贞

珊瑚树

雀舌黄杨

直立冬青

'先令'冬青

千层金

小叶女贞

鹅掌柴

赤楠

大花六道木

菲油果

变叶木

银边大叶黄杨

B46 熊掌木 *× Fatshedera lizei* 五加科，五角金盘属

茎绿色，粗壮；叶互生，掌状5~9深裂，裂片卵状披针形；圆锥花序顶生，花小，白色；核果球形，成熟时黑色。

B47 朱砂根 *Ardisia crenata* 报春花科，紫金牛属

小枝具纵棱；叶互生，革质，长椭圆形，边缘波状，具腺点；伞形花序腋生，花小，白色或淡红色；核果球形，成熟时鲜红色。

B48 茉莉花 *Jasminum sambac* 木犀科，素馨属

小枝细长，绿色；叶对生，纸质，宽卵形，全缘；聚伞花序顶生，花白色，芳香浓郁；浆果球形，成熟时紫黑色。

B49 蚊母树 *Distylium racemosum* 金缕梅科，蚊母树属

树皮暗灰色；小枝具星状毛；叶革质，椭圆形，全缘；总状花序腋生，花小，无花瓣；蒴果卵圆形，密被星状毛。

B50 非洲茉莉 *Fagraea ceilanica* 马钱科，灰莉属

小枝粗壮；叶对生，厚革质，宽卵形，全缘，叶面深绿色，有光泽；聚伞花序顶生，花冠漏斗形，白色，芳香；浆果卵球形，成熟时橙红色。

B51 少花鸳鸯茉莉 *Brunfelsia pauciflora* 茄科，番茉莉属

小枝绿色；叶互生，纸质，长椭圆形，全缘；花单生或簇生，初开时蓝紫色，后渐变为白色；蒴果卵形。

B52 伞房决明 *Senna corymbosa* 豆科，决明属

小枝绿色；叶互生，偶数羽状复叶，小叶3~5对，卵形；伞房花序顶生，花黄色；荚果圆柱形，成熟时褐色。

B53 金丝桃 *Hypericum monogynum* 藤黄科，金丝桃属

小枝红褐色；叶对生，纸质，长椭圆形，具透明腺点；聚伞花序顶生，花黄色，雄蕊多数，长于花瓣；蒴果卵球形。

B54 小丑火棘 *Pyracantha fortuneana* 'Harlequin' 蔷薇科，火棘属

小枝具枝刺；叶革质，倒卵形，边缘具钝齿，叶面具白色斑纹；复伞房花序，花小，白色；梨果球形，成熟时红色。

B55 黄金枸骨 *Ilex × attenuata* 'Sunny Foster' 冬青科，冬青属

小枝绿色；叶革质，卵形，边缘具刺齿，叶面具金黄色斑纹；花小，白色，簇生；核果球形，成熟时红色。

B56 扶桑 *Hibiscus rosa-sinensis* 锦葵科，木槿属

小枝绿色；叶互生，卵形，边缘具粗齿；花单生叶腋，花冠漏斗形，常红色，雄蕊柱伸出花冠外；蒴果卵球形。

B57 地中海荚蒾 *Viburnum tinus* 忍冬科，荚蒾属

小枝具星状毛；叶对生，革质，椭圆形，全缘；聚伞花序再组成伞形式，花小，白色或粉红色；核果椭圆形，成熟时蓝黑色。

B58 八角金盘 *Fatsia japonica* 五加科，八角金盘属

茎绿色，粗壮；叶互生，掌状7~9深裂，裂片长椭圆形；圆锥花序顶生，花小，白色；核果球形，成熟时黑色。

B59 三角梅 *Bougainvillea spectabilis* 紫茉莉科，叶子花属

小枝具刺；叶互生，卵形，全缘；花小，常三朵簇生于枝端，苞片叶状，紫红色、红色或白色，为主要观赏部位；瘦果具5棱。

B60 散尾葵 *Dypsis lutescens* 棕榈科，散尾葵属

茎丛生，黄绿色，具环状叶痕；叶羽状全裂，裂片线形，先端柔软下垂；花序生于叶丛下，花小，黄色；果稍呈陀螺形，成熟时紫黑色。

B61 千年木 *Dracaena marginata* 天门冬科，龙血树属

茎细长，常分枝，具环状叶痕；叶狭披针形，簇生茎顶，常具紫红色边缘；圆锥花序，花小，白色；浆果球形，成熟时红色。

B62 六月雪 *Serissa japonica* 茜草科，白马骨属

小枝灰褐色；叶对生，纸质，椭圆形，全缘；花单生或簇生，花冠白色，漏斗形；核果球形。

B63 水果蓝 *Teucrium fruticans* 唇形科，香科科属

小枝四棱形，密被白色绒毛；叶对生，卵形，全缘，叶背密被白色绒毛；轮伞花序，花冠唇形，蓝紫色；小坚果卵球形。

B64 花叶蔓长春花 *Vinca major* 'Variegata' 夹竹桃科，蔓长春花属

茎匍匐或下垂；叶对生，卵形，边缘具黄白色斑纹；花单生叶腋，花冠蓝色，漏斗形；蓇葖果双生，圆柱形。

B65 金边大叶黄杨 *Euonymus japonicus* 'Aurea-marginatus' 卫矛科，卫矛属

小枝绿色；叶革质，对生，椭圆形，边缘具金黄色斑纹；聚伞花序腋生，花小，淡绿色；蒴果扁球形，成熟时粉红色。

小丑火棘

黄金枸骨

扶桑

地中海荚蒾

熊掌木

朱砂根

八角金盘

三角梅

茉莉花

蚊母树

散尾葵

千年木

非洲茉莉

少花鸳鸯茉莉

六月雪

水果蓝

伞房决明

金丝桃

花叶蔓长春花

金边大叶黄杨

单元2.3　常绿阔叶藤本识别与应用

◈ 任务2.3.1　掌握级物种

A47　薜荔

学名： *Ficus pumila*

别名： 木莲（果实形似莲花）、凉粉果（果实可制凉粉）、爬墙虎（攀缘特性显著）

科属： 桑科，榕属

原产地： 中国长江流域以南至东南亚，日本南部也有分布

●○ 识别特征速查表

项目		具体描述
形态特征	类型	常绿攀缘藤本（长可达10米），具气生根
	根	气生根发达，可吸附攀缘
	茎	幼茎纤细，被褐色柔毛；老茎木质化，灰褐色
	叶	二型叶：营养叶心形（长2~5厘米）；结果叶革质，椭圆形（长5~10厘米）
	花	隐头花序（榕果），腋生，梨形（径1.5~2.5厘米），内藏小花；花期5~7月
	果	隐花果（榕果）成熟时深绿色，内含大量瘦果（可制凉粉）
识别关键		√ 攀附生长：茎节生不定根，可紧密贴附墙面、岩壁 √ 叶形二态：营养叶与结果叶形态差异显著 √ 隐花果序：典型榕属特征，果实内藏小花
易混淆种区分		与变种爱玉子（*F. pumila* var. *awkeotsang*）区别：薜荔果较小（径1.5~2.5厘米），主要用于观赏；爱玉子果较大（长圆形，长6~8厘米），是制作凉粉的主要原料

●○ 生长习性与栽培条件

特性	具体表现
光照	耐阴性强，喜散射光，忌强光直射
温度	耐短期-5℃左右低温（成年健壮植株），长江流域背风向阳处可露地越冬，幼苗需防寒，生长适温15~28℃，长江流域可露地越冬
水分	喜湿润，耐旱，夏季需叶面喷水
土壤	适应性强，微酸性至中性（pH 6.0~7.5），耐瘠薄

●○ 应用价值

生态价值： 攀缘性强且根系发达，具有突出的护坡固土和吸附粉尘功能，其隐头花序为特殊传粉昆虫提供生态位，是垂直绿化的关键藤本植物。

经济价值： 果实（瘦果）富含果胶，可制凉粉，果、根、茎枝可入药，《本草纲目》记载其具祛风利湿、活血解毒等功效，兼具食品加工和传统药用价值。

园林价值： 常绿藤本植物，叶形雅致，攀附建筑可有效降低表面温度，起到隔热降温效果，特别适合立体绿化、古建修复和生态墙面营造，是海绵城市建设的特色植物。

●○ 配置建议

宜用于墙面、假山等垂直绿化，或盆栽引导攀附造型，初期需辅助固定，成熟后自然攀附。

A48 小叶扶芳藤

学名： *Euonymus fortunei* var. *radicans*

别名： 爬行卫矛（因其匍匐生长特性）；金边扶芳藤（部分栽培品种叶缘金黄）

科属： 卫矛科，卫矛属

原产地： 中国东部至南部，日本、朝鲜半岛也有分布

识别特征速查表

项目		具体描述
形态特征	类型	常绿匍匐灌木（自然高度0.2~0.5米，攀缘可达2米）
	茎	幼茎绿色，具细棱；老茎灰褐色，茎节处易生不定根，吸附攀附力强
	叶	单叶对生，革质，椭圆形，长2~5厘米，叶缘具细锯齿，叶面深绿色光亮，秋冬季节常变为紫红色
	花	聚伞花序腋生，小花黄绿色（径约0.5厘米）；花期5~6月
	果	蒴果扁球形（径约1厘米），熟时粉红色，假种皮橘红色；果期9~10月
识别关键		√四季变色：叶冬季泛紫红色，观赏期长 √攀附特性：茎节生气根，可攀缘墙面、岩石 √红果悬垂：秋季粉红色蒴果开裂，露出橘红色假种皮
易混淆种区分		与扶芳藤（原变种）区别：小叶扶芳藤叶通常较小（长2~5厘米），匍匐或攀缘生长；扶芳藤（*Euonymus fortunei*）叶较宽大（长4~7厘米，宽3~5厘米），常呈灌木或藤本状

生长习性与栽培条件

特性	具体表现
光照	耐阴性强，全日照至荫蔽环境均可适应
温度	耐-15℃低温，适温-10~35℃，全国大部分地区可露地越冬
水分	较耐旱，忌积水。但在夏季持续干燥时需及时灌溉，以保证良好长势和观赏效果
土壤	适应性强，酸性至微碱性（pH 5.0~8.0），耐贫瘠

应用价值

生态价值： 枝叶密集且攀附性强，具有显著的护坡固土和降温增湿功能（垂直绿化面降温达4~6℃），能为城市昆虫、小型动物等提供微生境。

经济价值： 花叶品种（如‘金边’‘银边’等）工程苗溢价30%~50%，耐寒特性（-15℃）可拓展北方市场，是立体绿化工程的核心材料。

园林价值： 叶小革质（2~5厘米），秋冬变红，四季观赏，特别适合墙面绿化、立柱装饰和庭院立体造景，年生长量达1.5~2米。

配置建议

宜作地被覆盖或墙面攀缘绿化，与景石搭配可营造自然野趣，耐修剪且病虫害少，管理粗放。

A49 络石

学名： *Trachelospermum jasminoides*

别名： 风车茉莉（花朵形似风车）；万字茉莉（花冠裂片螺旋形排列，状如“卍”字）；石龙藤（善攀缘岩石生长）

科属： 夹竹桃科，络石属

原产地： 中国长江流域以南，日本、朝鲜半岛也有分布

识别特征速查表

项目		具体描述
形态特征	类型	常绿木质藤本（藤长可达10米）
	根	主根明显，侧根发达
	茎	老茎赤褐色，具皮孔；嫩茎绿色，被柔毛，具乳汁，以茎缠绕攀缘
	叶	单叶对生，革质，椭圆形至卵形（长2~8厘米），全缘，叶面深绿色光亮
	花	聚伞花序顶生或腋生，花冠高脚碟状（径约2厘米），白色，芳香；花期5~7月
	果	蓇葖果双生，圆柱形（长10~20厘米）；种子具绢毛
识别关键		√白色香花：花冠高脚碟状，芳香浓郁 √具乳汁：茎叶折断流出白色乳汁 √对生革质叶：叶片革质光亮，冬季在低温环境下常变为红色或紫红色
易混淆种区分		与花叶络石（*T. jasminoides* ‘Flame’）区别：络石叶片全绿色，以观花为主；花叶络石为栽培品种，叶片具乳白色或淡黄色斑纹，新叶常带粉红色晕，主要以观叶为目的

生长习性与栽培条件

特性	具体表现
光照	耐阴，喜半阴环境
温度	耐-10℃低温，生长适温15~28℃
水分	喜湿润，较耐旱
土壤	适应性强，喜肥沃、排水良好的微酸性至中性土壤（pH 6.0~7.0）

应用价值

生态价值： 藤蔓密集且常绿，具有优良的覆盖保土和遮阴降温效果，花期为传粉昆虫提供重要蜜源（其植株乳汁具刺激性，应注意避免接触），是生态修复和城市垂直绿化的优良材料。

经济价值： 其根、茎、叶可供药用，有祛风通络、凉血消肿之效（《中国药典》），但应在医师指导下使用，切勿自行采食，因其植株具毒性。花可提取芳香油；茎皮纤维可制人造棉，在医药和轻工领域具有潜在价值。

园林价值： 四季常青，春夏白花如雪，芳香馥郁，秋季红叶艳丽，是观叶、观花、闻香俱佳的藤本植物，广泛应用于墙面、廊架、山石绿化等造景。

配置建议

宜用于墙面、廊架、假山、陡坡等垂直绿化，或作地被覆盖；可攀缘乔木形成自然景观。注意提供攀附支撑，定期修剪保持美观。北方地区宜选避风向阳处栽培，冬季需进行防寒保护。

A50 常春油麻藤

学名： *Mucuna sempervirens*

别名： 常绿油麻藤（因常绿特性得名）、过山龙（藤蔓攀爬能力强）

科属： 豆科，油麻藤属

原产地： 中国长江流域以南及西南地区，印度、日本也有分布

识别特征速查表

项目		具体描述
形态特征	类型	通常为常绿大型木质藤本（藤长可达25米）
	根	主根深长，侧根发达，具根瘤
	茎	老茎直径可达30厘米，树皮灰褐色，纵裂；嫩茎绿色，具纵棱
	叶	三出复叶互生，小叶革质，顶生小叶卵状椭圆形（7~12厘米），侧生小叶偏斜；全缘
	花	总状花序下垂，腋生，花大，深紫色或紫红色；花冠蝶形，旗瓣宽短，翼瓣与龙骨瓣形态特殊；有特殊气味；花期4~5月
	果	荚果木质，长条形（30~60厘米），密被锈色绒毛；种子间缢缩成念珠状
识别关键		√大型藤本：粗壮木质藤本，茎干粗壮 √三出复叶：典型豆科特征，小叶革质光亮 √木质念珠状荚果：荚果长可达半米以上，密被锈褐色绒毛，种子间明显缢缩
易混淆种区分		与网络崖豆藤（*Millettia reticulata*）区别：常春油麻藤为三出复叶，花深紫褐色，荚果念珠状；网络崖豆藤为奇数羽状复叶（小叶5~9枚），花紫红色，荚果扁平，长条形而不缢缩

生长习性与栽培条件

特性	具体表现
光照	喜光，耐半阴
温度	耐寒性较强，成株可耐-10℃左右短期低温，生长适温18~28℃
水分	喜湿润，较耐旱
土壤	适应性强，喜肥沃、排水良好的微酸性至中性土壤（pH 6.0~7.0）

应用价值

生态价值： 藤蔓茂密且覆盖能力强，具有显著的水土保持和遮阴降温效果，花期为传粉昆虫提供蜜源，豆科特性可固氮改良土壤，是生态修复的重要藤本植物。

经济价值： 茎皮纤维可制人造棉和造纸；其种子含生物碱等毒素，未经特殊处理不可食用；其藤茎可入药，具有通经活络功效（应在医师指导下使用）。

园林价值： 生长迅速，覆盖效果好，春夏开花繁茂，深色的花朵成串下垂，形态独特，是优良的垂直绿化材料，广泛应用于廊架、棚栏、山石绿化等造景。

配置建议

宜用于大型廊架、棚栏、墙垣等垂直绿化，或用于山石、陡坡的水土保持；需设牢固支撑物。注意控制生长范围，定期修剪避免过度蔓延。花期观赏效果极佳，可重点配置于游人密集区域。

A51 中华常春藤

学名： *Hedera sinensis*

别名： 爬墙虎（因攀缘特性得名）、土鼓藤（古称）

科属： 五加科，常春藤属

原产地： 中国特有物种，分布于华北、华中、华南及西南地区

●○ 识别特征速查表

项目		具体描述
形态特征	类型	常绿攀缘藤本（藤长可达20米）
	茎	老茎灰褐色，具纵裂；嫩茎绿色，具纵棱，茎节处生有气生根，可攀附墙面、树干等表面
	叶	二型叶：营养枝叶三角状卵形（3~8厘米），3~5浅裂；生殖枝叶卵状菱形，全缘
	花	伞形花序顶生，花小，淡绿色；花期9~11月
	果	浆果球形（6~8毫米），熟时黑色
识别关键		√ 二型叶片：营养叶与生殖叶形态明显不同 √ 气生根攀附：茎节处生有气生根，通过机械固定攀附墙面、树干 √ 伞形花序：小花排列成伞形，秋季开花
易混淆种区分		与洋常春藤（*H. helix*）区别：中华常春藤营养叶通常3~5浅裂，幼枝与叶无毛或疏被鳞毛；洋常春藤幼枝与叶常密被星状毛，且栽培品种极多，叶形多变并常具斑纹

●○ 生长习性与栽培条件

特性	具体表现
光照	极耐阴，忌强光直射
温度	耐-15℃低温，生长适温18~25℃
水分	喜湿润，较耐旱
土壤	适应性强，喜肥沃、排水良好的微酸性至中性土壤（pH 6.0~7.0）

●○ 应用价值

生态价值： 藤蔓密集且四季常青，具有良好的覆盖保土和降温增湿效果，浆果为鸟类提供冬季食物，气生根能吸附空气中的有害物质，是生态修复和城市立体绿化的先锋植物。

经济价值： 其茎叶可入药，具祛风利湿、活血消肿功效（但应在专业医师指导下使用，因其植株具毒性，不可自行采食）；提取物可用于化妆品和保健品；耐阴特性使其成为重要的室内观赏植物（室内盆栽需注意防止儿童和宠物误食），在医药和园艺领域具有重要价值。

园林价值： 叶形优美，四季常青，覆盖效果好，是优良的垂直绿化和地被植物，广泛应用于墙面、廊架、假山绿化及室内装饰，被誉为“立体绿化之王”。

●○ 配置建议

宜用于北向墙面、林下地被、室内绿化等荫蔽环境；可攀缘乔木、假山形成自然景观。注意避免强光直射，定期修剪控制生长范围。室内栽培需保持通风，避免过度干燥。

A52 南五味子

学名： *Kadsura longipedunculata*

别名： 黑老虎（根状茎形似，民间常用名）；红木香（茎皮红色，有香气）；布福娜（苗语音译，多特指其果实）

科属： 五味子科，南五味子属

原产地： 中国长江流域及以南地区，日本也有分布

识别特征速查表

项目		具体描述
形态特征	类型	常绿木质藤本（藤长可达4米）
	根与根状茎	根状茎特别发达，横走，肉质，断面红色，有浓烈香气
	茎	老茎灰褐色，具纵裂；嫩茎绿色，光滑无毛
	叶	单叶互生，革质，椭圆形或卵状椭圆形（5~13厘米）；叶缘有疏锯齿
	花	单性异株，单生叶腋，花被片7~15枚，瓣片细长，黄绿色，形态雅致；花期6~9月
	果	聚合果球形（2~3.5厘米），熟时深红色；小浆果30~50枚
识别关键		√ 红色根状茎：根状茎横走，断面红色，有香气 √ 聚合浆果：果实为聚合果，熟时深红色 √ 藤本习性：木质藤本，常缠绕其他树木生长
易混淆种区分		与北五味子（*Schisandra chinensis*）区别：南五味子为常绿藤本，花通常单生于叶腋，聚合果较大且近球形；北五味子为落叶藤本，花数朵簇生于叶腋，果穗较长、较松散

生长习性与栽培条件

特性	具体表现
光照	耐阴，喜散射光
温度	耐寒性较好，成株可耐-8~-10℃短期低温，生长适温18~28℃
水分	喜湿润，忌积水
土壤	喜肥沃、排水良好的微酸性土壤（pH 5.5~6.5）

应用价值

生态价值：藤本习性具有良好的覆盖保土能力，花果期为昆虫和鸟类提供食物，根状茎分泌物能改良土壤，是林下植被恢复和生态屏障建设的重要物种。

经济价值：其根状茎可入药，具有理气止痛、祛风活血功效，《本草纲目》载其“活血理气，治内伤”；果实可开发为保健品（均应遵循专业指导，不可擅自用药）。

园林价值：叶色亮绿，花形雅致，红果艳丽，挂果期长，是观花、观果、观叶的优良藤本植物，适用于廊架、栅栏绿化及林下栽培，兼具观赏与药用价值。

配置建议

宜植于林缘、栅栏、廊架等半阴环境，可攀缘乔木或山石；盆栽时需设支架。注意保持环境湿润，花果期增施磷钾肥。北方地区需保护越冬，避免冻害。

任务2.3.2 识别级物种

B66 花叶络石 *Trachelospermum jasminoides* ‘Flame’ 夹竹桃科，络石属

茎匍匐或攀缘；叶对生，椭圆形，具白色或粉红色斑纹；聚伞花序，花冠白色，高脚碟状；蓇葖果双生，圆柱形。

B67 洋常春藤 *Hedera helix* 五加科，常春藤属

茎匍匐或攀缘，具气生根；叶革质，掌状3~5裂，深绿色，常具白色斑纹；伞形花序，花小，黄绿色；浆果球形，成熟时黑色。

B68 金银花 *Lonicera japonica* 忍冬科，忍冬属

茎缠绕，中空；叶对生，卵形，全缘；花成对腋生，花冠唇形，初开白色，后转黄色，芳香；浆果球形，成熟时蓝黑色。

花叶络石

洋常春藤

金银花

单元2.4　落叶阔叶乔木识别与应用

◈ 任务2.4.1　掌握级物种

A53 悬铃木

学名： *Platanus acerifolia*

别名： 法桐（国内通用俗称，因其最早由法国人引种上海法租界而得名）；英国梧桐（示其杂交起源）；二球悬铃木（果实常2球一串）

科属： 悬铃木科，悬铃木属

原产地： 英国（一球悬铃木与三球悬铃木杂交种），现全球温带广泛栽培

●○ 识别特征速查表

项目		具体描述
形态特征	类型	落叶大乔木（成年树高可达30~35米，冠幅可达20~30米）
	根	根系深广，侧根发达，耐移植
	茎	树皮淡灰绿色或灰褐色，呈不规则大片状剥落，剥落后露出光滑的乳白色、黄白色或淡绿色斑块，形成显著的斑驳色感
	叶	单叶互生，掌状3~5裂（宽10~25厘米），裂片三角状，叶缘疏齿；托叶大，早落；叶柄基部膨大（包藏侧芽）
	花	单性花，雌雄同株，头状花序；花期4~5月
	果	聚合果球形（径2.5~3厘米），2~3球一串，宿存至翌年春季
识别关键		√独特斑驳树皮：主干与主枝的树皮不规则片状剥落，形成典型的迷彩色斑块 √掌状巨叶：叶片宽大如掌，秋季金黄色 √悬铃果实：球形果序悬挂枝头，经冬不落
易混淆种区分		与一球悬铃木（*P. occidentalis*）区别：本种果序多为2（1~3）球一串，叶裂深度约为全叶的1/3；一球悬铃木果序多为1（偶2）球一串，叶裂更浅 与三球悬铃木（*P. orientalis*）区别：本种果序多为2（1~3）球一串；三球悬铃木果序多为3（2~6）球一串，叶裂更深更窄

●○ 生长习性与栽培条件

特性	具体表现
光照	喜全日照，不耐荫蔽
温度	耐-25℃低温，适应-15~40℃，北至沈阳可栽培
水分	耐旱，不耐长期积水，但能耐受短期水涝
土壤	适应性强，酸性至碱性（pH 5.0~8.5），耐瘠薄，耐盐碱

●○ 应用价值

生态价值： 是城市生态系统中重要的碳汇树种和野生动物栖息地。

经济价值： 木材纹理美观，适用于家具制造、室内装饰或包装材料；树皮可提取单宁，兼具用材林和工业原料价值。

园林价值： 树形雄伟挺拔，掌状叶秋季金黄，悬铃状果序可在冬季观赏，特别适合作为城市林荫大道、中央隔离带和公园主景树。

●○ 配置建议

宜作行道树或公园孤植树，种植间距需保持8~10米，为减少春季果毛飞絮污染，宜选用培育的少果或无果品种，或对现有树木采用注射花芽抑制剂等现代化技术进行控制，注意选择远离下水道区域栽植。

A54 银杏

学名： *Ginkgo biloba*

别名： 公孙树（祖父栽树，孙辈得果）；白果树（种子俗称白果） 活化石（现存最古老种子植物之一）

科属： 银杏科，银杏属

原产地： 中国（公认的天然分布和起源中心，浙江天目山等地存在大量天然更新的古树种群），现全球温带广泛栽培

识别特征速查表

项目		具体描述
形态特征	类型	落叶乔木（自然高25~40米，栽培常控高15~25米）
	根	幼树主根发达，深根性，抗风能力强；大树及移植树根系恢复慢，萌发新根能力较弱
	茎	树皮灰褐色，纵裂；枝分长枝与短枝
	叶	独特扇形叶（宽5~8厘米），叶缘常二裂或呈波状缺刻，具多数二叉状分枝的细脉；秋叶金黄色
	花	雌雄异株，雄花柔荑状，雌花具长柄；花期4~5月
	种子	球形（径2~2.5厘米），具三层种皮：外种皮肉质，熟时橙黄色，具恶臭；中种皮白色骨质；内种皮膜质
识别关键		√ 独特叶形与脉序：独特扇形叶，具二叉分枝脉序，秋叶灿若金箔 √ 长短枝型：长枝延伸，短枝簇生叶果，生长特征鲜明 √ 孑遗物种：现存最古老裸子植物之一，被誉为“活化石”
易混淆种区分		与金钱松区别：银杏叶扇形无毛；金钱松叶条形，短枝叶簇生呈钱币状

生长习性与栽培条件

特性	具体表现
光照	喜光，幼苗耐半阴
温度	耐-30℃低温，适应-20~35℃，全国多数地区可栽培
水分	耐旱，极忌积水，涝渍易导致烂根死亡，幼苗期需保湿
土壤	喜深厚肥沃的中性至微酸性土（pH 6.0~7.5），耐轻度盐碱

应用价值

生态价值： 树冠雄伟，抗污染性强（对氟化物、二氧化硫等吸收率高），是优良的城市抗污染树种。

经济价值： 木材结构细腻，质地均匀柔软、易加工，是制作高档木雕、棋具、文具的顶级原料。

园林价值： 扇形叶秋季金黄璀璨（观赏期30~45天），树龄可达3000年，特别适合用于城市标志树、历史街区绿化和专类园建设。

配置建议

宜孤植作景观主树或列植为行道树，作为行道树及广场绿化时应优选雄株品种，从根本上避免雌株落果产生的污染和异味。幼苗期注意防日灼。

A55 乌桕

学名： *triadica sebifera*
别名： 木蜡树（种子可制蜡）、虹树（秋叶红艳如虹）
科属： 大戟科，乌桕属
原产地： 中国长江流域及其以南地区

识别特征速查表

项目		具体描述
形态特征	类型	落叶乔木（树高可达15米以上）
	根	主根明显，侧根发达，耐水湿
	茎	树皮暗灰色，纵裂；幼枝淡绿色，皮孔显著
	叶	单叶互生，菱形或菱状卵形（长3~10厘米），全缘，秋叶红艳；叶柄顶端具2腺体
	花	穗状花序顶生，单性同株，黄绿色；花期5~7月
	果	蒴果近球形，略呈三棱状（径约1厘米），熟时黑褐色，室背三瓣开裂；种子外被白色蜡质假种皮
识别关键		√ 秋色绚烂：霜后叶片转为鲜红、紫红或橙黄，色彩斑斓 √ 叶柄腺体：叶柄顶端具2枚杯状腺体，是其重要识别特征 √ 蜡质种子：种子外被白色蜡质层，可制工业用蜡
易混淆种区分		与山乌桕（*Triadica cochinchinensis*）区别：乌桕叶菱形，叶柄顶端腺体2枚；山乌桕叶多为椭圆形或长卵形，叶背常为粉白色，无腺体

生长习性与栽培条件

特性	具体表现
光照	喜光，不耐荫蔽（光照不足时秋色暗淡）
温度	耐-10℃低温，生长适温15~30℃，华北地区需小气候保护
水分	耐湿，耐旱，适应性强
土壤	酸性至微碱性（pH 5.0~8.0），耐瘠薄，忌黏重土

应用价值

生态价值： 树冠舒展且适应性强（耐pH3.5~8.5土壤），是优良的水土保持树种和矿区生态修复的先锋树种；其植株乳汁和种子有毒，应避免误食。

经济价值： 种子外的桕脂和种仁的桕油是重要的工业原料，可用于制皂、油漆和生物柴油；木材轻软，可用于雕刻或制作家具芯材。

园林价值： 春秋两季变色（新叶红、秋叶紫），冬季白籽黑壳挂枝，特别适合用于乡村景观、郊野公园点缀和特色经济林营造。

配置建议

宜孤植于水岸或草坪展现秋色，列植需保持8~10米间距，注意远离建筑，选择排水良好处栽植。

A56 槐树

学名： *Styphnolobium japonicum*

别名： 国槐（中国特有树种，示其本土性）；豆槐（果实形似豆荚）

科属： 豆科，槐属

原产地： 中国北部及中部，现全国广泛栽培

●○ 识别特征速查表

项目		具体描述
形态特征	类型	落叶乔木（高可达25米以上）
	根	主根深长，侧根发达，具根瘤菌
	茎	树皮灰黑色，纵裂；幼枝绿色，皮孔明显
	叶	奇数羽状复叶（长15~25厘米），小叶7~17枚，卵状长圆形（长2.5~5厘米），基部宽楔形或近圆形，全缘
	花	圆锥花序顶生，花蝶形（长约1厘米），黄白色，芳香；花期7~8月
	果	荚果串珠状（长2~8厘米），熟时黄绿色，肉质不裂
识别关键		√奇数羽状复叶：小叶排列整齐，叶色深绿 √串珠状肉质荚果：果形独特，经冬不落 √盛夏圆锥花序：仲夏开花，黄白色，繁密而芳香，弥补少花季节
易混淆种区分		与刺槐（*Robinia pseudoacacia*）区别：槐树树皮纵裂更深，无托叶刺，花期7~8月，荚果肉质念珠状；刺槐树皮粗糙纵裂，具托叶刺，花期4~5月，荚果扁平带状

●○ 生长习性与栽培条件

特性	具体表现
光照	喜光，稍耐阴（全日照下生长更佳）
温度	耐-25℃低温，适应-15~35℃，全国多数地区可栽培
水分	耐旱，忌积水，耐短期水涝
土壤	适应性强，中性至微碱性（pH 6.5~8.5），耐瘠薄、盐碱

●○ 应用价值

生态价值： 树冠广阔，根系深达8~10米，盛夏开花，是重要的蜜源植物，吸引多种传粉昆虫，是北方生态林的骨干树种。

经济价值： 木材结构均匀，质地较硬，耐腐朽，是优良的家具、农具用材；花蕾（槐米）是传统中药和染料，富含芦丁；花可制茶，经济价值显著。

园林价值： 夏季圆锥花序上黄白色小花繁密如雪（花期20~25天），树龄可达千年，特别适合作为历史街区标志树、传统园林主景和城市纪念林树种。

●○ 配置建议

宜作行道树或庭院树，列植间距需保持8~10米，注意定期修剪枯枝以预防病虫害，避免在低洼积水处栽植。

A57 杜仲

学名： *Eucommia ulmoides*

别名： 胶木（树皮含白色胶丝）、思仙（《神农本草经》中的称谓）、丝棉树（树皮纤维如丝）

科属： 杜仲科，杜仲属

原产地： 中国中部及西南部，现广泛栽培于长江流域以北地区

识别特征速查表

项目		具体描述
形态特征	类型	落叶乔木（自然高15~20米，栽培常控高8~12米）
	根	主根明显，侧根发达，耐移栽
	茎	树皮灰褐色，纵裂；枝、叶、果折断可见银白色胶丝
	叶	单叶互生，椭圆形（长7~15厘米），叶缘锯齿状，叶面皱褶；秋叶金黄色
	花	单性，雌雄异株，无花瓣；雄花簇生，具短梗，雄蕊5~10枚；雌花单生，具短梗，子房上位；花期4~5月
	果	翅果长椭圆形（长3~4厘米），基部具宿存花柱；果期10~11月
识别关键		√银丝特性：枝、叶、果折断均拉出白色弹性胶丝 √皱叶特征：叶片表面具明显皱褶，触感独特 √扁平翅果：果实具翅，单生或簇生，宿存至冬季
易混淆种区分		与白蜡树（*Fraxinus chinensis*）区别：本种枝叶、树皮折断后具银白色弹性胶丝，叶互生；白蜡树无胶丝，叶对生

生长习性与栽培条件

特性	具体表现
光照	喜光，耐半阴（幼苗期需遮阴）
温度	耐-20℃低温，生长适温15~28℃，东北地区需保护越冬
水分	耐旱，极忌积水，不耐水湿，雨季需排水
土壤	喜深厚肥沃的中性至微碱性土（pH 6.5~8.0）

应用价值

生态价值： 树冠浓密且根系深广，具有突出的水土保持和抗风能力。

经济价值： 作为中国特有珍稀树种，树皮含杜仲胶和药用成分，是重要的工业原料和传统名贵中药材。

园林价值： 树形挺拔，叶片深绿色光亮，秋季金黄色，耐修剪造型，特别适合作为药用植物园、生态观光林和城市特色景观树应用。

配置建议

宜孤植于庭院或药用植物园，药用林栽培需取得相关许可并保持合理株距，注意保护主干皮层以维持树木健康，选择排水良好处栽植。

A58 枫香树

学名： *Liquidambar formosana*

别名： 枫树（通称）、路路通（果序可通经活络）、香枫（树脂芳香）

科属： 金缕梅科，枫香树属

原产地： 中国长江流域及以南地区（华东、华中、华南、西南），常见于低山丘陵及湿润山谷

识别特征速查表

项目		具体描述
形态特征	类型	落叶大乔木（高可达30米以上，树冠广卵形）
	根	主根明显，侧根发达，耐瘠薄
	茎	树皮灰褐色，纵裂；幼枝具柔毛
	叶	单叶互生，掌状3（偶为5）裂，长6~12厘米，基部心形或截形，缘有细齿，叶柄细长；秋叶变红色、紫色或橙色
	花	单性同株，雄花序穗状，雌花序头状；花期3~4月
	果	由多数蒴果组成的聚合果，球形，径2~3厘米，表面密生刺状宿存花柱，熟时褐色，宿存经冬不落
识别关键		√ 互生掌状叶：叶片掌状3裂，互生，秋色叶鲜红 √ 球形刺果：聚合果宿存枝头，形如小刺球 √ 树脂芳香：树皮受伤后散发芳香树脂
易混淆种区分		与三角槭（*Acer buergerianum*）区别：枫香树叶互生，果为球形刺果状，树皮纵裂；三角槭叶对生，果为翅果，幼枝具白粉

生长习性与栽培条件

特性	具体表现
光照	喜光，稍耐阴
温度	耐-10℃低温，适温15~28℃
水分	喜湿润，耐短期积水
土壤	喜酸性至中性（pH 5~7）土壤，适应性强，耐瘠薄

应用价值

生态价值： 树冠广阔，耐水湿（可浸泡60天不死），吸收铅尘，是河岸生态修复的骨干树种。

经济价值： 木材轻韧，适于制作包装箱、茶叶箱；树脂（枫香脂）可入药或作香料。

园林价值： 树形高大雄伟，冠大荫浓，秋季叶色绚丽，冬季球形果序宿存枝头，别具一格，特别适合作为滨水景观树、山地风景林和公园的主景树。

配置建议

宜植于河岸、湖畔营造滨水景观，也可与垂柳、水杉混植增强生态效益。其对二氧化硫、氯气等有较强抗性，且耐火性强，可用于厂矿区绿化。

A59 白玉兰

学名： *Magnolia aenudata*

别名： 玉堂春（古时雅称）、望春花（早春开花）、木兰（植物学古称）

科属： 木兰科，木兰属

原产地： 中国中部及南部，现广泛栽培于温带地区

识别特征速查表

项目		具体描述
形态特征	类型	落叶乔木（高可达15~25米，树冠卵形）
	根	肉质根发达，须根较少
	茎	树皮深灰色，粗糙开裂；幼枝及冬芽密被灰黄色长绢毛；小枝灰褐色，具环状托叶痕
	叶	单叶互生，倒卵形至倒卵状椭圆形（长10~18厘米），全缘，先端宽圆、平截或稍凹，基部楔形，叶背脉上被柔毛
	花	花先叶开放，单生枝顶，白色，有时基部带淡红色晕，芳香；花被片9（有时可达12~15）枚，匙形，形似莲花；花期2~3月（南方）或3~4月（北方）
	果	聚合果圆柱形（长8~12厘米），蓇葖果木质，熟时背缝开裂；种子红色
识别关键		√先花后叶：早春满树白花，后展叶 √ 莲花状大白花：花被片9~12枚，白色，基部常带淡红晕，芳香 √环状托叶痕：小枝具明显环状托叶痕
易混淆种区分		与紫玉兰（*Magnolia liliiflora*）区别：白玉兰为乔木，花白色，先叶开放；紫玉兰为灌木，花外侧紫红色，内侧淡白色，多为花叶同放或花稍晚于叶开放

生长习性与栽培条件

特性	具体表现
光照	喜光，稍耐半阴
温度	耐-20℃低温，适温15~25℃
水分	喜湿润，忌积水
土壤	喜肥沃、排水良好的微酸性至中性土壤（pH 6~7.5）

应用价值

生态价值： 树冠端庄且抗污染，早春花蜜为苏醒传粉昆虫提供关键能量，是城市生态链复苏的标志性树种。

经济价值： 花蕾（辛夷）是传统中药；花可提取芳香油或熏制花茶；观赏价值极高。

园林价值： 春季先花后叶，花朵洁白如莲（花径12~15厘米），芳香清远，特别适合作为传统园林主景树、纪念场所和城市标志性景观配置。

配置建议

宜孤植于建筑前或广场中心展现花姿，或以常绿树为背景形成对比，搭配迎春、连翘等早春花卉。注意：对二氧化硫等有害气体抗性较弱，不宜栽植于空气污染严重的厂矿区。

A60 鹅掌楸

学名： *Liriodendron chinense*

别名： 马褂木（叶形似马褂）、中国郁金香树（花形似郁金香）

科属： 木兰科，鹅掌楸属

原产地： 中国长江流域以南（浙江、安徽、江西、湖南、湖北、四川等地），多生于海拔900~1800米的山地林中

识别特征速查表

项目		具体描述
形态特征	类型	落叶大乔木（高可达40米，树干通直，生长迅速）
	根	主根明显，侧根发达
	茎	树皮灰色，纵裂；小枝灰褐色，具环状托叶痕
	叶	单叶互生，独特马褂形（通常长7~15厘米），先端宽阔平截且中央常微凹，基部圆形或浅心形，两侧各具1（偶2）个深裂片，秋季变亮黄色
	花	单生枝顶，郁金香状，花被片9片，外轮3片，萼片状，绿色，早落；内轮6片，花瓣状，黄绿色，基部具橙色至锈色斑块。花藏于叶丛中；花期5~6月
	果	聚合果圆锥形（长7~9厘米），由多数顶端具翅的小坚果组成，熟时褐色，宿存
识别关键		√ 独特马褂形叶：叶片先端平截，近基部常具一对侧裂片，形似马褂 √ 郁金香状花：花形独特，黄绿色带橙纹 √ 高大树形：树干通直，树冠圆锥形
易混淆种区分		与北美鹅掌楸（*L. tulipifera*）区别：鹅掌楸叶近基部常具1对较小裂片，花被片黄绿色，内侧近基部橙黄色斑块较浅；北美鹅掌楸叶近基部常具1~2对裂片，花被片更显绿黄色，内侧近基部橙红色斑块大而鲜艳

生长习性与栽培条件

特性	具体表现
光照	喜光，幼树耐半阴
温度	耐-15℃低温，适温15~25℃
水分	喜湿润，耐短期积水
土壤	喜深厚、肥沃、排水良好的微酸性土壤（pH 5.5~6.5）

应用价值

生态价值： 树冠锥形整齐，抗二氧化硫能力突出，是城市工业区生态修复的优选乔木。

经济价值： 木材轻软致密，纹理均匀，易加工，不变形，是优良的胶合板、木模、家具和室内装饰用材。

园林价值： 叶形奇特如马褂，秋色金黄绚丽，特别适合作为城市林荫大道、纪念性场所和特色植物园中的景观树。

配置建议

宜孤植于草坪、广场等开阔处展现优美树姿，或列植作行道树，也可与色叶树种混植营造季相变化。注意：应选择土层深厚、排水良好的地块，避免积水。

A61 鸡爪槭

学名： *Acer palmatum*

别名： 掌叶槭（叶形特征）、青枫（幼叶青翠）

科属： 无患子科，槭属（根据最新的APG分类系统，槭树科已被并入无患子科。虽然传统上仍常使用“槭树科”，但提供最新分类信息更为严谨）

原产地： 中国长江流域及以南地区（江苏、浙江、安徽、江西等），日本、朝鲜半岛也有分布

●○ 识别特征速查表

项目		具体描述
形态特征	类型	落叶小乔木或灌木（高4~8米，树冠开展，伞形，生长速度中等）
形态特征	根	根系浅而发达，须根多
形态特征	茎	树支灰褐色，平滑；小枝细瘦，紫红色
形态特征	叶	单叶对生，掌状5~9（常7）深裂，径5~10厘米，基部心形，裂片长圆状卵形或披针形，缘具尖锐重锯齿，叶柄细长；秋叶变红色、橙色或黄色
形态特征	花	杂性同株，伞房花序顶生，花小，花瓣5枚，紫红色；花期5月
形态特征	果	双翅果（翅果），长1~1.5厘米，两翅展开成钝角或近水平，熟时黄褐色
识别关键		√纤细掌状裂叶：叶片掌状5~9深裂，裂片边缘有锐齿 √纤细树姿：枝条舒展，树冠优雅 √秋色绚烂：叶色季相变化显著
与其主要栽培品种的区分		与红枫（*A. palmatum* ‘Atropurpureum’）区别：鸡爪槭叶春夏季绿色，秋季变色；红枫叶春、夏、秋三季均为紫红色 与羽毛枫（*A. palmatum* var. *dissectum*）区别：鸡爪槭叶片裂片较宽；羽毛枫叶片裂片深裂至基部，裂片呈细羽丝状

●○ 生长习性与栽培条件

特性	具体表现
光照	喜半阴，忌强光直射
温度	耐-15℃低温，适温15~25℃
水分	喜湿润，忌积水
土壤	喜肥沃、排水良好的微酸性土壤（pH 5.5~6.5）

●○ 应用价值

生态价值： 树冠开展，叶形优美，具有良好的遮阴和观赏效果，是城市园林绿化的重要树种。

经济价值： 园艺品种极其丰富（超过1000个栽培品种），精品盆栽单价可达万元，红羽毛枫等品种年出口量超10万株，园艺经济价值突出。

园林价值： 叶形掌状深裂（秋季变色，色彩绚丽），枝条舒展飘逸，特别适合作为庭院主景、盆景艺术和专类园景观。

●○ 配置建议

宜丛植于庭院角落或水景旁，与山石、苔藓搭配营造庭园景观，也可与常绿灌木混植形成色彩对比。注意：不耐烟尘和干旱，需栽植于空气流通、湿润的环境。夏季需遮阴，定期修剪保持树形。

A62 紫薇

学名： *Lagerstroemia indica*

别名： 百日红（花期很长）；满堂红（盛花时满树红花）；痒痒树（因树干纤细、重心高，轻推则枝叶颤动而得名）

科属： 千屈菜科，紫薇属

原产地： 中国长江流域至华南地区，印度、澳大利亚等地也有分布

识别特征速查表

项目		具体描述
形态特征	类型	落叶灌木或小乔木（高可达7~10米）
	根	根系发达，萌蘖性强
	茎	树干多扭曲，树皮灰褐色，呈长薄片状剥落，剥落后内皮光滑，呈浅灰绿色、灰白色或灰褐色斑块；小枝四棱形，常有狭翅
	叶	单叶对生或近对生，倒卵形、椭圆形或长圆形（长3~7厘米），基部宽楔形或近圆形，全缘，先端钝或微凹
	花	圆锥花序顶生，花瓣6枚，皱褶状，具长爪，花色有紫红色、粉色、白色等；花期6~9月
	果	蒴果椭圆状球形（长1~1.3厘米），6瓣裂；种子有翅
识别关键		√光滑斑驳的树干：老树皮片状剥落，内皮光滑，呈多种颜色斑块 √百日花期：夏秋持续开花，花期长达100多天 √敏感特性：轻刮树干会引起枝叶颤动
易混淆种区分		与大花紫薇（*L. speciosa*）区别：紫薇为灌木或小乔木，叶较小（长3~7厘米），花期6~9月；大花紫薇为大乔木，叶巨大（长10~25厘米），花期5~6月

生长习性与栽培条件

特性	具体表现
光照	强阳性，不耐阴
温度	耐-10℃低温，适温20~30℃
水分	耐旱，忌积水
土壤	适应性强，中性至微碱性土壤（pH 6~8）均宜

应用价值

生态价值： 树皮光滑且抗污染性强，花期长达百日，为夏季传粉昆虫提供稳定蜜源，是城市生态绿化的关键树种。

经济价值： 老桩盆景价值高；木材坚硬、耐磨、耐腐，是优良的农具、家具及雕刻用材。

园林价值： 花色丰富（红色、粉色、紫色、白色），树干光滑斑驳，颇具观赏性（冬季尤显），特别适合用于夏秋主景树、盆景艺术和专类园建设。

配置建议

宜丛植于草坪、庭院中央或列植为花径，与金叶女贞、红叶石楠等色叶灌木搭配。注意：冬季重剪促发新枝，保证来年花量。

A63 香椿

学名： *Toona sinensis*

别名： 椿芽树（食用部位）、红椿（嫩叶颜色）

科属： 楝科，香椿属

原产地： 中国中部及南部（北至辽宁，南至两广），东亚地区广泛分布

识别特征速查表

项目		具体描述
形态特征	类型	落叶乔木（高15~25米）
	根	主根深长，侧根发达
	茎	树皮暗褐色，纵裂；幼枝被白粉
	叶	大型奇数羽状复叶（长30~50厘米），小叶10~22枚，对生或近对生，长椭圆形（6~12厘米），全缘或有浅钝齿，嫩叶绛红色
	花	大型圆锥花序顶生（长30~50厘米），花小，白色，芳香；花期6~7月
	果	蒴果木质，椭圆形（2~3.5厘米），熟时红褐色，5瓣裂；种子上端具长翅
识别关键		√ 特殊香气的嫩芽：春季新叶呈绛红色，揉搓后具浓郁香气 √ 小叶基部腺点：小叶基部两侧常具1~2个钝齿，齿端有腺点 √ 翅果特征：种子具单侧长翅
易混淆种区分		与臭椿（*Ailanthus altissima*）区别： 气味：香椿嫩枝、叶片揉碎后有浓郁香气；臭椿有令人不悦的臭味 树皮：香椿树皮暗褐色，片状剥落；臭椿树皮灰色，平滑，具灰白色皮孔 小叶：香椿小叶基部常有一对浅钝齿，齿端有腺点；臭椿小叶基部两侧各具1~4个粗齿，齿端背面有腺体 果实：香椿为蒴果；臭椿为翅果

生长习性与栽培条件

特性	具体表现
光照	强阳性树种
温度	耐-25℃低温，适温15~28℃
水分	喜湿润，耐短期积水
土壤	喜深厚肥沃的中性至微酸性土（pH 6~7.5）

应用价值

生态价值： 树冠开展且速生，根系发达能改良土壤，其嫩芽为早春昆虫提供食源，是农林复合系统的优选树种。

经济价值： 春季嫩芽（椿芽）是传统的高档木本蔬菜，风味独特；木材红褐色，纹理美观，坚固而有弹性，耐腐性好，是高级家具、室内装饰和雕刻的优良用材，被誉为"中国桃花心木"。

园林价值： 春季红褐色嫩芽艳丽，秋季叶片常变为黄色，羽状复叶优雅，特别适合作为观光采摘园、特色庭院树和乡村振兴景观树配置。

配置建议

宜作庭院遮阴树或农林复合经营，采摘园可密植矮化栽培。注意：避免与臭椿混植，春季需防晚霜伤芽。

A64 垂丝海棠

学名： *Malus halliana*

别名： 垂枝海棠（枝条下垂特征）、解语花（古称）

科属： 蔷薇科，苹果属

原产地： 中国华东、华中及西南地区（江苏、浙江、四川等地）

识别特征速查表

项目		具体描述
形态特征	类型	落叶小乔木（高3~5米，树冠开展，枝条披散下垂）
	根	根系发达，萌蘖性强
	茎	树皮灰褐色，片状剥落；幼枝紫红色或紫色，细长，常下垂
	叶	单叶互生，卵形、椭圆形至长椭卵形（长3~8厘米），先端渐尖，缘具细锐锯齿，幼时被柔毛，后无毛，叶面亮绿
	花	4~6朵成伞形花序，花梗细长（2~4厘米）下垂，紫红色；花瓣5枚，倒卵形，初开时鲜玫瑰红色，后渐变为淡粉红色；萼片三角卵形，先端钝；花期3~4月
	果	梨果倒卵形或梨形（直径6~8毫米），顶端有宿存萼片，果梗细长下垂，紫红色，经冬不落
识别关键		√垂丝花梗：紫红色花梗细长，下垂如丝 √紫枝特征：小枝常年呈紫褐色 √经冬红果：果实宿存至冬季
易混淆种区分		与西府海棠（*Malus×micromalus*）区别：垂丝海棠枝条多下垂，花梗细长下垂，紫红色，花色由玫瑰红色变为粉红色；西府海棠枝条多直立，花梗直立，绿色，花色初为粉红色后变为白色

生长习性与栽培条件

特性	具体表现
光照	喜光，稍耐阴
温度	耐-15℃低温，适温12~25℃
水分	喜湿润，忌积水
土壤	喜肥沃、排水良好的微酸性至中性土（pH 6~7）

应用价值

生态价值： 树冠开展且花期集中，为早春传粉昆虫提供关键蜜源，其小果为鸟类秋季食源，是城市生物多样性支撑树种。

经济价值： 是重要的春季观花苗木，市场价值较高；花可入药，有调经和血之效。

园林价值： 花梗细长下垂（2~4厘米），玫瑰红色花蕾绽放后变为淡粉红色，特别适合作为传统园林点景树、滨水景观树和庭院主景树配置。

配置建议

宜临水栽植展现垂枝之美，或与山石、白墙搭配营造中式园林意境，也可丛植于草坪边缘。注意：喜肥沃土壤，生长季可适当施肥；花后适当修剪，剪除过密枝、病枯枝，保持树形优美。

A65 梅花

学名： *Prunus mume*

别名： 春梅（花期特征）、干枝梅（先花后叶）、酸梅（果实特性）

科属： 蔷薇科，李属

原产地： 中国长江流域及以南地区，已有3000多年栽培历史

识别特征速查表

项目		具体描述
形态特征	类型	落叶小乔木（高4~10米，树冠开展，常呈圆形或伞形）
	根	根系发达，耐瘠薄
	茎	树皮灰褐色或淡绿色，平滑或有时具纵纹；幼枝绿色，无毛；老枝灰褐色，常有枝刺
	叶	单叶互生，卵形至宽卵形（4~8厘米），基部宽楔形至圆形，缘具细锐锯齿，先端尾状渐尖，幼时两面被短柔毛，后渐脱落
	花	单生或2朵簇生，花径2~2.5厘米，先叶开放；花瓣5枚（栽培品种常有重瓣），有白、粉、红等色，芳香；萼片红褐色或绿色；花期1~3月（因气候和品种而异）
	果	核果近球形（2~3厘米），表面被短柔毛，黄色或绿色，味酸；果期5~6月（在江南地区又称“黄梅天”）
识别关键		√ 凛冬早春开花：花期极早，先叶开放，有“俏也不争春”之意 √ 暗香浮动：花朵具独特清幽香气 √ 曲干疏影：老枝苍劲曲折，极具画意
易混淆种区分		与山桃（*P. davidiana*）区别：梅花树皮灰褐色具纵纹，小枝绿色，花芳香，花瓣圆润；山桃树皮光滑，呈暗紫红色或古铜色，小枝红褐色，花几乎无香，花瓣顶端较尖

生长习性与栽培条件

特性	具体表现
光照	喜光，不耐阴
温度	耐-15℃低温，适温5~20℃
水分	耐旱，忌积水
土壤	耐瘠薄，喜疏松、排水良好的微酸性土（pH 6~7）

应用价值

生态价值： 耐寒性强，早春（1~3月）花蜜为越冬后传粉昆虫提供关键能量，是冬季生态链的重要支撑。

经济价值： 是中国传统的名花和果树。盆景、桩景价值极高；果实（梅子）可制成果脯、蜜饯，也可酿造梅酒、梅醋；花可提取香精，经济价值多元。

配置建议

宜孤植于庭院显要位置，或与松、竹配置成“岁寒三友”，也可盆栽造型。注意：喜肥沃、排水良好的沙质壤土。耐修剪，花后应及时修剪，以促进形成来年开花的新枝，并保持优美树形。

A66 樱花

学名： *Prunus serrulata*

别名： 山樱花（野生种）

科属： 蔷薇科，李属

原产地： 中国长江流域至西南山区，日本、朝鲜半岛广泛栽培

识别特征速查表

项目		具体描述
形态特征	类型	落叶乔木（高4~12米，树冠卵圆形至伞形）
	根	浅根系发达，萌蘖性强
	茎	树皮灰褐色或暗褐色，光滑，具显著的横向皮孔；小枝粗壮，淡紫褐色或灰褐色，无毛，有光泽
	叶	单叶互生，卵状椭圆形或倒卵形（5~12厘米），基部圆形或宽楔形，缘具尖锐芒状重锯齿，先端渐尖或尾尖，叶柄常带腺体；秋季叶片常变为黄色或红色
	花	3~5朵成伞房总状花序，总梗极短，花先叶（或同时）开放；花瓣5枚（栽培品种常重瓣），椭圆卵形，粉白色至深粉色，先端常2裂或有凹缺；萼片三角披针形；花期3~4月
	果	多见于野生山樱，核果球形或卵球形（0.7~1厘米），熟时紫黑色；果期5~7月。许多观赏栽培品种花后不结实
识别关键		√ 春季繁花：花期集中，常先花后叶或花叶同放，花量巨大 √ 花瓣特征：花瓣顶端有V形凹缺 √ 横纹树皮：成年树干具明显横向皮孔
易混淆种区分		与桃（*P. persica*）区别：樱花树皮具显著横向皮孔，花2~5朵成花序，花梗较长，花瓣顶端常有凹缺；桃树皮粗糙，暗紫红色，花多单生，花梗极短，花瓣顶端圆钝无凹缺

生长习性与栽培条件

特性	具体表现
光照	强阳性树种
温度	耐-15℃低温，适温10~25℃
水分	喜湿润但排水良好
土壤	喜肥沃微酸性壤土（pH 5.5~6.5）

应用价值

生态价值： 早春花期集中（7~10天）且花量巨大，蜜腺发达，单株可吸引多种传粉昆虫，是春季城市生态链中的关键物种。

经济价值： 以樱花为主题的观光旅游产业效益显著；品种繁育和苗木市场活跃，名贵品种价格高昂。

园林价值： 花期时节，满树繁花，如云似霞，形成极其震撼的观赏效果，特别适合打造城市名片景观、主题公园和纪念性场所，虽花期短暂，但其景观价值无可替代。

配置建议

宜群植营造“花海”效果，或与常绿树背景搭配，道路两侧列植需根据品种特性预留足够的生长空间。注意：避免在低洼积水处种植。

A67 日本晚樱

学名： *Prunus serrulata* var. *lannesiana*

（注：日本晚樱通常指一个包含‘关山’‘普贤象’‘松月’等多个重瓣晚花品种的栽培类群）

别名： 八重樱（花瓣层数特征）、牡丹樱（花形似牡丹）

科属： 蔷薇科，李属

原产地： 日本选育的樱花栽培变种，中国广泛引种栽培

识别特征速查表

项目		具体描述
形态特征	类型	落叶乔木（高8~12米，树冠宽卵形）
	根	浅根系发达，根蘖性强
	茎	树皮灰褐色或灰黑色，光滑，具明显横向皮孔；小枝粗壮，淡灰褐色
	叶	单叶互生，倒卵形或椭圆状倒卵形（6~12厘米），基部圆形或宽楔形，缘具芒状重锯齿，叶柄上部常具1~3腺体；幼叶常为古铜色或黄褐色，成熟叶深绿色，秋季常变为黄色或红色
	花	2~5朵成伞房花序，总梗短，花常与叶同放或稍晚于叶；重瓣，花瓣15~50枚，花径3~5厘米，花色因品种而异，常见粉红色（如‘关山’），也有白色（如‘普贤象’）或淡粉色（如‘松月’）；通常无香或微香；花期4月中下旬
	果	观赏品种通常花后不结实，偶见发育不全的小型核果
识别关键		√晚花重瓣：花期晚（花期较普通樱花晚2~3周），花重瓣，大而华丽 √铜叶新芽：春季新叶呈古铜色
易混淆种区分		作为晚樱品种群的共同特征：花期晚（4月中下旬），花重瓣，花叶同放或稍晚于叶 与早樱品种（如‘染井吉野’）区别：本类群花期晚2~3周，花重瓣，多为花叶同放；早樱花期早（3月下旬至4月上旬），花单瓣或半重瓣，多为先花后叶

生长习性与栽培条件

特性	具体表现
光照	全日照至半阴
温度	耐-12℃低温，适温10~25℃
水分	喜湿润但忌积水
土壤	喜肥沃、排水良好的微酸性壤土（pH 5.5~6.5）

应用价值

生态价值： 花期较普通樱花晚2~3周（4月中下旬），延长城市蜜源供应期，其茂密树冠为鸟类提供筑巢场所，生态衔接价值突出。

经济价值： 花期时花繁叶茂，重瓣花团锦簇，华丽夺目，整体观赏效果极为震撼，特别适合作为高端樱花观光园、主题公园的核心树种，带动周边产业效益显著。

园林价值： 花径达5厘米的重瓣花团（花期10~15天），新叶古铜色，特别适合作为城市晚樱专类园、精品景观大道和庭院主景树。

配置建议

宜群植于开阔草坪或水岸，与早樱品种搭配延长观赏期，夜间可配合灯光造景。注意：寿命一般较其他乔木短（约30~50年）。需定期防治蚜虫、红蜘蛛和天牛等病虫害。

A68 垂柳

学名： *Salix babylonica*

别名： 水柳（生境特征）、垂枝柳（形态特征）

科属： 杨柳科，柳属

原产地： 中国长江流域及黄河流域，现全球温带广泛栽培

识别特征速查表

项目		具体描述
形态特征	类型	落叶乔木（高可达15~20米）
	根	根系发达，耐水湿
	茎	树皮灰黑色，不规则纵裂；幼枝纤细，柔软，下垂，淡黄绿色、淡褐色或带紫色；冬芽线状披针形
	叶	单叶互生，狭披针形或线状披针形（8~15厘米，宽常不足1厘米），基部楔形，细锯齿缘，先端长渐尖，两面无毛或幼时微有毛，下面常呈灰绿色；叶柄短
	花	柔荑花序直立或稍倾斜，雌雄异株，花先叶开放；雄花序长1.5~2.5厘米；雌花序长2~3厘米；花期3~4月
	果	蒴果2裂，长约3~4毫米；种子细小，基部围有白色长柔毛（柳絮），借风传播；果期4~5月
识别关键		√独特垂枝：小枝细长、柔软且显著下垂 √早春花序：先花后叶，黄绿色柔荑花序 √水岸特性：多生于河岸等湿润环境
易混淆种区分		与旱柳（*S. matsudana*）区别：垂柳树冠开展，小枝细长、柔软、下垂；旱柳树冠广圆形，小枝直伸或斜展，不下垂

生长习性与栽培条件

特性	具体表现
光照	强阳性树种
温度	耐-25℃低温，适温15~28℃
水分	喜湿润，耐长期水淹
土壤	喜肥沃湿润的中性至微碱性土（pH 6.5~8）

应用价值

生态价值： 枝条柔韧下垂，根系发达且耐水湿（可长期浸泡），能有效固持河岸土壤，具有良好的水土保持和净化能力，是滨水生态修复的关键树种。

经济价值： 枝条柔韧，是传统的柳编工艺品原料；树皮、根皮可入药，含水杨苷（Salicin），有清热祛风、消肿止痛之效。

园林价值： 树姿婀娜飘逸，轻柔下垂的枝条形成独特景观，春季新绿如烟，夏季浓荫蔽日，特别适合作为江南水乡景观树、湖泊堤岸绿化和传统园林点景配置。

配置建议

宜植于水岸展现柔美姿态，或与山石搭配营造中式园林意境。注意：寿命一般较短（30~50年），易衰老空心。根系发达，不宜过于靠近硬质驳岸或地下管道栽植。需定期修剪枯枝，防治天牛、蚜虫等病虫害。

A69 榉树

学名： *Zelkova serrata*

别名： 榉榆（属榆科）、红榉（木材及秋叶颜色）

科属： 榆科，榉属

原产地： 中国长江流域及以南地区

●○ 识别特征速查表

项目		具体描述
形态特征	类型	落叶大乔木（高可达30米）
	根	深根性，侧根发达
	茎	树皮灰色或灰褐色，幼时光滑，老时不规则片状剥落，剥落后露出浅褐色内皮，斑驳状；小枝褐色或紫褐色，被灰白色柔毛
	叶	单叶互生，卵形、椭圆状卵形或卵状披针形（3~10厘米），基部宽楔形或近圆形，稍偏斜，缘具整齐的桃形单锯齿（齿尖向外伸张），叶面粗糙，疏生短糙毛，叶背密被淡灰色柔毛；叶柄短
	花	单性，雌雄同株，雄花簇生于新枝下部，雌花单生或簇生于新枝上部，淡绿色；花期4月
	果	核果上部歪斜（直径约4毫米），表面有网纹和短毛，熟时暗褐色；果期10~11月
识别关键		√独特叶齿：叶缘具整齐、尖锐的桃形单锯齿 √斑驳树皮：老树皮片状剥落如迷彩 √秋叶金黄：落叶前叶片变亮黄色
易混淆种区分		与榆树（*Ulmus pumila*）区别：榉树树皮老时片状剥落呈斑驳色，叶缘为桃形单锯齿，冬芽纺锤形；榆树树皮多纵裂或粗糙不剥落，叶缘多为重锯齿，冬芽卵圆形

●○ 生长习性与栽培条件

特性	具体表现
光照	喜光，稍耐阴
温度	耐-15℃低温，适温15~25℃
水分	喜湿润，耐短期干旱
土壤	喜深厚肥沃的中性至微酸性土（pH 6~7.5）

●○ 应用价值

生态价值： 树冠浓密，抗污染性强，其核果为多种鸟类和小型动物提供食物，生态价值突出。

经济价值： 木材坚硬致密，纹理美观，心材红褐色，耐腐性强，是高档家具、室内装修、船舶制造的优良用材。

园林价值： 树形雄伟，树冠广阔，秋叶变为橙红色或深红色，绚丽夺目，树皮斑驳，特别适合作为城市景观大道、纪念性场所和精品庭院中的主景树。

●○ 配置建议

宜孤植展现树姿，或列植为行道树，与常绿树种混植增强季相变化。注意：深根性，大树移栽需提前断根处理，不耐盐碱和积水，幼苗期需防寒保湿。

A70 朴树

学名： *Celtis sinensis*

别名： 沙朴（树皮质感）、青朴（枝叶颜色）

科属： 榆科，朴属

原产地： 中国长江流域及以南地区

识别特征速查表

项目		具体描述
形态特征	类型	落叶乔木（高可达20米以上）
	根	主根发达，耐瘠薄
	茎	树皮灰色，平滑或老时有不规则浅裂（不像榉树那样片状剥落）；当年生小枝密被短柔毛，后渐脱落
	叶	单叶互生，宽卵形至卵状椭圆形（3~10厘米），基部明显偏斜，中部以上边缘有浅钝齿，有时近全缘，叶质较厚，上面有光泽
	花	单性或杂性同株，雄花簇生于新枝下部，两性花单生或2~3朵簇生于新枝上部，黄绿色；花期4~5月
	果	核果近球形（直径5~7毫米），熟时橙红色至暗褐色，果梗与叶柄近等长或更长；果期9~10月，常宿存至冬季
识别关键		√ 偏斜叶基：叶片基部明显不对称，一侧楔形，一侧圆形 √ 橙红核果：秋季橙红色核果满枝，宿存至冬季 √ 糙皮特征：树皮粗糙具瘤状突起
易混淆种区分		与珊瑚朴（*C. julianae*）区别：朴树小枝初被短柔毛，后脱落，叶较小（3~10厘米），下面沿脉疏被短毛或近无毛，果橙红色；珊瑚朴小枝、叶背密被黄色绒毛，叶较大（可达15厘米），果金黄色

生长习性与栽培条件

特性	具体表现
光照	喜光，耐半阴
温度	耐-15℃低温，适温15~28℃
水分	耐旱，忌积水
土壤	适应性强，中性至微碱性土（pH 6.5~8）

应用价值

生态价值： 树冠开展且适应性强，抗烟尘、二氧化硫等有害气体能力强，其核果为城市鸟类提供秋季食源。

经济价值： 木材淡褐色，纹理直，结构细，可供制家具、器具、砧板等用；茎皮纤维可作绳索、人造棉或造纸原料。

园林价值： 树形优美，冠大荫浓，春季新叶嫩绿，秋叶变为黄色，核果橙红，是优良的观赏树种，特别适合作为乡村景观树、生态公园背景林和传统文化庭院树配置。

配置建议

宜丛植于草坪或列植为行道树，与乌桕、银杏等色叶树种混植。注意：生长速度中等；根系深广，抗风力强；选择排水良好处，幼树定期整形。

A71 珊瑚朴

学名： *Celtis julianae*

别名： 大叶朴（叶形特征）、金果朴（果实颜色）

科属： 榆科，朴属

原产地： 中国特有树种，分布于长江流域及以南地区

●○ 识别特征速查表

项目		具体描述
形态特征	类型	落叶乔木（高15~25米，树冠圆球形）
	根	主根深长，侧根发达
	茎	树皮灰色或灰白色，平滑或老时有不规则浅裂；当年生小枝、叶柄、果梗密被黄褐色绒毛或糙毛；老枝无毛
	叶	单叶互生，厚纸质，宽卵形、卵状椭圆形或倒卵状椭圆形（10~15厘米），先端急尖或短渐尖，基部明显偏斜，一侧圆形或心形，一侧宽楔形，中部以上具钝圆锯齿或近全缘，叶面粗糙，叶背密被黄色绒毛
	花	单性，雌雄同株；雄花簇生于新枝下部，雌花单生于新枝上部叶腋，黄绿色；花期4月
	果	核果卵球形或近球形（直径1~1.3厘米），熟时橙黄色至金黄色，果梗长1.5~3厘米；果期9~10月，常宿存至冬季
识别关键		√ 宽大叶片与黄色绒毛：叶片宽大（可达15厘米），叶背及幼枝密被黄色绒毛 √ 金果垂枝：秋季金黄色果实累累 √ 绒毛嫩枝：幼枝密被黄褐色绒毛
易混淆种区分		与朴树（*C. sinensis*）区别：珊瑚朴的小枝、叶背、叶柄密被黄色绒毛，叶较大（10~15厘米），果金黄色；朴树小枝初被短柔毛，后脱落，叶较小（3~10厘米），叶背沿脉疏被毛，果橙红色

●○ 生长习性与栽培条件

特性	具体表现
光照	喜光，稍耐阴
温度	耐-10℃低温，适温15~25℃
水分	喜湿润，耐短期干旱
土壤	喜深厚肥沃的微酸性至中性土（pH 6~7.5）

●○ 应用价值

生态价值： 树冠广展且耐干旱，其核果富含油脂，为越冬鸟类提供高能食物，生态链价值独特。

经济价值： 木材坚硬，结构细，可供制家具、农具等用；树皮纤维可作造纸原料。

园林价值： 秋季金黄色的果实挂满枝头，经冬不落，观赏期极长，树皮灰白斑驳，特别适合作为特色景观树、郊野公园点缀和生态教育基地配置。

●○ 配置建议

宜孤植于草坪或广场，展现秋果景观，或与红枫、银杏等色叶树种混植。注意：生长较快，选择避风环境，幼树期需防寒。

◈ 任务2.4.2　识别级物种

B69 龙爪槐 *Styphnolobium japonicum* 'Pendula' 豆科，槐属（栽培变种）

根系发达；大枝粗壮且常扭曲向上生长，小枝细长下垂，形似龙爪，是核心识别特征；羽状复叶互生，具卵形至卵状披针形小叶7~17枚，全缘；顶生圆锥花序，蝶形，黄白色；串珠状荚果。

B70 二乔玉兰 *Magnolia × soulangeana* 木兰科，木兰属（杂交种）

花先叶开放，花冠杯状，花瓣6~9片，外侧淡紫红色或粉红色，内侧白色，为核心观赏特征；叶互生，纸质，宽倒卵形至倒卵形，全缘；树皮灰褐色，平滑。

B71 红枫 *Acer palmatum* 'Atropurpureum' 槭树科，槭属（栽培变种）

叶对生，掌状5~9深裂，裂片卵状披针形，缘有重锯齿，春、夏、秋三季叶色呈紫红色或暗红色，为核心观赏特征；小枝细瘦，紫色或紫绿色；树冠开展，呈伞形或半球形。

B72 羽毛枫 *Acer palmatum* 'Dissectum' 槭树科，槭属（栽培变种）

叶对生，掌状7~11深裂至基部，裂片再羽状细裂，质地纤柔似羽毛，为核心特征，春夏季绿色或红紫色，秋季转红色或黄色；小枝细长，开展或下垂；树冠开展，常呈伞形或蘑菇形。

B73 无患子 *Sapindus mukorossi* 无患子科，无患子属

叶互生，偶数羽状复叶，小叶5~8对，卵状披针形至长椭圆形，全缘，基部歪斜；核果球形，成熟时黄色或橙黄色，表面光滑，种子黑色球形；树皮灰褐色，平滑。

B74 碧桃 *Prunus persica* 'Duplex' 蔷薇科，李属（栽培变种）

花单生或两朵并生，先叶开放，重瓣，花色多样（粉红色、深红色、白色或复色），为核心观赏特征；叶互生，椭圆状披针形，边缘具细锐锯齿；树皮暗红褐色，小枝绿色或带紫红色，光滑。

B75 三角枫 *Acer buergerianum* 槭树科，槭属

叶对生，纸质，通常3浅裂（稀不裂或5裂），裂片三角形或卵形，全缘或上部有疏齿，秋季转红色；翅果双生，两翅开展成锐角或近于平行；树皮灰褐色，长片状剥落。

B76 加拿大杨 *Populus × canadensis* 杨柳科，杨属

叶互生，三角状卵形或卵形，先端渐尖，基部截形或宽楔形，边缘半透明，具圆钝腺齿；小枝圆柱形，稍有棱角，冬芽大且富黏质；树皮灰绿色，老时纵裂，沟壑深。

龙爪槐

二乔玉兰

红枫

羽毛枫

无患子

碧桃

三角枫

加拿大杨

B77 榔榆 *Ulmus parvifolia* 榆科，榆属

叶互生，革质，椭圆形至卵形，基部偏斜，边缘具单锯齿；树皮灰褐色或红褐色，不规则鳞片状剥落，呈斑驳状，为核心特征；翅果椭圆形或卵形，种子位于中央或稍偏上端。

B78 吴茱萸 *Tetradium ruticarpum* 芸香科，吴茱萸属

叶对生，奇数羽状复叶，小叶5~9枚，卵形至椭圆形，全缘或具浅波状齿，具透明油点；蓇葖果紫红色，表面有粗大腺点，成熟时开裂，为核心特征；小枝紫褐色，初被柔毛。

B79 山茱萸 *Cornus officinalis* 山茱萸科，山茱萸属

叶对生，卵状椭圆形至卵形，全缘，侧脉弧形6~7对，脉腋具黄褐色簇生毛；花先叶开放，伞形花序腋生，花小，黄色；核果长椭圆形，成熟时红色至紫红色，为核心特征。

B80 西府海棠 *Malus × micromalus* 蔷薇科，苹果属

伞形总状花序，花梗及萼筒初被柔毛，花瓣卵形，粉红色至淡粉白色，花柱5，为核心观赏特征；梨果近球形，直径1~1.5厘米，红色，萼洼下陷；叶互生，椭圆形至长椭圆形，边缘有细锐锯齿。

B81 构树 *Broussonetia papyrifera* 桑科，构属

互生，卵形至宽卵形，常具不规则3~5深裂或不裂，边缘具粗锯齿，表面粗糙，背面密被柔毛；花雌雄异株，雄花序柔荑状，雌花序头状；聚花果球形，成熟时橙红色，肉质多汁，为核心特征。

B82 臭椿 *Ailanthus altissima* 苦木科，臭椿属

叶互生，奇数羽状复叶，小叶13~41枚，卵状披针形，基部具1~4对粗腺齿，揉碎后有臭味，为核心特征；翅果长椭圆形，中部具1枚扁平种子，成熟时黄褐色或淡红褐色；树皮灰褐色或暗灰色，平滑，有浅纵裂纹。

B83 梧桐 *Firmiana platanifolia* 锦葵科，梧桐属

叶互生，掌状3~5裂，裂片三角形，全缘，基部心形，叶柄与叶片近等长；树皮青绿色，平滑，为核心特征；蓇葖果膜质，成熟前开裂呈舟形，种子球形，着生于果皮边缘。

B84 枳椇 *Hovenia acerba* 鼠李科，枳椇属

果序轴肥厚扭曲，肉质，红褐色，味甜可食，为核心特征；真正的果实为近球形核果，位于膨大果序轴顶端；叶互生，宽卵形或心形，边缘具浅钝齿，基部不对称，三出脉；树皮灰褐色或黑褐色，纵裂。

榔榆

吴茱萸

山茱萸

西府海棠

构树

臭椿

梧桐

枳椇

B85 南酸枣 *Choerospondias axillaris*
漆树科，南酸枣属

奇数羽状复叶互生，小叶7~15枚，卵状披针形至长圆形，全缘；核果椭圆形，成熟时黄色，果核顶端具5个萌发孔（“五眼”），为核心特征；树皮灰褐色，纵裂呈片状剥落。

B86 紫花泡桐 *Paulownia tomentosa*
泡桐科，泡桐属

叶对生，宽卵形或心形，全缘或3~5浅裂，表面具柔毛，背面密被星状绒毛；圆锥花序顶生，花冠管状漏斗形，淡紫色至蓝紫色，内面有深紫色斑点及黄色条纹，芳香，为核心观赏特征；蒴果卵圆形，木质，成熟时褐色，宿存。

B87 刺槐 *Robinia pseudoacacia*
豆科，刺槐属

叶互生，奇数羽状复叶，小叶7~25枚，椭圆形至卵形，全缘；托叶常硬化成刺，为核心特征；总状花序腋生，下垂，花冠蝶形，白色，芳香；荚果线状长圆形，扁平，成熟时褐色。

B88 重阳木 *Bischofia polycarpa*
大戟科，秋枫属

叶互生，三出复叶，小叶卵形至椭圆状卵形，边缘具钝锯齿，为核心特征；浆果球形，成熟时红褐色至蓝黑色；树皮灰褐色，纵裂。

B89 喜树 *Camptotheca acuminata*
蓝果树科，喜树属

叶互生，纸质，长卵形至椭圆形，全缘或幼树叶具疏齿，侧脉显著；多数瘦果聚合成头状果序，具2~3纵棱，翅状，为核心特征；树皮灰白色，平滑，老时浅纵裂。

B90 七叶树 *Aesculus chinensis*
无患子科，七叶树属

叶对生，掌状复叶，小叶5~7枚（通常7枚），倒卵状长椭圆形，边缘具细锯齿，为核心特征；顶生圆锥花序，花小，白色，花瓣4枚；蒴果球形，黄褐色，具疣状突起，成熟时3瓣裂；种子深褐色，种脐大。

B91 苦楝 *Melia azedarach*
楝科，楝属

叶互生，2~3回奇数羽状复叶，小叶卵形至椭圆形，边缘有钝锯齿；圆锥花序腋生，花淡紫色或白色，芳香；核果球形或椭圆形，成熟时黄色，经冬不落，为核心特征。

B92 北美枫香 *Liquidambar styraciflua*
金缕梅科，枫香树属

叶互生，掌状5~7裂（幼树叶常3裂），裂片狭长，边缘有细锯齿，秋季变红色、紫色、橙色等，为核心观赏特征；聚花果球形，由多数蒴果组成，具尖锐宿存花柱，成熟时褐色；树皮幼时平滑，灰绿色，老时深纵裂，具软木质翅。

南酸枣

紫花泡桐

刺槐

重阳木

喜树

七叶树

苦楝

北美枫香

B93 枫杨 *Pterocarya stenoptera*
胡桃科，枫杨属

叶互生，偶数羽状复叶（稀奇数），叶轴具狭翅，小叶10~28枚，长椭圆形，边缘有细锯齿，为核心特征；坚果具2翅，翅革质，斜展，形似元宝，成串下垂；树皮幼时灰绿色，老时深纵裂。

B94 合欢 *Albizia julibrissin*
豆科，合欢属

叶互生，二回偶数羽状复叶，小叶镰状长圆形，昼开夜合，为核心特征；头状花序排成伞房状，花丝细长，粉红色或红色，伸出花冠外，形似绒球；荚果带状，扁平，成熟时黄褐色。

B95 飞黄玉兰 *Magnolia biondii* 'Fei Huang'
木兰科，木兰属（栽培变种）

花先叶开放，花被片9~12枚，狭长，花色为纯黄色，为核心观赏特征；叶互生，纸质，宽倒卵形至倒卵形，全缘；树冠卵形或近球形。

B96 紫叶桃 *Prunus persica* 'Ziye'
蔷薇科，李属（栽培变种）

叶互生，椭圆状披针形，边缘具细锐锯齿，春季呈紫红色，夏季渐转为紫绿色，为核心观赏特征；花单生或两朵并生，先叶开放，重瓣，粉红色或深粉色；树皮暗红褐色，小枝绿色或带紫红色。

B97 油桐 *Vernicia fordii*
大戟科，油桐属

叶互生，卵圆形或心形，全缘或3~5浅裂，基部具2枚扁平无柄腺体，为核心特征；聚伞花序顶生，花大，花瓣5枚，白色，基部具淡红色条纹；核果球形，表面光滑，成熟时由绿色转为黑褐色。

B98 元宝枫 *Acer truncatum*
槭树科，槭属

叶对生，掌状5裂（稀7裂），裂片三角形，全缘，基部通常截形，秋叶变黄色或红色，为核心特征；翅果扁平，两翅开展成钝角或近水平，形似元宝；树皮灰褐色或黄褐色，纵裂。

B99 红叶李 *Prunus cerasifera* 'Atropurpurea'
蔷薇科，李属（栽培变种）

叶互生，椭圆形至倒卵形，边缘具细钝锯齿，叶色常年呈紫红色，为核心观赏特征；花单生或2~3朵簇生，花瓣5枚，粉白色或淡粉色；核果球形，成熟时暗红色。

B100 黄山栾树 *Koelreuteria bipinnata* var. *integrifoliola*
无患子科，栾树属

二回羽状复叶，小叶全缘或具浅钝齿（与栾树区别的核心特征）；圆锥花序顶生，花黄色；蒴果椭球形，顶端钝尖，成熟时橘红色至红褐色。

枫杨

合欢

飞黄玉兰

紫叶桃

油桐

元宝枫

红叶李

黄山栾树

单元2.5 落叶阔叶灌木识别与应用

◇ 任务2.5.1 掌握级物种

A72 木槿

学名： *Hibiscus syriacus*

别名： 朝开暮落花（因单花晨开暮谢得名）；篱障花（古时多作篱笆栽植）；无穷花（韩国国花，象征永恒）

科属： 锦葵科，木槿属

原产地： 中国中部和东部，现广泛栽培于东亚地区

●○ 识别特征速查表

项目		具体描述
形态特征	类型	落叶灌木（高可达3~4米，常呈小乔木状）
	根	根系发达，主根粗壮，侧根密集
	茎	树皮灰褐色，幼枝密被星状绒毛
	叶	单叶互生，纸质，三角状卵形或菱状卵形（3~10厘米），基部楔形，先端通常3裂，裂片具不规则缺刻状齿，基出脉3条；叶两面无毛或疏被星状毛
	花	单生于叶腋，花梗长；花萼钟形，5裂；花冠钟形，直径5~8厘米，单瓣或重瓣；花色有紫色、粉色、白色及复色等；雄蕊柱短于花瓣；花期6~9月
	果	蒴果长椭圆形或卵圆形（长约1.5~2厘米），先端具短喙，密被黄色星状绒毛；成熟时暗褐色，室背5裂；种子肾形，背部被黄色长柔毛
识别关键		√多变叶形：叶片变异大，常3裂或不裂，边缘具粗齿 √钟形花冠：花大而艳丽，单朵花期仅1天 √星状绒毛：嫩枝、叶片、果实均被星状绒毛
易混淆种区分		与朱槿（*H. rosa-sinensis*）区别：木槿为落叶灌木，花期夏秋季，叶常3裂；朱槿为常绿灌木，在适宜条件下可全年开花，叶卵形至狭卵形，不分裂

●○ 生长习性与栽培条件

特性	具体表现
光照	喜光，稍耐阴
温度	耐−15℃低温，生长适温18~30℃
水分	耐干旱，忌积水
土壤	适应性强，耐瘠薄，喜中性至微碱性土壤（pH 6.5~7.5）

●○ 应用价值

生态价值： 枝叶茂密且抗逆性强，具有显著的滞尘降噪和净化空气能力，花期长且花蜜丰富，为传粉昆虫提供重要食源，是城市生态建设的优良灌木。

经济价值： 鲜花可食用（如炒食、做汤）；花、根、皮可入药，有清热凉血、解毒消肿之效；茎皮富含纤维，可作造纸原料。

园林价值： 夏季少花时节开花，花期长，花繁色艳，适应性强，耐修剪，是优良的绿篱、花篱材料，也是重要的夏秋季观花灌木，广泛应用于绿篱、花境、庭院绿化，被誉为“夏秋之王”。

●○ 配置建议

宜丛植于草坪、路缘作花篱，或与常绿背景树搭配；可修剪成造型树。耐修剪，其花在当年生新枝上形成，因此应在冬季或早春进行重剪，以促发强壮新枝，保证花繁叶茂。北方地区越冬前适当修剪，根部培土防寒。

A73 木芙蓉

学名： *Hibiscus mutabilis*

别名： 芙蓉花（花色一日三变）；拒霜花（深秋仍盛开）；三变花（花冠颜色晨白、午粉、暮红）；地芙蓉（区别于木槿的“木”字特性）

科属： 锦葵科，木槿属

原产地： 中国，分布于长江流域至华南地区

识别特征速查表

项目		具体描述
形态特征	类型	落叶灌木或小乔木（自然高2~5米，栽培常控高3米）
	根	浅根系，侧根发达，易萌蘖
	茎	树皮灰白色，分枝多，幼枝密被星状毛
	叶	单叶互生，宽卵形至圆卵形（长10~15厘米），掌状5~7浅裂；叶缘具钝锯齿；叶背密被灰白色绒毛
	花	单生枝端，花径8~15厘米，初开白色或粉红色，渐变为深红色；花瓣5枚或重瓣；花期8~10月
	果	蒴果扁球形（直径2.5厘米），密被黄色刚毛；种子肾形，褐色
识别关键		变色花冠：单朵花晨、午、暮呈现白→粉→红三色渐变 √星状毛被：幼枝、叶背及花萼均被星状绒毛，触感粗糙 √掌状裂叶：叶片形似梧桐，裂片三角形
易混淆种区分		与朱槿（*H. rosa-sinensis*）区别：木芙蓉为落叶植物，花色可变，叶背灰白色；朱槿为常绿植物，花红色不变，叶背绿色无毛

生长习性与栽培条件

特性	具体表现
光照	喜全日照，耐半阴
温度	耐-5℃低温，生长适温18~30℃，长江以北需保护越冬
水分	喜湿润，耐短期涝渍，忌干旱
土壤	适应性强，以肥沃、排水良好的微酸性壤土最佳（pH 6~7）

应用价值

生态价值： 耐水湿性强（可耐短期水涝），树冠开展且花期长（3~4个月），为秋季传粉昆虫提供关键蜜源，生态衔接价值突出。

经济价值： 花瓣可提取天然色素，茎皮纤维可造纸，兼具观赏经济与传统工艺开发价值。

园林价值： 花色一日三变（晨白、午粉、暮红），特别适合作为滨水景观树、湿地公园点缀和传统文化庭院配置。

配置建议

宜临水栽植，再现“花光水影”意境，或与银杏、乌桕等秋色叶树种组团营造季相变化，丛植时需保持2米间距，避免枝叶拥挤。

A74 蜡梅

学名： *Chimonanthus praecox*

别名： 黄梅花（花色金黄）；金梅（冬季开金色花）；雪里花（寒冬绽放）；蜡木（同蜡梅，指其花色质感似蜜蜡）

科属： 蜡梅科，蜡梅属

原产地： 中国中部（湖北、陕西、四川等地），现广泛栽培于长江流域及以南地区，河南鄢陵为著名栽培中心

●○ 识别特征速查表

项目		具体描述
形态特征	类型	落叶灌木，高2~4米，丛生状
	根	根系发达，耐贫瘠，易生萌蘖
	茎	树皮灰褐色，具明显皮孔；小枝四棱形，绿色至灰褐色
	叶	单叶对生，纸质，卵状椭圆形（长5~15厘米）；叶面粗糙，叶背淡绿色；全缘，先端渐尖
	花	单生叶腋，花径2~4厘米，蜡质黄色，内轮花瓣带紫纹；芳香浓烈；花期12月至翌年3月
	果	坛状蒴果（常误称为聚合果，长2~5厘米），内含瘦果状种子，椭圆形，7~8月成熟
识别关键		√ 蜡质黄花：花被片厚如蜜蜡，寒冬开放，香气清冽 √ 四棱小枝：幼枝明显四棱形，绿色无毛 √ 坛状蒴果：果实形似小坛子，宿存枝头
易混淆种区分		与狗牙蜡梅（*Chimonanthus praecox* var. *concolor*）区别：蜡梅花被片纯黄或内轮紫纹明显；狗牙蜡梅花被片狭长尖似犬牙，香气较淡

●○ 生长习性与栽培条件

特性	具体表现
光照	喜光，耐半阴，光照不足时开花减少
温度	耐−15℃严寒，生长适温10~25℃
水分	耐旱怕涝，忌低洼积水地
土壤	适应性强，喜微酸性至中性（pH 6~7.5）土壤，耐轻度盐碱

●○ 应用价值

生态价值： 耐寒性强（−15℃正常开花），冬季开花（12月至翌年3月），为寒冷季节传粉昆虫提供稀缺蜜源，生态价值独特。

经济价值： 花可提取高级香精，老桩盆景单价超万元，是冬季花卉市场的高附加值品种。

园林价值： 花色蜡黄晶莹，花香清冽，特别适合作为冬季主景树、传统园林点景和芳香专类园建设，观赏期长达90天。

●○ 配置建议

宜丛植于粉墙前衬托蜡质黄花，或与南天竹、红瑞木等观果灌木搭配增强冬季景观，也可盆栽置于厅堂品味幽香。

A75 紫玉兰

学名： *Magnolia liliflora*

别名： 辛夷（花蕾入药名）、木笔（未开花时形似毛笔头）、红玉兰（与白玉兰对应）

科属： 木兰科，木兰属

原产地： 中国中部及西南部（湖北、四川、云南等地），唐代已引种至长安宫廷，现长江流域至华北南部广泛栽培

●○ 识别特征速查表

项目		具体描述
形态特征	类型	落叶灌木或小乔木（自然高3~5米，常呈丛生状）
	根	肉质根，侧根少，移栽需带土球
	茎	树皮深灰色，小枝紫褐色，具环状托叶痕（托叶脱落后留下的环形疤痕）
	叶	倒卵形或椭圆状卵形（长8~18厘米），先端急尖，叶背脉腋有簇毛
	花	单生枝顶，花被片9~12片，外轮3片，萼状，常较小，紫绿色；内轮6~9片，长卵形，外面紫红色或内面淡白色
	果	聚合圆柱形（长7~10厘米），蓇葖果成熟时背裂，种子红色
识别关键		√ 紫花擎枝：内轮花被片浓紫红色，直立向上不充分展开 √ 托叶环痕：小枝具明显环状托叶痕 √ 先花后叶：早春开花时叶片未展
易混淆种区分		与二乔玉兰（*M.* × *soulangeana*）区别：紫玉兰常为灌木状，花直立不开展；二乔玉兰为乔木，花杯形开展，常粉白相间

●○ 生长习性与栽培条件

特性	具体表现
光照	喜光，稍耐半阴
温度	耐-15℃低温，忌干冷寒风
水分	喜湿润，忌积水
土壤	喜肥沃、排水良好的微酸性至中性土（pH 5.5~7.5）

●○ 应用价值

生态价值： 树冠丰满且抗逆性强，早春紫花（3~4月）为苏醒传粉昆虫提供关键能量，生态指示作用显著。

经济价值： 花被片可提取芳香油，嫁接苗单价是实生苗的3倍，兼具香料经济和园艺溢价价值。

园林价值： 花大而艳丽，先花后叶景观震撼，特别适合作为传统园林主景树、庭院焦点和早春专类园配置。

●○ 配置建议

宜与白粉墙搭配形成色彩对比，或与山石、翠竹组景体现文人意趣，丛植时需保持3米以上间距展示树形。

A76 迎春

学名： *Jasminum nudiflorum*

别名： 金腰带（枝条下垂如金色缎带）、黄素馨（与云南黄素馨区分）、迎春花（花期正值春节前后）

科属： 木犀科，素馨属

原产地： 中国中部及北部（陕西、甘肃、四川等地），现华北至长江流域广泛栽培，河南鄢陵为重要生产基地

●○ 识别特征速查表

项目		具体描述
形态特征	类型	落叶灌木（高0.3~3米，枝条拱形下垂）
	根	根系发达，易生萌蘖
	茎	小枝四棱形，绿色，老枝灰褐色
	叶	三出复叶对生，小叶卵形（长1~3厘米），叶缘有短睫毛
	花	单生叶腋，花冠高脚碟状，黄色，6裂；冬季至早春开花（12~3月），先叶开放
	果	浆果双生，椭圆形（罕见结实）
识别关键		√寒花独秀：隆冬至早春开花，花期极早 √四棱翠枝：幼枝明显四棱形，鲜绿色 √先花后叶：盛花期叶片尚未展开
易混淆种区分		与云南黄素馨（*J. mesnyi*）区别：迎春为落叶性，花单生；云南黄素馨常绿，花重瓣，花期较晚（3~4月）

●○ 生长习性与栽培条件

特性	具体表现
光照	喜光，耐半阴
温度	耐−25℃严寒，适温10~20℃
水分	耐旱怕涝
土壤	适应性强，以肥沃、排水良好的微碱性土最佳（pH 7~8）

●○ 应用价值

生态价值： 枝条拱垂且萌蘖性强，冬季萌芽（1~3月）为最早开花的木本植物之一，为越冬后传粉昆虫提供紧急蜜源，生态时序价值独特。

经济价值： 盆景造型是年宵花市的核心品种；花、叶可入药，兼具高附加值园艺和传统药用价值。

园林价值： 鲜黄色小花密集绽放（花期约60天），枝条柔韧易造型，特别适合作为春节景观布置、盆景艺术和庭院早春点景。

●○ 配置建议

宜植于庭院入口、墙垣、石隙处，或种于高台、堤岸让其枝条自然下垂，以展现垂枝之美。也可与蜡梅、山茶等冬花植物组景，丛植间距0.5~1米。

A77 棣棠

学名： *Kerria japonica*

别名： 黄榆叶梅（叶似榆而花黄）、地棠（枝条拱垂接地）、金棣棠（花色金黄）、清明花（花期近清明节）

科属： 蔷薇科，棣棠属

原产地： 中国中部及南部（陕西、甘肃至长江流域），现华北至华南广泛栽培，日本有分布

●○ 识别特征速查表

项目		具体描述
形态特征	类型	落叶灌木（高1~2米，枝条绿色拱垂）
	根	根系浅而发达，易生萌蘖
	茎	小枝绿色，圆柱形，中空，老枝灰褐色
	叶	卵形至三角状卵形（长3~10厘米），重锯齿，叶面皱褶明显
	花	单生侧枝顶端，金黄色，径3~4.5厘米，花瓣5枚；花期4~5月
	果	聚合果由若干小核果组成，棕黑色，扁球形（栽培条件下罕见结实）
识别关键		√金花垂瀑：枝条拱垂形成金色花瀑 √翠茎中空：绿色枝条截面可见中空髓腔 √皱叶明显：叶片表面凹凸不平如榆叶
易混淆种区分		与重瓣棣棠（*K. japonica* 'Pleniflora'）区别：棣棠单瓣花；重瓣品种花球形，花瓣多数

●○ 生长习性与栽培条件

特性	具体表现
光照	喜光，也耐半阴
温度	耐-15℃低温，适温12~25℃
水分	喜湿润，较耐旱
土壤	喜肥沃、湿润的微酸性至中性土（pH 5.5~7.0）

●○ 应用价值

生态价值： 枝条拱垂且萌蘖性强，春季（4~5月）金黄色花朵为传粉昆虫提供丰富蜜源，是生态园林建设的优良灌木。

经济价值： 耐阴品种（如重瓣棣棠）盆栽溢价显著，枝条可用于编织，兼具观赏经济与传统手工艺价值。

园林价值： 花色金黄明亮，枝姿优雅飘逸，特别适合作为林缘点缀、水岸绿化和庭院垂枝造型，观赏期长达30天。

●○ 配置建议

宜植于水边、假山石旁、林下或建筑基础处，可与紫叶小檗、红花檵木等色叶灌木搭配，丛植间距0.8~1.2米。

A78 结香

学名： *Edgeworthia chrysantha*

别名： 黄瑞香（花色金黄，与瑞香同科）；打结花（枝条柔韧可打结）；雪里开（冬季孕蕾）

科属： 瑞香科，结香属

原产地： 中国长江流域至华南（浙江、江西、湖南等地），日本也有分布

●○ 识别特征速查表

项目		具体描述
形态特征	类型	落叶灌木（高1~2米，丛生状）
	根	肉质根，浅根系
	茎	小枝粗壮柔软，常三叉分枝，棕红色，皮孔明显
	叶	长椭圆形至倒披针形（长6~20厘米），全缘，叶面皱褶
	花	头状花序下垂，30~50朵聚生，花筒状，金黄色，芳香；花期2~3月（先叶开放）
	果	核果卵形（长约8毫米），绿色，5月成熟
识别关键		√金铃垂枝：花序下垂如金色铃铛串 √三叉柔枝：枝条自然分叉且可打结 √冬蕾夏眠：夏季落叶后即形成绒球状花蕾
易混淆种区分		与瑞香（*Daphne odora*）区别：结香花序下垂，叶较大；瑞香花序直立，叶较小且常绿

●○ 生长习性与栽培条件

特性	具体表现
光照	耐半阴，忌强光直射
温度	耐-10℃低温，适温10~25℃
水分	喜湿润，忌干旱
土壤	喜肥沃、排水良好的酸性土（pH 5.0~6.5），忌积水

●○ 应用价值

生态价值：枝条柔韧且耐阴性强，冬末春初开花（2~3月），香气浓郁，是重要的早春观花及芳香植物，生态指示作用显著。

经济价值：花可提取芳香物质，枝条是传统造纸原料，兼具香料经济和手工艺开发价值。

园林价值：花蕾下垂如珠，开放时金黄芬芳，特别适合作为冬季芳香花园、传统庭院点缀和特色盆景的素材。

●○ 配置建议

宜植于建筑北侧、林缘或庭院的半阴处，可与腊梅、茶梅等冬花植物组景，丛植间距1~1.5米。

A79 牡丹

学名：*Paeonia suffruticosa*

别名：洛阳花（唐代洛阳为栽培中心）、富贵花（象征吉祥富贵）、木芍药（与草本芍药区分）、国色天香（赞誉其花色香气）

科属：芍药科，芍药属

原产地：中国西部（陕西、甘肃等地）

●○ 识别特征速查表

项目		具体描述
形态特征	类型	落叶灌木（高0.5~2米）
	根	肉质粗根，深可达1米
	茎	老枝灰褐色，当年生枝黄褐色
	叶	二回三出复叶，小叶卵形（长4~8厘米），顶生小叶3裂，叶背被白粉
	花	单生枝顶，花径10~30厘米，花色丰富（红色、粉色、白色、黄色等），花瓣5枚至多数；花期4~5月
	果	蓇葖果，常被黄褐色毛，9月成熟

续表

项目	具体描述
识别关键	√王者之花：花型硕大端庄，有单瓣、重瓣等多种花型 √复叶银背：叶片背面明显被白粉 √老干生花：多年生老枝仍具开花能力
易混淆种区分	与芍药（*P. lactiflora*）区别：牡丹为木本，茎干木质化；芍药为草本，冬季地上部分枯萎。此外，牡丹花多为单生枝顶；芍药花常为数朵生于枝顶或叶腋，但并非严格的腋生

生长习性与栽培条件

特性	具体表现
光照	喜光，稍耐阴
温度	耐-20℃低温，适温15~25℃
水分	耐旱，忌积水
土壤	喜肥沃、排水良好的中性至微碱性土（pH 6.5~8.0）

应用价值

生态价值：根系深广且耐旱，花期集中（4~5月），吸引多种传粉昆虫，是温带地区春季生态链的重要环节。

经济价值：名贵品种（如‘姚黄’‘魏紫’）成年植株或精品苗售价高昂，甚至可超万元。

园林价值：花大色艳，品种逾千，特别适合作为国花园主景、文化主题景观和精品庭院配置，观赏价值无可替代。

配置建议

宜孤植于开阔草坪或庭院中心，或与湖石、白墙相衬，搭配芍药、绣球等花卉形成时序景观，种植间距不宜小于1.5米，长势旺盛的品种建议保持2~3米的间距。

A80 锦带花

学名：*Weigela florida*

别名：五色海棠（花色多变）、红绶带（红花品种形态特征）、山脂麻（种子含油）

科属：忍冬科，锦带花属

原产地：中国东北、华北地区，朝鲜半岛也有分布

识别特征速查表

项目		具体描述
形态特征	类型	落叶灌木（高1~3米）
	根	根系发达，萌蘖性强
	茎	小枝细长，幼时具2列柔毛，老枝灰褐色
	叶	椭圆形至卵状椭圆形（长5~10厘米），叶缘具细锯齿，叶面皱褶
	花	聚伞花序腋生，花冠漏斗形，粉红色至深红色，长2.5~3厘米；花期5~6月
	果	蒴果柱状（长2厘米），顶端具喙，9月成熟

续表

项目	具体描述
识别关键	√锦簇花枝：花序密集如锦缎披垂 √皱叶明显：叶片表面凹凸不平 √双列柔毛：幼枝毛被呈明显两纵列
易混淆种区分	与海仙花（*W. coraeensis*）区别：锦带花花冠较细长，花色偏粉红；海仙花花冠粗短，花色由白变红

●○ 生长习性与栽培条件

特性	具体表现
光照	喜光，稍耐阴
温度	耐-30℃严寒，适温15~28℃
水分	耐旱，忌积水
土壤	喜肥沃、排水良好的微酸性至中性土（pH 6.0~7.5）

●○ 应用价值

生态价值：灌木丛生且适应性强，花期集中（5~6月），为夏季传粉昆虫提供稳定蜜源。

经济价值：花色品种丰富（红色、粉色、白色等），工程苗市场需求旺盛；耐修剪特性使其成为绿篱工程的优选材料。

园林价值：漏斗状花朵成串下垂（花冠长2~3厘米），特别适合作为花境中层植物、庭院绿篱和公园群植景观营造。

●○ 配置建议

宜丛植于草坪、林缘或路旁，也可列植作花篱，或与绣球、溲疏等花灌木搭配。种植间距1~1.5米。

A81 木绣球

学名：*Viburnum macrocephalum*

别名：绣球荚蒾（花序似绣球）、大花琼花（与琼花近缘）、雪球花（盛花期如雪球压枝）

科属：忍冬科，荚蒾属

原产地：中国长江流域（江苏、浙江、湖北等地）

●○ 识别特征速查表

项目		具体描述
形态特征	类型	落叶或半常绿灌木（高2~4米）
	根	根系发达，萌蘖性强
	茎	树皮灰褐色，小枝灰白色，被星状毛
	叶	卵形至椭圆形（长5~12厘米），叶缘有细锯齿，叶背密被星状毛
	花	大型球状聚伞花序，主要由不育花组成；初开淡绿色，盛花时转为纯白色
	果	通常不结实（不育品种）
识别关键		√雪球压枝：大型球状花序直径可达20厘米 √星状毛被：幼枝及叶背被明显星状绒毛 √花色渐变：花序初开为淡绿色，盛花期转为纯白色

续表

项目	具体描述
易混淆种区分	与琼花（*V. macrocephalum f. keteleeri*）区别：木绣球全为不育花；琼花外围为可育花，中央为不育花

●○ 生长习性与栽培条件

特性	具体表现
光照	喜半阴，忌强光直射
温度	耐-15℃低温，适温12~25℃
水分	喜湿润，忌积水
土壤	喜肥沃、湿润的微酸性土（pH 5.5~6.5）

●○ 应用价值

生态价值：树冠圆整且枝叶茂密，花期集中（4~5月）花序巨大，其大型白色花序具有良好的观赏和招引效果。

经济价值：花序可作切花（瓶插期7~10天），精品盆栽单价超500元，是春季花卉市场的高附加值品种。

园林价值：球形花序如雪团簇拥（观赏期30天），特别适合作为庭院主景树、传统园林点景和白色主题花园营造。

●○ 配置建议

宜植于建筑东侧或庭荫树下，可与山茶、杜鹃等喜阴花木搭配，丛植间距1.5~2米。

A82 紫荆

学名：*Cercis chinensis*

别名：满条红（花期枝条全红）、乌桑（树皮暗褐色如乌木）、箩筐树（枝条可编筐）

科属：豆科，紫荆属

原产地：中国黄河流域至长江流域（河北、陕西、湖北等地），现全国广泛栽培

●○ 识别特征速查表

项目		具体描述
形态特征	类型	落叶灌木或小乔木（高2~5米）
	根	主根明显，具根瘤菌共生
	茎	树皮暗灰色，纵裂；小枝灰褐色
	叶	心形或近圆形（长5~12厘米），全缘，掌状脉5~7条
	花	簇生于老枝上，紫红色，蝶形花冠，长约1.5厘米；花期3~4月（先叶开放）
	果	荚果扁平（长5~14厘米），9~10月成熟时呈紫褐色
识别关键		√干生紫花：花朵密布老枝甚至主干 √心形单叶：叶片典型心形基部 √扁长荚果：荚果扁平，长5~14厘米
易混淆种区分		与加拿大紫荆（*C. canadensis*）区别：紫荆花紫红色，叶较小；加拿大紫荆花淡粉色，叶较大（可达15厘米）

●○ 生长习性与栽培条件

特性	具体表现
光照	喜光，稍耐阴
温度	耐-20℃低温，适温12~28℃
水分	耐旱，忌积水
土壤	适应性强，喜肥沃、排水良好的中性至微碱性土（pH 6.5~8.0）

●○ 应用价值

生态价值：树冠开展且适应性强（耐pH6.0~8.5土壤），早春（3~4月）开花，先于展叶，为传粉昆虫提供关键早春蜜源。

经济价值：木材坚硬、纹理美观，是雕刻良材；树皮可入药，兼具用材和药用开发价值。

园林价值：紫红色小花密布枝干（“干生花”特性），特别适合作为早春主景树、庭院点缀和专类园建设，观赏效果独特。

●○ 配置建议

宜孤植于草坪中央或建筑前庭，可与连翘、迎春等黄色系早春花卉搭配，种植间距3~4米。

A83 八仙花

学名： *Hydrangea macrophylla*

别名： 绣球花（花序如绣球）、紫阳花（日本称谓）、七变花（花色随土壤pH变化）

科属： 绣球科，绣球属（根据最新的APG IV分类系统，绣球属已从虎耳草科中分出，独立为绣球科）

原产地： 中国长江流域至华南（浙江、福建等地）

●○ 识别特征速查表

项目		具体描述
形态特征	类型	落叶灌木（高1~2米）
	根	肉质根，浅根系
	茎	小枝粗壮，皮孔明显，老枝灰白色
	叶	卵形至椭圆形（长10~20厘米），粗锯齿缘，叶面皱褶
	花	伞房花序球形（径15~20厘米），多为不育花。花色受土壤pH值及铝离子影响：酸性土(pH<6)多开蓝色花，中性至碱性土(pH>7)多开粉红色花，介于其间可为紫色或过渡色。花期6~8月
	果	蒴果卵圆形（罕见结实）
识别关键		√色变奇观：酸性土开蓝色花，碱性土开粉色花 √大花成球：花序直径可达20厘米 √皱叶明显：叶片表面凹凸不平
易混淆种区分		与圆锥绣球（*H. paniculata*）区别：八仙花的花序球形，叶较大；圆锥绣球花序圆锥形，叶较小

●○ 生长习性与栽培条件

特性	具体表现
光照	耐半阴，喜散射光
温度	耐-15℃低温，适温18~28℃
水分	喜湿润，忌干旱
土壤	喜肥沃、湿润的酸性土（pH 4.5~6.0）

●○ 应用价值

生态价值： 耐阴性强，花期持久（6~9月）且花序大（直径15~25厘米），其大型艳丽的花序具有良好的观赏和招引效果。

经济价值： 花色随土壤pH变化（蓝色、粉色、紫色），盆栽市场溢价显著；鲜切花在市场中经济效益突出，售价较高。

园林价值： 球状花序色彩多变，特别适合作为荫蔽花园主景、庭院丛植和主题花境营造，观赏期长达90天。

●○ 配置建议

宜植于建筑北侧、林缘或水榭旁，可与玉簪、蕨类等耐阴植物搭配，丛植间距1~1.5米。

A84 月季

学名： *Rosa chinensis*

别名： 月月红（因四季开花不绝得名）、斗雪红（寒冬仍能开花）

科属： 蔷薇科，蔷薇属

原产地： 中国，现代月季为多种蔷薇属植物杂交选育而成

识别特征速查表

项目		具体描述
形态特征	类型	落叶或半常绿灌木（高0.3~2米）
	根	根系发达，主根粗壮，具多数须根
	茎	茎直立或蔓生，具皮刺；嫩枝绿色，老枝灰褐色
	叶	奇数羽状复叶互生，小叶3~7枚，卵形至椭圆形（2.5~6厘米）；叶缘有锯齿
	花	单生或伞房花序，花重瓣或半重瓣；花色丰富，有红色、粉色、黄色、白色等；花期4~11月
	果	蔷薇果，形状大小因品种而异，成熟时多为红、橙等色
识别关键		√羽状复叶：小叶3~7枚，叶缘有锐锯齿 √茎具皮刺：茎干具钩状或直刺 √蔷薇果：肉质花托发育形成浆果状果实
易混淆种区分		与玫瑰（*R. rugosa*）区别：月季小叶3~7枚，叶面平滑；玫瑰小叶5~9枚，叶面皱褶明显

生长习性与栽培条件

特性	具体表现
光照	喜光，每日需6小时以上直射光
温度	耐-15℃低温，生长适温15~26℃
水分	喜湿润，忌积水
土壤	喜肥沃、排水良好的微酸性土壤（pH 6.0~6.5）

应用价值

生态价值： 花期长久且花蜜丰富，为传粉昆虫提供持续食源，丛生习性具有良好的水土保持效果，是城市生态绿化的重要开花灌木。

经济价值： 花可提取香精、制茶、入药；是现代切花产业的主要品种，在花卉、饮品及园艺产业中经济价值巨大。

园林价值： 花大色艳，花期极长，品种繁多，被誉为“花中皇后”，广泛应用于花坛、花境、庭院美化及盆栽观赏，是世界上最受欢迎的观赏花卉之一。

配置建议

宜丛植于阳光充足的庭院、公园、道路绿化带；可作花篱、花坛或专类园布置。需定期施肥，花后及时修剪。注意通风防病，雨季及时排水。北方地区越冬前适当修剪培土。

A85 贴梗海棠

学名： *Chaenomeles speciosa*

别名： 皱皮木瓜（因果实似木瓜且果皮皱缩得名）；铁脚梨（木质坚硬如铁）；贴梗木瓜（花梗极短，似贴茎而生）

科属： 蔷薇科，木瓜属

原产地： 中国中部及西南地区，现广泛栽培于全国各地

●○ 识别特征速查表

项目		具体描述
形态特征	类型	落叶灌木（高1~2米）
	根	根系发达，主根粗壮，侧根密集
	茎	枝开展，有刺；小枝圆柱形，紫褐色或黑褐色
	叶	单叶互生，纸质，卵形至椭圆形（3~9厘米）；叶缘有尖锐锯齿；托叶肾形或半月形
	花	簇生于二年生枝上，花梗极短；花猩红色、粉红色、淡红色或白色，也有复色品种；花期3~5月
	果	梨果球形或卵球形（4~6厘米），黄色或黄绿色，有芳香
识别关键		√ 花贴枝开：花几乎无梗，紧贴枝条开放 √ 枝具锐刺：枝条多具枝刺 √ 早春开花：花先于叶或与叶同放
易混淆种区分		与日本海棠（*C. japonica*）区别：贴梗海棠株型较高，花色以红色为主；日本海棠株型矮小，花橙红色

●○ 生长习性与栽培条件

特性	具体表现
光照	喜光，稍耐阴
温度	耐-20℃低温，生长适温15~25℃
水分	耐干旱，忌积水
土壤	喜肥沃、排水良好的微酸性至中性土壤（pH 6.0~7.0）

●○ 应用价值

生态价值： 丛生茂密且具枝刺，能形成有效的防护屏障，早春花期为昆虫提供重要蜜源，深根性能固土护坡，是生态修复的优秀灌木。

经济价值： 果实可入药（舒筋活络、和胃化湿），制蜜饯、酿酒；干枝可作手杖，在医药、食品和工艺品领域具有重要价值。

园林价值： 早春红花满枝，秋果金黄芳香，观花观果俱佳，是重要的早春观赏灌木，广泛应用于庭院、公园、盆景制作。

●○ 配置建议

宜丛植于庭院角落、墙垣基础，或作花篱、盆景栽培；可与连翘、迎春、喷雪花等搭配营造丰富的早春景观。花后适当修剪，保持树形。果实需充分成熟后采收。北方地区可露地越冬。

B101 海滨木槿 *Hibiscus hamabo* 锦葵科，木槿属

叶互生，厚革质，广卵形或近圆形，边缘具浅钝齿，表面深绿色，背面密被灰白色星状绒毛；花单生枝端或叶腋，花冠钟形，淡黄色，内面基部暗紫色；蒴果卵圆形，密被金黄色星状绒毛及刚毛。

B102 紫叶小檗 *Berberis thunbergii* ‘Atropurpurea’ 小檗科，小檗属（栽培变种）

叶簇生，倒卵形或匙形，全缘，叶色常年紫红色至深红色，为核心观赏特征；枝具单一或三分叉的锐刺；浆果椭圆形，成熟时亮红色，经冬不落。

B103 玫瑰 *Rosa rugosa* 蔷薇科，蔷薇属

茎密生针刺、刚毛及腺毛；叶互生，奇数羽状复叶，小叶5~9枚，椭圆形至椭圆状倒卵形，叶面皱褶明显，为核心特征；花单生或簇生，花瓣紫红色或白色，芳香浓郁。

B104 高山杜鹃 *Rhododendron lapponicum* 杜鹃花科，杜鹃花属

叶互生，革质，椭圆形至卵形，长仅1~2厘米，叶缘反卷，背面密被锈棕色或灰白色鳞片，为核心特征；伞形花序顶生，花冠宽钟形，淡紫色至紫红色；植株低矮，呈垫状或匍匐生长，以适应高山严寒、强风环境。

B105 金雀儿 *Cytisus scoparius* 豆科，金雀儿属

小枝绿色，具棱，后期变为褐色；叶小型，三出复叶或单叶，早落；蝶形花冠，亮黄色，单生于叶腋，密集，为核心观赏特征。

B106 彩叶杞柳 *Salix integra* ‘Hakuro Nishiki’ 杨柳科，柳属（栽培变种）

叶对生或近对生，披针形，新叶具粉白色与淡粉色斑块，渐变为白绿色相间，为核心观赏特征；小枝细长，绿色或褐绿色；柔荑花序，先叶或与叶同放。

B107 粉花绣线菊 *Spiraea japonica* 蔷薇科，绣线菊属

叶互生，卵形至卵状长椭圆形，边缘有缺刻状重锯齿，叶面常具皱褶；复伞房花序顶生于当年生枝，花小，密集，粉红色，为核心特征；小枝细长，开展，幼时略带棱角。

B108 金钟花 *Forsythia viridissima* 木犀科，连翘属

小枝绿色，四棱形，髓呈薄片状，为核心特征；花先叶开放，1~3朵簇生于叶腋，花冠深黄色，裂片狭长；叶对生，椭圆状长圆形至披针形，中部以上有粗锯齿。

海滨木槿

紫叶小檗

玫瑰

高山杜鹃

金雀儿

彩叶杞柳

粉花绣线菊

金钟花

B109 野茉莉 *Styrax japonicus*
安息香科，安息香属

叶互生，椭圆形至卵状椭圆形，边缘有细锯齿，入秋常变为黄红色；总状花序腋生或顶生，花冠钟形，下垂，花瓣5枚，白色，芳香，为核心观赏特征；核果近球形，成熟时灰蓝色，被绒毛。

B110 马棘 *Indigofera pseudotinctoria*
豆科，木蓝属

叶互生，奇数羽状复叶，小叶7~11枚，对生，椭圆形至倒卵形，全缘，两面被白色丁字毛；总状花序腋生，花冠蝶形，紫红色或粉红色；荚果线状圆柱形，成熟时棕褐色，内含多数种子。

B111 穗花牡荆 *Vitex agnus-castus*
唇形科，牡荆属

叶对生，掌状复叶，小叶5~7枚，狭披针形，全缘，叶背密被灰白色绒毛；圆锥花序顶生，花序穗状，花小，蓝紫色，为核心观赏特征；小枝四棱形，密被灰白色绒毛。

B112 帚桃 *Prunus persica* ‘Houki-momo Duplex’
蔷薇科，李属（栽培变种）

树形树冠狭窄，呈紧密的柱状或扫帚形，为核心观赏特征；花重瓣或半重瓣，花色有粉红色、深红色、白色等，春季先叶或与叶同放；叶披针形，边缘有细锐锯齿。

B113 紫珠 *Callicarpa bodinieri*
唇形科，紫珠属

球形核果，细小，密集簇生于叶腋，成熟时呈亮紫色，为核心观赏特征；叶对生，卵状椭圆形至椭圆形，边缘有细锯齿，背面有黄色腺点；聚伞花序腋生，花小，淡紫色或粉红色。

B114 臭牡丹 *Clerodendrum bungei*
唇形科，大青属

叶对生，宽卵形或心形，边缘具粗齿，揉搓后有强烈异味，为核心特征；聚伞花序顶生，花冠高脚碟状，玫瑰红色至粉红色，芳香；核果近球形，成熟时蓝黑色，包于增大的宿萼内。

单元2.6 落叶阔叶藤本识别与应用

◇ 任务2.6.1 掌握级物种

A86 紫藤

学名： *Wisteria sinensis*

别名： 藤萝（古称，《本草纲目》有载）；朱藤（花色素雅如朱砂）；黄环（见于古代记载）；招豆藤（荚果形态）

科属： 豆科，紫藤属

原产地： 中国中部（河南、湖北等地），现全国广泛栽培

●○ 识别特征速查表

项目		具体描述
形态特征	类型	落叶木质藤本（茎长可达20米）
	根	主根深长，侧根发达
	茎	茎左旋缠绕，皮灰褐色，具浅纵裂
	叶	奇数羽状复叶（长15~25厘米），小叶7~13枚，卵状椭圆形
	花	总状花序下垂（长15~30厘米），蝶形花冠，蓝紫色，芳香；花期4~5月
	果	荚果条形（长10~20厘米），密被绒毛，种子扁圆形
识别关键		√紫瀑垂空：花序下垂如紫色瀑布 √左旋攀缘：茎蔓以左旋方式（逆时针）缠绕支撑物 √羽叶疏朗：奇数羽状复叶排列舒展
易混淆种区分		与多花紫藤（*W. floribunda*）区别：紫藤花序较短（通常15~30厘米），花同时开放；多花紫藤花序更长（可达1米），花从基部渐次开放

●○ 生长习性与栽培条件

特性	具体表现
光照	喜光，稍耐阴
温度	耐−20℃低温，适温15~28℃
水分	耐旱，忌积水
土壤	喜深厚、肥沃的中性至微酸性土（pH 6.0~7.5）

●○ 应用价值

生态价值： 藤蔓粗壮且寿命长，春季花序（4~5月）能吸引蜂类等传粉昆虫。

经济价值： 老桩盆景单价超万元，经正确加工处理后，花序可食用，兼具艺术收藏和特色食品开发价值。

园林价值： 垂挂花序长达15~30厘米，花香浓郁，特别适合打造花廊、古建绿化和立体花瀑景观，具有极高的观赏价值。

●○ 配置建议

必须搭建极其坚固的金属或钢筋混凝土棚架供其攀缘。严禁攀附活树、古建及木质结构，以免造成严重破坏。需保持3米以上种植间距以避免植株间竞争。

A87 爬山虎

学名： *Parthenocissus tricuspidata*

别名： 地锦（《本草纲目》称谓）、爬墙虎（攀附特性）、红葛（秋叶变红）、飞天蜈蚣（气生根形态）

科属： 葡萄科，地锦属

原产地： 中国东部、中部及日本，现全国广泛栽培

识别特征速查表

项目		具体描述
形态特征	类型	落叶木质藤本
	根	根系发达
	茎	茎具分枝卷须，顶端具吸盘；老枝灰褐色
	叶	叶形多变，幼枝叶常不裂，老枝叶多为三浅裂（单叶）或三出复叶，宽卵形（长10~20厘米），缘具粗齿，秋叶鲜红
	花	聚伞花序，小花黄绿色，不显著；花期6~7月
	果	浆果球形（直径6~8毫米），蓝黑色，被白粉
识别关键		√吸盘攀附：卷须末端特化成吸盘状结构 √红叶覆墙：秋季叶片呈现鲜红色 √气根密布：老茎常生多数气生根
易混淆种区分		与五叶地锦（*P. quinquefolia*）区别：地锦叶多为三裂；五叶地锦为掌状五小叶

生长习性与栽培条件

特性	具体表现
光照	耐阴性强，全光至全阴均可生长
温度	耐−30℃严寒，适温15~28℃
水分	耐旱耐湿
土壤	适应性强，pH 5.0~8.0均能生长

应用价值

生态价值： 攀附性强，茂密的叶片层可有效遮阴，通过蒸腾作用降低建筑表面温度（与裸露表面相比），单株覆盖面积达50~100平方米，是立体绿化的核心物种。

经济价值： 绿化工程用量大，秋季红叶景观带动旅游收益，兼具生态和经济效益。

园林价值： 秋叶鲜红（持续30~45天），四季景观变化丰富，特别适合建筑立面绿化、高架桥美化和生态墙面营造。

配置建议

宜用于建筑墙面、高架桥柱等垂直绿化，或与常春藤混植创造四季景观，种植间距0.5~1米。

A88 凌霄

学名： *Campsis grandiflora*

别名： 紫葳（《神农本草经》古称）、陵苕（《诗经》记载）、堕胎花（民间药用功效）、鬼目（花筒形态特征）

科属： 紫葳科，凌霄属

原产地： 中国长江流域至黄河流域（江苏、陕西等地），日本也有分布

识别特征速查表

项目		具体描述
形态特征	类型	落叶木质藤本（攀缘高度可达10米）
	根	气生根发达，具吸附能力
	茎	老枝灰褐色，具纵裂；小枝紫褐色
	叶	奇数羽状复叶（长15~25厘米），小叶7~9枚，卵形至卵状披针形，缘具粗齿
	花	聚伞圆锥花序顶生，花冠漏斗状钟形，橙红色，长约7厘米；花期6~9月
	果	蒴果细长，如豆荚状，长15~20厘米，成熟后开裂
识别关键		√气根攀附：茎节处生多数气生根 √夏焰照空：橙红色大型花朵持续整个夏季 √羽叶疏朗：小叶排列舒展如羽毛
易混淆种区分		与美国凌霄（*C. radicans*）区别：凌霄花较大（6~7厘米），小叶无毛；美国凌霄花较小（4~5厘米），叶背有柔毛

生长习性与栽培条件

特性	具体表现
光照	强阳性植物
温度	耐-15℃低温，适温18~30℃
水分	耐旱，忌积水
土壤	喜肥沃、排水良好的微酸性至中性土（pH 5.5~7.5）

应用价值

生态价值：藤本粗壮且攀附力强，夏季橙红色喇叭花（6~9月）吸引蜂类、蝶类传粉。

经济价值：老桩盆景市场价5000~10000元，花期长达4个月，是垂直绿化工程的高附加值品种。

园林价值：花冠硕大，呈漏斗状钟形（长6~8厘米），橙红色，格外醒目，特别适合打造花廊、拱门绿化和古建攀附景观，观赏效果震撼。

配置建议

宜引导攀附廊架、山石或老树枯桩，避免直接攀附建筑墙面以免损坏结构，种植间距1.5~2米。

A89 铁线莲

学名：*Clematis* spp.（泛指铁线莲属植物）

别名：铁线牡丹（花形似牡丹）、番莲（《植物名实图考》记载）、金包银（花蕊特征）、山木通（茎秆特性）

科属：毛茛科，铁线莲属

原产地：中国（多数原生种）、北半球温带地区

识别特征速查表

项目		具体描述
形态特征	类型	多年生草质或半木质藤本（品种不同，长度差异大）
	根	须根发达，部分种具块根
	茎	细韧如铁丝，幼茎被柔毛
	叶	对生，叶形多变，有一回或二回三出复叶、羽状复叶等多种类型，小叶卵形至披针形，全缘或有裂
	花	单生或圆锥花序，花被片4~8枚，颜色多样（紫色/粉色/白色等），径5~15厘米；花期4~9月（因种而异）
	果	瘦果聚集成头状，具宿存羽毛状花柱
识别关键		√铁茎柔花：细韧茎秆与华丽花朵形成反差 √羽冠果实：成熟果序如绒球 √攀缘特性：叶柄缠绕支撑物
易混淆种区分		与转子莲（*C. patens*）区别：铁线莲属多数种花萼开展；转子莲花钟状下垂

生长习性与栽培条件

特性	具体表现
光照	喜基部遮阴，上部见光
温度	多数种耐-20℃低温，适温15~25℃
水分	喜湿润，忌积水
土壤	喜肥沃、排水良好的中性至微碱性土（pH 6.5~7.5）

应用价值

生态价值：藤茎纤细坚韧，耐阴性强，其多样花型为特

化传粉者提供专属蜜源。

经济价值： 品种逾3000个（如‘总统’系列），精品大苗或稀有品种盆栽单价可达千元以上，是国际园艺市场的核心攀缘植物。

园林价值： 花型多变（平展/钟形/重瓣），花色涵盖12色系，特别适合立体花柱、拱门装饰和阳台垂吊绿化。

配置建议

宜植于栅栏或拱门旁，基部配植低矮宿根花卉遮阴，攀缘高度2~3米，株距0.8~1.2米。

任务2.6.2 识别级物种

B115 葛藤 *Pueraria montana* var. *lobata*

豆科，葛属

叶互生，三出复叶，顶生小叶菱状卵形，全缘或3浅裂，侧生小叶偏斜；总状花序腋生，花冠蝶形，紫红色；块根肥厚，圆柱状，为核心特征。

B116 美国凌霄 *Campsis radicans*

紫葳科，凌霄属

叶对生，奇数羽状复叶，小叶9~13枚，卵形至椭圆状卵形，边缘有粗齿；聚伞圆锥花序顶生，花冠漏斗状钟形，橙红色至鲜红色，萼筒棕褐色具纵棱，为核心特征；蒴果长如豆荚，成熟时2瓣裂；种子扁平，具2翅。

B117 木香 *Rosa banksiae*

蔷薇科，蔷薇属

小枝绿色，无刺或少有散生皮刺；叶互生，奇数羽状复叶，小叶3~5(7)枚，椭圆状卵形，边缘有细锐锯齿；伞形花序，花小，重瓣或半重瓣，白色或淡黄色，芳香。

B118 多花蔷薇 *Rosa multiflora*

蔷薇科，蔷薇属

小枝绿色，具粗短弯曲皮刺；圆锥状伞房花序，花小，单瓣，白色或粉红色，芳香，为核心观赏特征；蔷薇果球形，成熟时红色。

B119 三叶木通 *Akebia trifoliata*

木通科，木通属

掌状复叶，小叶3枚，卵圆形至宽卵形，边缘浅裂或呈波状；总状花序腋生，雌雄同株，雌花褐紫色，雄花淡紫色；肉质蓇葖集长椭圆形，成熟时腹缝线开裂，露出白色果肉及黑色种子，为核心特征。

葛藤

美国凌霄

木香

三叶木通

多花蔷薇

项目3　竹类

单元3　竹类识别与应用

◈ 任务3.1　掌握级物种

A90 毛竹

学名： *Phyllostachys edulis*

别名： 楠竹（《中国植物志》）、茅竹（江浙地区）、猫头竹

科属： 禾本科，刚竹属

原产地： 中国，主要分布于长江流域及以南地区的山地

栽培类型： 大型散生竹（通过地下横走的竹鞭扩展繁殖，形成散生竹林），乔木状

●○　形态特征与生长习性速查表

项目		具体表现
形态特征	秆	高大通直，高度可达20米以上，胸径（直径）可达10~20厘米，甚至更粗。幼秆密被细柔毛和白粉，老秆则逐渐变为无毛，颜色呈黄绿色。秆环不明显，箨环（竹箨脱落后留下的环）隆起
	箨(tuò，竹笋的皮壳)	箨鞘厚革质，背面密生棕紫色小刺毛和斑点；箨耳小，箨叶（箨鞘顶端的叶片）狭长三角形，向外反曲，皱褶
	枝	每节分2枝，粗细相近
	叶	每小枝有叶片2~4枚，叶片较小，披针形，长5~11厘米，宽0.5~1.2厘米
	花	花期极不规律，通常50~60年甚至更长时间才开花一次，开花后整片竹林常会枯死。圆锥花序，花枝穗状
生长习性	速生性	极强（日生长量可达1米）
	竹鞭扩展	年扩展半径3~8米
	开花周期	60~120年（开花后死亡）
	耐寒性	中等（-15℃冻害）
	耐旱性	较强（但笋期需水）
	适应区域	年均温15~20℃，年降水1000毫米以上

●○　栽培技术要点

毛竹栽培宜选择土层深厚（>60厘米）、疏松且微酸性至中性（pH5.0~7.0）的土壤，以海拔800米以下的阳坡或半阳坡为佳。繁殖可采用母竹移栽（选1~2年生竹带30厘米竹鞭与50千克土球，成活率高）或竹鞭育苗（3节鞭段埋深15厘米），组培多用于育种。

●○　经营模式速查表

模式	密度/(株/亩)	轮伐期	主产品
材用林	80~120	5~7年	竹材（胸径≥9厘米）
笋用林	150~200	持续采收	冬笋/春笋
笋材两用林	120~150	4~6年	竹材+竹笋

●○　应用价值

经济价值： 毛竹是中国最具经济价值和生态价值的竹种，其发出的冬笋（冬季未出土的笋）和春笋（春季出土的笋）都是极受欢迎的食材，味美质脆，可鲜食或加工成笋干、罐头等。

文化象征： 在中国文化中，竹子象征着谦虚、气节、坚韧不拔和长寿（与梅、兰、菊并称“四君子”）。毛竹因其高大挺拔，更是这些品质的杰出代表。

园林价值： 秆形通直挺拔（高15~20米），四季常绿，特别适合营造竹林景观、生态隔离带和特色庭院绿化。

A91 紫竹

学名： *Phyllostachys nigra*

别名： 黑竹（《中国植物志》）、乌竹（江南地区）、墨竹、水竹子

科属： 禾本科，刚竹属

原产地： 中国，主要分布于长江流域及以南地区

栽培类型： 中型散生竹（通过地下横走的竹鞭扩展繁殖），乔木状

形态特征与生长习性速查表

项目		具体表现
形态特征	秆	新秆为绿色，但随着竹秆的生长，秆壁的色素逐渐沉积，在一年后开始出现紫黑色斑点，并逐渐蔓延，最终在两到三年后整个秆变为紫黑色。这是紫竹最显著的特征。秆高可达4~8米，直径可达2~5厘米，比毛竹纤细
	箨	箨鞘淡棕色，无毛或微具毛，有稀疏的细小斑点；箨耳发达，紫黑色；箨舌长；箨叶三角形，绿色，皱褶
	枝	每节分2枝
	叶	叶片质地较薄，披针形，长4~10厘米，宽1~1.5厘米，叶片绿色，叶鞘初具粗毛
生长习性	速生性	中等（年高生长2~3米）
	竹鞭扩展	年扩展半径1~3米
	开花周期	60~100年（开花后局部死亡）
	耐寒性	较强（-18℃可安全越冬）
	耐旱性	中等（需湿润环境，忌积水）
	适应区域	年均温14~22℃，年降水900~1500毫米

栽培技术要点

紫竹喜疏松肥沃、微酸性（pH5.5~6.5）土壤，宜在海拔1000米以下避风向阳处种植，忌低洼积水。母竹移栽选1~2年生竹带20厘米竹鞭与30千克土球，竹鞭育苗取2~3节段埋深10~15厘米。

经营模式速查表

模式	密度 /（株 / 亩）	轮伐期	主产品
观赏林	50~80	长期养护	景观竹
工艺林	100~150	5~7年	工艺品用材
生态林	80~120	持续更新	水土保持

应用价值

生态价值： 竹秆通直且根系发达（地下茎年扩展1~3米），成林后显著改善局部微气候，为鸟类提供栖息场所。

象征意义： 紫色在中国传统文化中常与祥瑞、高贵、深邃、神秘联系在一起。紫竹因此被赋予了吉祥、辟邪的寓意。

园林价值： 紫竹颜色独特，是优良的观赏竹种。常丛植于庭院、公园、窗前、假山旁、水池边，营造出优雅、静谧的意境。

A92 斑竹

学名： *Phyllostachys bambusoides* f. *lacrima-deae*
别名： 湘妃竹（最富盛名的别名）、泪竹（湖南地区）
科属： 禾本科，刚竹属
原产地： 中国，传统上以湖南湘江流域最为著名，在江西、浙江、河南等地也有分布
栽培类型： 中型散生竹，乔木状

形态特征与生长习性速查表

项目		具体表现
形态特征	秆	秆高可达5~12米，直径可达3~8厘米。幼秆绿色，表面披一层白色粉末。其最显著的特征在于，秆上布有大小不一、形状不规则、边缘模糊的紫褐色或棕褐色斑点与斑块，宛如泪痕。这些斑点在竹秆长大后才会逐渐显现，并永不褪色
	箨	箨鞘黄褐色，有密生的紫褐色斑点和斑块，并具脱落性细毛；箨耳发达，呈镰刀状；箨叶向外反转，三角形或带形，橘红色，皱褶
	枝	每节分2枝
	叶	叶片披针形，长5~15厘米，宽1~2厘米，翠绿色
生长习性	速生性	较强（年高生长量3~5米）
	竹鞭扩展	年扩展半径2~4米
	开花周期	80~120年（开花后成片死亡）
	耐寒性	中等（-12℃安全越冬）
	耐旱性	较弱（需湿润环境）
	适应区域	年均温15~22℃，年降水量1000~1800毫米

栽培技术要点

斑竹宜栽植于深厚（＞50厘米）、腐殖质丰富（有机质＞3%）、微酸至中性（pH5.5~7.0）的土壤，选择海拔600米以下避风缓坡。繁殖以母竹移栽（2~3年生竹带30厘米竹鞭与40千克土球）为主，竹鞭育苗需3~4节鞭段埋深15厘米。

经营模式速查表

模式	密度 /（株 / 亩）	轮伐期	主产品
景观林	60~100	不轮伐 / 长期养护	观赏竹
工艺林	120~180	6~8 年	雕刻用材
文化林	80~120	持续择伐	文旅结合

应用价值

文化观赏价值： 是其最核心的价值，秆有斑的湘妃竹，其价值远高于普通竹子。

传说渊源： 斑竹的文化意义源自舜帝与娥皇、女英（并称“湘妃”）的凄美爱情传说。其斑点被视作湘妃思念丈夫洒下的血泪所化，使其成为“忠贞爱情”与“悲情思念”的象征。这个传说为其赋予了任何其他竹种都无法比拟的浪漫与悲剧色彩。

文学意象： 在历代诗词歌赋中，“湘妃竹”是永恒的经典意象。如毛泽东的“斑竹一枝千滴泪，红霞万朵百重衣”（《七律 · 答友人》）更是脍炙人口。

园林造景： 是极其名贵的观赏竹种，常植于庭院、公园、古典园林中，点缀于窗前、池畔、假山旁，文化意境深远。

A93 龟甲竹

学名： *Phyllostachys edulis* ‘Heterocycla’

别名： 龙鳞竹、龟文竹、马汉竹、佛面竹

科属： 禾本科，刚竹属

原产地： 中国，主要分布于长江流域及以南地区，为毛竹的畸形变种

栽培类型： 大型散生竹，乔木状

形态特征与生长习性速查表

项目		具体表现
形态特征	秆	秆高可达10~20米，直径可达8~18厘米。其最显著的特征在于秆下部至中部的节间连续发生极度短缩、肿胀并交互斜接的畸形现象，形成龟甲状的凹槽纹理，类似龙鳞或龟甲
	箨	与毛竹相似，箨鞘厚革质，背面密生棕紫色小刺毛和斑点；箨耳小；箨叶狭长三角形，向外反曲，皱褶
	枝	每节分2枝
	叶	每小枝有叶片2~4枚，叶片较小，披针形，长5~11厘米，宽0.5~1.2厘米
生长习性	速生性	强（年高生长量可达1米以上，畸形节段生长缓慢）
	竹鞭扩展	年扩展半径1~3米
	开花周期	50~60年（开花后成片死亡）
	耐寒性	中等（-10℃安全越冬）
	耐旱性	中等
	适应区域	年均温14~20℃，年降水800~1800毫米

栽培技术要点

龟甲竹作为毛竹变种，喜土层深厚（＞60厘米）、肥沃、排水良好的沙质壤土，pH 5.5~7.5，以背风向阳的缓坡或平地最佳。繁殖以精选具典型特征的2~3年生母竹带大土球（鞭长50厘米以上，土球直径50厘米以上）移栽为主，竹鞭育苗易出现返祖现象。

经营模式速查表

模式	密度/（株/亩）	轮伐期	主产品及备注
精品景观林	30~50	长期养护	用于高端园林造景，重点培育形态奇特的单株，价值极高
特色采笋林	60~80	持续经营	采收竹笋，同时保留龟甲竹秆用于工艺品制作
种苗培育林	100~150	8~12年	以培育和提供优质母竹和竹鞭为主要目的

应用价值

核心观赏价值： 龟甲竹是中国珍贵、奇特的观赏竹种。其秆部独特的龟甲状纹理自然天成，形态怪异，古朴奇特，具有极高的观赏价值，被誉为“竹中的古董”，在园林中起点睛之笔的作用。

园林造景： 是营造高端园林景观的稀有素材。常孤植于厅堂、亭台、窗前等显要位置，作为主景欣赏；或丛植于入口、廊道转角处，引人注目。也常用于古典园林中，与假山、景石、白墙相配，能极大提升庭院的艺术品位和文化格调。

工艺与文化价值： 龟甲竹的畸形秆节是制作高端工艺品、文房用具、茶具、花器的顶级原料。其作品天然带有祥瑞、长寿（龟甲象征）的寓意，极具收藏和把玩价值。其形态也常被视为吉祥、神秘的象征。

A94 菲白竹

学名： *Pleioblastus fortunei*
别名： 锦竹、翡白竹
科属： 禾本科，苦竹属
原产地： 日本，中国长江流域及以南地区广泛栽培
栽培类型： 小型复轴混生竹，灌木状

形态特征与生长习性速查表

项目		具体表现
形态特征	秆	秆高0.3~0.8米，直径2~3毫米；节间圆筒形，绿色，光滑无毛；秆箨宿存
	箨	箨鞘浅绿色，具浅白色纵条纹；无箨耳；箨舌近乎平截；箨片披针形，绿色，具白色条纹
	枝	每节分多枝，枝条纤细
	叶	其最显著的特征在于叶片。叶片披针形，长8~15厘米，宽1~2厘米。绿色叶片上镶嵌着多条宽窄不一的纯白色或淡黄色纵条纹，有时白色部分可占据叶片大半面积，色彩对比极其鲜明
生长习性	速生性	强（地下根茎年扩展半径0.3~0.5米）
	竹鞭扩展	地下茎复轴型（兼有散生竹的竹鞭和丛生竹的秆基芽特性），年扩展半径0.2~0.4米
	开花周期	不详（罕见开花）
	耐寒性	强（-15℃以上安全越冬，地上部分枯黄，地下根茎存活，春季萌发新叶）
	耐旱性	中等（喜湿润环境）
	耐阴性	极强（喜半阴环境，强光直射易导致叶片灼伤、白纹模糊或返绿）
	适应区域	年均温10~25℃，年降水量>800毫米

栽培技术要点

菲白竹喜半阴至全阴环境，强光直射易导致叶片灼伤或白纹模糊。适宜肥沃、疏松、排水良好的微酸性腐殖土，忌积水。繁殖以分株为主（春季或秋季分3~5秆一丛带土移植）。

经营模式速查表

模式	密度/（丛/平方米）	养护要点	主产品及备注
地被景观	9~16	定期修剪控制高度	作为顶级彩叶地被植物，可替代草坪，用于林下、坡地覆盖，观赏价值极高
盆栽观赏	—	精细水肥管理	用于室内厅堂、阳台、窗台摆放，或制作盆景
镶边隔离	16~25	春季平茬复壮	用于花坛、路径、小区的镶边和软隔离带

应用价值

核心观赏价值： 菲白竹是世界著名的观赏竹种，以其卓越的彩叶地被功能而闻名。其叶片上清晰亮丽的白色纵条纹与绿色部分形成强烈对比，色彩明快，在荫蔽环境下尤为醒目，具有极高的观赏价值，是园林绿化中不可多得的珍品。

顶级地被植物： 是最优秀的林下、荫地地被植物之一。它植株低矮、扩展性强、耐阴性极强，能有效覆盖黄土，形成整齐、美观、富有特色的彩色地被层，广泛应用于城市公园、庭院、居住区的荫蔽处绿化，效果远胜于普通草坪。

盆栽与镶边： 菲白竹株型小巧紧凑，生长缓慢，极适合盆栽观赏和制作小型盆景，用于装点室内和阳台。此外，它也常用于花坛、路径的镶边和软隔离，能勾勒出清晰、雅致的线条。

A95 孝顺竹

学名： *Bambusa multiplex*

别名： 凤凰竹、蓬莱竹、慈孝竹

科属： 禾本科，簕竹属

原产地： 中国长江以南地区，东南亚地区广泛分布

栽培类型： 中型丛生竹，灌木状

形态特征与生长习性速查表

项目		具体表现
形态特征	秆	秆高2~7米，直径1~3厘米；秆丛生，节间圆柱形，绿色，幼时薄被白粉，光滑；秆壁厚；其最显著的特征是竹丛密集，秆纤细挺拔，形态优雅
	箨	箨鞘硬脆，厚纸质，背面无毛或仅基部具暗棕色刺毛；箨耳缺失或不显著；箨舌极短；箨片直立，三角形，基部宽度与箨鞘顶端近相等
	枝	多分枝，主枝突出，枝条纤细，常簇生于节上
	叶	叶片线状披针形，长4~14厘米，宽0.5~1.2厘米；叶片在小枝上排成两列，宛如羽状复叶，数量极多，形成茂密秀丽的冠丛
生长习性	速生性	强（年高生长量2~4米）
	扩展方式	合轴丛生型（无地下竹鞭，靠秆基芽眼萌发成笋，长成新秆），年新增秆数3~8秆
	开花周期	不详（罕见开花）
	耐寒性	较弱（-5℃以上安全越冬，持续低温会使叶片受冻）
	耐旱性	中等（喜湿润环境）
	耐阴性	中等（喜光，也耐半阴）
	适应区域	年均温16~25℃，年降水量>1000毫米

栽培技术要点

孝顺竹喜深厚、肥沃、湿润且排水良好的酸性或中性沙壤土。繁殖以春季分蔸移栽为主（选1~2年生健壮竹丛，分3~5秆一小丛带宿土栽植）。

经营模式速查表

模式	密度/(丛/亩)	养护要点	主产品及备注
景观绿篱	40~60	定期修剪塑形	优良的绿篱、屏障或造型植物，丛生性强，形态优美

续表

模式	密度/(丛/亩)	养护要点	主产品及备注
庭院丛景	20~40	疏伐老秆，培育新竹	丛植于庭院、房前屋后、假山旁、水岸边，营造优雅宁静的景观
盆栽观赏	—	控制水肥，修剪整形	用于大型厅堂、广场摆放观赏

应用价值

核心观赏价值： 孝顺竹是最经典的观赏丛生竹之一，以其挺拔纤细的秆、茂密秀丽的羽状叶丛和优雅集生的形态而深受喜爱。它丛生不散，四季青翠，象征着团结与孝道，具有极高的观赏和文化价值。

绿篱与屏障： 是营造绿篱、庭院屏障和背景林的优秀材料。它丛生密集，分枝点低，可通过修剪控制高度和形态，形成既美观又实用的绿色屏障，兼具观赏和隔离功能。

文化寓意与庭院造景： 它非常适合丛植于中式庭院、寺庙、古典园林中，点缀于窗前、角隅、池畔，能营造出清新优雅、充满人文气息的意境，是江南园林的经典元素之一。

B120 七彩虹竹 *Phyllostachys edulis* 'Kikko-chiku'

禾本科，刚竹属（栽培变种）

新秆绿色，具宽窄不等的黄色纵条纹，老秆条纹常转为橙黄色，为核心特征，秆环隆起，箨鞘具淡棕色斑点；叶披针形，常具黄色或白色条纹；笋期4~5月。

B121 金镶玉竹 *Phyllostachys aureosulcata* 'Spectabilis'

禾本科，刚竹属

幼秆鲜黄色，具1~2条绿色纵条纹（核心特征），老秆渐转为黄绿色，条纹变为橙黄色，节间长15~25厘米，节环微隆起；箨鞘厚革质，黄褐色带紫色条纹，密被褐色斑点及稀疏刺毛，箨耳发达，绿毛显著；叶披针形，长6~12厘米，宽1~1.5厘米，部分叶片具乳白色纵条纹。

B122 茶秆竹 *Pseudosasa amabilis*

禾本科，矢竹属

秆直立，节间长，表面光滑，被灰色蜡粉，秆壁厚且坚韧，为核心特征；箨鞘宿存1~2年，革质，密被褐色刺毛（触之有扎手感），鞘口绿毛长1~2厘米，呈放射状；叶片大型，披针形，质地较厚，背面灰绿色。

B123 阔叶箬竹 *Indocalamus latifolius*

禾本科，箬竹属

叶片大型，宽披针形至长圆状披针形，长可达35厘米，宽可达7厘米，为核心特征；秆箨鞘宿存，质地坚硬，秆节间细长，节下具淡黄色粉圈；每节常具1分枝，分枝与主秆近等粗。

B124 佛肚竹 *Bambusa ventricosa*

禾本科，簕竹属

秆下部节间常短缩膨大，呈瓶状或佛肚状，为核心特征，正常秆节间稍凸起；枝条常簇生，每节多分枝；叶片披针形，小型，绿色。

B125 元宝竹 *Phyllostachys edulis* 'Yuanbao'

禾本科，刚竹属（栽培种）

秆节间常于分枝一侧具宽窄不等的黄色纵条纹，其余部分为绿色，为核心特征，秆环隆起；叶片披针形，小型，绿色；箨鞘具淡褐色斑点或条纹。

B126 早园竹 *Phyllostachys propinqua*

禾本科，刚竹属

新秆深绿色，被白粉，老秆灰绿色或黄绿色，节下有白粉环，为核心特征；箨鞘淡紫褐色或黄褐色，具淡褐色斑点及稀疏刺毛；笋期3月下旬至4月中旬（出笋早）。

七彩虹竹

金镶玉竹

茶秆竹

阔叶箬竹

佛肚竹

元宝竹

早园竹

项目4 果树

单元4 果树识别与应用

◇ 任务4.1 掌握级物种

A96 枇杷

学名： *Eriobotrya japonica*

别名： 芦橘（古称）；金丸（因果实形色得名）

科属： 蔷薇科，枇杷属

原产地： 中国东南部，现全球亚热带地区广泛栽培

●○ 识别特征速查表

项目		具体描述
形态特征	类型	常绿小乔木，株高3~10米，树冠圆形
	根	深根系，主根明显，耐旱抗风
	茎	树干灰褐色，幼枝粗壮，密生锈色绒毛
	叶	革质，倒卵形或长椭圆形，长12~30厘米；叶缘有锯齿，叶背密被锈色绒毛
	花	圆锥花序顶生，花白色，芳香，直径1~2厘米，花期10~12月（秋冬季开花）
	果实	梨果球形或卵形，长3~5厘米，成熟时橙黄色，表面被绒毛，翌年5~6月成熟
识别关键		√"四季同株"：秋冬季开花、春夏季结果、终年常绿 √"锈色绒毛"：幼叶、花萼、果实均被独特锈色绒毛 √"花果反季"：罕见的花果跨年生长周期
易混淆种区分		与石楠（*Photinia serratifolia*）区别：枇杷叶背有锈色绒毛，果实橙黄色多汁；石楠叶背无毛，果实红色干涩

●○ 生长习性速查表

特性	具体表现
光照	喜全日照，耐半阴但结果减少
温度	适温12~25℃，耐-10℃短期低温，花期怕霜冻
水分	耐旱，年降水量800毫米以上为宜，忌积水
土壤	喜微酸性沙壤土（pH 5.5~6.5），忌盐碱

●○ 栽培管理要点

枇杷繁殖可采用播种或嫁接的方式，嫁接以本砧或石楠为佳。幼树需保证水分，施肥应重视采后有机肥与花前磷钾肥。栽培中需适时疏花疏果，花期注意预防霜冻。重点防治叶斑病、炭疽病及黄毛虫、天牛等病虫害。需避免碱性土壤、密植及花期霜冻。

●○ 应用价值

经济价值： 枇杷是著名的初夏佳果，经济价值较高。

文化象征： 中国文人视其为"寒冬坚守"的君子树；日本视其为庭院吉祥树，寓意"家宅平安"。

配置应用： 庭院孤植观果、果园经济栽培，可作为行道树或庭院树；其叶也可用于插花。

A97 杨梅

学名： *Morella rubra*

别名： 树梅、朱红（因成熟果实颜色）

科属： 杨梅科，杨梅属

原产地： 中国东南部，现长江流域以南广泛栽培

识别特征速查表

项目		具体描述
形态特征	类型	常绿乔木，株高5~15米，树冠球形
	根	浅根系，具根瘤菌（固氮能力突出）
	茎	树皮灰褐色，老枝粗糙，嫩枝绿色
	叶	革质，倒卵形或长椭圆形，长5~14厘米；全缘或上部有锯齿，叶面深绿色有光泽
	花	雌雄异株。雌花序为柔荑花序，腋生。雄花序圆柱形，单生或簇生；雌花序卵状或球状，单生。花期3~4月
	果实	核果球形，径1.5~2.5厘米，表面密布乳头状突起，成熟时深红色至紫黑色，6~7月成熟
识别关键		√“红珠缀树”：满树红果如珊瑚珠串 √“四季常青”：叶片终年油亮反光 √“望梅止渴”：果实酸味能刺激唾液分泌
易混淆种区分		与冬青（*Ilex chinensis*）区别：杨梅叶全缘无刺，果实表面乳头状突起；冬青叶缘有锯齿，果实光滑

生长习性速查表

特性	具体表现
光照	喜充足光照，耐半阴但结果减少
温度	适温15~28℃，耐-8℃低温，幼果期怕晚霜
水分	喜湿润，年降水量1000毫米以上最佳，忌积水
土壤	喜酸性红黄壤（pH 4.5~6.0），忌石灰质土

栽培管理要点

杨梅以嫁接或压条方式繁殖，压条需环剥促根。保持土壤湿润，采果后重施有机肥，花前增施钾肥。为保障坐果，需配置授粉树并适时疏果。注意防治癌肿病、褐斑病及果蝇、尺蠖等，忌碱性土壤、花期阴雨及采前喷药。

应用价值

经济价值： 经济价值高，是著名的初夏佳果。鲜食与加工（如杨梅酒、蜜饯）兼用，经济效益显著。

文化象征： 文人喻其为“红玉满枝”，端午前后成熟，成为南方特色节令风物。

配置应用： 果园经济栽培、庭院观果树种、生态林混交（具根瘤，有固氮改土作用）；其果实也可酿酒。

A98 柑橘类

学名： *Citrus reticulata*（宽皮橘）, Citrus sinensis（甜橙）

别名： 金果（果色金黄）；蜜罐（口感特征）；芸香子（古称，源自其香气）

科属： 芸香科，柑橘属

原产地： 中国南部及东南亚地区，现全球亚热带地区广泛栽培

识别特征速查表

项目		具体描述
形态特征	类型	常绿小乔木或灌木，株高2~6米，树冠多呈圆头形
	根	浅根系，主要分布在30~50厘米土层，具菌根共生
	茎	树干灰褐色，枝条常具刺（许多栽培品种刺退化或减少）
	叶	革质，椭圆形至卵状披针形，长4~10厘米；叶翼明显，叶脉凹陷呈“油胞”
	花	单生或簇生，白色五瓣，芳香浓郁，花期3~5月
	果实	柑果扁球形至球形，径5~12厘米，果皮易剥离（宽皮橘类）或难剥离（橙类），9~12月成熟
识别关键		√“油胞香气”：叶片揉碎散发独特芸香科气味 √“花果同树”：部分品种可同时见花与成熟果 √“多胚现象”：一粒种子可萌发多个植株
易混淆种区分		与柚（*Citrus maxima*）区别：柑橘叶翼线形，果实径＜12厘米；柚叶翼心形，果实径＞15厘米

生长习性速查表

特性	具体表现
光照	需充足光照，光照不足则品质下降
温度	适温18~28℃，耐－5℃短期低温，果实发育需≥12℃有效积温
水分	年降水量1000~2000毫米为宜，果实膨大期需均衡供水
土壤	喜微酸性壤土（pH 5.5~6.5）

栽培管理要点

柑橘繁殖常用嫁接，以枳或酸橙为砧木。水分管理需均衡，施肥应注重促梢、壮果及采后三个关键期。需采取保花保果措施，果实膨大期可套袋。重点防治溃疡病、黄龙病及红蜘蛛、潜叶蛾，忌碱性土壤、积水及冬季施肥。

应用价值

经济价值： 全球产量最大的水果类群，鲜果与加工（果汁、罐头、精油）产值超千亿元。

配置应用： 观光采摘园树种、庭院经济树种、精油原料；也有盆栽观赏品种（如金橘），适于阳台栽培。

A99 无花果

学名： *Ficus carica*

别名： 映日果（古称）；蜜果（口感特征）；隐花果（花器结构特性）

科属： 桑科，榕属

原产地： 西亚地中海沿岸，现全球温带至亚热带广泛栽培

●○ 识别特征速查表

项目		具体描述
形态特征	类型	落叶灌木或小乔木，株高3~10米，树皮银灰色
	根	深根系，主根明显，耐旱性强
	茎	分枝多，嫩枝绿色，老枝灰褐色，具白色乳汁
	叶	掌状3~5裂，长10~20厘米，叶缘波状齿，叶面粗糙
	花	隐头花序（花序托肉质膨大，内壁着生小花），多数普通型品种需榕小蜂授粉以形成可育果实，部分品种单性结实
	果实	隐花果梨形，长3~8厘米，绿色、紫色、黄色等，夏秋两季成熟
识别关键		√“不见花开”：花器隐藏于果囊内部 √“双季结果”：部分品种可春秋两熟 √“乳汁警示”：枝叶伤口分泌白色乳汁（含蛋白酶）
易混淆种区分		与薜荔（*Ficus pumila*）区别：无花果为直立木本植物，叶掌状裂；薜荔为藤本植物，叶心形不裂

●○ 生长习性速查表

特性	具体表现
光照	喜全日照，耐半阴但结果减少
温度	适温15~28℃，耐-10℃低温，需冬季低温休眠
水分	耐旱，年降水量400毫米可生长，忌积水
土壤	喜石灰质壤土（pH 6.0~8.0），耐盐碱

●○ 栽培管理要点

无花果以扦插或分株繁殖，休眠期扦插易成活。幼树及果期需水分充足，冬季施有机肥，果期追施钾肥。树形宜修整成开心形，并注意更新修剪。防治锈病、枝枯病及天牛、果蝇等，忌积水、冬季低温不足及过度修剪。

●○ 应用价值

经济价值： 管理相对粗放，产量较高。鲜果及加工品（如果干、果酱）经济价值良好。

文化象征： 在西方文化中象征“生命与智慧”。

配置应用： 庭院经济树种、绿篱、阳台盆栽（可选矮化品种）；其乳汁可提取蛋白酶。

A100 枣

学名： *Ziziphus jujuba*

别名： 红枣（加工特征）、百益果（药用价值）

科属： 鼠李科，枣属

原产地： 中国，现全球温带广泛栽培

识别特征速查表

项目		具体描述
形态特征	类型	落叶乔木或灌木，株高3~10米，树皮灰褐色纵裂
	根	深根系，水平根发达，萌蘖性强
	茎	枝条常呈“之”字形曲折，托叶常变态成刺，一长一短
	叶	卵形至卵状披针形，长3~7厘米，基生三出脉，叶缘细锯齿
	花	聚伞花序腋生，花小，黄绿色，花期5~7月
	果实	核果椭圆形，长2~5厘米，成熟时红褐色，果肉甜脆，8~10月成熟
识别关键		√“铁杆庄稼”：抗旱能力极强 √“双刺护身”：枝条具长短两种托叶刺 √“三脉叶片”：叶基三条主脉明显
易混淆种区分		与酸枣（*Ziziphus jujuba* var. *spinosa*）区别：枣为乔木，果大（>2厘米），味甜；酸枣为灌木，果小（<1.5厘米），味酸

生长习性速查表

特性	具体表现
光照	需强光照，光照不足则结果不良
温度	适温20~30℃，耐-25℃严寒，花期怕阴雨
水分	极耐旱，年降水量300毫米可正常结果，忌涝渍
土壤	耐瘠薄，pH 5.5~8.5，耐盐碱

栽培管理要点

枣树繁殖可采用分株或嫁接，常用酸枣作砧木。关键物候期需及时灌溉，基肥以秋施有机肥为主，花期可补施微肥。树形管理以开心形为主。注意防治枣疯病、炭疽病及桃小食心虫等，忌花期喷药、密植及采前灌水。

应用价值

经济价值： 抗旱性强，经济价值高。鲜枣和干枣均为重要的果品，也可加工。

文化象征： 中国婚庆“早生贵子”必备品，《诗经》记载的“八月剥枣”证明其有3000年栽培史。

配置应用： 可用于干旱地区绿化、庭院种植、盆栽观赏（可选矮化品种）；枣花是优质蜜源，枣木质地坚硬，可制工艺品。

A101 樱桃

学名： *Prunus avium*（欧洲甜樱桃），*Prunus pseudocerasus*（中国樱桃）

别名： 莺桃（古称）、含桃（《礼记》记载）、车厘子（商业品种音译名）

科属： 蔷薇科，李属

原产地： 欧洲及西亚（欧洲甜樱桃）、中国长江流域（中国樱桃）

识别特征速查表

项目		具体描述
形态特征	类型	落叶乔木，株高4~10米，树皮灰褐色有横纹
	根	主根发达，侧根水平分布广
	茎	枝条紫褐色，一年生枝有光泽
	叶	卵形至椭圆形，长7~15厘米，叶缘重锯齿，叶基有2~4腺体
	花	伞房花序，花白色略带粉色，径2~3厘米，先叶开放，花期3~4月
	果实	核果近球形，径1~3厘米，成熟时红色、黄色、紫黑色，5~6月成熟
识别关键		√"花叶争春"：先花后叶，早春满树雪白 √"玛瑙果实"：果柄细长如簪，果实晶莹透亮 √"蜜腺招蜂"：叶柄基部或叶片边缘常具蜜腺，可吸引蚂蚁等昆虫
易混淆种区分		中国樱桃（*P. pseudocerasus*）的花梗有毛；欧洲甜樱桃（*P. avium*）的花梗无毛

生长习性速查表

特性	具体表现
光照	需充足光照，光照不足则花芽分化少、结果不良
温度	适温15~25℃，欧洲甜樱桃需7.2℃以下低温500~1200小时
水分	喜湿润，年降水量600~1000毫米为宜，忌积水
土壤	喜深厚沙壤土（pH 6.0~7.5），忌黏重土

栽培管理要点

樱桃繁殖以嫁接为主，选用马哈利樱桃等为砧木。花期与果实膨大期需水敏感，施肥应重视采后有机肥与花前微肥的施用。需配置授粉树，果期需防鸟。重点防治褐腐病、流胶病及果蝇、蚜虫，忌连作、花期霜冻及采前降雨。

应用价值

经济价值： 成熟期早，有"春果第一枝"之称，经济价值高。设施栽培效益显著。

文化象征： 中国文人有"樱桃小口"的比喻。

配置应用： 观光采摘园、庭院景观、盆栽（矮化品种）；其花期较早，具有观赏价值。

A102 石榴

学名： *Punica granatum*

别名： 安石榴（古称）、丹若（《本草纲目》记载）

科属： 石榴科，石榴属

原产地： 伊朗至喜马拉雅地区，现全球亚热带地区广泛栽培

●○ 识别特征速查表

项目		具体描述
形态特征	类型	落叶灌木或小乔木，株高2~7米，树皮灰褐色，片状剥落
	根	根系发达，萌蘖性强，耐旱
	茎	枝条常具刺，嫩枝近四棱形
	叶	对生或簇生，长椭圆形，长3~7厘米，全缘光亮
	花	单生或簇生，萼筒钟状，花瓣皱褶，红色、黄色、白色，花期5~7月
	果实	浆果球形，径5~12厘米，果皮革质，成熟时黄红色至深红色，9~10月成熟
识别关键		√“朱萼金房”：钟状花萼宿存，果实顶部如皇冠 √“百子同房”：果实内具多数晶莹籽粒 √“铁干虬枝”：老枝扭曲如龙蛇
易混淆种区分		与火棘（*Pyracantha fortuneana*）区别：石榴花单生，果皮厚；火棘为复伞房花序，果小如豆

●○ 生长习性速查表

特性	具体表现
光照	需全日照，荫蔽环境下开花稀少
温度	适温15~30℃，耐−15℃低温，冬季需冷量（<7.2℃）200~400小时
水分	耐旱，年降水量400毫米可生长，花期忌阴雨
土壤	耐瘠薄，pH 5.5~8.5，耐盐碱

●○ 栽培管理要点

石榴繁殖以春季扦插或分株为主。果实膨大期需保证水分，花前施磷钾肥，采后施有机肥。需适时疏花疏果并套袋。注意防治干腐病、褐斑病及桃蛀螟等，忌积水、荫蔽及重剪。

●○ 应用价值

经济价值： 经济价值较高，鲜食与加工（如石榴汁、石榴酒）兼用。

文化象征： 在中国传统文化中象征“多子多福”。

配置应用： 庭院树、盆景材料、绿篱；是优良的观花、观果、食用兼具的植物。

A103 柿

学名： *Diospyros kaki*

别名： 朱果（古称）、红柿（果实特征）

科属： 柿科，柿属

原产地： 中国长江流域，现全球温带至亚热带地区广泛栽培

●○ 识别特征速查表

项目		具体描述
形态特征	类型	落叶乔木，株高5~15米；树皮灰黑色，方块状裂
	根	深根系，主根明显，耐旱性强
	茎	枝条粗壮，嫩枝密被褐色绒毛
	叶	革质，卵状椭圆形，长6~18厘米，叶面光亮，叶背脉腋有簇毛
	花	花雌雄异株或杂性同株，花冠钟状，乳黄色至黄白色，花期5~6月
	果实	浆果扁球形，径5~10厘米，成熟时橙红色至深红色，萼片宿存，9~11月成熟
识别关键		√“凌霜朱实”：深秋树叶落尽后红果挂枝 √“方裂纹皮”：成年树干呈独特方块状剥裂 √“柿霜现象”：干果（柿饼）表面自然析出白色糖霜（主要成分为甘露醇和葡萄糖）
易混淆种区分		与君迁子（*Diospyros lotus*）区别：柿果大（>5厘米），叶背无银斑；君迁子果小（<2厘米），叶背有银斑

●○ 生长习性速查表

特性	具体表现
光照	需充足光照，荫蔽环境下结果不良
温度	适温15~25℃，耐-20℃低温，花期怕晚霜
水分	耐旱，年降水量500毫米可生长，忌积水
土壤	喜深厚中性土（pH 6.0~7.5），耐轻度盐碱

●○ 栽培管理要点

柿树繁殖以嫁接于君迁子砧木为主。幼树及果期需水，采后施有机肥，花前补硼。需配置授粉树或人工授粉，鲜食品种需脱涩。防治角斑病、炭疽病及柿蒂虫等，忌黏土积水、花期干旱。

●○ 应用价值

经济价值： 管理相对粗放，耐储存，经济价值较高，鲜果可制柿饼。

文化象征： 在中国传统文化中有“事事如意”的谐音。

配置应用： 生态经济林、庭院观赏树、盆景材料；未成熟果实可提取柿漆（单宁）作天然涂料；木材致密，可制工艺品。

A104 桃

学名： *Prunus persica*

别名： 仙果（神话传说）、寿果（祝寿文化象征）

科属： 蔷薇科，李属

原产地： 中国西北地区，现全球温带地区广泛栽培

●○ 识别特征速查表

项目		具体描述
形态特征	类型	落叶小乔木，株高3~8米，树皮暗红色鳞片状剥落
	根	浅根系，水平根发达，根蘖性强
	茎	枝条灰褐色，一年生枝绿色至红褐色，光滑，常具光泽
	叶	披针形，长7~15厘米，叶缘细锯齿，叶基有蜜腺
	花	单生，粉红色（偶见白色、红色变种），径2.5~3.5厘米，先叶开放，花期3~4月
	果实	核果卵圆形，径5~12厘米，表面被绒毛，6~9月成熟
识别关键		√“人面桃花”：花先叶或与叶同放，花瓣5枚，粉红色，花药红色 √“蜜腺传情”：叶柄基部蜜腺吸引昆虫授粉 √“绒毛护果”：幼果密被白色绒毛（成熟部分脱落）
易混淆种区分		与樱花（*Prunus serrulata*）区别：桃花单生，叶披针形；樱花花序簇生，叶卵形

●○ 生长习性速查表

特性	具体表现
光照	需全日照，光照不足则枝条徒长、花芽分化不良
温度	适温15~25℃，花期耐-4℃短暂低温，需冷量（< 7.2℃）500~1200小时
水分	耐旱怕涝，年降水量600~1000毫米为宜
土壤	喜疏松沙壤土（pH 6.0~7.5），忌黏重土

●○ 栽培管理要点

桃树繁殖以山桃或毛桃为砧木进行嫁接。花期与硬核期需调控水分，采后重施有机肥，花芽分化期增施磷钾肥。树形宜修整成开心形，配合夏季摘心。注意防治褐腐病、缩叶病及食心虫等，忌连作、花期阴雨。

应用价值

经济价值： 早熟品种经济价值较高，设施栽培效益显著。

文化象征： 中国“五果”之首，《诗经》中有诗句“桃之夭夭，灼灼其华”。

配置应用： 观光果园、庭院景观、盆景材料；桃胶（树脂）可采集利用。

A105 梨

学名： *Pyrus communis*（西洋梨），*Pyrus pyrifolia*（沙梨）

别名： 玉乳（古称）、蜜父（《本草纲目》）、快果（药用功效）

科属： 蔷薇科，梨属

原产地： 欧洲（西洋梨）、中国（沙梨），现全球温带地区广泛栽培

识别特征速查表

项目		具体描述
形态特征	类型	落叶乔木，株高5~15米，树皮灰褐色纵裂
	根	深根系，垂直根可达3米，耐旱性强
	茎	枝条有时具刺，一年生枝黄褐色至灰褐色
	叶	卵形至椭圆形，长5~12厘米，叶缘具细锯齿，幼叶被绒毛
	花	伞房花序，花白色，径2.5~3.5厘米，花期3~4月
	果实	仁果，形状多样（圆形、葫芦形），径5~15厘米，7~10月成熟
识别关键		√“梨形身材”：西洋梨等品种果实常呈葫芦形（基部膨大，顶部渐窄） √“砂粒细胞”：果肉含特殊石细胞团（颗粒口感） √“先花后叶”：早春满树白花如雪
易混淆种区分		与苹果（*Malus pumila*）区别：梨花柱分离，果肉含石细胞；苹果花柱基部合生，果肉细腻

生长习性速查表

特性	具体表现
光照	需全日照，光照不足则果实品质下降
温度	适温10~25℃，耐−25℃严寒，花期怕霜冻
水分	喜湿润，年降水量600~1200毫米为宜，忌积水
土壤	喜深厚沙壤土（pH 6.0~7.5），耐轻度盐碱

栽培管理要点

梨树繁殖以杜梨或豆梨为砧木嫁接。幼果及膨大期需水，秋施基肥，花芽分化期增施钾肥。需配置授粉树并套袋。重点防治黑星病、锈病及梨小食心虫等，忌低洼积水、密植及花期喷药。

应用价值

经济价值： 鲜食与加工（如梨膏、梨汁）兼用，经济价值良好。

文化象征： 中国有“孔融让梨”典故，彰显中华民族谦让、尊长、懂礼的传统美德。

配置应用： 观光果园、庭院景观、防护林。

A106 葡萄

学名： *Vitis vinifera*（欧亚种）、*Vitis labrusca*（美洲种）

别名： 蒲桃（古称）

科属： 葡萄科，葡萄属

原产地： 欧亚大陆（欧亚种）、北美东部（美洲种）

识别特征速查表

项目		具体描述
形态特征	类型	落叶木质藤本，茎长可达30米，具卷须
	根	深根系，主根可达5米，耐旱性强
	茎	老枝树皮纵裂，呈片状剥落，嫩枝绿色，具纵棱纹
	叶	掌状3~5裂，长5~15厘米，叶缘锯齿，叶背有绒毛
	花	圆锥花序，小花黄绿色，花期5~6月
	果实	浆果球形或椭圆形，成串着生，径1~3厘米，7~9月成熟
识别关键		√“龙须攀缘”：卷须与叶对生，螺旋状缠绕 √“千房同膜”：果实外被果粉（蜡质层） √“色变密码”：成熟期果皮中花色苷等色素积累导致果色转变
易混淆种区分		与爬山虎（*Parthenocissus tricuspidata*）区别：葡萄卷须分枝，果实可食；爬山虎卷须顶端特化为吸盘，果实不可食

生长习性速查表

特性	具体表现
光照	需强光照，光照不足则糖分积累少，着色差
温度	适温15~30℃，耐-15℃低温，萌芽需≥10℃有效积温
水分	耐旱，年降水量400~800毫米最佳，成熟期忌雨
土壤	喜砾质壤土（pH 6.0~7.5），耐石灰质土

栽培管理要点

葡萄繁殖以扦插或抗性砧木嫁接为主。需根据栽培目的选用合适架式并进行精细冬季修剪。需疏花疏果并套袋。注意防治霜霉病、白粉病及透翅蛾等，忌花期灌水、密植及氮肥过量。

应用价值

经济价值： 鲜食、酿酒兼用，酿酒葡萄亩产值超2万元，设施栽培可实现周年结果。

文化象征： 中国《史记》记载“蒲桃酒”，有2000年历史。

配置应用： 廊架绿化、庭院立体栽培、盆栽观赏。

A107 李

学名：*Prunus salicina*（中国李），*Prunus domestica*（欧洲李）

别名：嘉庆子（古称）、玉皇李（优质品种）、山李子（野生种）

科属：蔷薇科，李属

原产地：中国长江流域（中国李）、高加索地区（欧洲李）

识别特征速查表

项目		具体描述
形态特征	类型	落叶小乔木，株高3~10米，树皮灰褐色纵裂
	根	浅根系，水平根发达，萌蘖性强
	茎	一年生枝黄褐色至红褐色，老枝灰褐色，有纵裂
	叶	倒卵形至椭圆形，长5~12厘米，叶缘细锯齿，幼叶常带紫晕
	花	2~3朵簇生，白色，径1.5~2厘米，先叶开放，花期3~4月
	果实	核果球形/卵形，径2~7厘米，果皮黄色、红色、紫色，被果粉，6~8月成熟
识别关键		√“花叶争春”：先花后叶，早春满树雪白 √“三花一簇”：小花常3朵并生 √“紫脉透叶”：嫩叶叶脉及叶柄常呈紫红色或绿色
易混淆种区分		与杏（*Prunus armeniaca*）区别：李花梗长（1~2厘米），果皮光滑；杏花梗短（< 0.5厘米），果皮被绒毛

生长习性速查表

特性	具体表现
光照	需充足光照，光照不足则果实着色差、糖度低
温度	适温15~25℃，耐-20℃低温，花期怕晚霜
水分	耐旱怕涝，年降水量500~800毫米为宜
土壤	适应性强，pH 5.5~8.0，耐轻度盐碱

栽培管理要点

李树繁殖可嫁接于毛桃或山杏砧木。树形以自然开心形为宜，配合夏季摘心。需合理疏果并保持水分均衡以防裂果。重点防治细菌性穿孔病、流胶病及李小食心虫等，忌黏土积水、花期阴雨。

应用价值

经济价值：早熟品种经济价值较高，鲜食与加工（如李干、蜜饯）兼用。

文化象征：“桃李满天下”比喻学生很多，各地都有。

配置应用：观光果园、庭院种植、盆景材料。

A108 蓝莓

学名： *Vaccinium corymbosum*（高丛越橘），*Vaccinium ashei*（兔眼越橘）

别名： 蓝浆果（果实特征）、越橘（近缘种统称）、智慧果（保健价值）

科属： 杜鹃花科，越橘属

原产地： 北美洲，现全球温带至亚热带地区广泛栽培

识别特征速查表

项目		具体描述
形态特征	类型	多为落叶灌木，株高0.5~4米，丛生状
	根	纤维状根系，无根毛，与菌根真菌共生
	茎	多年生枝灰褐色，当年生枝绿色，具棱
	叶	卵形至椭圆形，长2~8厘米，全缘，秋季变红
	花	总状花序，坛状花白色、粉红色，花期4~5月
	果实	浆果扁球形，径0.5~2.5厘米，表面被白霜，6~8月成熟
识别关键		√“蓝妆素裹”：果实蓝紫色，被白色果粉 √“秋色惊艳”：落叶品种，秋季红叶可持续2个月 √“菌根共生”：根系与菌根真菌共生，依赖其帮助在酸性贫瘠土壤中吸收养分
易混淆种区分		与笃斯越橘（*V. uliginosum*）区别：栽培蓝莓果柄长（> 0.5厘米），果肉白色；野生笃斯越橘果柄短，果肉紫红色

生长习性速查表

特性	具体表现
光照	需充足光照，光照不足则花芽分化少，果实品质差
温度	适温15~28℃，耐-25℃低温（需冷量500~1000小时）
水分	喜湿润，忌积水，土壤含水量保持60%~70%
土壤	需强酸性（pH 4.0~5.5），有机质 > 5%

栽培管理要点

蓝莓繁殖以组培脱毒苗或嫩枝扦插为主，需用酸性基质。定植前必须调酸，生长季保持土壤湿润并覆盖有机物。需配置多品种互授粉，适时采收。注意防治灰霉病、根腐病及果蝇等，忌碱性水、肥伤根及夏季干旱。

应用价值

经济价值：“浆果之王”，批发价是普通水果的5~8倍，花青素含量是葡萄的40倍。

健康价值： 护眼、抗氧化功效突出。

配置应用： 观光采摘园、阳台盆栽（可选矮丛或半高丛品种）、专类园；部分品种秋季红叶观赏价值高。

A109 猕猴桃

学名： *Actinidia deliciosa*（美味猕猴桃），*Actinidia chinensis*（中华猕猴桃）

别名： 奇异果（商品名）、藤梨（古称）、毛桃（民间俗称）

科属： 猕猴桃科，猕猴桃属

原产地： 中国，现全球亚热带至温带地区广泛栽培

●○ 识别特征速查表

项目		具体描述
形态特征	类型	落叶木质藤本，长可达8~10米，需支架攀缘
	根	根系为肉质根，主根不明显，侧根发达，分布浅，忌积水
	茎	幼枝密被绒毛，老枝灰褐色，具皮孔
	叶	卵形或圆形，长8~12厘米，叶缘细锯齿，叶背密被星状毛
	花	聚伞花序，花乳白色至淡黄色，花期5~6月
	果实	浆果椭圆形，长5~8厘米，表面被棕色绒毛或光滑（品种差异），9~11月成熟
识别关键		√“毛茸其外”：果皮常被棕色密绒毛（美味系）或近无毛（中华系） √“翡翠琼浆”：果肉翠绿色或金黄色，具放射状条纹 √“雌雄异株”：多为雌雄异株，栽培需配置授粉树，通常雌雄株配置比例为（6~8）:1
易混淆种区分		与软枣猕猴桃（*A. arguta*）区别：常见猕猴桃果实大，表面有毛或被绒毛；软枣猕猴桃果实小（如枣），果皮光滑无毛

●○ 生长习性速查表

特性	具体表现
光照	喜充足光照，但幼果期忌强烈日晒（易导致日灼病）
温度	适温20~28℃，耐-15℃低温（需冷量600~800小时）
水分	喜湿润，忌涝，年降水需800~1500毫米
土壤	喜微酸性至中性（pH 5.5~7.0）、深厚肥沃的沙壤土

●○ 栽培管理要点

猕猴桃繁殖以美味猕猴桃实生苗为砧木进行嫁接。需搭建坚固棚架并按性别配置授粉树。需适时疏果，采后重施基肥，夏季注意灌溉。重点防治溃疡病、褐斑病及金龟子等，忌碱性土壤、花期干旱及冬季温暖。

●○ 应用价值

经济价值： 营养价值高，有“维生素C之王”的美誉。

健康价值： 维生素C含量是柑橘的5~10倍，膳食纤维丰富，助消化，抗氧化。

配置应用： 现代农业观光园、庭院廊架绿化、特色果品深加工；其藤蔓也是良好的遮阴植物。

B127 柚 *Citrus maxima* 芸香科，柑橘属

单身复叶，宽卵形至椭圆状卵形，翼叶大型，倒心形，为核心特征；柑果大型，梨形、球形或扁球形，果皮厚，油胞大而凸；总状花序腋生，花大，白色，芳香。

B128 香水柠檬 *Citrus × limon* 'Rosso' 芸香科，柑橘属

单身复叶，椭圆形，翼叶不明显，揉搓具浓郁柠檬香气，为核心特征；果长椭圆形，果顶具乳突，果皮光滑，成熟时黄色，香气浓郁；四季开花，花瓣外侧淡紫色，内侧白色。

B129 桑（果桑） *Morus alba* 桑科，桑属

叶互生，宽卵形或卵圆形，边缘具粗锯齿，有时呈不规则裂片，叶面粗糙，叶背脉腋有簇毛；聚花果（桑椹）圆柱形，由多数小核果集合而成，成熟时呈红色、紫红色至紫黑色，为核心特征；树皮幼时灰褐色，皮孔明显，老时灰黑色，纵裂。

B130 板栗 *Castanea mollissima* 壳斗科，栗属

叶互生，椭圆状披针形至长椭圆形，边缘有锯齿，齿尖刺毛状；壳斗苞片针刺形，密生，完全包裹坚果，为核心特征；坚果褐色，扁球形，常1~3枚生于壳斗内。

B131 山核桃 *Carya cathayensis* 胡桃科，山核桃属

奇数羽状复叶，小叶5~7枚，披针形，边缘有细锯齿；核果卵球形，有四棱，外果皮木质，成熟时4瓣裂，为核心特征；坚果基部偏斜，表面有浅纵棱，壳厚，种仁味美。

柚

香水柠檬

桑（果桑）

板栗

山核桃

项目5　草本花卉

单元5.1　一二年生花卉识别与应用

◇ 任务5.1.1　掌握级物种

A110 一串红

学名： *Salvia splendens*

别名： 爆仗红（因花序形似爆竹串）；西洋红（商品名，源于其原产南美洲的“西洋”背景）；墙下红（地域俗称，常植于墙边，花期红艳醒目）

科属： 唇形科，鼠尾草属

原产地： 南美洲巴西，现全球广泛栽培

●○ 识别特征速查表

项目		具体描述
形态特征	类型	多年生草本或亚灌木（在温带常作一年生栽培），株高30～90厘米，园艺品种多矮化
	根	须根系，主根粗短，侧根发达
	茎	直立，四棱形，光滑，基部多木质化，分枝多，绿色或紫红色
	叶	对生，有长柄，叶片卵形或三角状卵形；叶缘有锯齿，叶面皱缩
	花	总状花序顶生，花冠唇形，萼筒与花冠同色（常见鲜红色，另有白色、紫色、粉色等品种）；花萼宿存，观赏期长；自然花期夏末至霜降，温室栽培可全年开花
	果实	小坚果，椭圆形，黑褐色
识别关键		√鲜红穗状花序：花序长而密集，色彩鲜艳 √唇形花冠：典型唇形科特征，花萼宿存 √四棱茎：茎部明显四棱形，与叶柄常带紫晕
易混淆种区分		与朱唇（*S. coccinea*）区别：一串红花萼与花冠同色（红色），花序粗长；朱唇花萼绿色，花冠单唇，花序纤细

●○ 生长习性速查表

特性	具体表现
光照	全日照，荫蔽环境易徒长
温度	不耐寒；生长适温15~30℃（5℃以下受冻），花期遇35℃高温易早衰
水分	忌积水（保持土壤湿润），空气湿度50%~70%最佳
土壤	喜疏松肥沃、排水良好的沙壤土

●○ 栽培管理要点

繁殖可采用播种或扦插。春播适温20~25℃，宜采用穴盘育苗，苗高5~6厘米时定植；扦插选嫩枝，15~20℃下2~3周生根。栽前施足基肥，生长期每2~4周追施稀薄液肥。苗高15厘米时摘心促分枝，花后及时剪除残花以延长花期。注意防治叶斑病、根腐病及蚜虫、红蜘蛛，夏季需遮阴通风。

●○ 应用价值

观赏价值： 穗状花序串串艳红，唇形花冠如小爆竹，叶片卵形具锯齿，花期从春末持续到霜降，是少有的长花期、红色系花卉。

文化象征： 中国国庆节传统摆花，象征“热烈与喜庆”。

配置应用： 花坛、花境主景材料或用于庭院丛植，常与灰叶植物搭配形成色彩对比；其花蜜丰富，可吸引传粉昆虫，也可用于自然教育；耐热、耐修剪，可通过摘心控制株型。

A111 彩叶草

学名： *Coleus hybridus*

别名： 锦紫苏（商品名）、洋紫苏（地域俗称）

科属： 唇形科，鞘蕊花属

原产地： 东南亚至澳大利亚（全球热带至温带地区广泛栽培）

识别特征速查表

项目		具体表现
形态特征	类型	多年生草本或亚灌木，常作一、二年生栽培，茎叶常被毛，株高因品种差异较大，常控制在20~80厘米
	根	须根系，主根不明显，侧根发达，易生不定根
	茎	四棱形，基部木质化，直立或半匍匐，多分枝
	叶	对生；叶形多样（卵形、心形、披针形等），叶缘锯齿或深裂；叶色极丰富（红色、黄色、紫色、绿色、褐色等斑纹或镶边），纸质，无毛或微被毛
	花	顶生总状花序；花小，二唇形，一般花上唇白色，下唇蓝色；二强雄蕊，花丝基部连成筒状；花期夏季（观赏价值低，常人工摘除）
	果实	小坚果，极小，褐色，成熟后易脱落
识别关键		√ 斑斓叶色：叶片卵形或心形，边缘锯齿，叶面常具红色、黄色、紫色等不规则斑纹 √ 茎秆四棱：典型唇形科特征，茎直立或匍匐，易分枝 √ 圆锥花序或总状花序：顶生小花淡蓝色或白色，观赏价值低，常摘除避免消耗养分
易混淆种区分		易与同属的其他种混淆，区别在于彩叶草叶色更鲜艳、叶形更宽大，且耐阴性较强

生长习性速查表

特性	具体表现
光照	喜明亮散射光，在充足光照下叶色鲜艳；忌强烈阳光直射，否则叶片易灼伤褪色
温度	生长适温18~28℃（低于10℃叶片褪色，5℃以下冻害）
水分	喜湿润（土壤含水量60%~70%），短时耐旱忌涝
土壤	喜疏松、排水良好的基质（pH 6.0~7.5），耐轻度贫瘠

栽培管理要点

常用扦插或播种繁殖。扦插选5~8厘米茎段，15~25℃下1~2周生根；播种采用穴盘，微覆土，适温20~25℃，约7~10天发芽。生长期每2~4周施稀薄平衡液肥，控制氮肥以保叶色鲜艳。苗期多次摘心促丛生，及时修剪过长枝条保持株型。注意防治叶斑病、茎腐病及红蜘蛛、蚜虫，忌强光与浓肥。

应用价值

观赏价值： 叶片色彩斑斓（红色、紫色、黄色、绿色交织），叶缘锯齿或羽裂，株型紧凑如花，四季观赏不减，是“永不凋谢的彩虹”。

配置应用： 花坛、花境配色及室内盆栽观叶；可与浅色叶植物搭配；耐半阴；生长季需定期摘心以促进分枝，保持株型紧凑。

A112 孔雀草

学名： *Tagetes patula*

别名： 小万寿菊（形态特征）、臭菊花（气味特征）

科属： 菊科，万寿菊属

原产地： 墨西哥（中国各地普遍栽培）

●○ 识别特征速查表

项目		具体描述
形态特征	类型	一年生草本，株高20~50厘米，全株具特殊气味（含挥发性硫化物）
	根	须根系，主根短粗，侧根密生。根系能分泌α-三联噻吩等物质，对土壤线虫有抑制作用
	茎	茎直立，圆柱形，多分枝，常具纵棱，茎色常带紫红晕
	叶	羽状深裂对生，裂片11~17枚，长2~5厘米；叶缘锯齿；叶色暗绿，腺体分泌驱虫物质
	花	头状花序单生，直径3~5厘米；舌状花上翘；花色黄色、橙色、红褐双色；花期5~11月
	果实	瘦果黑色，顶端具2~4枚鳞片状冠毛
识别关键		√“孔雀尾纹”：舌状花常具红黄双色条纹 √超多花量：花量大，花期长，可持续开花 √驱虫特性：根系分泌α-三联噻吩，抑制线虫活动
易混淆种区分		与万寿菊（*T. erecta*）区别：孔雀草株高 < 50厘米，花径 < 5厘米，舌状花上翘；万寿菊株高 > 30厘米，花径 > 5厘米，舌状花平展

●○ 生长习性速查表

特性	具体表现
光照	需全日照，耐半阴但开花减少、花色变淡
温度	生长适温15~30℃（5℃以下受冻），耐短期高温
水分	耐旱性强（年降水350毫米可生长），忌涝
土壤	喜疏松且排水良好土壤（pH 6.0~7.5），耐贫瘠

●○ 栽培管理要点

以春播为主，采用穴盘育苗，种子浅覆土，20~25℃下5~7天发芽，具4~5片真叶时定植。栽前施足基肥，生长期每月追施1~2次稀薄液肥。苗期摘心促分枝，花后及时剪除残花。注意防治根腐病、叶斑病及蚜虫、红蜘蛛，需全日照并排水良好。

●○ 应用价值

观赏价值： 头状花序色彩鲜艳（橙色、黄色、红褐色等），花瓣常具天鹅绒光泽。叶片羽状分裂，具特殊气味。花期长，群体观赏效果佳。

配置应用： 花坛、花境镶边材料，或作为菜园伴生植物；可与蓝色系花卉搭配形成色彩对比；适合用于儿童花园或耐旱绿化项目。

A113 万寿菊

学名： *Tagetes erecta*

别名： 臭芙蓉（气味特征）、重阳菊（时令特征）

科属： 菊科，万寿菊属

原产地： 墨西哥至中美洲（中国各地普遍栽培）

●○ 识别特征速查表

项目		具体描述
形态特征	类型	一年生草本，株高30~100厘米（矮生种20~30厘米），全株具特殊气味
	根	须根系发达，主根粗短，侧根密生
	茎	直立，圆柱形，具纵棱，多分枝，绿色常带紫红色晕
	叶	羽状深裂对生，裂片5~11枚，长5~10厘米；叶缘锯齿；叶色深绿，腺点分泌气味物质
	花	头状花序单生，直径5~12厘米；舌状花重瓣或半重瓣；花色黄色、橙色、金红色；花期夏秋季
	果实	瘦果线形，黑色，顶端具冠毛
识别关键		√“艳丽绒球”：完全重瓣品种花形饱满如绣球（非洲型品种） √腺体气味：叶片揉搓释放强烈气味（含α-三联噻吩，具驱虫效果） √矮生变异：存在诸多矮生栽培品种，株高可控制在20~30厘米，适于盆栽
易混淆种区分		与孔雀草（*T. patula*）区别：万寿菊株高 > 30厘米，花径 > 5厘米，舌状花平展；孔雀草株高 < 50厘米，花径 < 5厘米，舌状花上翘

生长习性速查表

特性	具体表现
光照	需全日照，耐半阴但花量减少、花色变淡
温度	耐热性强（40℃正常开花），10℃以下生长停滞
水分	耐旱（年降水400毫米可生长），忌长期积水
土壤	适应性强（pH 5.5~8.0），耐贫瘠

栽培管理要点

春播繁殖，采用穴盘育苗，种子浅覆土，20~25℃下5~7天发芽，幼苗具4~5片真叶时定植。栽前施足基肥，生长期每2~4周追施稀薄液肥。苗高15厘米时摘心促分枝，及时清除残花。注意防治根腐病、叶斑病及蚜虫、红蜘蛛，需全日照并通风良好。

应用价值

观赏价值：头状花序硕大，花色鲜艳（黄色、橙色、金红色等），重瓣品种花形饱满。叶片羽状分裂，具特殊气味。花期长，观赏价值高。

配置应用：花坛、花境主材料，或作为菜园伴生植物；可与蓝色系花卉搭配；也可作切花；耐热，耐贫瘠，适应性强。

A114 金盏菊

学名： *Calendula officinalis*

别名： 金盏花

科属： 菊科，金盏花属

原产地： 南欧至地中海地区（中国各地普遍栽培）

识别特征速查表

项目		具体描述
形态特征	类型	一年生草本，株高30~60厘米，全株被腺毛，具特殊香气
	根	直根系，主根明显，侧根纤维状
	茎	圆柱形（非四棱形），多分枝，中空，被黏质腺毛
	叶	互生，长椭圆形至匙形，长5~15厘米；叶缘波状或浅齿；叶灰绿色，被柔毛
	花	头状花序单生，直径4~7厘米；舌状花重瓣或半重瓣；花色橙色、黄色、杏黄色；花期春季至霜冻；花瓣含光敏性物质，晴天开放，阴天闭合
	果实	新月形瘦果，表面具棘刺，种子千粒重8~12克
识别关键		√“时钟花”：花朵昼开夜合（晴天开放，阴天闭合） √黏质茎叶：全株被腺毛，分泌黏液（触感黏腻） √药用价值：花瓣富含类胡萝卜素、黄酮类等活性成分，可用于化妆品及食品着色
易混淆种区分		与孔雀草（*Tagetes patula*）区别：金盏菊叶片互生，瘦果新月形带刺；孔雀草叶片对生，瘦果线形具冠毛

生长习性速查表

特性	具体表现
光照	需充足光照，夏季强光时可适当遮阴以防叶片灼伤
温度	耐-5℃低温（在华东地区可露地越冬），生长适温10~25℃
水分	耐旱（年降水400毫米可生长），忌高温高湿
土壤	喜肥沃疏松土壤（pH 6.0~7.5），耐轻度盐碱

栽培管理要点

宜春秋直播，也可穴盘育苗，种子浅覆土，15~20℃下7~10天发芽，直根系不耐移栽，应尽早定植。栽前施足基肥，生长期每2~4周追施稀薄液肥。花后及时剪除残花，促进持续开花。注意防治白粉病、叶斑病及蚜虫、潜叶蝇，强光时适当遮阴。

应用价值

观赏价值：头状花序色彩鲜艳（橙色、黄色、杏黄色等），花心常为深色。叶片长椭圆形，具特殊香气。花期长，观赏价值高。

配置应用：花坛、花境材料，可配置于药用植物园或儿童花园；花瓣可用于天然染色；也可作切花；耐寒性较好。

A115 向日葵

学名： *Helianthus annuus*

别名： 太阳花（向日特性）、葵花（籽实用途）

科属： 菊科，向日葵属

原产地： 北美洲（中国各地广泛栽培）

●○ 识别特征速查表

项目		具体描述
形态特征	类型	一年生高大草本，株高0.5~4米（品种差异大），全株被粗硬毛
	根	直根系发达，主根深达2米，侧根水平伸展1.5米
	茎	直立，圆柱形，髓部发达，表面被粗硬毛，粗糙
	叶	互生，心状卵形，长10~40厘米；叶缘锯齿；叶面粗糙，三出脉明显
	花	头状花序顶生，直径10~50厘米；舌状花黄色（栽培品种有红色、橙色、双色）；管状花棕色；花期夏季
	果实	瘦果倒卵形（俗称葵花籽），具黑白条纹
识别关键		√“向日性”：花盘幼时随太阳转动（开花后固定朝东） √ 巨型花序：栽培品种花径可达50厘米（吉尼斯纪录82厘米） √ 经济作物：世界重要的油料作物和经济作物之一

续表

项目	具体描述
易混淆种区分	与菊芋（*H. tuberosus*）区别：向日葵一年生，开花结籽，根不形成块茎；菊芋多年生，块茎可食用，花较小（直径5~10厘米）

●○ 生长习性速查表

特性	具体表现
光照	极喜光
温度	发芽需≥8℃，生长适温21~26℃，耐40℃高温
水分	需水临界期：现蕾至开花（日耗水6~8毫米）
土壤	喜深厚、肥沃、排水良好的土壤

●○ 栽培管理要点

春季直播，点播深度2~3厘米，15~25℃下5~10天发芽；也可穴盘育苗，苗高10~15厘米时带土定植。栽前施足基肥，现蕾期追施高钾肥。幼苗期保持湿润，现蕾至开花期需水充足。单头品种及时去除侧芽，高大品种设支架防风。注意防治菌核病、锈病及蚜虫、向日葵螟，成熟期防鸟害。

●○ 应用价值

观赏价值： 头状花序硕大，花色鲜艳（以黄色为主），幼嫩花盘具明显的向日性。茎秆粗壮。群体观赏效果震撼。

配置应用： 花海、花境的背景材料，矮生品种可盆栽；种子可食用；是良好的农业观光和自然教育植物。

A116 雏菊

学名： *Bellis perennis*

别名： 延命菊（花期特征）、春菊（季节特征）

科属： 菊科，雏菊属

原产地： 欧洲西部

●○ 识别特征速查表

项目		具体描述
形态特征	类型	多年生草本（常作二年生栽培），株高7~15厘米，全株被短柔毛
	根	具短缩根状茎，生多数须根
	茎	短缩茎（莲座状），无明显直立主茎
	叶	基生莲座状，匙形至卵形，长2~5厘米；叶缘钝齿；叶色深绿，叶脉下凹
	花	头状花序单生，直径2~5厘米；舌状花白色、粉色、红色，管状花黄色；花期春季至初夏
	果实	倒卵形瘦果，极小，无冠毛
识别关键		√“迷你花盘”：花序虽小，但花瓣排列紧密（重瓣品种达百余枚） √贴地生长：叶片莲座状平展，花莛突出叶丛仅5~10厘米 √耐寒耐踩：耐寒性较强，在长江流域及以南地区可露地越冬；适合作草坪缀花植物或地被
易混淆种区分		与洋甘菊（*Matricaria chamomilla*）区别：雏菊无香气，舌状花宽短，叶片匙形；洋甘菊具苹果香，舌状花细长，叶片羽裂

●○ 生长习性速查表

特性	具体表现
光照	需充足光照，夏季强光时可适当遮阴
温度	耐-15℃低温（华北覆土可越冬），忌夏季持续30℃以上高温
水分	喜湿润（土壤含水量60%~70%），忌积水
土壤	喜肥沃、疏松、排水良好的土壤

●○ 栽培管理要点

可春秋分株或秋播，播种采用穴盘，浅覆土，15~20℃下7~10天发芽。生长期每2~4周追施以磷钾为主的稀薄液肥，避免叶心积水。花后及时剪除残花，促进新花芽形成。注意防治灰霉病、叶斑病及蚜虫、潜叶蝇，夏季需通风降温。

●○ 应用价值

观赏价值： 头状花序娇小圆润，舌状花瓣纯白色或粉红色，管状花心金黄如旭日，叶片莲座状簇生，早春开放如撒落大地的珍珠。

配置应用： 花坛镶边、草坪缀花或岩石园点缀；可与三色堇等早春花卉搭配，也可作小型切花；在气候适宜地区可多年生。

A117 百日菊

学名： *Zinnia elegans*

别名： 步步高（花序分层开放）、火球花（重瓣品种）百日草（学名简称）

科属： 菊科，百日菊属

原产地： 墨西哥及中美洲

●○ 识别特征速查表

项目		具体描述
形态特征	类型	一年生草本，株高20~100厘米（品种差异大），全株被糙毛
	根	须根系发达，主根粗短，侧根密集

续表

项目		具体描述
形态特征	茎	圆柱形直立（非四棱形），中空，节部膨大，分枝性强
	叶	叶对生，基部抱茎，卵形至披针形，长4~10厘米；叶通常全缘；叶面粗糙，基出三脉
	花	头状花序单生，直径5~15厘米；舌状花多层（重瓣品种），花色红色、黄色、橙色、紫色、白色等；花期夏秋季
	果实	瘦果楔形，具冠毛，种子千粒重4~6克
识别关键		√“持久花季”：单朵花持续开放30天以上（故名“百日菊”） √ 绒毛茎叶：全株被糙毛：茎、叶、花梗均被粗糙硬毛 √ 花色渐变：部分品种随开放时间变色
易混淆种区分		与波斯菊（*Cosmos bipinnatus*）区别：百日菊叶片宽卵形，花序大而饱满，全株被毛；波斯菊叶片羽状细裂，花序轻盈，茎光滑

生长习性速查表

特性	具体表现
光照	喜强光，需全日照环境，光照不足易徒长
温度	耐35℃高温，不耐霜冻（5℃以下受冻害）
水分	耐旱怕涝（浇水需“见干见湿”）
土壤	喜疏松肥沃沙壤土（pH 6.0~7.5），忌黏重土

栽培管理要点

春播繁殖，采用穴盘育苗，种子浅覆土，20~25℃下5~7天发芽，直根系不耐移栽，因此应尽早定植。生长期每2~4周追施稀薄平衡液肥，现蕾后增施磷钾肥。苗高15厘米时摘心促分枝，及时剪除残花。注意防治白粉病、叶斑病及蚜虫、红蜘蛛，需全日照并通风。

应用价值

观赏价值：头状花序花色丰富鲜艳（红色、黄色、粉色、紫色、白色等），重瓣品种花形饱满。单花花期长。株型多样，观赏期长。

配置应用：花坛、花境材料，可丛植或片植；也可作切花；耐热耐旱，适应性强。

A118 南非万寿菊

学名： *Osteospermum ecklonis*

别名： 蓝目菊（花心特征）、艳阳菊（耐晒特性）

科属： 菊科，蓝目菊属

原产地： 南非开普地区

识别特征速查表

项目		具体描述
形态特征	类型	多年生草本或亚灌木（在非适宜地区常作一、二年生栽培）
	根	木质化主根明显，侧根纤维状，耐旱性强
	茎	半木质化圆柱形（非四棱形），多分枝，茎色灰绿
	叶	互生，长椭圆形，长5~10厘米；叶缘疏齿；叶色深绿，革质，被蜡质层
	花	头状花序单生，直径5~8厘米；舌状花蓝紫色、粉色、白色（背面色深）；管状花蓝紫色；花期春季至初夏
	果实	瘦果三棱形，无冠毛
识别关键		√“变色花瓣”：舌状花背面颜色较深 √ 日开夜合：晴天开放，阴天及夜间闭合 √ 耐盐碱：对海滨环境适应性较强
易混淆种区分		与非洲万寿菊（蓝眼菊，*Arctotis* spp.）区别：非洲万寿菊叶片灰绿、呈羽状深裂，舌状花通常更纤细、狭长，且背面常带有独特的金属光泽或粉红色调。盘心常为蓝色、灰色或带有金属光泽

生长习性速查表

特性	具体表现
光照	需全日照环境，也耐轻度遮阴
温度	耐-5℃低温（在华东地区可露地越冬），夏季30℃以上休眠
水分	耐旱怕涝（浇水需“干透浇透”）
土壤	喜排水良好沙质土（pH 6.0~7.0），忌黏土

栽培管理要点

可扦插或播种，扦插选半木质化枝条，18~22℃下2~3周生根；播种采用穴盘，浅覆土，15~20℃下10~15天发芽。每2~4周追施以磷钾为主的稀薄液肥。生长期适时摘心促分枝，花后轻剪延长花期。注意防治灰霉病与蚜虫，忌高温高湿。

应用价值

观赏价值：头状花序色彩淡雅（蓝紫色、粉色、白色等），花心常为深蓝色。叶片常绿。花期主要在冷凉季节。

配置应用：花坛、花境材料，尤其适于岩石园；可与其他耐寒草花搭配；也可作切花；盆栽需注意度夏管理。

A119 勋章菊

学名：*Gazania rigens*

别名：非洲太阳花（趋光特性）、勋章花（花形特征）

科属：菊科，勋章菊属

原产地：南非开普地区（现全球温暖地区广泛栽培）

识别特征速查表

项目		具体描述
形态特征	类型	多年生草本（常作一年生栽培），株高15~30厘米，全株被白色绵毛
	根	肉质主根粗短，侧根纤维状，耐旱性强
	茎	具短缩茎，常从基部生出匍匐枝
	叶	基生莲座状，线形至匙形，长5~12厘米；叶背密被白色绒毛；叶缘全缘或波状
	花	头状花序单生，直径5~8厘米；舌状花黄色、橙色、粉色、红色，带深色基斑；花期4~10月
	果实	瘦果倒卵形，被绢毛
识别关键		√“日开型”花朵：晴天开放，阴天及夜晚闭合（光敏性强） √ 金属光泽：花瓣表面具蜡质层，强光下反光如勋章 √ 抗旱结构：叶片背面的白色绒毛有助于减少水分蒸发
易混淆种区分		与非洲菊（*Gerbera jamesonii*）区别：勋章菊株型低矮，叶片背面白色，花日开夜合；非洲菊株高＞30厘米，叶片两面绿色，花持续开放

生长习性速查表

特性	具体表现
光照	极喜光，需全日照环境才能良好开花，耐半阴，但花量减少
温度	耐-5℃短期低温（8区以上可露地越冬），生长适温15~28℃
水分	极耐旱（肉质根储水），忌潮湿环境
土壤	喜排水良好的沙质土壤，耐贫瘠和轻度盐碱
特殊管理	需定期摘除残花促进新蕾形成，避免密植，保持通风

栽培管理要点

春播或分株繁殖，播种采用穴盘，微覆土，15~20℃下10~15天发芽；分株宜选取带根分蘖。生长期每月施一次稀薄平衡液肥，极耐旱，忌积水。花后及时剪除残花，促进新花芽形成。基本无严重病害，雨季防烂根，偶见蚜虫，可喷药防治。

应用价值

观赏价值：头状花序色彩鲜艳（黄色、橙色、粉色、红色等），花瓣基部常具深色眼斑，对比鲜明。花心管状花排列整齐。

配置应用： 花坛、花境前沿或岩石园种植；盆栽观赏；耐旱耐晒，适用于干旱贫瘠环境绿化。

A120 白晶菊

学名： *Mauranthemum paludosum*

别名： 雪珠菊（花形特征）、春雪菊（花期特性）

科属： 菊科，白晶菊属

原产地： 地中海沿岸

●○ 识别特征速查表

项目		具体描述
形态特征	类型	一、二年生草本，植株低矮紧凑
	根	纤维状根系，主根短，侧根密集
	茎	直立或斜升，多分枝
	叶	叶互生，匙形至倒卵形，长2~5厘米，叶缘有深浅不等的锯齿或羽状浅裂，叶色亮绿
	花	头状花序单生，直径2~3厘米；舌状花纯白色，管状花黄色；花期3~6月
	果实	瘦果无冠毛，具5条纵棱
识别关键		√“雪球铺地”：花量繁密，盛开时如覆白雪 √ 早春开花：耐-5℃低温，江南地区可露地越冬 √ 肉质叶片：叶内储水组织发达，耐短期干旱
易混淆种区分		与雏菊（*Bellis perennis*）区别：白晶菊叶互生，花纯白色，无粉色、红色变种；雏菊叶基生莲座状，花色丰富

●○ 生长习性速查表

特性	具体表现
光照	喜阳光充足，也耐半阴
温度	耐-8℃低温（长江流域可露地越冬），忌持续高温（>30℃）
水分	喜湿润但排水良好（忌叶面积水）
土壤	喜肥沃微酸性土（pH 5.5~6.5），耐轻度盐碱

●○ 栽培管理要点

春秋播种，采用穴盘育苗，微覆土，15~20℃下7~10天发芽，幼苗具4~5片真叶时定植。生长期每2~4周追施稀薄平衡液肥，保持土壤微润。苗期摘心促分枝，花后及时去除残花。注意防治灰霉病、叶斑病及蚜虫、潜叶蝇，夏季需遮阴。

●○ 应用价值

观赏价值： 头状花序小巧，舌状花洁白，管状花鲜黄色。植株低矮，花量繁密，花期早。

配置应用： 花坛镶边、岩石园或组合盆栽；可与蓝色系球根花卉搭配；也可作小型切花；耐寒性较强。

A121 波斯菊

学名： *Cosmos bipinnatus*

别名： 秋英（学名）、格桑花（藏区称谓）

科属： 菊科，秋英属

原产地： 墨西哥高原

●○ 识别特征速查表

项目		具体描述
形态特征	类型	一年生草本，株高60~200厘米（品种差异大），全株无毛
	根	须根系发达，主根短粗，侧根横向扩展
	茎	直立，圆柱形，常具纵沟纹，多分枝
	叶	二回羽状全裂对生，裂片线形，长5~12厘米；叶色鲜绿
	花	头状花序单生，直径5~8厘米；舌状花粉色、白色、紫红色，管状花黄色；花期6~10月
	果实	瘦果线形，喙状顶端，种子千粒重6~8克
识别关键		√“羽叶轻花”：纤细羽状叶与轻盈花瓣形成鲜明对比 √趋光生长：幼嫩茎秆具明显的趋光性 √自播性强：自播繁殖能力极强
易混淆种区分		与硫华菊（*C. sulphureus*）区别：波斯菊叶二回羽裂，花色冷色调（粉色、白色、紫色）；硫华菊叶一回羽裂，花色暖色调（橙色、黄色）

●○ 生长习性速查表

续表

特性	具体表现
光照	强阳性，需全日照，耐半阴但易徒长、倒伏
温度	耐40℃高温，幼苗耐-2℃短时低温
水分	耐旱，忌积水
土壤	耐贫瘠（包括建筑渣土），适应pH 5.0~8.5

●○ 栽培管理要点

春秋直播，也可穴盘育苗，种子浅覆土，15~25℃下5~7天发芽。耐贫瘠，严格控制施肥，忌氮肥过量。苗高20厘米时摘心促分枝，花后及时剪除残花以延长花期。注意防治白粉病、叶斑病及蚜虫、红蜘蛛。

●○ 应用价值

观赏价值： 头状花序轻盈，花色淡雅（粉色、白色、紫红色等）。茎秆细长。群体景观自然野趣。

文化象征： 在西藏地区，波斯菊常被称为“格桑花”，被视为幸福和顽强的象征。

配置应用： 适用于野花花境、道路边坡绿化；可与其他一、二年生草花搭配；也可作切花；自播能力强，栽培时需注意其扩张性。

A122 麦秆菊

学名： *Xerochrysum bracteatum*
别名： 蜡菊（花部特性）、永恒菊（干花特性）
科属： 菊科，蜡菊属
原产地： 澳大利亚（现全球亚热带至温带地区广泛栽培）

●○ 识别特征速查表

项目		具体描述
形态特征	类型	多年生草本（常作一年生栽培），株高40~100厘米，全株被糙毛
	根	纤维状根系，主根短，侧根密集
	茎	直立，圆柱形，多分枝，具纵棱
	叶	互生，披针形，长5~12厘米；全缘；叶色灰绿，两面被毛
	花	头状花序单生，直径3~8厘米；苞片膜质，呈白色、黄色、红色、紫色等颜色；真花小，黄色；花期6~10月
	果实	瘦果圆柱形，具冠毛
识别关键		√永恒干花：其干燥的苞片（常被误认为花瓣）色彩持久，是优良的干花材料 √蜡质光泽：苞片表面具蜡质层（强光下反光） √耐旱结构：叶片气孔下陷，减少水分蒸发
易混淆种区分		与蜡菊（*Helichrysum italicum*）区别：麦秆菊苞片大而鲜艳，株型直立；蜡菊苞片小而银白，株型匍匐

●○ 生长习性速查表

特性	具体表现
光照	强阳性，需全日照环境
温度	耐-3℃低温，生长适温18~30℃
水分	极耐旱（肉质茎储水），忌潮湿
土壤	喜沙质贫瘠土（pH 6.0~7.5），忌黏重土

●○ 栽培管理要点

春播繁殖，采用穴盘育苗，种子浅覆土，15~20℃下7~10天发芽。生长期每月施一次以磷钾为主的稀薄液肥，极耐旱，忌积水。生长期多次摘心以增加花枝数量，及时剪除残花。注意防治叶斑病与蚜虫，需强光照。

●○ 应用价值

观赏价值： 其色彩鲜艳的苞片（非花瓣）纸质，干燥后能长期保持色泽和形态，是常用的干花材料。

配置应用： 花境材料，尤其适用于干燥花圃或岩石园；耐旱，耐贫瘠。

A123 黑心菊

学名： *Rudbeckia hirta*
别名： 黑眼苏珊（花心特征）、金光菊（近缘种）
科属： 菊科，金光菊属
原产地： 北美洲中部（现全球温带至亚热带地区广泛栽培）

●○ 识别特征速查表

项目		具体描述
形态特征	类型	多年生草本（常作二年生栽培），株高30~100厘米，全株被粗硬毛
	根	纤维状根系，主根短，侧根发达
	茎	圆柱形直立（非四棱形），多分枝，绿色带紫斑
	叶	互生，卵形至披针形，长5~15厘米；叶缘粗齿；叶面粗糙，三出脉明显
	花	头状花序单生，直径5~8厘米；舌状花黄色、橙色，管状花黑褐色；花期6~10月
	果实	四棱形瘦果，无冠毛
识别关键		√ 暗黑花心：半球形黑褐色花盘（直径1~2厘米） √超强适应：耐寒性和耐热性均较强 √蜜源价值：是良好的蜜源植物，吸引蜂蝶
易混淆种区分		与金光菊（*R. laciniata*）区别：黑心菊花心半球形，黑褐色，叶全缘；金光菊花心圆锥状绿色，叶羽裂

生长习性速查表

特性	具体表现
光照	强阳性
温度	耐-25℃低温（5区可露地越冬），耐40℃短期高温
水分	极耐旱（年降水≥350毫米即可生存）
土壤	耐贫瘠（包括石砾地），适应pH 5.0~8.5

栽培管理要点

可春秋播种或春季分株，播种采用穴盘，浅覆土，15~20℃下7~14天发芽；分株宜选带3~5芽的根丛栽植。全年仅春季施一次缓释肥，花前补施磷钾肥。花后及时剪除残花，促进侧枝开花。注意防治白粉病、叶斑病及蚜虫、红蜘蛛，极耐旱。

应用价值

观赏价值：头状花序醒目，舌状花金黄色，管状花聚集形成深褐色至黑色的半球形花心。植株高大，分枝多，群体景观富有野趣。

配置应用：适用于自然式花园、花境背景或野趣组合；可与紫锥菊等搭配；也可作切花；耐旱，耐瘠薄，适应性强。

A124 半支莲

学名： *Portulaca grandiflora*

别名： 松叶牡丹（叶片形态）、午时花（开花习性）、大花马齿苋

科属： 马齿苋科，马齿苋属

原产地： 南美洲（巴西至阿根廷北部，现全球热带至温带地区广泛栽培）

识别特征速查表

项目		具体描述
形态特征	类型	一年生肉质草本，株高10~20厘米，茎匍匐或斜升，分枝多，呈垫状丛生
	根	须根系，主根不明显，侧根纤细，耐旱性强
	茎	肉质茎，圆柱形，多分枝，幼茎绿色或淡红色，老茎稍木质化
	叶	互生或簇生，肉质圆柱形，长1~2.5厘米，叶色深绿色至紫红色，叶腋常生短枝
	花	花单生或簇生茎顶，直径2.5~3厘米；花瓣5枚或重瓣，颜色多样，常有金属光泽；花期6~9月，通常在阳光充足的白天开放
	果实	蒴果卵圆形，成熟时盖裂，种子细小，黑色或深褐色
识别关键		√肉质茎叶：茎叶肥厚多汁，耐旱性强 √花昼开夜合：花通常在晴朗的白天开放，夜间及阴天闭合 √匍匐生长：茎贴地伸展，易形成密集花毯
易混淆种区分		与马齿苋（*Portulaca oleracea*）区别：半支莲花大色艳，茎叶更肥厚，观赏性强；马齿苋花小（黄色），茎叶较薄，常作野菜食用

生长习性速查表

特性	具体表现
光照	强阳性，需全日照环境，极耐烈日
温度	耐40℃高温，10℃以下停止生长（霜冻致死）
水分	极端耐旱（可耐受30天无降水）
土壤	耐贫瘠（在砂石缝隙中仍可生长），忌黏重积水土

栽培管理要点

春播或扦插繁殖，播种采用穴盘，微覆土，20~30℃下5~7天发芽；扦插茎段约1周生根。需肥量极少，忌浓肥。生长期适时摘心促分枝，保持株型紧凑。基本无病害，雨季防烂根，偶见蚜虫可喷水冲洗。

应用价值

观赏价值：植株低矮，匍匐生长。花色彩鲜艳，在阳光下盛开，具有较好的地面覆盖和观赏效果。

配置应用：适用于花坛镶边、吊篮、岩石园或屋顶绿化；可与其他耐旱植物搭配；是良好的儿童自然观察材料。

A125 矮牵牛

学名：*Petunia × hybrida*

别名：碧冬茄（植物学名）、撞羽朝颜（古称）

科属：茄科，碧冬茄属

原产地：南美洲（阿根廷至巴西，现代品种为多亲本杂交种）

识别特征速查表

项目		具体描述
形态特征	类型	多年生草本（常作一年生栽培），株高15~45厘米，匍匐或直立
	根	须根系，根系较浅
	茎	圆柱形，被腺毛，多分枝
	叶	互生；卵形至椭圆形，长3~8厘米；全缘，被黏毛
	花	单生叶腋，花冠漏斗状，径5~12厘米；花色丰富（含复色及条纹品种）；花期4~10月
	果实	蒴果圆锥形，种子微小
识别关键		√ 喇叭花形：花冠典型漏斗（喇叭）状 √ 黏毛茎叶：全株被黏性腺毛 √ 超长花期：花期长，在适宜条件下可从春季持续至霜降

续表

项目	具体描述
易混淆种区分	与蔓生天竺葵（*Pelargonium peltatum*）区别：矮牵牛花漏斗形，蔓生天竺葵花不对称 与花烟草（*Nicotiana alata*）区别：矮牵牛花冠短漏斗状，花烟草花冠管细长

生长习性速查表

特性	具体表现
光照	需全日照环境
温度	适温10~30℃（耐短期-2℃低温，35℃以上花量减少）
水分	忌积水（基质含水量保持60%~70%为宜）
土壤	喜疏松排水良好的弱酸性土（pH 5.5~6.5）

栽培管理要点

可春秋播种或扦插，播种采用穴盘，微覆土，20~25℃下7~10天发芽；扦插选嫩枝，18~22℃下约2周生根。生长期每2~4周追施以磷钾为主的稀薄液肥。苗期多次摘心促分枝，花后及时剪除残花。注意防治灰霉病、根腐病及蚜虫、红蜘蛛。

应用价值

观赏价值：花量大，花色丰富（含单色、复色及条纹品种），花期长。垂吊品种枝条蔓生，观赏效果佳。

配置应用：广泛用于花坛、花境、吊篮和容器栽培；可与灰叶植物搭配；需注意摘心促进分枝和防止积水。

A126 鸡冠花

学名： *Celosia cristata*

别名： 红鸡冠（常见色）、凤尾鸡冠（花序形态）

科属： 苋科，青葙属

原产地： 热带亚洲（印度至东南亚），现全球温带至热带地区广泛栽培

●○ 识别特征速查表

项目		具体描述
形态特征	类型	一年生草本，株高30~90厘米，直立
	根	直根系，主根粗壮，侧根发达
	茎	直立，粗壮，常具纵棱，绿色或带红、紫等色
	叶	互生，卵形至披针形，长5~15厘米；全缘或波状，叶脉明显
	花	穗状花序顶生，扁平皱褶如鸡冠；花色红色、紫色、黄色、橙色等；花期7~10月
	果实	胞果卵形，盖裂，种子黑色光亮
识别关键		√鸡冠状花序：花序扁平皱褶如公鸡冠 √持久花色：其花序干燥后能较长时间保持形态和颜色，是良好的干花材料 √彩叶品种：部分品种叶色紫红或铜黄
易混淆种区分		与青葙（*C. argentea*）区别：鸡冠花花序扁平皱褶，青葙花序圆柱形 与千日红（*Gomphrena globosa*）区别：鸡冠花花序扁平，千日红花序球形

●○ 生长习性速查表

特性	具体表现
光照	强阳性，需全日照环境，极耐烈日
温度	耐35℃高温，10℃以下停止生长（霜冻致死）
水分	耐旱怕涝（花期控水可防徒长）
土壤	耐贫瘠（在建筑渣土中仍可生长）

●○ 栽培管理要点

春播繁殖，采用穴盘育苗，种子浅覆土，20~25℃下5~7天发芽，幼苗期耐移植。栽前施足基肥，生长期每2~4周追施以磷钾为主的稀薄液肥。苗高10厘米时间苗摘心，促进主花头发育。注意防治立枯病、叶斑病及蚜虫、红蜘蛛，需全日照。

●○ 应用价值

观赏价值： 花序形态独特，扁平皱褶或羽状分枝，色彩鲜艳（红色、紫色、黄色、橙色等），观赏期长。

配置应用： 适用于花坛、花境种植；可与灰叶植物搭配；也可作切花或干花；是良好的自然教育材料。

A127 千日红

学名： *Gomphrena globosa*

别名： 火球花（花序形态）、百日红（观赏期长）

科属： 苋科，千日红属

原产地： 热带美洲（巴西至危地马拉），现全球温暖地区广泛栽培

●○ 识别特征速查表

项目		具体描述
形态特征	类型	一年生草本，株高30~60厘米，直立多分枝
	根	直根系，主根明显，侧根发达
	茎	直立，圆柱形，常具纵棱，被糙毛
	叶	对生，椭圆形至长圆形，长5~10厘米；全缘，两面被毛
	花	头状花序顶生，直径2~3厘米；苞片膜质，紫红色、粉色、白色；花期6~10月
	果实	胞果，种子肾形
识别关键		√球状花序：花序圆整如绒球 √持久花色：花序直立，圆柱形，常具纵棱，被糙毛，花色持久 √糙毛茎叶：全株被白色糙毛

续表

项目	具体描述
易混淆种区分	与百日菊（*Zinnia elegans*）区别：千日红花序球形，百日菊花序单瓣或重瓣 与紫茉莉（*Mirabilis jalapa*）区别：千日红茎叶被毛，紫茉莉茎叶光滑

生长习性速查表

特性	具体表现
光照	全日照，耐强光
温度	耐40℃高温，5℃以下受冻害
水分	极耐旱（可耐受30天无降水）
土壤	适应各类土壤（含盐碱土，pH 5.0~8.5）

栽培管理要点

春播繁殖，采用穴盘育苗，种子浅覆土，20~25℃下7~10天发芽，直根系不耐移栽，应尽早定植。生长期每月施一次稀薄复合肥，花期增施磷钾肥。苗期摘心促分枝，花后及时剪除残花。注意防治叶斑病、根腐病及蚜虫、红蜘蛛，极耐旱。

应用价值

观赏价值：球状花序坚硬如珐琅，花色持久鲜艳（紫红色、粉色、白色），纸质苞片经久不凋，干燥后仍保色，堪称“不朽的干花素材”。

配置应用：适用于花坛、花境种植，尤其耐干旱、贫瘠环境；是优良的干花材料；也可用于切花。

A128 雁来红

学名：Amaranthus tricolor

别名：老少年（叶色变化）、三色苋（秋色特征）

科属：苋科，苋属

原产地：热带亚洲（印度至东南亚），现全球温带至热带地区广泛栽培

识别特征速查表

项目		具体描述
形态特征	类型	一年生草本，株高80~150厘米，直立
	根	直根系，主根明显
	茎	直立，圆柱形，粗壮，多分枝，常带红色或其他颜色
	叶	互生，卵状椭圆形至披针形，长5~15厘米；绿色、红色、黄色三色相间；叶柄长
	花	穗状花序顶生或腋生，小花密集；花期8~10月
	果实	胞果卵形，盖裂
识别关键		√ 彩叶观赏：上部叶片鲜艳多彩（红色、黄色、绿色相间） √ 秋季变色：入秋后，在凉爽气候和充足光照下，顶叶色彩变得尤为鲜艳 √ 穗状花序：顶生花序呈长穗状
易混淆种区分		与鸡冠花（*Celosia cristata*）区别：雁来红为穗状花序，鸡冠花为头状花序

生长习性速查表

特性	具体表现
光照	需全日照环境，光照越充足，叶色越鲜艳
温度	耐35℃高温，15℃以下叶色转艳（温差＞10℃显色最佳）
水分	耐旱怕涝（适度干旱可增强秋色）
土壤	耐贫瘠（在建筑废料土中仍可生长）

栽培管理要点

春播繁殖，采用穴盘育苗，种子浅覆土，20~25℃下5~7天发芽，幼苗耐移栽。生长期每月施一次稀薄平衡液肥，秋季增施磷钾肥增强叶色。苗期间苗保证通风透光，及时去除病弱枝。注意防治立枯病、叶斑病及蚜虫、红蜘蛛。

应用价值

观赏价值： 植株高大，上部叶片色彩鲜艳（红色、黄色、绿色等颜色相间），秋季尤为醒目，观赏价值高。

配置应用： 适用于背景花境或丛植，点缀秋色；可与其他秋季观果或观叶植物搭配；耐旱，耐贫瘠。

A129 三色堇

学名： *Viola tricolor*

别名： 蝴蝶花（花形）、猫脸花（花瓣斑纹）

科属： 堇菜科，堇菜属

原产地： 欧洲（现全球温带地区广泛栽培）

识别特征速查表

项目		具体描述
形态特征	类型	一年生或短命多年生草本，株高10~30厘米，茎直立或斜升
	根	须根系，主根细弱
	茎	直立或斜升，多分枝，常具棱
	叶	互生，卵形至披针形，长2~6厘米；基生叶心形；叶缘具钝齿
	花	单生叶腋，花径2~5厘米；花瓣5枚，上2下3；花色紫色、黄色、白色三色相间；花期4~7月
	果实	蒴果椭圆形，三瓣裂

续表

项目	具体描述
识别关键	√ 猫脸花形：花瓣呈现猫脸状图案 √ 三色组合：花色通常由紫色、黄色、白色三色组成，但也有许多纯色或双色栽培品种 √ 早春开花：耐寒性强，早春即开放
易混淆种区分	与角堇（*V. cornuta*）区别：三色堇花较大，具明显三色；角堇植株低矮、紧凑，呈丛生状，花小繁密，具独特“猫须”状斑纹 与紫花地丁（*V. philippica*）区别：三色堇为栽培种，花大色艳；紫花地丁无地上茎，花较小，花瓣5枚，颜色多为紫色

生长习性速查表

特性	具体表现
光照	喜凉爽气候，需充足光照，但夏季高温时需遮阴
温度	适温5~25℃（耐−10℃低温，30℃以上休眠）
水分	喜湿润，忌积水（空气湿度50%~70%）
土壤	喜肥沃微酸性腐殖土（pH 5.5~6.5）

栽培管理要点

春秋播种，采用穴盘育苗，微覆土，15~20℃下7~14天发芽。生长期每2~3周追施稀薄平衡液肥，花期前增施磷钾肥。及时摘除残花避免结籽，促进持续开花。注意防治灰霉病、叶斑病及蚜虫、潜叶蝇，忌高温高湿。

应用价值

观赏价值： 花形独特，花色丰富多变，常有深色脉纹，低温下花色更鲜艳。是冬春季重要的观赏花卉。

配置应用： 广泛用于花坛、花境、窗台盒和容器栽培；是优良的早春观赏花卉；也可用于切花和装饰。

A130 夏堇

学名： *Torenia fournieri*

别名： 蓝猪耳（花形）、蝴蝶草（叶形）

科属： 玄参科，蝴蝶草属

原产地： 东南亚热带地区

识别特征速查表

项目		具体描述
形态特征	类型	一年生草本，株高15~30厘米，茎枝直立或匍匐，多分枝
	根	须根系，浅根性，主根不明显
	茎	直立或披散，四棱形，绿色或带红晕
	叶	对生，卵形或心形，长2~5厘米；叶缘具锯齿，叶面光滑，叶脉明显；绿色或深绿色
	花	腋生或顶生总状花序；花冠二唇形，上唇2裂、下唇3裂；花色丰富（紫色、蓝色、粉色、白色、黄色等），喉部常有黄斑；花期夏季至秋季
	果实	蒴果长椭圆形，成熟后开裂，散出细小种子
识别关键		√ 四棱茎：茎部明显四棱形，肉质多汁 √ 二唇花：花冠形态独特，下唇瓣较大且具醒目色斑 √ 耐湿热：夏堇是典型的耐热性草本花卉，不惧夏季强光和高温
易混淆种区分		与三色堇（*Viola tricolor*）区别：夏堇花二唇形，三色堇花五瓣对称 与角堇（*V. cornuta*）区别：夏堇茎四棱，角堇茎圆柱形

生长习性速查表

特性	具体表现
光照	喜充足阳光（耐半阴，午后遮阴可延长花期）
温度	适温20~35℃（15℃以下生长停滞，不耐霜冻）
水分	喜湿润，不耐干旱
土壤	喜疏松、肥沃沙壤土（pH 6.0~7.0）

栽培管理要点

可播种或扦插，播种采用穴盘，微覆土，20~25℃下7~10天发芽；扦插选嫩枝，18~22℃下约2周生根。生长期每2~4周追施稀薄平衡液肥。苗期摘心促分枝，花后轻剪延长花期。注意防治白粉病、根腐病及蚜虫、红蜘蛛。

应用价值

观赏价值： 花形独特，花色丰富，喉部常具色斑。耐热性好，花期长，是夏季重要的观赏花卉。

配置应用： 适用于花坛镶边、吊篮和容器栽培；可与其他夏季花卉搭配；适应性强。

A131 金鱼草

学名： *Antirrhinum majus*

别名： 龙口花（花形）、狮子花（花序形态）

科属： 玄参科，金鱼草属

原产地： 地中海沿岸（现全球温带至亚热带地区广泛栽培）

识别特征速查表

项目		具体描述
形态特征	类型	多年生草本（常作一年生栽培），株高15~120厘米
	根	须根系，主根不明显，具纤维状侧根
	茎	直立，圆柱形，有时基部稍木质化，多分枝
	叶	下部对生，上部互生；披针形至卵形，长2~7厘米；全缘，叶脉明显；深绿色，光滑无毛
	花	总状花序顶生；花序长10~40厘米，小花密集；花冠二唇形，筒状，长3~4厘米；花色红色、黄色、白色、紫色及复色；花期5~9月
	果实	卵圆形蒴果，顶端孔裂，种子细小
识别关键		√金鱼花形：花冠如张开的鱼嘴 √花序挺拔：花穗直立不垂头 √捏花游戏：花冠二唇形，闭合状，侧面挤压可使“唇部”张开
易混淆种区分		与蒲包花（*Calceolaria crenatiflora*）区别：金鱼草花冠筒状二唇形，蒲包花花冠囊状；金鱼草春夏季开花，蒲包花冬春季开花

生长习性速查表

特性	具体表现
光照	喜全日照环境，耐半阴但开花减少
温度	适温12~25℃（耐-3℃低温，30℃以上生长停滞）
水分	中等需水（忌积水，土壤表面干燥后浇水）
土壤	喜疏松肥沃、排水良好的微碱性土（pH 6.5~7.5）

栽培管理要点

可春秋播种或扦插，播种采用穴盘，微覆土，15~20℃下7~10天发芽；扦插选嫩枝，15~25℃下约2周生根。生长期每2周施一次以磷钾为主的稀薄液肥。苗期摘心促分枝，花后及时剪除花穗以促进二次开花。注意防治锈病、叶斑病及蚜虫、红蜘蛛。

应用价值

观赏价值： 穗状花序层叠如塔，唇形花冠俏皮似金鱼张嘴（红色、黄色、粉色、白色），触感如天鹅绒，捏压花筒可模拟“鱼嘴开合”，童趣盎然。

配置应用： 适用于花坛、花境种植，也可作切花；不同株高的品种可分别用于前景或背景；是良好的园艺教育材料。

A132 毛地黄

学名： *Digitalis purpurea*

别名： 洋地黄（药用名）、钟花（花序形态）

科属： 车前科，毛地黄属

原产地： 欧洲西部

识别特征速查表

项目		具体描述
形态特征	类型	二年生或短命多年生草本，株高0.6~2米（含花茎）
	根	直根系，主根粗壮，侧根发达
	茎	直立，通常不分枝，密被灰白色柔毛
	叶	基生莲座状；卵形至长椭圆形，长10~35厘米；叶缘钝齿，叶面皱褶；灰绿色，被绒毛
	花	总状花序顶生；花序长30~60厘米，小花密集；花冠钟形下垂，长4~5厘米；花色白色、粉色、紫色、黄色及斑点纹；花期5~7月
	果实	卵圆形蒴果，种子细小
识别关键		√钟形花序：下垂花冠具内斑点 √绒毛茎叶：全株被灰白色柔毛 √莲座叶丛：第一年形成基生莲座叶丛，第二年抽薹开花
易混淆种区分		与钓钟柳（*Penstemon campanulatus*）区别：毛地黄花下垂，钓钟柳花常直立；毛地黄叶更大更皱，被密毛

生长习性速查表

特性	具体表现
光照	喜凉爽，耐半阴
温度	适温10~22℃（忌高温，30℃以上休眠）
水分	喜湿润（需排水极佳，忌涝）
土壤	喜酸性腐殖土（pH 5.0~6.5），需高有机质

栽培管理要点

春秋播种，采用穴盘育苗，微覆土，15~20℃下14~21天发芽，直根系不耐移栽，应尽早定植。栽前施足基肥，生长期每月施一次稀薄液肥。花后及时剪除花穗，避免养分消耗。注意防治叶斑病、根腐病及蚜虫、红蜘蛛。幼苗需5~10℃低温春化。

应用价值

观赏价值：花序高大挺拔，花冠钟形下垂，花色柔和（粉色、白色、紫色等），内具斑点。是优良的花境背景材料。

配置应用：适用于自然式花园、花境背景或林缘种植；也可作切花；因其全株有毒，需避免种植于儿童和宠物容易接触的区域。

A133 羽衣甘蓝

学名：*Brassica oleracea* var. *acephala*

别名：叶牡丹（观赏用）、珊瑚甘蓝（园艺商品名）

科属：十字花科，芸薹属

原产地：欧洲西部

识别特征速查表

项目		具体描述
形态特征	类型	二年生观叶草本，株高20~40厘米（观赏期），抽薹后可达1.2米
	根	主根系发达，侧根多，深可达50厘米
	茎	短缩茎（观赏期），抽薹后直立
	叶	叶莲座状着生；形态多样，有皱叶、羽裂等品种；叶片颜色丰富，中心叶常呈白色、粉色、紫红色等颜色，外叶蓝绿色
	花	总状花序；花茎高0.8~1.2米，小花黄色；十字形花冠，径1~1.5厘米；花期4~5月（观赏种常不让开花）
	果实	长角果圆柱形，种子球形
识别关键		√彩色叶丛：中心叶片鲜艳变色 √皱褶叶缘：叶片边缘极度卷曲 √耐寒性强：耐−15℃低温，低温下观赏性更佳
易混淆种区分		与食用甘蓝区别：羽衣甘蓝叶不结球，观赏性强，且叶色丰富；食用甘蓝叶多绿色

●○ 生长习性速查表

特性	具体表现
光照	喜冷凉气候，需全日照环境以保持最佳叶色
温度	适温5~20℃（耐-15℃低温，25℃以上生长停滞）
水分	中等需水（忌积水，空气湿度50%~70%）
土壤	喜肥沃中性壤土（pH 6.0~7.5，忌连作）

●○ 栽培管理要点

秋季播种，采用穴盘育苗，浅覆土，15~20℃下5~7天发芽，幼苗具4~5片真叶时定植。栽前施足基肥，生长期每2~4周追施稀薄液肥，适当补磷钾肥增强叶色。生长期去除老叶、病叶，保持通风透光。注意防治黑斑病、软腐病及菜青虫、蚜虫。

●○ 应用价值

观赏价值：株型如盛开的花朵，叶色丰富艳丽（尤其中心叶片），低温下色彩更佳。是冬季和早春重要的观叶植物。

配置应用：是冬季和早春花坛、花境的优良材料；可与其他耐寒草花搭配；也可用于盆栽；部分品种可食用。

A134 美女樱

学名： *Glandularia × hybrida*

别名： 草五色梅（花序形态）、铺地锦（匍匐特性）

科属： 马鞭草科，美女樱属

原产地： 南美洲（现全球温带至亚热带地区广泛栽培）

●○ 识别特征速查表

项目		具体描述
形态特征	类型	多年生草本（常作一年生栽培），株高15~50厘米，匍匐或直立型
	根	须根系，浅根性
	茎	四棱形，被柔毛，基部木质化，节处易生不定根
	叶	对生；卵形至长圆形，长2~6厘米；叶缘具钝锯齿，叶面皱褶；深绿色，被短绒毛
	花	伞房状聚伞花序；花序直径5~10厘米，小花密集；花冠漏斗形，5裂，径1~1.5厘米；花色紫色、红色、粉色、白色及复色；花期5~11月
	果实	瘦果长圆形，种子极小（1克约有6000粒）
识别关键		√四棱茎秆：茎部明显四棱形 √皱褶叶面：叶片表面凹凸不平 √持续开花：花期长，在适宜条件下可持续开花
易混淆种区分		与马鞭草（*Verbena officinalis*）区别：美女樱叶缘钝齿，马鞭草叶深裂；美女樱花序紧凑，马鞭草花序松散

●○ 生长习性速查表

特性	具体表现
光照	喜阳光充足，也耐半阴，但光照不足时开花减少
温度	适温15~28℃（耐-5℃短期低温，35℃以上生长停滞）
水分	中等需水（忌积水，耐短期干旱）
土壤	喜疏松、排水良好的沙壤土（pH 6.0~7.5）

●○ 栽培管理要点

可扦插或播种，扦插选嫩枝，15~25℃下约2周生根；播种采用穴盘，浅覆土，18~22℃下10~15天发芽。生长期每2~4周追施以磷钾为主的稀薄液肥。苗期多次摘心促分枝，花后轻剪延长花期。注意防治白粉病、根腐病及蚜虫、红蜘蛛。

●○ 应用价值

观赏价值：花序密集，花色丰富（粉色、紫色、红色、白色等，喉部常具色眼）。匍匐型品种覆盖性好，花期长。

配置应用：适用于花坛边缘、吊篮、容器栽培及地被；可与其他夏季花卉搭配；也可用于切花。

A135 醉蝶花

学名：Tarenaya hassleriana

别名：西洋白花菜（花形似白花菜）、蜘蛛花（细长雄蕊如蜘蛛腿）、凤蝶草（花朵似飞舞蝴蝶）

科属：白花菜科，醉蝶花属

原产地：南美洲

●○ 识别特征速查表

项目		具体描述
形态特征	类型	一年生草本，株高60~120厘米，直立多分枝
	根	直根系，主根明显，侧根发达
	茎	圆柱形，中空，具纵棱，被黏质腺毛
	叶	掌状复叶，小叶5~7枚，披针形，长4~10厘米；叶柄基部具托叶刺
	花	总状花序顶生，花径2~3厘米；花瓣4枚，线形，长2~3厘米，基部具爪；雄蕊细长，伸出花冠外，形似蜘蛛腿；花期6~9月
果实		长角果，长5~8厘米，成熟时纵裂

续表

项目	具体描述
识别关键	√蝶舞花序：细长花瓣似蝴蝶触须 √掌状复叶：小叶5~7枚呈放射状排列 √腺毛：全株被黏质腺毛，具特殊气味
易混淆种区分	与紫茉莉（*Mirabilis jalapa*）区别：醉蝶花为复叶，紫茉莉为单叶 与月见草（*Oenothera biennis*）区别：醉蝶花花瓣细长，月见草花瓣宽阔

●○ 生长习性速查表

特性	具体表现
光照	需全日照（每日大于等于6小时直射光），荫蔽环境易倒伏
温度	耐35℃高温（发芽适温20~25℃），不耐霜冻
水分	具有一定耐旱性，但在湿润条件下生长更佳
土壤	耐瘠薄（pH6.0~8.5），在沙质壤土中生长最佳

●○ 栽培管理要点

春播繁殖，采用穴盘育苗，种子浅覆土，15~25℃下7~14天发芽，直根系不耐移栽，应尽早定植。生长期每月施一次稀薄液肥，现蕾期增施磷钾肥。苗期摘心促分枝，及时剪除残花。注意防治白粉病、根腐病及蚜虫、红蜘蛛，忌积水与低温。

●○ 应用价值

观赏价值：花序如蝶群翩跹，花瓣细长飘逸，花色渐变（白色、粉色、紫色），雄蕊伸展若丝缕，昼开夜合，灵动如梦。

配置应用：与观赏草（如狼尾草）搭配增强野趣；也可用于禅意插花，呼应其空灵质感。

A136 羽扇豆

学名： *Lupinus micranthus*

别名： 鲁冰花（音译名）、狼豆（种子形似狼牙）

科属： 豆科，羽扇豆属

原产地： 地中海沿岸及北美洲西部（现全球温带地区广泛栽培）

识别特征速查表

项目		具体描述
形态特征	类型	多年生或一年生草本，株高30~120厘米，直立
	根	直根系发达，具根瘤
	茎	直立粗壮，圆柱形，被柔毛
	叶	掌状复叶，小叶5~17枚，披针形，长3~10厘米；叶面被绢毛
	花	总状花序顶生，长20~50厘米；蝶形花冠，旗瓣直立；花色多样（蓝色、紫色、粉色、黄色等）；花期5~7月
	果实	荚果长圆形，被毛，种子肾形
识别关键		√ 宝塔花序：高大圆柱形花序似宝塔，色彩艳丽 √ 掌状复叶：轮生小叶呈手掌状排列 √ 根瘤固氮：根部具共生根瘤菌
易混淆种区分		与紫云英（*Astragalus sinicus*）区别：羽扇豆花序更密集，小叶更多 与野豌豆（*Vicia sepium*）区别：羽扇豆为掌状复叶，野豌豆为羽状复叶

生长习性速查表

特性	具体表现
光照	需全日照（每日≥6小时直射光），耐轻度荫蔽
温度	耐-15℃低温（适生温度5~25℃），忌持续高温
水分	耐旱，忌水湿
土壤	喜酸性沙质土（pH5.5~6.5），忌石灰质土

栽培管理要点

可春秋播种或分株，播种采用穴盘，需先用温水浸种或破皮，15~20℃下10~20天发芽；分株宜选多年生品种并保留3~5芽。忌施氮肥，宜用磷钾基肥，每月补充骨粉或草木灰。花后剪除1/2株高可促二次开花。注意防治根腐病、白粉病，碱性土壤需调酸。

应用价值

观赏价值： 宝塔状花序高达1米，是花境中优良的竖向线条材料。

配置应用： 适合作为花境背景或焦点植物丛植；其根瘤菌固氮特性也适用于生态教育观察。

A137 花烟草

学名： *Nicotiana alata*

别名： 美花烟草、观赏烟草、夜香烟草（夜间散发香气）

科属： 茄科，烟草属

原产地： 南美洲，现全球温带至亚热带地区广泛栽培

●○ 识别特征速查表

项目		具体描述
形态特征	类型	多年生草本（常作一年生栽培），株高60~120厘米，直立
	根	直根系，主根明显
	茎	圆柱形，被腺毛，上部多分枝
	叶	基生叶莲座状，茎生叶互生；卵形至披针形，长10~30厘米；全缘或波状
	花	圆锥花序顶生；花冠高脚碟状，长5~8厘米；花色白色、粉色、紫色、黄色等；夜间芳香；花期6~9月
	果实	蒴果卵圆形，种子细小
关键识别特征		√ 夜香浓郁：日落后散发强烈香气 √ 长筒花冠：花冠管细长，喉部膨大 √ 黏毛茎叶：全株被黏性腺毛
易混淆种区分		与烟草（*N. tabacum*）区别：花烟草为观赏种，花大色艳；烟草是经济作物，植株相对较高 与矮牵牛区别：花烟草花冠管细长，矮牵牛花冠漏斗状

●○ 生长习性速查表

特性	具体表现
光照	喜阳光充足，耐半阴
温度	耐5~35℃温度范围（最适生长温度18~28℃）
水分	中等耐旱（夏季需保证水分供应）
土壤	适应性强，以肥沃、排水好的沙壤土为佳

●○ 栽培管理要点

春播繁殖，采用穴盘育苗，种子微覆土，18~22℃下10~15天发芽，幼苗具4~5片真叶时定植。生长期每2~4周追施以磷钾为主的稀薄液肥。及时摘除残花，促进新花芽形成。注意防治叶斑病、根腐病及蚜虫、白粉虱，高温会抑制开花。

●○ 应用价值

观赏价值：喇叭状花朵夜间绽放，花色丰富（粉色、绿色、白色等），花冠筒细长，具浓郁香气，叶片宽大被毛。

配置应用：适用于月光花园、庭院丛植、大型盆栽栽培；可与其他夜间开花植物搭配；也可作为切花使用。

◈ 任务5.1.2　识别级物种

B132 黄帝菊 *Melampodium paludosum*
菊科，美兰菊属

叶对生，卵形至披针形，边缘具疏锯齿或近全缘，叶面粗糙；头状花序顶生，舌状花亮黄色，管状花同色，花期长，可从春末持续至霜降；瘦果黑色，具翅状鳞片。

B133 蓝花鼠尾草 *Salvia farinacea*
唇形科，鼠尾草属

茎直立，四棱形，基部略木质化，常丛生；叶对生，长椭圆形至披针形，边缘具钝锯齿，叶面微皱；轮伞花序集成顶生总状花序，花冠二唇形，蓝色或蓝紫色，萼片宿存，常被蓝色或白色绒毛，为核心特征。

B134 兔尾草 *Lagurus ovatus*
禾本科，兔尾草属

圆锥花序卵圆形至圆柱形，长2~7厘米，密生柔软绒毛，呈乳白色或略带粉晕，形似兔尾，为核心特征；叶片线形，扁平，两面均被柔毛，呈灰绿色；茎直立或基部倾斜，丛生。

B135 藿香蓟 *Ageratum conyzoides*
菊科，藿香蓟属

叶对生，卵形或三角状卵形，边缘具钝锯齿，两面被白色柔毛；头状花序小而密集，呈伞房状排列，花冠筒状，蓝色、淡紫色或白色，无舌状花，为核心特征；瘦果黑色，具5棱，顶端具鳞片状冠毛。

B136 古代稀 *Clarkia amoena*
柳叶菜科，山字草属

叶互生，披针形至线状披针形，长3~6厘米，宽0.5~1厘米，全缘或具稀疏浅齿，叶面灰绿色，无毛或近无毛；花单生叶腋，花梗细长（3~5厘米），花瓣4枚，扇形或倒心形，直径2.5~5厘米，花色丰富（粉红色、淡紫色、白色或复色），瓣基常有深色斑块，为核心特征，萼片4枚，反折，深红色；蒴果圆柱形，具4棱，长2~4厘米；种子细小，褐色，表面具网状纹。

B137 麦仙翁 *Agrostemma githago*
石竹科，麦仙翁属

叶对生，线形或线状披针形，长5~13厘米，基部合生，两面被白色绵毛；花单生茎顶或分枝末端，萼筒长管状，具10条纵脉，花瓣5枚，粉红色或淡紫红色，先端微凹；蒴果卵形，5齿裂；种子成熟时黑色，表面密被棘状突起。

B138 五色椒 *Capsicum annuum* var. *conoides*
茄科，辣椒属（栽培变种）

浆果直立或斜生，形状多样（球形、锥形、指形等），幼果绿色，成熟过程中依次转为白色、黄色、橙色、紫色、红色等颜色，果实多色并存，为核心特征；叶互生，卵形或长椭圆形，全缘；花小，白色，单生于叶腋或枝腋。

黄帝菊

蓝花鼠尾草

兔尾草

藿香蓟

古代稀

麦仙翁

五色椒

B139 长春花 *Catharanthus roseus*
夹竹桃科，长春花属

叶对生，倒卵状长圆形，先端钝圆或急尖，基部渐狭，全缘，两面光滑无毛，叶脉在背面稍隆起；花单生或2~3朵簇生于叶腋，花冠高脚碟状，5裂，粉红色、白色或紫红色（栽培品种多样），花期几乎全年，为核心特征；蓇葖果双生，圆柱形；种子黑色，具颗粒状小瘤。

B140 蒲包花 *Calceolaria crenatiflora*
荷包花科，荷包花属

花二唇状，上唇小且直立，下唇极度膨大呈囊袋状或荷包形，为核心特征，花色丰富（黄色、红色、橙色等），常具斑点或斑纹；叶对生，卵形或椭圆形，叶片皱褶，边缘具钝齿，两面被柔毛；全株被细小腺毛，具特殊气味。

B141 蛇目菊 *Sanvitalia procumbens*
菊科，蛇目菊属

叶对生，卵形至披针形，全缘或具疏齿，叶面粗糙，具短柄或无柄；头状花序单生于枝顶，舌状花黄色，先端常具3浅裂，管状花紫褐色至深棕色，显著隆起如蛇目，为核心特征；瘦果，具2~3芒状冠毛。

B142 紫茉莉 *Mirabilis jalapa*
紫茉莉科，紫茉莉属

花顶生，漏斗状，花冠高脚碟形，檐部5浅裂，花色多样（紫红色、黄色、白色或复色），常于傍晚至清晨开放，日中闭合，为核心特征；叶对生，卵状三角形，全缘，基部心形或截形；块根肥厚，呈黑色或黑褐色；瘦果球形，表面具棱，成熟时黑色，似地雷状。

B143 五色苋 *Alternanthera bettzickiana*
苋科，莲子草属

叶对生，匙状长圆形至披针形，叶色因品种而异，常具红色、黄色、绿色、紫色等斑驳色彩，为核心特征；头状花序腋生或顶生，花小，白色，不显著，通常被叶片色彩所掩盖；茎直立或匍匐，多分枝，节部常膨大。

B144 蛾蝶花 *Schizanthus pinnatus*
茄科，蛾蝶花属

圆锥花序顶生，花冠不规则蝶形，深裂，花色丰富（紫色、粉色、白色、黄色等），喉部常具斑点和条纹，形似蝴蝶，为核心特征；叶2~3回羽状全裂，裂片线形或卵形，叶片形态似蕨类；蒴果卵形，2瓣裂。

B145 锦葵 *Malva sinensis*
锦葵科，锦葵属

叶互生，圆心形或肾形，5~7浅裂，裂片圆钝，边缘具圆齿，掌状脉；花单生或簇生于叶腋，花瓣5枚，先端微凹，淡紫红色或白色，具深色脉纹，为核心特征；分果盘状，成熟时各分果瓣彼此分离。

长春花

蒲包花

蛇目菊

紫茉莉

五色苋

蛾蝶花

锦葵

B146 虞美人 *Papaver rhoeas*
罂粟科，罂粟属

花单生于细长花梗顶端，花瓣4枚，薄而柔韧，呈红色、粉色、白色或复色，基部常具深色斑块，为核心特征；叶互生，羽状深裂或全裂，裂片披针形，边缘具粗锯齿；蒴果卵球形，成熟时孔裂；种子肾形，多数，细小。

B147 矢车菊 *Centaurea cyanus*
菊科，矢车菊属

头状花序单生于茎顶，边花大型，漏斗状，多呈蓝色、紫色、粉色或白色，为核心特征，中央管状花细小，紫红色；叶互生，线形或披针形，全缘或羽状浅裂，被白色绵毛；茎直立，多分枝，被白色蛛丝状毛。

B148 蓝香芥 *Hesperis matronalis*
十字花科，香花芥属

总状花序顶生，花瓣4枚，十字形排列，花色多为淡紫色、蓝色或白色，具浓郁香气，为核心特征；叶互生，披针形至线形，全缘或有细齿，绿色；短角果圆形或卵形，扁平，先端微凹。

B149 飞燕草 *Consolida ajacis*
毛茛科，飞燕草属

总状花序顶生，花萼5枚，花瓣状，呈蓝色、紫色、粉色、白色等颜色，上萼片延伸成距，为核心特征，花瓣2枚，合生，色较深；叶互生，数回掌状细裂，末回裂片线形，形似毛茛科叶片；蓇葖果单生，被毛；种子黑色，具鳞状横翅。

B150 凤仙花 *Impatiens balsamina*
凤仙花科，凤仙花属

花单生或簇生于叶腋，花色多样（红色、粉色、紫色、白色等），萼片3枚，侧面2枚小，后面1枚延伸成距，花瓣5枚，旗瓣圆形，翼瓣宽大，2对合生，形似飞凤，为核心特征；叶互生，披针形或狭椭圆形，边缘具锐锯齿；蒴果纺锤形，成熟时触之即弹裂；种子多数，球形，褐色。

B151 蒲公英 *Taraxacum mongolicum*
菊科，蒲公英属

叶基生，莲座状，倒披针形，羽状深裂或琴状羽裂；头状花序单生于花莛顶端，全部为舌状花，鲜黄色，为核心特征；瘦果纺锤形，具喙，顶端着生白色冠毛，呈绒球状。

B152 银边翠 *Euphorbia marginata*
大戟科，大戟属

叶互生，卵形至长椭圆形，叶片中部绿色，边缘具宽阔的银白色镶边，为核心特征，上部叶常轮生或对生；杯状聚伞花序顶生或腋生，花序基部具白色或淡黄色苞片，花小，不显著；茎直立，多分枝，被短柔毛。

虞美人

矢车菊

蓝香芥

飞燕草

凤仙花

蒲公英

银边翠

B153 龙面花 *Nemesia strumosa*
玄参科，龙面花属

总状花序顶生，花冠二唇形，上唇4裂，下唇囊状，基部具距，花色丰富（黄色、白色、橙色、紫色及复色），喉部常具斑纹，为核心特征；叶对生，披针形至卵形，边缘具疏齿；茎直立或基部稍匍匐，多分枝。

B154 翠菊 *Callistephus chinensis*
菊科，翠菊属

头状花序单生枝顶，舌状花多轮，花色丰富（紫色、红色、粉色、白色、蓝色等），管状花黄色，盘心显著，为核心特征；叶互生，叶片卵形或匙形，边缘具粗锯齿，基部渐狭成翼柄；茎直立，上部多分枝，具纵棱，被白色糙毛。

B155 幌菊 *Ellisiophyllum pinnatum*
玄参科，幌菊属

单叶互生，叶片圆心形或肾形，边缘具圆钝齿，基部深心形，两面疏被柔毛；花单生于叶腋，花冠白色，漏斗状钟形，先端5裂，裂片边缘呈不规则的细裂，呈流苏状，为核心特征；蒴果卵球形，藏于宿存花萼内。

B156 瓜叶菊 *Pericallis × hybrida*
菊科，瓜叶菊属

茎直立，肉质；叶互生，肾形至宽心形，边缘具波状齿或多角状齿，形似黄瓜叶，为核心特征，叶面绿色，背面常带紫红色；头状花序多数，聚集成伞房状，舌状花色彩丰富（蓝色、紫色、红色、粉色、白色及复色），管状花常为深紫色，不明显；瘦果具冠毛。

B157 红叶甜菜 *Beta vulgaris* var. *cicla*
藜科，甜菜属

直根系，主根肥厚；叶基生，丛生，长卵形至卵状披针形，叶面深红色或紫红色，叶脉清晰，为核心特征，叶柄粗壮，多呈红色；圆锥花序，花小，黄绿色，通常于第二年抽薹开花；聚合果，种子细小。

B158 红花亚麻 *Linum grandiflorum*
亚麻科，亚麻属

茎直立，纤细，圆柱形，上部多分枝，绿色至红褐色；叶互生，线形至披针形，全缘，无柄，灰绿色；花单生枝顶，花瓣5枚，鲜红色，具丝质光泽，花柱5枚分离，为核心特征；蒴果球形，直径5~6毫米，成熟时顶端5瓣开裂；种子扁平，卵圆形，亮棕色，表面光滑。

B159 洋甘菊 *Matricaria recutita*
菊科，母菊属

直根系，主根细短，侧根发达；茎直立，多分枝，光滑无毛或疏被柔毛；叶互生，二至三回羽状全裂，末回裂片丝状线形，呈淡绿色；头状花序顶生，舌状花白色，雌性，平展，管状花黄色，两性，显著凸起呈圆锥形，具浓郁苹果香气，为核心特征；瘦果细小，长圆形，淡褐色，表面具3~5条纵棱；种子卵形，浅棕色。

B160 冰岛虞美人 *Papaver nudicaule*
罂粟科，罂粟属

茎单一或分枝，细长，被稀疏柔毛或无毛，含白色乳汁；叶基生，羽状深裂或全裂，被白色柔毛，灰绿色；花单生于细长花莛顶端，花瓣4枚，纸质，有白色、黄色、橙色、粉色及红色等，花径5~8厘米，为核心特征；蒴果卵球形至倒卵形，成熟时孔裂；种子肾形，细小，多数，表面具网纹。

龙面花

翠菊

幌菊

瓜叶菊

红叶甜菜

红花亚麻

洋甘菊

冰岛虞美人

B161 蜀葵 *Alcea rosea* 锦葵科，蜀葵属

茎直立，不分枝或上部略分枝，全体被星状毛；叶互生，近圆心形，5~7浅裂或波状角裂，裂片三角形或圆形，边缘具齿，掌状脉；花单生于叶腋或成总状花序顶生，花大，直径6~10厘米，花瓣5枚或更多（重瓣品种），花色多样，包括红色、粉色、白色、黄色、紫色等，为核心特征；盘状分果，成熟时各分果瓣自中轴脱落；种子肾形，背部具纵沟，表面具辐射状纹理。

B162 桂竹香 *Erysimum × cheiri* 十字花科，糖芥属

茎直立，基部木质化，多分枝，被星状毛；叶互生，披针形或线状披针形，全缘或具疏齿，质地较厚；总状花序顶生，花瓣4枚，倒卵形，基部具长爪，花色以橙黄色、棕红色、深紫色或复色为主，具浓郁芳香，为核心特征；长角果线形，四棱状，具喙；种子卵形，具翅。

B163 高雪轮 *Silene armeria* 石竹科，蝇子草属

茎直立，单一或分枝，被短柔毛，上部常具黏液；叶对生，卵状披针形至长圆形，基部半抱茎，灰绿色；聚伞花序顶生，花密集，花瓣5枚，先端2裂，粉红色或淡紫红色，花萼筒状膨大，具10条纵脉，顶端5齿裂，为核心特征；蒴果卵形，6齿裂；种子肾形，具瘤状突起。

B164 地肤 *Kochia scoparia* 藜科，地肤属

茎直立，多分枝，株型呈密集扫帚状；叶互生，线形或披针形，全缘，两面被短柔毛，叶片夏季鲜绿色，秋季转为艳红色，为核心特征；花小，单生或2~3朵簇生于叶腋，黄绿色，不显著；胞果扁球形，包于宿存花被内；种子卵形，黑褐色，表面光滑。

B165 霞草 *Gypsophila elegans* 石竹科，石头花属

茎直立，多分枝，整体呈疏松铺散状；叶对生，披针形或线状披针形，全缘，基部稍抱茎；圆锥状聚伞花序顶生，花朵小而密集，花瓣5枚，先端微凹，白色或粉红色，花梗纤细如丝状，为核心特征；蒴果卵球形，4瓣裂；种子肾形，黑褐色，表面具瘤状突起。

B166 裂叶花葵 *Lavatera trimestris* 锦葵科，花葵属

茎直立，多分枝，被星状柔毛；叶互生，近圆形，掌状5~7深裂，裂片具不规则锯齿，两面被柔毛；花单生于叶腋，花瓣5枚，倒卵形，先端微凹，花色多为粉红色或白色，喉部常具深色脉纹，为核心特征；盘状分果，成熟时各分果瓣自中轴脱落；种子肾形，表面具网状纹。

B167 花环菊 *Glebionis carinata* 菊科，茼蒿属

茎直立，粗壮，具纵棱，上部多分枝；叶互生，二回羽状深裂，末回裂片线形至披针形；头状花序单生茎顶，舌状花基部黄色，中上部呈白色、红色、紫色、褐色等颜色，形成同心环状色带，管状花紫黑色，盘心凸起，为核心特征；瘦果倒卵形，具3~4棱；种子细小，表面具纵纹。

蜀葵

桂竹香

高雪轮

地肤

霞草

裂叶花葵

花环菊

B168 花菱草 *Eschscholzia californica*

罂粟科，花菱草属

茎直立或铺散；叶互生，三出多回羽状细裂，末回裂片线形；单花顶生于长梗，花瓣4枚，扇形，富有丝绸光泽，花色以橙黄色为主，也有红色、粉色、白色等栽培品种，花朵在白日开放，夜间或阴雨天闭合，为核心特征；蒴果细长，线形，成熟时2瓣裂；种子球形，表面具网纹。

B169 香雪球 *Lobularia maritima*

十字花科，香雪球属

茎匍匐或上升，多分枝，常形成密丛；叶互生，线形或披针形，全缘，灰绿色，被灰色星状毛；总状花序顶生，小花密集呈球状，花瓣4枚，匙形，白色、淡紫色或粉红色，具浓郁蜂蜜般甜香，为核心特征；短角果圆形，先端微凹；种子细小，卵圆形，黄色或淡褐色。

B170 报春花 *Primula malacoides*

报春花科，报春花属

叶基生，卵形至椭圆形，边缘具不整齐深裂或缺刻，叶面皱褶，叶背密被白粉；伞形花序2~6轮，层层簇生于花莛顶端，花冠高脚碟状，花瓣5枚，先端深裂，呈粉红色、淡紫色或白色，喉部常为黄色，为核心特征；花莛自基部抽出，高出叶丛；蒴果球形，5~10瓣裂；种子细小，多数，深褐色。

B171 石竹 *Dianthus chinensis*

石竹科，石竹属

茎直立，节膨大；叶对生，线状披针形，全缘，基部抱茎，中脉明显；花单生枝顶或2~3朵成聚伞花序，花瓣5枚，先端具不规则齿裂，基部具爪，花色有粉红色、红色、白色或复色，喉部常具深色环纹及斑块，为核心特征；蒴果圆筒形，先端4齿裂；种子卵圆形，黑色，表面具细瘤点。

B172 角堇 *Viola cornuta*

堇菜科，堇菜属

茎稍匍匐；叶互生，卵形至披针形，边缘具钝锯齿，托叶羽状深裂；花单生于叶腋，花冠两侧对称，上方2瓣较大，下方3瓣较小，基部具距，花色丰富，常见紫色、蓝色、黄色、白色及复色，花心常具深色“脸谱”状斑块，为核心特征；蒴果椭圆形，3瓣裂；种子细小，卵圆形，淡褐色。

B173 紫罗兰 *Matthiola incana*

十字花科，紫罗兰属

茎直立，基部稍木质化；叶互生，长圆形至倒披针形，全缘或呈波状，灰绿色；总状花序顶生，花瓣4枚，十字形排列，花色以紫色为主，也有粉红色、白色、黄色等栽培品种，具浓郁芳香，为核心特征；长角果圆柱形，具喙；种子近圆形，扁平，具翅，褐色。

B174 蓝亚麻 *Linum perenne*

亚麻科，亚麻属

茎纤细，上部多分枝；叶互生，线形至披针形，全缘，灰绿色，上部叶较小，无柄；聚伞花序顶生，花瓣5枚，倒卵形，呈清澈的天蓝色，清晨开放，午后凋落，为核心特征；蒴果球形，开裂；种子扁平，卵圆形，亮棕色。

B175 喜林草 *Nemophila menziesii*

紫草科，粉蝶花属

茎匍匐或披散，多分枝；叶互生，羽状深裂或具深圆齿；花单生叶腋，花冠宽钟形，5裂，花瓣天蓝色、具深色脉纹或中心白色，为核心特征；蒴果球形；种子卵圆形，表面具网纹。

B176 矮雪轮 *Silene pendula*

石竹科，蝇子草属

茎匍匐或上升，被柔毛；叶对生，卵形或匙形；聚伞花序，花萼膨大具纵脉，花瓣先端2裂，粉红色或白色，为核心特征；蒴果卵形，6齿裂；种子肾形，具瘤突。

B177 莱雅菊 *Layia platyglossa*

菊科，雪顶菊属

茎直立或斜升，多分枝；叶互生，线形至披针形，全缘或具齿；头状花序单生枝顶，舌状花亮黄色，尖端常白色，管状花同色，为核心特征；瘦果具冠毛。

B178 硫华菊 *Cosmos sulphureus*

菊科，秋英属

茎直立，粗壮，多分枝；叶对生，二至三回羽状深裂，裂片披针形；头状花序单生，舌状花橙黄色或金黄色，管状花黄色，为核心特征；瘦果线形，具喙；种子黑色，表面粗糙。

B179 紫御谷 *Pennisetum glaucum* 'Purple Majesty'

禾本科，狼尾草属

茎直立，粗壮，呈深紫红色；叶互生，线形，常呈深紫红色，为核心特征；圆锥花序紧密呈柱状，小穗具长刚毛，紫红色；果为颖果。

B180 一年生福禄考 *Phlox drummondii*

花荵科，福禄考属

茎直立或斜升，被腺毛；叶互生，卵形至披针形，全缘；聚伞花序顶生，花冠高脚碟状，5裂，花色丰富（红色、粉色、白色、紫色等），喉部常具对比色眼斑，为核心特征；蒴果卵形，3瓣裂；种子卵圆形。

B181 观赏玉米 *Zea mays* var. *ornamentalis*

禾本科，玉蜀黍属

茎秆直立，高大；叶互生，宽带形，常具白色、黄色、紫色等彩色条纹，为核心特征；花序单性，雄花序圆锥状顶生，雌花序腋生，具彩色穗丝；颖果形态、色彩多样。

喜林草

矮雪轮

莱雅菊

硫华菊

紫御谷

一年生福禄考

观赏玉米

单元5.2　宿根花卉识别与应用

◈ 任务5.2.1　掌握级物种

A138 香石竹

学名： *Dianthus caryophyllus*

别名： 康乃馨（商品名，英文名“Carnation”的音译）；麝香石竹（古称，古代欧洲因其淡雅香气类似麝香而得名，现代多数切花品种香气已淡化）；母亲花（文化象征，粉色康乃馨成为母爱的全球符号）

科属： 石竹科，石竹属

原产地： 地中海沿岸（中国华东、华南地区规模化栽培）

●○ 识别特征速查表

项目		具体描述
形态特征	类型	常绿亚灌木，常作多年生栽培（切花栽培为主），全株被灰绿色蜡粉
	根	须根系发达，主根粗短，深可达30厘米
	茎	直立丛生，节部膨大，基部木质化（茎色灰绿带紫晕）
	叶	对生，线形至披针形；叶基抱茎；叶色灰蓝，被厚蜡粉；全缘
	花	单生或2~5朵簇生；花瓣多数，重瓣品种花瓣数量多，边缘深齿裂；花色红色、粉色、黄色、白色、复色；具浓郁香气；周年开花（温室内）
	果实	长椭圆形蒴果，种子盾形，黑色
关键识别特征		√“康乃馨花型”：花瓣扇形排列，边缘呈不规则深裂（现代品种裂片达花瓣1/3） √ 蜡质茎叶：全株被厚层蓝灰色蜡粉（耐旱标志） √ 节部特征：茎节膨大处常产生侧芽（重要采穗部位）
易混淆种区分		与中国石竹（*D. chinensis*）区别：香石竹株高 > 40厘米，花瓣裂深1/3以上，具浓郁香气；中国石竹株高 < 50厘米，花瓣浅齿裂，无显著香味

●○ 生长习性速查表

特性	具体表现
光照	需强光照，设施栽培常需补光
温度	昼夜温差需求大（昼20~25℃、夜10~12℃最佳）
水分	保持基质适度湿润
土壤	专用栽培基质（泥炭:珍珠岩=3:1，pH6.2~6.8）

●○ 栽培管理要点

可经扦插或播种繁殖。扦插选健壮侧枝，15~20℃下约3~4周生根；春播浅覆土，18~22℃下10~15天发芽。生长期保持土壤微润，定期追施以磷钾为主的稀薄液肥。苗期摘心促分枝，现蕾期摘除侧蕾以集中养分供应主蕾。花后及时剪除残花，促进新枝萌发。注意防治锈病、灰霉病及蚜虫、红蜘蛛，忌叶面积水与土壤板结。

●○ 应用价值

观赏价值： 花瓣边缘锯齿状，花色丰富（红色、粉色、白色及复色等），花梗节部膨大，叶片灰绿色被白粉，具香气，瓶插寿命较长。

配置应用： 花坛带状种植或温室切花生产。

A139 松果菊

学名： *Echinacea purpurea*

别名： 紫锥花（药用部位特征）、紫松果菊（因花色得名）、美国紫锥（因原产地得名）

科属： 菊科，松果菊属

原产地： 北美洲东部（现全球温带地区广泛栽培）

识别特征速查表

项目		具体描述
形态特征	类型	多年生草本，株高60~120厘米，全株被糙毛
	根	肉质主根粗壮，侧根纤维状，深达50厘米
	茎	圆柱形直立（非四棱形），少分枝，绿色带紫斑
	叶	互生，卵形至披针形，长10~20厘米；叶缘锯齿；叶面粗糙，三出脉
	花	头状花序单生，直径7~15厘米；舌状花紫红色、粉色、白色（下垂），管状花橙褐色（凸起如松果）；花期6~10月
	果实	四棱形瘦果，具小冠毛
识别关键		√ 锥形花心：隆起的管状花半球形（药用部位） √ 耐寒抗旱：-30℃可越冬，在年降水400毫米区域能生长 √ 药用价值：根含菊苣酸（免疫调节剂）
易混淆种区分		与黑心菊（*Rudbeckia hirta*）区别：黑心菊花心凸起呈棕黑色半球形，舌状花黄色且平展不下垂，叶片粗糙被硬毛。松果菊花心为饱满的橙褐色圆锥体（形似松果），质地坚硬；其舌状花（花瓣）细长、显著下垂；叶片及茎秆相对光滑，毛被不如黑心菊浓密

生长习性速查表

特性	具体表现
光照	喜阳光充足，也耐半阴
温度	耐-35℃低温（3区可露地越冬），耐40℃短期高温
水分	耐旱性强，忌积水
土壤	适应各类土壤（最适pH 6.0~7.5）

栽培管理要点

可春秋分株或春播繁殖。分株选带3~5芽的根丛，栽后控水缓苗；播种需低温层积后浅覆土，15~25℃下20~30天发芽。极耐旱，浇水宁干勿湿；春季施一次缓释肥即可。花后及时剪除残花，促进二次开花。注意防治白粉病、叶斑病及蚜虫、红蜘蛛，忌黏重土壤与过量施肥。

应用价值

观赏价值： 花瓣下垂或平展，花色多样（粉色、紫色、黄色等），花心锥形隆起，由多数管状花组成，果期也有良好的观赏性。

配置应用： 自然花园丛植或蜜源植物专类区，吸引蜂蝶；切花干燥后制作永生花艺；耐寒，耐旱，适合低维护景观，花后保留果序供鸟类越冬取食。

A140 大花金鸡菊

学名： *Coreopsis grandiflora*

别名： 剑叶金鸡菊（叶形特征）、太阳之眼（花心特征）、大花波斯菊（相似花型）

科属： 菊科，金鸡菊属

原产地： 北美洲中部（现全球温带至亚热带地区广泛栽培）

识别特征速查表

项目		具体描述
形态特征	类型	多年生草本，株高30~90厘米，全株光滑
	根	须根系发达，具短根状茎
	茎	圆柱形直立（非四棱形），上部多分枝
	叶	对生，披针形至匙形，长5~12厘米；下部叶全缘，上部叶3裂；叶色深绿
	花	头状花序单生，直径5~8厘米；舌状花金黄色，管状花深黄色；花期5~9月
	果实	扁平瘦果，具2翅，无冠毛
识别关键		√ 花瓣特征：花瓣边缘常具缺刻，栽培品种有重瓣类型 √ 超长花期：单株持续开花4个月以上 √ 耐贫瘠：可在砾石地（有机质 < 0.5%）中正常开花
易混淆种区分		与大叶金鸡菊（*C. major*）区别：大花金鸡菊叶多全缘，花径5~8厘米；大叶金鸡菊叶羽状分裂，花径3~5厘米

生长习性速查表

特性	具体表现
光照	强阳性，需充足光照
温度	耐-25℃低温（4区可露地越冬），耐40℃短期高温
水分	极耐旱
土壤	耐贫瘠（包括砾石地），适应pH 5.0~8.5

栽培管理要点

繁殖以春秋分株、春播及重瓣扦插为主。极耐旱瘠，浇水干透浇透，春季施一次缓释肥。花后重剪促秋花，及时清理残花，避免养分消耗。注意改善通风排水，防治白粉病、叶斑病及蚜虫，忌积水、肥多与荫蔽。

应用价值

观赏价值： 花金黄色，花瓣边缘常具缺刻，花心深色，茎秆直立，群体观赏效果佳。

文化象征： 北美草原“拓荒者的时钟”，象征坚韧与希望；因其自播能力强，花语被赋予“蓬勃的生命力”。

配置应用： 适用于自然式花园、道路边坡绿化及生态修复项目；也可作为切花使用。

A141 荷兰菊

学名： *Symphyotrichum novi-belgii*

别名： 纽约紫菀（商品名）、秋紫菀（花期特征）

科属： 菊科，联毛紫菀属

原产地： 北美洲东北部（现全球温带地区广泛栽培）

●○ 识别特征速查表

项目		具体描述
形态特征	类型	多年生草本，株高30~120厘米，全株光滑
	根	匍匐状根茎发达，节部生不定根
	茎	圆柱形直立（非四棱形），多分枝，上部紫红色
	叶	互生，线状披针形，长5~12厘米；叶全缘；叶面亮绿色，背面灰绿色
	花	圆锥花序顶生，头状花直径2~3厘米；舌状花紫色、粉色、白色，管状花黄色；花期8~10月
	果实	瘦果扁圆形，具白色冠毛
识别关键		√秋季开花：花期集中于夏末至秋季 √茎色渐变：基部绿色渐变为顶端紫红色 √耐盐碱：滨海地区表现优异（适生区4~8）
易混淆种区分		与美国紫菀（*S. novae-angliae*）区别：荷兰菊叶全缘无毛，头状花较小（2~3厘米）；美国紫菀叶被粗毛，头状花较大（3~5厘米）

●○ 生长习性速查表

特性	具体表现
光照	喜阳光充足，耐半阴
温度	耐-30℃低温（3区可露地越冬），耐35℃短期高温
水分	喜湿润（耐短期干旱），忌积水
土壤	喜肥沃微酸性土（pH 5.5~6.8）

●○ 栽培管理要点

以春秋分株或嫩枝扦插繁殖。分株选带3~5芽的根丛；扦插在15~20℃保湿下约2周生根。耐旱性强，春季施一次缓释肥，花前补施磷钾肥。夏季适度修剪促秋花，花后及时清理残花。注意防治白粉病、根腐病及蚜虫、红蜘蛛，忌积水与施肥过量。

●○ 应用价值

观赏价值： 头状花序密集，花色丰富（紫色、粉色、白色等），花心黄色，株型紧凑，秋季开花繁茂。

配置应用： 适于花坛镶边、岩石园点缀；可与其他植物搭配；也可作为切花使用；耐寒性强，需定期分株维持长势。

A142 金光菊

学名： *Rudbeckia laciniata*

别名： 太阳帽（花形特征）、裂叶金光菊

科属： 菊科，金光菊属

原产地： 北美洲中部（现全球温带至亚热带地区广泛栽培）

●○ 识别特征速查表

项目		具体描述
形态特征	类型	多年生草本，株高60~300厘米（品种差异大）
	根	粗壮匍匐根茎，深达50厘米
	茎	圆柱形直立（非四棱形），分枝少，被白粉
	叶	互生，羽状深裂，长10~25厘米；裂片披针形；叶色深绿
	花	头状花序单生，直径5~15厘米；舌状花金黄色（下垂），管状花黄绿色（圆锥状凸起）；花期7~10月
	果实	四棱形瘦果，无冠毛
识别关键		√花部特征：圆锥状绿色花心，金色舌状花常下垂 √巨型植株：部分品种株高可达3米 √耐涝性强：可耐受季节性积水
易混淆种区分		与黑心菊（*R. hirta*）区别：金光菊花心圆锥状凸起，绿色，叶羽裂；黑心菊花心半球形，黑褐色，叶全缘

生长习性速查表

特性	具体表现
光照	强阳性，需充足光照
温度	耐 -20℃低温（5 区可露地越冬），耐 40℃短期高温
水分	耐旱性强，忌积水
土壤	耐贫瘠（包括建筑渣土），适应 pH 5.0~8.0
特殊管理	需定期分株，更新植株；花后及时剪除残花，延长花期

栽培管理要点

可春秋分株或春播繁殖。分株选带3~5芽的根丛；春播浅覆土，15~25℃下10~20天发芽。极耐旱，春季施少量缓释肥。花后及时修剪促秋花，花芽分化期适当控水有利于成花。注意防治白粉病、叶斑病及蚜虫、红蜘蛛，忌积水与通风不良。

应用价值

观赏价值： 舌状花金黄色，常下垂，花心圆锥形、深色，茎秆粗壮，群体观赏效果佳。

配置应用： 适用于自然式花园、花境背景及生态修复项目；也可作为切花使用；耐旱，耐瘠薄。

A143 大滨菊

学名： *Leucanthemum maximum*

别名： 海岸菊（生态习性）、白滨菊（花色特征）

科属： 菊科，滨菊属

原产地： 欧洲西部沿海地区（现全球温带海岸带广泛栽培）

识别特征速查表

项目		具体描述
形态特征	类型	多年生草本，株高 60~120 厘米，全株无毛
	根	短缩根茎，密生须根
	茎	圆柱形直立（非四棱形），少分枝
	叶	互生，匙形至倒卵形，长 5~15 厘米；叶缘粗齿；基生叶丛生，茎生叶渐小
	花	头状花序单生，直径 7~12 厘米；舌状花纯白色，管状花金黄色；花期 5~8 月
	果实	瘦果倒卵形，长约 2 毫米，具 10 条纵棱，无冠毛或具短冠状冠毛，成熟后灰褐色
识别关键		√"白裙金心"：洁白舌状花环绕金黄色盘状花心 √巨型花序：栽培品种花径可达 15 厘米 √耐寒性强：-25℃可露地越冬
易混淆种区分		与洋甘菊（*Matricaria chamomilla*）区别：大滨菊花径 > 7 厘米，舌状花宽短，叶全缘；洋甘菊花径 < 3 厘米，舌状花细长，叶羽裂

生长习性速查表

特性	具体表现
光照	强阳性，需充足光照
温度	耐 -15℃低温（6 区可露地越冬），耐 35℃短期高温
水分	耐旱，也耐短时水湿
土壤	耐盐碱，适宜中性至微酸性土壤

栽培管理要点

可春秋分株或春播繁殖。分株选带3~5芽的根丛，栽后遮阴缓苗；春播浅覆土，15~20℃下10~15天发芽。耐旱耐湿，生长期施1~2次缓释肥。花后及时剪除残花茎，促进养分积累。注意防治白粉病、叶斑病及蚜虫、红蜘蛛，忌高温高湿。

应用价值

观赏价值：舌状花白色，管状花金黄色，花茎直立，群体观赏效果佳，花期较长。

配置应用：适用于海岸绿化、庭院丛植；可与其他植物搭配；也可作为切花使用；耐贫瘠特性适合道路绿化。

A144 菊花（观赏菊）

学名：Chrysanthemum × morifolium

别名：秋菊（花期特征）、寿客（古称）

科属：菊科，菊属

原产地：由源自中国的多个野生种杂交选育而成，现全球温带至亚热带地区广泛栽培

识别特征速查表

项目		具体描述
形态特征	类型	多年生宿根草本，株高20~150厘米（品种差异大）
	根	须根系发达，具短缩根茎
	茎	直立半木质化（非四棱形），基部多分枝
	叶	互生，卵形至披针形，长5~12厘米；羽状浅裂；叶深绿色，被腺毛
	花	头状花序单生或簇生，直径3~30厘米；按花型分为平瓣、管瓣、匙瓣等；花期9~12月
	果实	瘦果无冠毛（栽培种多不育）
识别关键		√ 品种丰富：栽培品种极多，花型、花色变化多样 √ 短日开花：花芽分化需小于14小时光照（人工控光可周年生产） √ 文化象征：中国十大名花之一
易混淆种区分		与野菊（*C. indicum*）区别：观赏菊花序 > 3 厘米，叶裂较浅；野菊花序 < 2 厘米，叶深裂

生长习性速查表

特性	具体表现
光照	需充足光照，花芽分化需短日照条件
温度	耐-10℃低温（5区覆土可越冬），生长适温15~25℃
水分	喜湿润忌涝（土壤含水量保持60%~70%）
土壤	喜肥沃且排水好的沙壤土（pH 6.2~6.7）

栽培管理要点

可经扦插或分株繁殖。扦插选嫩枝，18~22℃下2~3周生根；春季分株选带3~5芽的根丛。生长期施均衡肥，花芽分化期改施磷钾肥。苗期多次摘心增花枝，花后剪除老枝促新芽。注意防治白粉病、叶斑病及蚜虫、红蜘蛛，忌积水与通风不良。

应用价值

观赏价值：花型丰富（单瓣、重瓣、球状、丝状等），花色多样，秋冬季开花，观赏价值高。

配置应用：适合盆景、花境等多种造景形式；可与其他秋色植物搭配；也可作为切花和食用植物使用。

A145 非洲菊

学名： *Gerbera jamesonii*

别名： 扶郎花、灯盏花（商品名）

科属： 菊科，非洲菊属

原产地： 南非德兰士瓦地区

识别特征速查表

项目		具体描述
形态特征	类型	多年生草本，株高30~45厘米（无直立茎）
	根	肉质须根系，主根膨大，深达40厘米
	茎	短缩茎（非四棱形），叶基生呈莲座状
	叶	基生，长椭圆形，长15~25厘米；羽状浅裂；叶面革质，被绒毛
	花	头状花序单生，直径8~12厘米；舌状花红色、黄色、橙色、粉色等，管状花小；周年开花
	果实	瘦果具冠毛（栽培种多不育）

续表

项目	具体描述
识别关键	√“无茎之花”：花莛直接从根茎抽出（切花伤口不流白浆） √ 向光性：花莛随光源方向弯曲生长 √ 商业切花：全球销量前5名，瓶插期10~15天
易混淆种区分	与向日葵（*Helianthus annuus*）区别：向日葵具明显直立地上茎，茎生叶互生，花盘极大（通常＞15厘米）；非洲菊无明显地上茎，叶片全部基生，呈莲座状；其花莛（花梗）细长、中空，直接从基部抽出，且单朵花相对较小（直径通常8~12厘米）

生长习性速查表

特性	具体表现
光照	强阳性，需充足光照
温度	适温20~25℃（＜5℃休眠，＞32℃花茎变短）
水分	喜湿润，忌叶丛积水
土壤	需疏松透气的栽培基质

栽培管理要点

可采用分株或组织培养繁殖。分株选带根侧芽，栽后控水缓苗。生长期保持土壤湿润，定期施稀薄均衡液肥，花期增施磷钾肥。及时摘除老叶、病叶，保持通风透光。注意防治灰霉病、根腐病及红蜘蛛、蓟马，忌积水与低温。

应用价值

观赏价值： 花大，花色丰富（红色、黄色、粉色、橙色等），花心由管状花组成，花莛直立，瓶插寿命较长。

配置应用： 适用于花境前景、切花生产及盆栽栽培；可用于花艺设计；温室栽培可周年生产。

A146 钓钟柳

学名： *Penstemon campanulatus*

别名： 吊钟柳（花序形态）、铃铛草（民间俗称）

科属： 玄参科，钓钟柳属

原产地： 北美洲西部

●○ 识别特征速查表

项目		具体描述
形态特征	类型	多年生草本，株高40~120厘米，丛生型
	根	纤维状根系，具短缩根状茎
	茎	直立，圆柱形，中空，基部稍木质化
	叶	对生或轮生；披针形至卵形，长5~15厘米；叶缘具细锯齿，叶面粗糙；深绿色，叶脉明显
	花	总状花序顶生；花序长15~40厘米，小花密集；花冠钟形，长1~1.5厘米；花色蓝紫色、粉色、白色；花期6~9月
	果实	蒴果卵圆形，种子细小
识别关键		√钟形花冠：花朵下垂如小钟 √穗状花序：花穗直立挺拔 √耐寒性强：-30℃可越冬
易混淆种区分		与穗花婆婆纳区别：钓钟柳花冠钟形，穗花婆婆纳花冠辐射对称；钓钟柳叶较宽大，穗花婆婆纳叶片较狭小，线形至披针形

●○ 生长习性速查表

特性	具体表现
光照	需充足光照
温度	适温15~28℃（耐-25℃低温，高温休眠）
水分	耐旱性强（浇水“见干见湿”）
土壤	沙质壤土最佳（pH 6.0~7.5，忌黏重土）

●○ 栽培管理要点

可经春秋分株或扦插繁殖。分株选带3~5芽的根丛；扦插选半木质化枝条，20~25℃保湿下3~4周生根。生长期保持土壤微润偏干，定期施稀薄磷钾肥。花后及时剪除残花枝，促进复花。注意防治叶斑病、根腐病及蚜虫、红蜘蛛，忌积水与强光暴晒。

●○ 应用价值

观赏价值： 穗状花序直立，小花密集，花色多样（蓝紫色、粉红色等），叶片狭长，株型整齐，花期较长。

配置应用： 适于花境中层、路径边缘种植；可与其他低矮花卉搭配；也可作为切花使用；耐旱特性适合岩石园。

A147 荷包牡丹

学名： *Lamprocapnos spectabilis*

别名： 滴血的心（花形）、铃儿草（花序形态）

科属： 罂粟科，荷包牡丹属

原产地： 中国东北、朝鲜半岛、西伯利亚

●○ 识别特征速查表

项目		具体描述
形态特征	类型	多年生草本，株高30~60厘米（含花茎），丛生型
	根	具肉质根状茎，横走
	茎	直立或拱形，粉红色，中空，基部稍木质化
	叶	二回三出复叶；小叶卵形至菱形，长3~6厘米；叶缘具齿，叶背被白粉；叶柄长10~20厘米，粉红色
	花	总状花序拱形下垂；花序长15~30厘米，着花10~20朵；花形似心形荷包，长2~3厘米；外瓣粉红色，内瓣白色；花期4~6月
	果实	蒴果细长，种子细小黑色

续表

项目	具体描述
识别关键	√心形花朵：独特荷包状花形（心形） √拱形花序：花序优雅下垂 √粉红茎叶：茎秆与叶柄呈粉红色
易混淆种区分	与牡丹区别：荷包牡丹为草本，牡丹为木本；荷包牡丹叶裂更深，花形特异

●○ 生长习性速查表

特性	具体表现
光照	喜半阴环境
温度	适温10~22℃（夏季高温休眠）
水分	喜湿润，忌积水（需排水极佳）
土壤	喜肥沃腐殖土（pH 6.0~7.0）

●○ 栽培管理要点

可经秋季分株或春播繁殖。分株分割带2~3芽的根茎段；播种需低温层积后浅覆土，15~20℃下约30天发芽。生长期保持土壤湿润，夏季休眠后减少浇水。花前增施磷钾肥，花后及时剪除残枝。注意防治叶斑病，忌积水与高温强光。

●○ 应用价值

观赏价值：花序拱形下垂，花形独特呈心形，花色粉红色至白色，叶片羽状分裂，耐阴性强。

配置应用：适合在林缘荫处丛植；可与玉簪、矾根等耐阴植物搭配；也可作为切花使用；耐寒性强。

A148 蒲苇

学名：*Cortaderia selloana*

别名：银穗芒（花序形态）、白毛苇（民间俗称）

科属：禾本科，蒲苇属

原产地：南美洲潘帕斯草原

●○ 识别特征速查表

项目		具体描述
形态特征	类型	多年生高大草本，株高2~4米（含花序），丛生型
	根	发达须根系，具短缩根状茎，深可达1.5米
	茎	直立坚硬，中空
	叶	基生丛出；线形，长1~2米，宽1~3厘米；叶缘具细锯齿，叶背中脉突出；灰绿色，革质坚硬
	花	大型圆锥花序；花序长50~100厘米，羽状展开；小穗银白色至粉红色，具丝状光泽；花期9~11月
	果实	颖果细小，长约2毫米
识别关键		√巨型花序：羽状花穗长达1米 √四季观赏：枯花序可持续至次年春 √耐旱耐涝：适应多种生境
易混淆种区分		与芒草区别：蒲苇花序更密集，呈羽状，芒草花序较松散；蒲苇叶更窄硬，芒草叶较宽软

●○ 生长习性速查表

特性	具体表现
光照	需充足光照
温度	适温10~35℃（耐−15℃短期低温）
水分	极耐旱
土壤	适应各类土壤（耐pH 4.5~8.5）

栽培管理要点

可经春季分株或播种繁殖。分株选带根分蘖，按1~1.5米间距栽植；春播浅覆土，15~25℃下2~3周发芽。耐旱性强，生长期保持土壤微润。早春齐地修剪枯叶，刺激新叶与花穗生长。注意防治叶斑病、根腐病及蚜虫、螨类，忌积水与强风。

应用价值

观赏价值：丛生叶片挺拔，秋季抽出大型银白色羽状花穗，植株高大，观赏期长。

配置应用：适用于大型景观背景、开阔地孤植；可用于现代花艺；可与芒草、狼尾草等观赏草搭配。

A149 萱草

学名：*Hemerocallis fulva*

别名：忘忧草（古称）、一日百合（单花特性）

科属：阿福花科，萱草属

原产地：中国长江流域

识别特征速查表

项目		具体描述
形态特征	类型	多年生宿根草本，具肉质块根，株高30~100厘米（含花茎），丛生型
	根	具肉质纺锤状块根，黄白色，具多数须根
	茎	短缩茎，基部被叶鞘包裹；花茎中空，圆柱形
	叶	基生两列状排列；线形或带状，长40~80厘米，宽1~3厘米；全缘，叶脉平行，先端下垂；深绿色，质地柔软
	花	圆锥花序顶生；花冠漏斗形，长8~15厘米，6裂；花色橙色、黄色、红色、粉色等，单花寿命1天；花期6~8月，持续开放30~50天
	果实	蒴果长圆形，长2~3厘米，种子黑色有光泽
识别关键		√一日花：单花朝开暮谢 √肉质块根：纺锤状贮藏器官 √带状柔叶：叶两列状基生排列
易混淆种区分		与黄花菜（*H. citrina*）区别：萱草花多色，黄花菜花柠檬黄色；萱草花瓣较宽，黄花菜花瓣窄长

生长习性速查表

特性	具体表现
光照	喜阳光充足，耐半阴
温度	适温15~28℃（耐-30℃低温，35℃以上休眠）
水分	耐旱性强（花期需适度补水）
土壤	黏质壤土最佳（pH 6.0~7.5），耐轻度盐碱

栽培管理要点

可经春秋分株或播种繁殖。分株选带3~5芽的根丛，按30~50厘米间距栽植；播种浅覆土，15~20℃下20~30天发芽。耐旱性强，生长期保持土壤微润。每3~4年分株一次，避免过密。注意防治锈病、叶斑病及蚜虫、红蜘蛛，忌积水与碱性土壤。

应用价值

观赏价值：花茎挺拔，花漏斗形，花色多样（橙色、黄色、红色等），单花寿命短但群体花期长，叶丛基生。

配置应用：适用于庭院路缘、坡地片植；可与玉簪、蕨类等耐阴植物搭配；也可作为切花使用。

A150 百子莲

学名： *Agapanthus africanus*

别名： 紫君子兰（花形似兰）、非洲百合（原产地）

科属： 石蒜科，百子莲属

原产地： 南非（现全球温带至亚热带地区广泛栽培）

识别特征速查表

项目		具体描述
形态特征	类型	多年生草本，具短缩根状茎，株高60~100厘米，丛生
	根	肉质根状茎，具多数须根
	茎	短缩，花莛直立，圆柱形
	叶	基生，带状，长30~60厘米，宽2~5厘米；深绿色，革质
	花	伞形花序顶生，直径15~25厘米；小花漏斗状，花被6裂；蓝紫色、白色；花期6~8月
	果实	蒴果，种子具翅
识别关键		√球形花序：数十朵小花组成完美球状 √挺拔花莛：花莛高出叶丛30~50厘米 √常绿叶片：冬季不枯萎（温带地区除外）
易混淆种区分		与绣球（*Hydrangea macrophylla*）区别：百子莲为单枝花序，绣球为多枝聚伞 与矢车菊（*Centaurea cyanus*）区别：百子莲为多年生，矢车菊为一年生

生长习性速查表

特性	具体表现
光照	需全日照（耐半阴，但花量减少）
温度	适温15~28℃（耐-5℃短期低温，35℃休眠）
水分	耐旱性强
土壤	喜肥沃、排水良好的沙质土壤

栽培管理要点

可经春秋分株或春播繁殖。分株选带3~5芽的根丛，栽前晾干伤口；播种浅覆土，15~20℃下3~4周发芽。生长期保持土壤湿润，花期忌积水。每2~4年分株控根，促进开花。注意防治叶斑病、根腐病及蛞蝓、红蜘蛛，忌积水与强光暴晒。

应用价值

观赏价值： 伞形花序，小花多数，花色蓝紫色或白色，花莛直立，叶片基生带状。

配置应用： 适合在花境中后层丛植；可与白雪花、玉簪等植物搭配；也可盆栽栽培。

A151 落新妇

学名： *Astilbe chinensis*

别名： 泡盛草（花序似泡沫）

科属： 虎耳草科，落新妇属

原产地： 东亚温带地区

●○ 识别特征速查表

项目		具体描述
形态特征	类型	多年生草本，株高40~100厘米（含花茎），丛生
	根	根状茎粗短，具多数须根
	茎	直立，圆柱形，基部常带红褐色
	叶	2~3回羽状复叶，小叶卵形至披针形，长2~8厘米，边缘具重锯齿
	花	圆锥花序顶生，长15~40厘米；小花密集，花瓣通常5枚，线形；花色粉色、紫色、白色；花期6~9月
	果实	蒴果，种子细小
识别关键		√羽裂复叶：叶片多次羽状深裂 √羽毛花序：大型圆锥花序似羽毛 √耐阴植物：适宜林下生长
易混淆种区分		与珍珠梅（*Sorbaria sorbifolia*）区别：落新妇为羽状复叶，珍珠梅为奇数羽状复叶 与绣线菊（*Spiraea salicifolia*）区别：落新妇花序更松散，绣线菊花序较紧凑

●○ 生长习性速查表

特性	具体表现
光照	耐半阴环境
温度	耐-25℃低温（适生温度5~26℃），夏季高温需遮阴
水分	喜湿润（需常年保持土壤潮湿），短时耐水涝
土壤	喜腐殖质丰富的微酸性土（pH5.5~6.5），忌石灰质土

●○ 栽培管理要点

可经春秋分株或春播繁殖。分株选带3~5芽的根状茎，栽于半阴处；春播微覆土，15~20℃湿润环境下15~30天发芽。喜湿润，生长期保持土壤潮湿。花后及时剪除残花茎，促进新枝生长。注意防治白粉病、叶斑病及蛞蝓、红蜘蛛，忌强光直射与干旱。

●○ 应用价值

观赏价值： 羽状复叶，圆锥花序，花色多样（粉色、白色、红色等），适合半阴环境栽培。

配置应用： 适合在林缘、溪边群植；可用于切花花艺；可与绣球、玉簪等植物搭配；耐阴耐湿。

A152 鹤望兰

学名： *Strelitzia reginae*

别名： 天堂鸟（花形似展翅飞鸟）

科属： 鹤望兰科，鹤望兰属

原产地： 南非开普地区

●○ 识别特征速查表

项目		具体描述
形态特征	类型	多年生常绿草本，株高1~2米（含花茎），丛生
	根	肉质粗根，具地下根茎
	茎	短缩不明显，基部具叶鞘
	叶	革质长椭圆形，长30~100厘米，宽10~30厘米；叶柄长50~120厘米
	花	佛焰苞船形，长15~20厘米；花冠橙黄色与蓝色相间；花期冬春季
	果实	木质蒴果；种子黑色，具橙色假种皮
识别关键		√天堂鸟花形：花形似鹤首，色彩艳丽 √革质大叶：叶片形似香蕉叶 √长柄挺立：花茎直立高出叶丛
易混淆种区分		与旅人蕉（*Ravenala madagascariensis*）区别：鹤望兰株型较小，花为橙蓝色；旅人蕉植株高大挺拔，形似树木，花为类白色 与蝎尾蕉（*Heliconia metallica*）区别：鹤望兰花序直立，蝎尾蕉花序下垂

●○ 生长习性速查表

特性	具体表现
光照	需充足光照，夏季适当遮阴，冬季需全光照
温度	耐5℃短期低温（最适18~28℃），成株可耐-3℃低温
水分	生长期保持湿润（冬季控水），忌叶心积水
土壤	需排水良好的肥沃壤土（pH6.0~7.5）

●○ 栽培管理要点

可经分株或播种繁殖。分株选带根侧芽，伤口消毒后栽植；播种用新鲜种子温水浸泡后点播，25~30℃下1~3个月发芽。生长期保持土壤湿润，叶筒存水需定期更换。成熟株需4~5年开花，花后剪除老花枝。注意防治根腐病、叶斑病及介壳虫、红蜘蛛，忌积水与低温。

●○ 应用价值

观赏价值： 花形独特，花色橙蓝相间，叶片宽大，具热带风情。

配置应用： 适合在大厅摆放装饰；可用于婚礼等场合的鲜花布置。

A153 风铃草

学名： *Campanula medium*

别名： 钟花（花形似钟）、吊钟花（花序下垂如钟）

科属： 桔梗科，风铃草属

原产地： 北温带地区

●○ 识别特征速查表

项目		具体描述
形态特征	类型	多年生草本，株高15~100厘米，直立或匍匐
	根	须根系，部分种具匍匐根状茎
	茎	直立或蔓生，中空，被柔毛
	叶	基生叶莲座状，茎生叶互生；心形至披针形，长2~8厘米，叶缘具齿

续表

项目		具体描述
形态特征	花	总状或圆锥花序；钟状花冠5裂，径1~5厘米；蓝色、紫色、白色为主；花期5~9月
	果实	蒴果，基部孔裂
识别关键		√钟形花朵：典型铃铛状花冠下垂 √莲座基叶：基部叶片密集莲座状排列 √星状绒毛：茎叶常被白色星状毛
易混淆种区分		与沙参（*Adenophora stricta*）区别：风铃草花柱不伸出花冠，沙参花柱明显突出 与桔梗（*Platycodon grandiflorus*）区别：风铃草花钟形，桔梗花膨大呈气球状

生长习性速查表

特性	具体表现
光照	喜充足散射光，夏季需适当遮阴
温度	耐-20℃低温（适生温度10~25℃），忌持续高温
水分	喜湿润但忌积水（基质表面干后浇水）
土壤	喜中性至微碱性土（pH6.5~7.5），需良好排水

栽培管理要点

可春秋播种或春季分株繁殖。播种微覆土，15~20℃下10~15天发芽；分株带根并栽后遮阴保湿。生长期保持土壤湿润，定期追施稀薄液肥，花期增施磷钾肥。花后及时修剪残花，促进二次开花。注意防治灰霉病、根腐病及蚜虫、蜗牛，忌强光与氮肥过量。

应用价值

观赏价值：花钟形，花色多样（蓝色、粉色、白色等），花茎细长，适合花园栽培。

配置应用：适合在栅栏、篱笆旁种植；可用于切花制作。

A154 美丽月见草

学名：Oenothera speciosa

别名：夜来香（傍晚开花，香气浓郁）

科属：柳叶菜科，月见草属

原产地：北美洲南部

识别特征速查表

项目		具体描述
形态特征	类型	多年生草本，株高30~60厘米，丛生或匍匐生长
	根	主根粗壮，侧根发达，具地下匍匐茎
	茎	直立或斜升，多分枝，被短柔毛
	叶	互生，披针形至卵状披针形，长3~8厘米，叶缘具波状齿；基生叶莲座状
	花	花单生叶腋，花径4~6厘米；花瓣4枚，粉红色或白色
	果实	蒴果圆柱形，长2~3厘米，具4棱
识别关键		√夜间开花：花朵傍晚开放，清晨闭合（部分品种白天开放） √莲座基叶：基部叶片呈莲座状排列 √粉红大花：花径较大，花色鲜艳
易混淆种区分		与月见草（*Oenothera biennis*）区别：美丽月见草花粉色、白色，月见草花黄色 与山桃草（*Gaura lindheimeri*）区别：美丽月见草花瓣4枚，山桃草花穗状

生长习性速查表

特性	具体表现
光照	需全日照（耐半阴，但花量减少）
温度	耐-15℃低温（适生温度10~30℃），夏季持续开花
水分	极耐旱，忌积水
土壤	耐贫瘠（pH5.0~8.5），沙壤土生长最佳

栽培管理要点

可春秋播种或春季分株繁殖。播种浅覆土，15~25℃下7~14天发芽；分株选带根的根蘖苗。耐旱性强，生长期保持土壤微润。花前增施磷钾肥，花后及时清理残花。注意防治根腐病、白粉病及蚜虫、夜盗蛾，忌积水与光照不足。

应用价值

观赏价值： 傍晚开花，清晨闭合，具香气，花期较长。

配置应用： 适用于庭院栽培；可与其他芳香植物搭配种植。

A155 山桃草

学名： *Gaura lindheimeri*

别名： 白蝶花（花形似蝴蝶）、玉蝶草（花色洁白如玉）

科属： 柳叶菜科，山桃草属

原产地： 北美洲南部

识别特征速查表

项目		具体描述
形态特征	类型	多年生直立草本，株高60~150厘米，丛生
	根	主根明显，具木质化根茎，侧根纤维状
	茎	细长直立，多分枝，基部半木质化，被短柔毛
	叶	互生，线状披针形，长3~9厘米，宽0.3~1厘米，叶缘具疏齿，无毛
	花	穗状花序顶生，花径2~3厘米；花瓣4枚，倒卵形，白色或粉红色；花期5~9月
	果实	坚果状，长圆形，长5~8毫米
识别关键		√穗状花序：细长花枝上着生小型花朵 √纤细株型：茎枝细长柔软，随风摇曳 √持久花期：单株花期可持续3~4个月
易混淆种区分		与月见草（*Oenothera biennis*）区别：山桃草花瓣4枚，月见草花瓣4裂 与柳叶菜（*Epilobium hirsutum*）区别：山桃草叶无毛，柳叶菜叶被绒毛

生长习性速查表

特性	具体表现
光照	需全日照（耐半阴，但株型松散）
温度	耐-20℃低温（适生温度15~28℃），耐35℃短期高温
水分	极耐旱，忌涝
土壤	耐瘠薄（pH6.0~8.5），沙质壤土最佳

栽培管理要点

可春秋播种或春季分株繁殖。播种浅覆土，15~20℃下10~15天发芽；分株带根并栽后遮阴。耐旱性强，浇水见干见湿。花后及时修剪残花，促进二次开花。注意防治白粉病、根腐病及蚜虫、红蜘蛛，忌积水与施肥过量。

应用价值

观赏价值： 花小型，粉白花色，茎细长，花期长，适合自然式花园。

配置应用：适用于自然式花境；可与观赏草搭配；也可作为切花使用。

◈ 任务5.2.2　识别级物种

B182 绵毛水苏 *Stachys byzantina*
唇形科，水苏属

茎匍匐或上升，密被白色绵毛；叶对生，匙形或披针形，全缘，密被白色绵毛，呈银灰色，为核心特征；轮伞花序，花冠粉红色或紫色；小坚果卵球形。

B183 梳黄菊 *Euryops pectinatus*
菊科，黄蓉菊属

茎直立，多分枝；叶互生，羽状深裂，裂片线形，灰绿色；头状花序单生枝顶，舌状花金黄色，管状花同色，为核心特征；瘦果具冠毛。

B184 千叶蓍草 *Achillea millefolium*
菊科，蓍属

茎直立，具纵棱；叶互生，二至三回羽状全裂，裂片线形；复伞房花序顶生，花小，白色、粉色或红色，为核心特征；瘦果长圆形，无冠毛。

B185 蛇鞭菊 *Liatris spicata*
菊科，蛇鞭菊属

茎直立，不分枝；叶互生，线形，全缘；穗状花序顶生，长鞭形，由多数管状花组成，紫红色或白色，花自上而下开放，为核心特征；瘦果具冠毛。

B186 射干 *Belamcanda chinensis*
鸢尾科，射干属

茎直立；叶互生，剑形，2列排列；二歧状伞房花序顶生，花橙红色，具深色斑点，为核心特征；蒴果倒卵形，成熟时3瓣裂；种子球形，黑色。

B187 穗花婆婆纳 *Veronica spicata*
车前科，婆婆纳属

茎直立，常丛生；叶对生或轮生，披针形，边缘具齿；穗状花序顶生，花冠蓝色、粉色或白色，为核心特征；蒴果背形。

B188 火星花 *Crocosmia* × *crocosmiiflora*
鸢尾科，雄黄兰属

具匍匐根茎；叶剑形，2列排列；圆锥花序，花冠漏斗形，橙红色或黄色，为核心特征；蒴果球形。

B189 花叶芦竹 *Arundo donax* 'Versicolor'
禾本科，芦竹属

秆直立，粗壮；叶互生，带状，具白色或乳黄色纵条纹，为核心特征；圆锥花序大型，羽毛状；颖果。

B190 剪秋罗 *Lychnis fulgens*
石竹科，剪秋罗属

茎直立，被柔毛；叶对生，卵形或披针形；聚伞花序，花萼筒状，花瓣先端2裂，深红色，为核心特征；蒴果卵形，5齿裂。

B191 欧石竹 *Dianthus* 'Kahori'
石竹科，石竹属

茎匍匐，丛生；叶对生，线形，绿色；花单生，花瓣5枚，粉红色，边缘具齿，芳香，为核心特征；蒴果圆筒形。

B192 粉黛乱子草 *Muhlenbergia capillaris*
禾本科，乱子草属

秆丛生；叶线形，绿色；圆锥花序大型，云雾状，粉红色，为核心特征；颖果。

B193 斑叶芒 *Miscanthus sinensis* 'Zebrinus'

禾本科，芒属

秆丛生；叶线形，具黄色横斑纹，为核心特征；圆锥花序扇形，银白色；颖果。

B194 花叶芒 *Miscanthus sinensis* 'Variegatus'

禾本科，芒属

秆丛生；叶线形，具白色纵条纹，为核心特征；圆锥花序扇形，粉红色转银白色；颖果。

B195 芭蕉 *Musa basjoo*

芭蕉科，芭蕉属

假茎由叶鞘包叠而成；叶大型，长圆形，叶脉羽状；穗状花序下垂，苞片红褐色，花乳白色；浆果三棱形。

B196 细叶芒 *Miscanthus sinensis* 'Gracillimus'

禾本科，芒属

秆丛生，纤细；叶线形，纤细，绿色；圆锥花序扇形，粉红色转银白色，为核心特征；颖果。

B197 芝樱 *Phlox subulata*

花荵科，天蓝绣球属

茎匍匐，丛生；叶对生，钻形；聚伞花序，花冠高脚碟状，粉红色、紫色或白色，密集覆盖茎叶，为核心特征；蒴果卵形。

绵毛水苏

梳黄菊

千叶蓍草

蛇鞭菊

射干

穗花婆婆纳

火星花

花叶芦竹

剪秋罗

欧石竹

粉黛乱子草

斑叶芒

花叶芒

芭蕉

细叶芒

芝樱

B198 新几内亚凤仙花 *Impatiens hawkeri* 凤仙花科，凤仙花属

茎肉质；叶互生，常具深色脉纹或彩色中脉；花腋生，花瓣5枚，花色丰富（红色、粉色、橙色、白色等），为核心特征；蒴果纺锤形。

B199 超级凤仙 Impatiens 'SunPatience' 凤仙花科，凤仙花属

茎肉质，粗壮；叶互生，亮绿色；花腋生，花大，花色丰富（红色、粉色、橙色、白色等），为核心特征；蒴果纺锤形。

B200 翠雀 *Delphinium grandiflorum* 毛茛科，翠雀属

茎直立；叶互生，掌状深裂；总状花序，花冠蓝色，萼片花瓣状，距钻形，为核心特征；蓇葖果。

B201 墨西哥鼠尾草 *Salvia leucantha* 唇形科，鼠尾草属

茎直立，被绒毛；叶对生，披针形；轮伞花序，花冠唇形，紫色或白色，萼片绒毛状，紫色，为核心特征；小坚果。

B202 无毛紫露草 *Tradescantia virginiana* 鸭跖草科，紫露草属

茎直立或斜升；叶互生，线形；聚伞花序，花瓣3枚，蓝紫色，为核心特征；蒴果卵形。

B203 宿根福禄考 *Phlox paniculata* 花荵科，天蓝绣球属

茎直立；叶对生，长椭圆形；圆锥花序顶生，花冠高脚碟状，花色丰富（粉色、紫色、白色等），芳香，为核心特征；蒴果卵形。

B204 随意草 *Physostegia virginiana* 唇形科，假龙头花属

茎直立；叶对生，披针形；穗状花序顶生，花冠唇形，粉红色或白色，花序可随意弯曲，为核心特征；小坚果。

B205 大叶仙茅 *Curculigo capitulata* 仙茅科，仙茅属

叶基生，长椭圆形，具折扇状脉；花莛腋生，头状花序，花黄色；浆果球形。

B206 宿根天人菊 *Gaillardia aristata* 菊科，天人菊属

茎直立，被毛；叶互生，匙形或羽裂；头状花序单生，舌状花黄色，具红褐色基部，管状花紫褐色，为核心特征；瘦果具冠毛。

B207 桔梗 *Platycodon grandiflorus* 桔梗科，桔梗属

茎直立；叶轮生或对生，卵形；花单生或数朵顶生，花冠钟形，蓝紫色或白色，为核心特征；蒴果倒卵形，顶端5裂。

B208 紫花地丁 *Viola philippica* 堇菜科，堇菜属

无地上茎；叶基生，长圆形；花腋生，花瓣5枚，紫堇色，距细管状，为核心特征；蒴果椭圆形。

B209 薄荷 *Mentha haplocalyx* 唇形科，薄荷属

茎直立，四棱形；叶对生，卵形，具锯齿，揉搓有清凉香气，为核心特征；轮伞花序腋生，花冠淡紫色；小坚果卵球形。

B210 六出花 *Alstroemeria* 'Hybrida' 六出花科，六出花属

茎直立；叶互生，披针形，常扭转；伞形花序，花被片6枚，内轮具深色斑点，花色丰富，为核心特征；蒴果。

B211 紫菀 *Aster tataricus* 菊科，紫菀属

茎直立，粗壮；叶互生，披针形；头状花序排成圆锥状，舌状花紫蓝色，管状花黄色，为核心特征；瘦果具冠毛。

B212 欧活血丹 *Glechoma hederacea* 唇形科，活血丹属

茎匍匐；叶对生，肾形，具钝齿；轮伞花序，花冠唇形，蓝紫色，为核心特征；小坚果。

B213 丽格海棠 *Begonia* × *hiemalis* 秋海棠科，秋海棠属

茎肉质；叶不对称，卵形，具齿；花重瓣，花色丰富（红色、粉色、黄色、白色等），为核心特征；蒴果具翅。

B214 四季秋海棠 *Begonia cucullata*

秋海棠科，秋海棠属

茎肉质；叶卵形，光亮；花单瓣或重瓣，花色丰富（红色、粉色、白色等），常年开花，为核心特征；蒴果具翅。

B215 非洲凤仙 *Impatiens walleriana*

凤仙花科，凤仙花属

茎肉质；叶互生，卵形；花腋生，单瓣或重瓣，花色丰富，为核心特征；蒴果纺锤形。

新几内亚凤仙花

超级凤仙

翠雀

墨西哥鼠尾草

无毛紫露草

宿根福禄考

随意草

大叶仙茅

宿根天人菊

桔梗

紫花地丁

薄荷

六出花

紫菀

欧活血丹

丽格海棠

四季秋海棠

非洲凤仙

B216 鸢尾 *Iris tectorum*
鸢尾科，鸢尾属

具根状茎；叶基生，剑形，2列；花茎直立，花被片6枚，外轮下垂，内轮直立，蓝紫色，具深色脉纹，为核心特征；蒴果具棱。

B217 地涌金莲 *Musella lasiocarpa*
芭蕉科，地涌金莲属

假茎矮小；叶长椭圆形；花序莲座状，苞片黄色，花小，为核心特征；浆果。

B218 细叶美女樱 *Glandularia tenera*
马鞭草科，美女樱属

茎匍匐；叶对生，二回羽状深裂；伞房花序，花冠高脚碟状，粉红色或紫色，为核心特征；蒴果。

B219 柳穿鱼 *Linaria vulgaris* subsp. *chinensis*
车前科，柳穿鱼属

茎直立；叶互生，线形；总状花序顶生，花冠唇形，黄色，距细长，为核心特征；蒴果卵球形。

B220 火炬花 *Kniphofia uvaria*
阿福花科，火把莲属

茎直立；叶基生，线形；总状花序顶生，花冠筒状，下垂，上部红色，下部黄色，形似火炬，为核心特征；蒴果。

B221 耧斗菜 *Aquilegia viridiflora*
毛茛科，耧斗菜属

茎直立；叶基生与茎生，二至三回三出复叶；花顶生，花瓣具长距，常下垂，为核心特征；蓇葖果。

B222 柳叶马鞭草 *Verbena bonariensis*
马鞭草科，马鞭草属

茎直立，四棱形；叶对生，披针形；复伞房花序，花小，蓝紫色，为核心特征；蒴果。

B223 乒乓菊 *Chrysanthemum* × *morifolium* 'Pompon'
菊科，菊属

茎直立；叶互生，卵形，具缺刻；头状花序，花球形，花色多样（黄色、白色、绿色、粉色等），为核心特征；瘦果。

B224 花叶山菅兰 *Dianella ensifolia* 'Variegata'
阿福花科，山菅兰属

根状茎；叶2列，线形，具黄色纵条纹，为核心特征；圆锥花序，花小，青紫色；浆果蓝紫色。

B225 翠芦莉 *Ruellia simplex*
爵床科，芦莉草属

茎直立或斜升；叶对生，披针形；花腋生，花冠漏斗形，蓝紫色，为核心特征；蒴果棒状。

B226 剑麻 *Agave sisalana*
天门冬科，龙舌兰属

叶基生，莲座状，剑形，肉质，灰绿色，顶端具硬刺，为核心特征；圆锥花序高大，花黄绿色；蒴果。

B227 姬小菊 *Brachyscome angustifolia*
菊科，鹅河菊属

茎细弱，多分枝；叶互生，羽状细裂；头状花序，舌状花蓝紫色、白色或粉色，为核心特征；瘦果具冠毛。

B228 铁筷子 *Helleborus thibetanus*
毛茛科，铁筷子属

基生叶掌状分裂；花萼花瓣状，粉红色或绿色，为主要观赏部位，为核心特征；蓇葖果。

B229 香彩雀 *Angelonia angustifolia*
车前科，香彩雀属

茎直立；叶对生，披针形，具腺点；总状花序顶生，花冠唇形，蓝紫色、粉色或白色，具芳香，为核心特征；蒴果。

鸢尾

地涌金莲

细叶美女樱

柳穿鱼

火炬花

耧斗菜

柳叶马鞭草

乒乓菊

花叶山菅兰

翠芦莉

剑麻

姬小菊

铁筷子

香彩雀

单元5.3　球根花卉识别与应用

◈ 任务5.3.1　掌握级物种

A156 小苍兰

学名： *Freesia refracta*

别名： 香雪兰（花香特征）

科属： 鸢尾科，香雪兰属

原产地： 南非好望角

●○ 识别特征速查表

项目		具体描述
形态特征	类型	多年生球根草本，具圆锥形球茎，株高20~40厘米（含花茎），丛生型
	根	具卵圆形球茎，直径通常1~2厘米
	茎	短缩茎，基部生叶，花茎细长中空
	叶	基生二列状；线形，长15~30厘米，宽0.5~1厘米；柔软，全缘，叶脉平行；鲜绿色，无毛
	花	穗状花序顶生；花序长10~20厘米，着花5~12朵；花冠漏斗形，长2~3厘米，6裂；花色白色、黄色、粉色、紫色、红色，芳香浓郁；花期冬春季（12月至翌年4月）
	果实	蒴果近球形，种子褐色不规则
识别关键		√芳香穗花：花序具甜香 √基生叶丛：叶片二列状基生 √冬春开花：冷季开花特性
易混淆种区分		与欧铃兰（*Convallaria majalis*）区别：欧铃兰总状花序，花小，铃铛形、下垂，香气甜腻，叶椭圆形或卵状披针形，通常2~3枚基生；香雪兰穗状花序，花朵偏向一侧，漏斗形，香气浓郁，叶剑形，质地较软，二列互生

●○ 生长习性速查表

特性	具体表现
光照	需充足散射光，强光时适当遮阴
温度	适温13~20℃（耐0℃低温，25℃以上休眠）
水分	“干湿交替”管理（球茎忌积水）
土壤	喜肥沃、排水良好的沙质土壤

●○ 栽培管理要点

可采用秋季分球或播种繁殖。分球宜选直径≥1厘米的子球，栽植深度2~3厘米；秋播浅覆土，15~20℃下3~4周发芽。生长期保持土壤微润，现蕾期适当控水；基肥用骨粉，生长期定期追施稀薄磷钾液肥。花后逐渐减少浇水，待叶片枯黄后起球贮藏。注意防治球茎腐烂病、叶斑病及蚜虫、红蜘蛛，忌高温高湿与通风不良。

●○ 应用价值

观赏价值：穗状花序，花漏斗形，花色多样（白色、黄色、粉色、紫色等），具芳香，冬春季开花。

配置应用：适合盆栽、温室栽培；可作为切花使用；可与其他早春花卉搭配种植。

A157 郁金香

学名： *Tulipa gesneriana*

别名： 洋荷花（花形特征）

科属： 百合科，郁金香属

原产地： 中亚天山山脉

●○ 识别特征速查表

项目		具体描述
形态特征	类型	多年生球根草本，鳞茎卵圆形，株高10~70厘米（视品种而定），直立型
	根	须根系，主根退化，肉质根寿命1年，每年更新
	茎	具地下鳞茎，卵圆形，外被棕褐色膜质皮
	叶	基生叶2~6枚；披针形至卵状披针形，长15~30厘米；灰绿色，被白粉，全缘波状；肉质，具平行脉
	花	单生茎顶；花被片6枚，杯状、碗状、百合花形；花色涵盖除蓝色外的所有色系；花期3~5月（温带地区）
	果实	蒴果三棱状圆柱形，种子扁平三角形
识别关键		√杯状花形：经典郁金香花形 √白粉叶面：叶片被灰白色蜡粉 √鳞茎结构：具年更新鳞茎
易混淆种区分		与百合区别：郁金香叶较宽短，百合叶窄长；郁金香花被片6枚同形，百合花被片分萼瓣

●○ 生长习性速查表

特性	具体表现
光照	需全日照（每日≥6小时直射光）
温度	适温10~20℃（鳞茎耐-25℃低温，25℃以上休眠）
水分	花芽分化期需充足水分（忌积水）
土壤	喜排水良好的沙质壤土

●○ 栽培管理要点

以秋季分球繁殖为主，选直径≥3厘米的子球，覆土深度为球高的2倍；播种需低温层积处理。栽后浇透水，生长期保持土壤微润，花期适当控水；基肥用骨粉，展叶期追施稀薄液肥至花蕾显色。花后剪除残花保留叶片，待枯萎后起球。必须经0~9℃低温春化60天以上，注意防治灰霉病、球茎腐烂及根螨、蚜虫，忌积水与高温。

●○ 应用价值

观赏价值： 花杯状，花色丰富，春季开花，观赏价值高。

配置应用： 适用于花坛种植、盆栽栽培；可作为切花使用；也可与其他春季球根花卉搭配。

A158 风信子

学名： *Hyacinthus orientalis*

别名： 五色水仙（花色丰富）

科属： 天门冬科，风信子属

原产地： 地中海东部（现全球温带地区广泛栽培）

●○ 识别特征速查表

项目		具体描述
形态特征	类型	多年生球根草本，鳞茎球形，株高15~30厘米（含花茎），直立型，单生
	根	具须根系，肉质根白色
	茎	短缩茎（鳞茎盘），上部形成花莛，下部生贮藏鳞片
	叶	基生叶4~8枚；带状披针形，长15~35厘米，宽1~3厘米；肉质肥厚，中脉凹陷；叶色深绿，表面被蜡质层
	花	总状花序顶生；小花钟状，直径2~3厘米，花瓣6枚反卷；花序长10~15厘米，着花20~50朵；花色蓝色、紫色、粉色、白色、黄色等，具浓香；花期早春（2~4月）
	果实	蒴果三棱状球形，种子黑色不规则
识别关键		√密穗花序：小花紧密排列成圆柱状花穗 √鳞茎结构：卵圆形鳞茎外被紫色、白色膜质皮 √早春开花：冬季低温后最早开花的球根植物
易混淆种区分		与葡萄风信子（*Muscari botryoides*）区别：风信子花序粗壮，葡萄风信子花序细长如葡萄串；风信子叶宽大肉质，葡萄风信子叶细窄

●○ 生长习性速查表

特性	具体表现
光照	需充足散射光，光照不足易徒长
温度	适温10~18℃（鳞茎耐-15℃低温，25℃以上休眠）
水分	保持基质湿润（忌积水）
土壤	喜肥沃、排水良好的土壤

●○ 栽培管理要点

可秋季分球繁殖，花后叶片枯黄时挖取鳞茎，选直径≥3厘米的子球栽植；播种繁殖需4~5年开花。水培需定期换水，土培保持土壤湿润；生长期追施稀薄磷钾肥。花后剪除花莛保留叶片，促进养分回流。注意防治基腐病、叶斑病及根螨、蚜虫，忌积水与通风不良。

●○ 应用价值

观赏价值： 穗状花序密集，花色多样（蓝色、粉色、白色、紫色等），具芳香，春季开花。

配置应用： 适合花坛种植、盆栽栽培；可水培养殖；也可作为切花使用。

A159 东方百合

学名： *Lilium oriental Hybrids*

别名： 香水百合（花香特性）

科属： 百合科，百合属

原产地： 日本及中国东部

识别特征速查表

项目		具体描述
形态特征	类型	多年生球根草本，鳞茎卵圆形，株高60~150厘米（含花茎），直立型，单茎或少分枝
	根	具纤维状须根系和鳞茎，鳞片白色肉质
	茎	圆柱形，绿色或带紫斑，表面光滑，中空，具轮生叶
	叶	披针形至卵状披针形，长8~15厘米，宽1~3厘米；全缘，无柄，叶脉平行；深绿色，光滑无毛
	花	顶生总状花序，每茎1~5朵；花大，径15~25厘米，喇叭形或碗形；花瓣6枚，反卷，边缘波状；花色白色、粉色、红色，常具深色斑点或条纹；具浓郁芳香，花期夏季
	果实	蒴果长圆形，长4~7厘米，成熟后3裂，种子扁平具翅
识别关键		√大型芳香花：花径大，香味浓郁 √鳞茎繁殖：地下具多层肉质鳞片 √茎生叶轮生：中上部叶片密集轮生
易混淆种区分		与亚洲百合（Lilium ‘Asiatica Hybrida’）区别：东方百合花大芳香，亚洲百合花小无香；东方百合花瓣反卷明显，亚洲百合花瓣较平展

生长习性速查表

特性	具体表现
光照	需全日照（每日不少于6小时直射光）
温度	适温15~25℃（鳞茎耐-20℃低温，30℃以上生长停滞）
水分	保持土壤湿润，花期需适当增加水分
土壤	喜肥沃、排水良好的微酸性土壤

栽培管理要点

可采用鳞茎繁殖或播种。春秋分球，将健康鳞片扦插于20~25℃湿润沙土中，4~6周生根；播种需低温层积后浅覆土。生长期保持土壤湿润，花蕾期适当控水；基肥用腐熟有机肥，生长期追施稀薄均衡液肥。花后剪除残花，保留2/3茎叶养球。注意防治灰霉病、根腐病及蚜虫、红蜘蛛，忌积水与碱性土壤。

应用价值

观赏价值： 花大，花瓣反卷，花色多样（白色、粉红色等），常具斑点，具芳香。

文化象征： 象征“圣洁与永恒的爱情”，常见于婚礼花艺；在东方文化中寓意“百年好合”。

配置应用： 适用于花境种植、切花生产；可盆栽栽培；芳香品种适合室内栽培。

A160 朱顶红

学名： *Hippeastrum rutilum*

别名： 孤挺花（单茎开花特征）、华胄兰（品种雅称）

科属： 石蒜科，朱顶红属

原产地： 南美洲安第斯山脉

识别特征速查表

项目		具体描述
形态特征	类型	多年生球根草本，株高40~70厘米（含花茎）
	根	具球形鳞茎，外被棕褐色皮膜
	茎	花莛粗壮中空，直立，绿色带紫晕
	叶	宽带形，长30~60厘米，宽4~6厘米；基生，花后伸展
	花	伞形花序2~6朵；花冠漏斗状，径10~20厘米；花色红色、粉色、白色等；花期春夏季
	果实	蒴果球形，种子扁平
识别关键		√顶生朱花：花莛顶端着生大型喇叭花 √先花后叶：花谢后叶片完全展开 √粗壮花莛：单支花莛可承重4~6朵大花
易混淆种区分		与君子兰（*Clivia miniata*）区别：朱顶红花莛中空，君子兰花莛实心 与文殊兰（*Crinum asiaticum* var. *sinicum*）区别：朱顶红花冠漏斗形，文殊兰花被片分离

生长习性速查表

特性	具体表现
光照	全日照至半阴
温度	适温18~25℃（休眠期需5~10℃低温春化）
水分	“干透浇透”（鳞茎忌积水）
土壤	喜肥沃、排水良好的土壤

栽培管理要点

可分球或播种繁殖。分球选直径≥3厘米的子球，栽植时覆土至球高的1/2~2/3；播种浅覆土，20~25℃下2~3周发芽。生长期保持土壤微润，花期适当控水；展叶期追施稀薄均衡液肥，花前增施磷钾肥。花后剪除花莛，保留叶片促进鳞茎复壮。注意防治红斑病、球茎腐烂及红蜘蛛、根螨，忌积水与强光暴晒。

应用价值

观赏价值： 花茎粗壮挺拔，顶端簇生喇叭状大花（红色、粉色、白色、条纹），花瓣厚润如绸，花期长且色彩浓烈，被誉为“球根花卉中的女王”。

文化应用： 庭院花坛焦点植物或盆栽门厅陈列，显赫大气；年宵花卉组合（搭配杜鹃、报春）烘托喜庆氛围；切花单支瓶插即具视觉冲击力。

A161 红花石蒜

学名： *Lycoris radiata*

别名： 曼珠沙华（佛教称谓）、彼岸花（花期特性）

科属： 石蒜科，石蒜属

原产地： 中国长江流域及西南地区

●○ 识别特征速查表

项目		具体描述
形态特征	类型	多年生球根草本，株高30~60厘米（含花茎）
	根	具广椭圆形鳞茎，外被黑褐色皮膜
	茎	花茎直立，中空，花后枯萎
	叶	线形，长15~40厘米，宽0.5~1厘米；花后抽叶，夏季枯萎
	花	伞形花序4~7朵；花被6片，强烈反卷；鲜红色；花期8~9月
	果实	蒴果（栽培中罕见）
识别关键		√ 花叶不见：开花时无叶，长叶时无花 √ 龙爪花形：花瓣细长反卷如龙爪
易混淆种区分		与黄花石蒜（*L. aurea*）区别：红花石蒜花鲜红色，黄花石蒜花金黄色 与朱顶红（*Hippeastrum rutilum*）区别：红花石蒜花茎空心，朱顶红花茎实心

●○ 生长习性速查表

特性	具体表现
光照	耐阴性强
温度	适温15~25℃（耐-15℃低温，夏季休眠）
水分	生长期需湿润，休眠期耐旱
土壤	喜肥沃、排水良好的酸性土壤

●○ 栽培管理要点

可夏季休眠期分球或秋季播种繁殖。分球选直径≥3厘米的子球，覆土深度为球高的2倍；播种宜采后即播。生长期保持土壤微润，夏季休眠期严格控水；基肥用骨粉，生长期每月追施磷钾肥。花后剪除残花，保留叶片至枯萎。注意防治球茎腐烂、叶斑病及根螨、蛞蝓，忌积水与黏重土壤。

●○ 应用价值

观赏价值： 花茎破土而出无叶相伴，伞形花序鲜红如焰，花瓣反卷似龙爪，线条凌厉惊艳。

文化象征： 东亚文化中因其“花叶永不相见”的特性，象征生死相隔的思念。

配置应用： 林缘或墓园片植营造震撼秋景，忌居家庭院种植；日式枯山水点缀岩石缝隙，与灰白砾石形成强烈色彩对比。

A162 中国水仙

学名： *Narcissus tazetta* var. *chinensis*

别名： 凌波仙子（雅称）、金盏银台（花形特征）

科属： 石蒜科，水仙属

原产地： 地中海地区，中国漳州为世界主产区

●○ 识别特征速查表

项目		具体描述
形态特征	类型	多年生球根草本，株高20~50厘米（含花茎），丛生
	根	须根系，肉质，着生于鳞茎盘
	茎	具卵圆形鳞茎，外被褐色皮膜
	叶	线形，长20~50厘米，宽1~3厘米；直立或斜展，灰绿色
	花	伞形花序，花莛中空；花被6片，副冠杯状；花色白色、黄色、橙色；花期1~4月
	果实	蒴果（栽培中少见）

续表

项目	具体描述
识别关键	√金盏银台：白色花被片+黄色副冠 √水养开花：鳞茎离水仍可开花 √新春花卉：自然花期为春节前后
易混淆种区分	与洋水仙（*N. pseudonarcissus*）区别：中国水仙副冠短，洋水仙副冠长 与葱兰（*Zephyranthes candida*）区别：水仙叶宽厚，葱兰叶细窄

●○ 生长习性速查表

特性	具体表现
光照	喜阳光
温度	适温10~18℃（耐0℃低温，25℃以上休眠），光照不足易徒长
水分	水培需每日换水，土培需“见干见湿”
土壤	水培用鹅卵石固定；土培用河沙∶园土=1∶1

●○ 栽培管理要点

可花后分球或播种繁殖。分球取直径≥3厘米的侧球秋季栽植；播种需3~4年开花。水培定期换水，土培保持土壤湿润；土培生长期每半月追施稀薄磷钾肥。花后剪除花莛，水培球一般不再复花，土培保留叶片养球。注意防治基腐病、叶斑病及根螨、蚜虫，忌积水与高温。

●○ 应用价值

观赏价值：素雅白花配金黄副冠，清丽脱俗，幽香沁人，凌寒开放，被誉为“寒冬仙子”，兼具视觉与嗅觉的双重享受。

配置应用：种植于中式庭院水岸，或案头水培，展现“水中仙子”意境；现代花境早春丛植，与郁金香、风信子组成球根花卉交响曲。

A163 仙客来

学名： *Cyclamen persicum*

别名：兔耳花（花瓣反卷似兔耳）

科属：报春花科，仙客来属

原产地：地中海沿岸

●○ 识别特征速查表

项目		具体描述
形态特征	类型	多年生球根草本，株高15~30厘米（含花茎），莲座状丛生
	根	块茎扁球形，直径4~12厘米，底部生须根
	茎	短缩，不明显
	叶	心形或卵圆形，长3~14厘米；叶面深绿色，具银白色斑纹，叶背紫红色；叶柄肉质，红褐色
	花	单生花莛顶端，花冠5裂反卷；花色丰富（红色、粉色、白色、紫色等）；花期10月至翌年3月
	果实	蒴果球形，种子多数（栽培中少见结实）
识别关键		√兔耳花形：花瓣强烈反卷如兔耳 √斑纹叶片：叶面具独特银白色斑纹 √冬花特性：主要花期在冬季
易混淆种区分		与仙客来原生种（*C. hederifolium*）区别：园艺种花大色艳，原生种花较小 与秋海棠（*Begonia grandis*）区别：仙客来花瓣反卷，秋海棠花不对称

●○ 生长习性速查表

特性	具体表现
光照	喜明亮散射光（夏季遮光70%，冬季全光照）
温度	适温12~20℃（超过25℃休眠，耐短期0℃低温）
水分	“浸盆法”浇水（避免淋湿块茎），休眠期断水
土壤	需疏松透气的腐殖土（pH6.0~7.0），建议配方：泥炭∶珍珠岩∶蛭石=3∶1∶1

●○ 栽培管理要点

可秋季播种或夏季分球繁殖。播种浸种后浅覆土，15~18℃下30~60天发芽；分球宜在休眠期进行。浇水用浸盆法，避免叶面积水；生长期每10天追施稀薄磷钾肥。花后逐渐减少浇水，进入休眠期停肥控水。注意防治灰霉病、软腐病及蓟马、螨虫，忌高温与通风不良。

●○ 应用价值

观赏价值：心形斑纹叶片搭配反卷花瓣，形似翩然起舞的蝴蝶，花期冬春季，色彩明丽（红色、粉色、白色），为少花季节增添生机。

文化象征：花名寓意“仙客来访”，象征吉祥好客；西方圣诞常用，代表真挚祝福与希望。

配置应用：盆栽点缀窗台、几案，优雅精致；群植于林缘或疏林下，营造浪漫早春景观；耐阴特性适合在室内光线柔和处长期摆放。

A164 多花黄精

学名：*Polygonatum cyrtonema*

别名：老虎姜（根茎肥厚似姜）

科属：百合科，黄精属

原产地：中国长江以南各地

●○ 识别特征速查表

项目		具体描述
形态特征	类型	多年生草本，株高50~100厘米，茎上部弓状弯曲
	根	根状茎横走，圆柱形或连珠状，节部膨大
	茎	圆柱形，具7~12叶，表面无毛
	叶	互生，椭圆形至长圆状披针形，长10~20厘米，背面灰绿色；叶脉5~7条
	花	伞形花序腋生，具2~7花；花被筒状，黄绿色，长1.5~2厘米，裂片6枚；花期5~6月
	果实	浆果球形，直径7~10毫米，成熟时蓝黑色
识别关键		√弓形茎秆：茎上部自然弯曲如弓 √腋生筒花：花筒悬垂于叶腋，内具茸毛 √轮状叶序：叶片在茎上呈明显轮生状排列

续表

项目	具体描述
易混淆种区分	与玉竹（*P. odoratum*）区别：多花黄精叶背灰白，花序2~7花；玉竹叶背淡绿色，花序1~3花

●○ 生长习性速查表

特性	具体表现
光照	耐阴性强（遮光60%为宜），忌烈日直射
温度	适温15~25℃（地下茎耐-15℃低温）
水分	喜湿润环境，忌积水（土壤湿度保持60%~70%）
土壤	喜深厚腐殖土（pH5.5~6.5），推荐配方：腐叶土:河沙:园土=5:2:3

●○ 栽培管理要点

可播种或根茎繁殖。春季播种需沙藏处理后覆土1~2厘米；秋季根茎繁殖选带2~3芽眼的根段栽植。生长期保持土壤湿润，雨季注意排水；基肥用腐熟农家肥，生长期追施复合肥2次。每年进行2~3次中耕除草，保持根际疏松。注意防治叶斑病、根腐病及蚜虫、地老虎，忌连作与土壤板结。

●○ 应用价值

药用价值：根茎富含黄精多糖、皂苷，具补气养阴、健脾润肺之效，为传统滋补佳品（《中国药典》收录）。

景观应用：适合阴生花园、溪边湿地造景，或作为耐阴地被植物配置于乔木下层。

◈ 任务5.3.2　识别级物种

B230 花毛茛 *Ranunculus asiaticus* 毛茛科，毛茛属

具纺锤形块根；叶基生，二至三回三出羽裂；花单生枝顶，重瓣，花色丰富（红色、黄色、粉色、白色等），为核心特征；聚合瘦果。

B231 皇冠贝母 *Fritillaria imperialis* 百合科，贝母属

具鳞茎；叶轮生，披针形；花顶生，数朵簇生成伞形，花冠钟形，下垂，橙红色或黄色，顶端具冠丛，为核心特征；蒴果。

B232 大花葱 *Allium giganteum* 石蒜科，葱属

具鳞茎　叶基生，宽带形；伞形花序顶生，球状，由多数小花组成，粉紫色，为核心特征；蒴果。

B233 嘉兰 *Gloriosa superba* 秋水仙科，嘉兰属

具块茎；叶互生，卵状披针形，顶端卷须状；花单生，花被片6枚，反卷，边缘波状，红黄相间，为核心特征；蒴果。

B234 葡萄风信子 *Muscari botryoides* 天门冬科，蓝壶花属

具鳞茎；叶基生，线形；总状花序，小花坛状，蓝色或白色，似葡萄串，为核心特征；蒴果。

B235 美人蕉 *Canna indica* 美人蕉科，美人蕉属

具根状茎；叶互生，宽大，椭圆状披针形；总状花序，花冠不对称，花色丰富（红色、黄色、粉色等），为核心特征；蒴果具疣突。

B236 葱莲 *Zephyranthes candida* 石蒜科，葱莲属

具鳞茎；叶基生，线形；花单生，花被片6枚，白色，为核心特征；蒴果近球形。

B237 韭莲 *Zephyranthes carinata* 石蒜科，葱莲属

具鳞茎；叶基生，线形；花单生，花被片6枚，粉红色，为核心特征；蒴果近球形。

B238 姜荷花 *Curcuma alismatifolia* 姜科，姜黄属

具块根；叶基生，长椭圆形；穗状花序，苞片粉红色，顶端绿色，花小，淡黄色，为核心特征；蒴果。

B239 大丽花 *Dahlia pinnata* 菊科，大丽花属

具块根；叶对生，一至三回羽裂；头状花序，舌状花色彩、形态多样，为核心特征；瘦果长圆形。

花毛茛

皇冠贝母

大花葱

嘉兰

葡萄风信子

美人蕉

葱莲

韭莲

姜荷花

大丽花

B240 文殊兰 *Crinum asiaticum* var. *sinicum*
石蒜科，文殊兰属

具鳞茎；叶基生，带状；伞形花序，花被片6枚，线形，白色，芳香，为核心特征；蒴果球形。

B241 网球花 *Scadoxus multiflorus*
石蒜科，网球花属

具鳞茎；叶基生，宽带形；伞形花序球状，花小，红色，为核心特征；浆果。

B242 蜘蛛兰 *Hymenocallis littoralis*
石蒜科，水鬼蕉属

具鳞茎；叶基生，带状；伞形花序，花被片6枚，细长，基部合生成筒，白色，芳香，为核心特征；蒴果。

B243 晚香玉 *Polianthes tuberosa*
石蒜科，晚香玉属

具块茎；叶基生，线形；总状花序，花对生，花被筒细长，白色，夜间极香，为核心特征；蒴果。

B244 黄水仙 *Narcissus pseudonarcissus*
石蒜科，水仙属

具鳞茎；叶基生，线形；花单生，花被片6枚，黄色，副花冠喇叭状，为核心特征；蒴果。

B245 大岩桐 *Sinningia speciosa*
苦苣苔科，大岩桐属

具块茎；叶对生，卵形，密被绒毛；花冠钟形，花色丰富（紫色、红色、白色等），为核心特征；蒴果。

B246 唐菖蒲 *Gladiolus* × *gandavensis*
鸢尾科，唐菖蒲属

具球茎；叶剑形，2列；穗状花序，花冠漏斗形，花色丰富，为核心特征；蒴果。

B247 球根秋海棠 *Begonia* × *tuberhybrida*
秋海棠科，秋海棠属

具块茎；叶不对称，卵形；花重瓣，花色丰富（红色、黄色、粉色、白色等），为核心特征；蒴果具翅。

B248 紫娇花 *Tulbaghia violacea*
石蒜科，紫娇花属

具鳞茎；叶基生，线形；伞形花序，花被片6枚，粉紫色，具韭菜味，为核心特征；蒴果。

B249 彩色马蹄莲 *Zantedeschia hybrida*
天南星科，马蹄莲属

具块茎；叶基生，箭形，常具斑点；佛焰苞大型，漏斗状，色彩丰富（黄色、粉色、红色、紫色等），为核心特征；浆果。

文殊兰

网球花

蜘蛛兰

晚香玉

黄水仙

大岩桐

唐菖蒲

球根秋海棠

紫娇花

彩色马蹄莲

B250 德国鸢尾 *Iris germanica* 鸢尾科，鸢尾属

具根状茎；叶基生，剑形；花被片6枚，外轮下垂，内轮直立，具髯毛，花色多样，为核心特征；蒴果。

B251 菊芋 *Helianthus tuberosus* 菊科，向日葵属

具块茎；叶互生，卵形；头状花序，舌状花黄色，管状花棕褐色，为核心特征；瘦果。

B252 姜花 *Hedychium coronarium* 姜科，姜花属

具根状茎；叶互生，长椭圆形；穗状花序，花白色，极芳香，为核心特征；蒴果。

B253 忽地笑 *Lycoris aurea* 石蒜科，石蒜属

具鳞茎；叶基生，带状；伞形花序，花被片6枚，反卷，黄色，为核心特征；蒴果。

德国鸢尾

菊芋

姜花

忽地笑

单元5.4　岩生花卉识别与应用

◇ 任务5.4　掌握级物种

A165 虎耳草

学名： *Saxifraga stolonifera*
别名： 金线吊芙蓉（叶脉似金线）
科属： 虎耳草科，虎耳草属
原产地： 中国长江流域至华南、西南山区

●○ 识别特征速查表

项目		具体描述
形态特征	类型	多年生草本，株高8~20厘米，匍匐茎长达60厘米
	根	须根纤细，簇生
	茎	匍匐茎紫红色，节处生新株
	叶	基生，肾形或近圆形，长2~6厘米，叶缘波状；叶面绿色带白色脉纹，叶背紫红色；两面被腺毛
	花	圆锥花序；花瓣5枚，上3枚瓣小（粉红色带黄斑），下2枚瓣长（纯白色）；花期5~8月
	果实	蒴果卵圆形，种子微小
识别关键		√双色花瓣：上3下2不对称，形似“虎耳” √匍匐茎紫红：触土即生根，蔓延成片 √叶背紫红：光照越强，颜色越深
易混淆种区分		与铜钱草（*Hydrocotyle vulgaris*）区别：虎耳草叶被毛、有紫背，铜钱草叶光滑无毛 与镜面草（*Pilea peperomioides*）区别：虎耳草具匍匐茎，镜面草直立无走茎

●○ 生长习性速查表

特性	具体表现
光照	喜半阴（忌暴晒，散射光最佳）
温度	适温10~25℃（耐-5℃低温，30℃以上休眠）
水分	喜湿润（空气湿度＞60%）
土壤	腐叶土∶河沙∶蛭石=3∶1∶1（pH 5.5~6.5）

●○ 栽培管理要点

可采用分株或叶插繁殖。全年可剪取带气生根的匍匐茎幼株栽植；叶插选健壮叶片带1厘米叶柄斜插。生长期保持基质湿润，叶面喷雾增湿；每半月追施1∶1000稀释饼肥水。夏季需遮光50%并加强通风，及时修剪过密匍匐

茎以保持株型。注意防治白粉病、叶斑病及蚜虫、红蜘蛛，忌干旱积水与碱性土壤。

●○ 应用价值

药用价值：全草可入药，具有特定的药用价值。

观赏价值：叶色斑驳如抽象画，悬垂栽培时紫红色匍匐茎如瀑布倾泻，适合苔藓微景观、阴生花园地被层。

生态特性：自然生长于溪边石缝，能分泌酸性物质溶解岩石，是岩生植物造景的经典材料。

A166 八宝景天

学名：*Sedum spectabile*

别名：蝎子草（茎叶汁液刺激皮肤）、华丽景天（观赏特性）

科属：景天科，景天属

原产地：中国华北至华东地区

●○ 识别特征速查表

项目		具体描述
形态特征	类型	多年生肉质草本，株高30~70厘米，丛生
	根	须根系，浅根性，具储水能力
	茎	直立，粗壮，圆柱形，淡绿色带红晕
	叶	对生或3叶轮生，卵形至椭圆形，长3~10厘米；肉质，灰绿色，边缘具钝齿
	花	伞房花序顶生，直径10~15厘米；小花星状，5瓣，粉红色、玫红色；花期8~10月
	果实	蓇葖果，种子褐色微小

续表

项目	具体描述
识别关键	√肉质茎叶：折断可见汁液，耐旱标志 √秋花之王：晚夏至深秋开花，填补景观空白期 √冬态观赏：枯花序宿存，雪中显骨架美
易混淆种区分	与长生草（*Sempervivum tectorum*）区别：景天茎直立，长生草为莲座状

●○ 生长习性速查表

特性	具体表现
光照	需全日照（不足时茎徒长易倒伏）
温度	耐−20℃低温，夏季35℃以上短暂休眠
水分	极耐旱（春秋10天浇水1次，夏季断水防烂）
土壤	粗沙∶园土=3∶1（pH 6.0~7.5），忌黏重土

●○ 栽培管理要点

可采用分株或扦插繁殖。春季分株选带须根的根蘖苗，按40厘米株距定植；扦插选5厘米茎段斜插，约7天生根。浇水遵循“宁干勿湿”，每年春季施一次缓释肥。苗高15厘米时摘心促分枝，花序形成前设立支撑防倒伏。花后及时剪除残花，促进新枝生长。注意防治根腐病、白粉病及蚜虫、介壳虫，忌连续淋雨与冬季湿冷。

●○ 应用价值

药用价值：全草入药（《本草拾遗》载），含景天庚酮糖等成分，鲜品捣烂外敷可治跌打损伤、烫伤，内服有清热解毒之效（孕妇慎用）。

观赏价值：肉质茎叶四季苍翠，秋日粉红色花序如烟似霞，丛植可形成饱满色块，特别适合岩石园、屋顶绿化等干旱景观营造。

生态特性：极端环境先锋植物，耐贫瘠、抗污染，可用于矿山修复；AM代谢植物（夜间气孔开放），节水型城市绿化的优选材料；枯花序宿存至次年春季，为冬季鸟类提供庇护所。

A167 常夏石竹

学名： *Dianthus plumarius*

别名： 羽裂石竹（花瓣特征）、少女石竹（花形娇嫩）

科属： 石竹科，石竹属

原产地： 欧洲中部及南部

识别特征速查表

项目		具体描述
形态特征	类型	多年生草本，株高15~30厘米，丛生型
	根	木质化根茎，须根发达
	茎	细圆柱形，节部膨大，基部木质化
	叶	对生，线状披针形，长2~5厘米；灰绿色，被白粉
	花	单生或2~3朵簇生；花瓣5枚，边缘羽状深裂；粉红色、白色、紫红色，具芳香；花期5~9月
	果实	蒴果圆筒形，种子黑色扁圆形
识别关键		√羽状花瓣：边缘丝裂如羽毛 √灰蓝叶片：常被误认为多肉植物 √持续开花：修剪残花可促进二次开花
易混淆种区分		与中国石竹（*Dianthus chinensis*）区别：常夏石竹花瓣羽裂明显，中国石竹花瓣齿裂较浅 与香石竹（康乃馨）区别：常夏石竹株型低矮，康乃馨茎秆直立高大

生长习性速查表

特性	具体表现
光照	需全日照（每日不小于6小时直射光）
温度	耐-25℃低温，夏季耐35℃高温
水分	耐旱性强（浇水原则“见干见湿”）
土壤	对土壤要求不严，但必须是排水良好、透气性佳的沙质壤土或普通园土

栽培管理要点

可采用分株或扦插繁殖。春秋季分株选带3~5芽的根丛；6月扦插选半木质化枝条，约15天生根。浇水避免叶面积水；花前施骨粉，花后追施钾肥。花后剪除花枝1/3，配合磷钾肥促进再次开花；每3年分株更新复壮。注意防治立枯病、锈病及红蜘蛛、蚜虫，忌酸性土壤与夏季闷湿。

应用价值

观赏价值： 常夏石竹羽裂花瓣与灰蓝色叶片形成独特景观，低矮株型适合岩石园镶边和屋顶绿化，混植可打造自然花境，芳香品种是花园优选。

生态价值： 耐旱耐寒特性使其成为生态修复良选，花朵结构适合益虫栖息，根系防流失，耐践踏特性适用于生态道路建设。

文化价值： 现代婚礼中寓意永恒，中西方文化交融特色显著。

A168 百里香

学名： *Thymus vulgaris*

别名： 麝香草（香气特征）、地椒（生长形态）

科属： 唇形科，百里香属

原产地： 地中海沿岸地区

●○ 识别特征速查表

项目		具体描述
形态特征	类型	多年生亚灌木，株高15~30厘米，匍匐生长
	根	木质化主根，侧根发达
	茎	四棱形，基部木质化，密被绒毛
	叶	对生，卵圆形，长4~10毫米；灰绿色，全缘，具腺点
	花	轮伞花序顶生；花冠唇形，淡紫色、粉红色；花期6~8月
	果实	小坚果，椭圆形
识别关键		√强烈芳香：叶片揉搓散发浓郁香气 √木质化茎：基部随年限逐渐木质化 √耐寒形态：冬季叶片转为紫红色
易混淆种区分		与薄荷（*Mentha canadensis*）区别：百里香叶片更小，茎四棱明显 与牛至（*Origanum vulgare*）区别：百里香花序更紧凑，香气更清冽

●○ 生长习性速查表

特性	具体表现
光照	需全日照（每日不小于8小时）
温度	耐-15℃低温，适温20~28℃
水分	极耐旱（2周浇水1次）
土壤	石灰质沙壤土（pH 6.0~8.0）

●○ 栽培管理要点

可采用扦插或分株繁殖。5~6月扦插选嫩枝，约10天生根；春季分株选带须根的侧生根蘖。浇水遵循“干透浇透”，每年早春施一次缓释肥。花期前晴天上午采收，修剪保留基部5厘米老枝。生长期适时摘心促分枝，保持紧凑株型。注意防治根腐病、白粉病及红蜘蛛、粉虱，忌持续阴雨与黏重土壤。

●○ 应用价值

食用价值： 叶片含百里香酚，是法式香草束的核心原料，适合炖肉、烤鱼，去腥提鲜，干燥叶片可制作香草茶。

药用价值： 蒸馏提取的精油具抗菌功效，传统用于缓解咳嗽，外敷可处理轻微伤口感染（需稀释）。

景观价值： 匍匐特性使其成为优秀的地被植物，花期形成紫色花毯，适合岩石园、香草园及步道镶边种植。

A169 紫穗槐

学名： *Amorpha fruticosa*

别名： 紫花槐（花序特征）、棉槐（种荚形态）

科属： 豆科，紫穗槐属

原产地： 北美洲东部

●○ 识别特征速查表

项目		具体描述
形态特征	类型	落叶灌木，株高1~4米，丛生
	根	主根深达2米，具根瘤
	茎	直立，幼枝密被白色柔毛
	叶	奇数羽状复叶，小叶11~25枚，椭圆形，长1.5~4厘米

续表

项目		具体描述
形态特征	花	穗状花序顶生，长7~15厘米；花冠紫色，旗瓣特别发达；花期5~6月
	果实	镰刀形荚果，短小，密被腺点，成熟后棕褐色
识别关键		√独特花序：紫色穗状花仅具1枚旗瓣 √叶背覆霜：小叶背面被白霜，呈银绿色 √冬季观枝：红褐色枝条具观赏性
易混淆和区分		与胡枝子（*Lespedeza bicolor*）区别：紫穗槐小叶更多，花序更长

●○ 生长习性速查表

特性	具体表现
光照	喜光（耐半阴）
温度	耐-35℃低温，耐40℃高温
水分	耐旱耐涝（年降水300~1000毫米均可）
土壤	耐盐碱（含盐量＜0.3%的土壤）

●○ 栽培管理要点

可采用播种或扦插繁殖。播种用80℃热水浸种24小时后春播；扦插选1年生枝条经生根粉处理。栽后连续浇3次透水，接种根瘤菌促进生长。定期平茬复壮，进行绿篱修剪以控制高度与形态。注意防治白粉病、蚜虫及天牛，忌低洼积水与重茬种植。

●○ 应用价值

生态价值：先锋固氮植物，1公顷年固氮量达180千克，是盐碱地改良首选植物，根系可净化含铅污染土壤。

经济价值：枝条柔韧可编筐，花为优质蜜源，种子含油率10%~13%，可制肥皂及工业用油。

景观价值：紫色穗状花序观赏期长达20天，秋叶金黄色，适合作绿篱、边坡绿化及工矿区复绿。

单元5.5 兰科花卉识别与应用

◇ 任务5.5.1 掌握级物种

A170 蝴蝶兰

学名：*Phalaenopsis aphrodite*

别名：蝶兰（花形似蝴蝶）、台湾蝴蝶兰（早期由台湾推广）、洋兰皇后（观赏价值高）

科属：兰科，蝴蝶兰属

原产地：东南亚至澳大利亚北部

●○ 识别特征速查表

项目		具体描述
形态特征	类型	多年生附生性草本，株高20~60厘米（含花茎）
	根	气生根发达，肉质，表面被银灰色根被，可进行光合作用
	茎	短缩茎，基部具2~6片叶，节间不明显
	叶	厚革质，长椭圆形至倒卵形，长15~30厘米，宽5~10厘米；叶色深绿，叶脉凹陷；互生，呈莲座状排列
	花	总状花序腋生，花序长30~80厘米；花径5~12厘米，花被片6枚（3枚萼片+3枚花瓣）；唇瓣3裂，中部常具一对向上弯曲的须或胼胝体；花色多样（白色、粉色、紫色、黄色等），带斑纹或脉纹；花期冬春季，单朵花可开放2~3个月
	果实	蒴果，长卵圆形，成熟时开裂；种子粉末状，无胚乳
识别关键		√蝶形花朵：侧萼片水平展开，花瓣扇形，形似展翅的蝴蝶 √气生根外露：银灰色肉质根常伸出栽培基质外 √厚革质叶：叶片肥厚呈莲座状，叶背常带紫红色

续表

项目	具体描述
易混淆种区分	易与文心兰混淆，区别在于：蝴蝶兰花形对称，唇瓣明显；文心兰花序分枝多，唇瓣通常膨大呈裙状

生长习性速查表

特性	具体表现
光照	需10000~20000lx（叶片黄绿色为佳）
温度	适温18~28℃（花芽分化需昼夜温差≥5℃）
水分	需60%~80%空气湿度（配合良好通风）
基质	水苔:树皮=7:3（pH5.5~6.5），2年更换1次

栽培管理要点

可采用高芽繁殖或组培繁殖。高芽需待其长出3~4条气生根后切下栽植；组培需专业设备。保持水苔湿润但避免叶心积水，生长期每2周施一次兰花专用肥，花芽分化期增施磷钾肥。花后剪除花梗基部以上2~3节，促进二次开花。注意防治软腐病及红蜘蛛、介壳虫，忌积水、强光与低温干燥。

应用价值

观赏价值：花形如蝶，花期长达2~3个月，花色丰富（白色、粉色、紫色等），叶片厚绿有光泽，是高端年宵花首选。

文化象征：象征“幸福飞来”，欧美代表“纯洁的爱”，春节摆放寓意“富贵吉祥”。

配置应用：① 年节装饰——单株青花瓷盆配红绸带，打造典雅中式年味。② 组合造景——与文竹、苔藓组微景观，营造禅意空间。

A171 大花蕙兰

学名：*Cymbidium hybrid*

别名：虎头兰（花大如虎首）、杂交蕙兰（人工杂交种）

科属：兰科，兰属

原产地：园艺杂交种（亲本主要来自亚洲热带地区）

识别特征速查表

项目		具体描述
形态特征	类型	多年生地生或附生草本，株高40~120厘米（含花茎）
	根	肉质根粗壮，黄白色，表面具纵沟
	茎	假鳞茎卵形至椭圆形，长5~15厘米，基部被叶鞘包裹
	叶	6~8片丛生，带形，革质；长40~80厘米，宽1.5~3厘米；叶色深绿，叶脉明显
	花	总状花序直立，长40~100厘米；花径8~15厘米；唇瓣三裂，中裂片反卷；花色丰富（黄色、粉色、红色、绿色等），常具条纹或斑点；花期冬春季
	果实	蒴果长椭圆形；种子粉末状，无胚乳
识别关键		√ 大型花朵：花径可达15厘米，是常见兰花中非常大的 √ 直立花序：粗壮花茎直立不垂头 √ 带状厚叶：革质叶片挺拔不下垂
易混淆种区分		易与蕙兰（*Cymbidium faberi*）混淆：蕙兰花小、色雅、量疏，花朵直径通常3~5厘米，具清幽香气；大花蕙兰花大色艳，叶片宽厚，绝大多数品种无香气

生长习性速查表

特性	具体表现
光照	需20000~40000lx（叶片黄绿色为理想状态）
温度	适温15~25℃（花芽分化需昼夜温差≥8℃）
水分	生长季需70%~80%空气湿度（配合强通风）
土壤	树皮块∶水苔∶火山石=6∶2∶2（pH5.5~6.5）

栽培管理要点

可采用分株或组培繁殖。春季分株选带3~5个假鳞茎的健壮植株；组培需专业设备。生长期保持基质湿润，每10~15天施一次2000倍稀释兰花专用肥。花后剪除残花梗，保证养分促进新芽生长。需提供25000~35000lx散射光，秋季保持8~12℃昼夜温差促花芽分化。注意防治炭疽病及蚜虫、红蜘蛛，忌积水与浓肥。

应用价值

观赏价值：花大色艳（红色、黄色、粉色等），花箭挺拔，单枝开花10~20朵，花期长达2~3个月，属于高端年宵花。

文化象征：雍容华贵，象征“丰盛祥和”，西方花语为“高贵典雅”，春节摆放寓意“富贵满堂”。

配置应用：①年节装饰——青瓷盆配红丝带，摆放客厅重要位置，瞬间提升家宅格调。②礼品盆栽——精选复色品种，搭配礼盒包装，可作为商务馈赠佳品。

A172 石斛兰

学名：*Dendrobium nobile*

别名：金钗石斛（古称）、吊兰花（附生悬挂特性）

科属：兰科，石斛属

原产地：亚洲热带至大洋洲（中国云南、广西为分布中心）

识别特征速查表

项目		具体描述
形态特征	类型	多年生附生或岩生草本，株高10~200厘米（因品种差异大）
	根	气生根发达，白色，表面覆银灰色根被，常紧贴基质
	茎	假鳞茎丛生，棒状或节间膨大，长5~100厘米，具明显节间
	叶	互生，革质；椭圆形至披针形，长5~20厘米；落叶品种在花期前落叶
	花	总状花序腋生，每节1~3朵；花径2~10厘米；唇瓣三裂，基部具距；花色丰富（白色、粉色、紫色、黄色等）；多数种春季开花
	果实	蒴果卵圆形；种子粉末状，无胚乳
识别关键		√“节茎兰花”：具明显竹节状假鳞茎 √腋生花序：花朵从茎节处萌发 √唇瓣带距：花基部延伸成管状距
易混淆种区分		易与蝴蝶兰混淆，区别在于：石斛兰具明显节茎，叶互生；蝴蝶兰无假鳞茎，叶呈莲座状

生长习性速查表

特性	具体表现
光照	需15000~30000lx（叶片黄绿色为佳）
温度	春石斛耐0℃低温（适温10~25℃），秋石斛需15℃以上
水分	生长期需70%~85%空气湿度（附生种更高）
土壤	树皮块∶水苔∶木炭=5∶3∶2（pH5.5~6.5）
特殊管理	需附生栽培（或树皮盆栽）保持根系透气，使昼夜温差达到10℃以上促进开花，生长期高湿度（60%~80%），冬季休眠期需控水且保持干燥

栽培管理要点

采用分株或扦插繁殖。春季分株选带3~4茎节及健康根系的植株；扦插将成熟茎段平铺于湿润水苔上，约4~6周生根。生长期保持基质湿润，每10天施一次3000倍稀释兰花专用肥。花后剪除老花枝，促进新茎生长。需提供20000~30000lx散射光，秋季保持10~15℃昼夜温差促花芽形成。注意防治黑斑病及介壳虫、红蜘蛛，忌积水与肥害。

应用价值

观赏价值：茎秆挺拔如竹，花朵繁茂（紫色、白色、黄色等），部分品种带清香，花期长且易复花，兼具观赏与药用价值。

文化象征：自古为“仙草”代表，象征健康长寿；泰国作为母亲节之花，寓意感恩与祝福。

配置应用：①板植悬挂——绑缚蛇木板、树皮，打造热带雨林风情，适合阳台垂吊。②药用盆栽——种植金钗石斛等品种，花、叶、茎皆可入药，实用与美观兼具。

A173 文心兰

学名：*Oncidium flexuosum*

别名：跳舞兰（花朵形似舞裙）、金蝶兰（花瓣如蝶翅）

科属：兰科，文心兰属

原产地：美洲热带地区

识别特征速查表

项目		具体描述
形态特征	类型	多年生附生或地生草本，株高20~100厘米（含花茎）
	根	气生根发达，白色或绿色，表面具海绵状根被
	茎	假鳞茎卵形至棒状，长3~12厘米，基部被叶鞘包裹
	叶	1~3片顶生，革质；带状或长椭圆形，长10~50厘米；叶色深绿，部分种具斑纹
	花	圆锥花序腋生，长30~200厘米；花径2~5厘米；唇瓣特大，扇形或裙状；花色以黄色、棕色为主，带红褐色斑纹；花期秋季至冬季
	果实	蒴果长圆形；种子粉末状，无胚乳
识别关键		√“跳舞兰”：唇瓣膨大如舞裙，侧瓣常扭曲 √假鳞茎明显：卵形或棒状储水器官 √花序分枝多：大型圆锥花序具数十至上百朵花
易混淆种区分		易与蝴蝶兰混淆，区别在于：文心兰具假鳞茎，花序分枝多；蝴蝶兰无假鳞茎，花序不分枝

生长习性速查表

特性	具体表现
光照	需20000~35000lx（叶片苹果绿色为佳）
温度	适温18~28℃（昼夜温差≥6℃促花）
水分	生长期需60%~80%空气湿度（配合强通风）
土壤	松树皮∶水苔∶珍珠岩=6∶2∶2（pH5.5~6.0）

栽培管理要点

可采用分株或组培繁殖。春季分株选带2~3个假鳞茎的健壮植株；组培需专业设备。保持基质微润，每10~15天施一次2000倍稀释兰花专用肥。花后及时剪除残花梗，减少养分消耗。需提供15000~25000lx散射光，秋季保持10~15℃昼夜温差促花芽分化。注意防治叶斑病及蚜虫、红蜘蛛，忌积水与低温干燥。

应用价值

观赏价值： 花朵轻盈如舞裙，花色明快（黄色、粉色、红色），花序分枝多，花期长达1~2个月，适合案头点缀。

文化象征： 花形似跳舞女郎，因此象征“快乐无忧”；欧美花语为“隐藏的爱”，适合赠予暗恋对象。

配置应用： ①桌面盆栽——搭配素雅白瓷盆，放在办公桌、窗台，开花时灵动可爱。②组合造景——与空气凤梨、苔藓组成微景观，营造“森系小清新”风格。

任务5.5.2 识别级物种

B254 春兰 *Cymbidium goeringii*

兰科，兰属

假鳞茎卵球形；叶4~7枚，带形，细长；花单生，稀2朵，黄绿色或淡褐色，具幽香，为核心特征；蒴果狭椭圆形。

B255 卡特兰 *Cattleya hybrida*

兰科，卡特兰属

假鳞茎棍棒状；叶1~2枚，厚革质；花大，着生假鳞茎顶端，唇瓣显著，花色艳丽丰富（紫色、粉色、白色、黄色等），为核心特征；蒴果。

B256 兜兰 *Paphiopedilum hybrida*

兰科，兜兰属

无假鳞茎；叶基生，2列，带状，表面常具斑纹；花单生，唇瓣特化成兜状或拖鞋状，为核心特征，花色多样；蒴果。

春兰

卡特兰

兜兰

单元5.6 室内观叶植物识别与应用

◈ 任务5.6.1 掌握级物种

A174 君子兰

学名： *Clivia miniata*
别名： 剑叶石蒜（叶形特征）、富贵兰（吉祥寓意）
科属： 石蒜科，君子兰属
原产地： 南非

●○ 识别特征速查表

项目		具体描述
形态特征	类型	多年生常绿草本，具肉质根，株高30~50厘米（含花茎），莲座状丛生
	根	肉质粗根，无主根，具多数须根
	茎	短缩，基部膨大呈假鳞茎
	叶	宽带形，长30~80厘米，宽3~6厘米；革质，深绿色；二列叠生
	花	伞形花序10~30朵；花被6片，漏斗状；橙红色；花期冬春季
	果实	浆果球形，成熟红色
识别关键		√对称叶序：叶片两列对称排列 √伞形花序：花莛顶端着生10~30朵花 √周年观赏：四季常绿，观叶观花兼用
易混淆种区分		与朱顶红（*Hippeastrum striatum*）区别：君子兰花莛实心，朱顶红花莛中空 与文殊兰（*Crinum asiaticum* var. *sinicum*）区别：君子兰叶宽短，文殊兰叶狭长

●○ 生长习性速查表

特性	具体表现
光照	5000~20000lx散射光（忌暴晒）
温度	适温15~25℃（耐0℃短期低温，30℃休眠）
水分	"见干见湿"（肉质根忌积水）
土壤	松针∶腐叶土=3∶7（pH 5.5~6.5）

●○ 栽培管理要点

可采用分株或播种繁殖。春季分株选带3~4片叶及根系的侧芽；播种用成熟种子浅覆土，20~25℃下30~60天发芽。浇水遵循"见干见湿"原则，生长期每半月施一次均衡液肥。花后剪除残花梗，保留叶片养球。冬季需10~15℃低温春化40~60天。注意防治叶斑病、软腐病及介壳虫、蜗牛，忌积水与频繁移盆。

●○ 应用价值

观赏价值： 叶片宽厚，对称如剑，花序直立擎出橙红色漏斗状花朵，整体端庄典雅，被誉为"花中君子"，兼具观叶与观花双重价值。

文化象征： 在中国传统文化中象征"高贵坚贞"，因其挺拔不弯的形态寓意刚正不阿；南非原产地部落将其视为"吉祥与财富"的图腾。

配置应用： 在中式厅堂对称摆放显雅致，或在现代简约空间中单盆陈列；耐阴特性适合在室内光线柔和处长期养护，搭配紫砂盆更显文人气质。

A175 一叶兰

学名： *Aspidistra elatior*
别名： 蜘蛛抱蛋（果实形态）、独叶兰（单茎特性）
科属： 百合科，蜘蛛抱蛋属
原产地： 中国长江以南

识别特征速查表

项目		具体描述
形态特征	类型	多年生常绿草本，根状茎匍匐，株高30~70厘米（自然状态），丛生型
	根	匍匐状根茎，直径0.5~1厘米，节处生不定根
	茎	短缩不明显，基部被叶鞘包裹
	叶	单叶基生；椭圆状披针形，长25~50厘米，宽8~12厘米；革质光亮，深绿色；全缘，叶柄长15~30厘米
	花	伞形花序基生；花莛短于叶丛，长10~20厘米；小花钟状，紫褐色，直径约1厘米；花期4~5月（栽培中罕见开花）
	果实	浆果球形，直径约5毫米
识别关键		√单叶挺立：每芽仅抽1片大型叶片 √革质叶面：叶片厚实光亮 √耐阴性强：在50lx弱光下可存活
易混淆种区分		与大叶仙茅（*Curculigo capitulata*）区别：叶片单柄从土里直接长出，叶面光滑的是一叶兰；叶片基部抱合成短“假茎”，叶脉有显著褶皱的是大叶仙茅。此外，大叶仙茅的整体形态更显热带风情，叶片也通常比一叶兰更为巨大、舒展

生长习性速查表

特性	具体表现
光照	极耐阴
温度	适温10~28℃（耐-9℃低温，35℃休眠）
水分	耐旱（每月浇水1次仍能存活）
土壤	园土∶腐叶土=1∶1（pH 5.5~7.5）

栽培管理要点

可采用分株或叶插繁殖。春季分株选带3~5叶及根系的根丛；叶插选健壮叶片连带叶柄，保持高湿约2~3个月生根。生长期保持土壤微润，每2月施一次稀释观叶肥。定期擦拭叶面，保持洁净与光合效率。需500~1000lx弱光环境，维持40%~60%湿度。注意防治叶斑病、根腐病及介壳虫、红蜘蛛，忌强光与湿度过低。

应用价值

观赏价值：单叶挺立如剑，叶面深绿油亮，偶见银白色斑纹，花隐于基部呈紫褐色，整体简约克制，是极简主义绿植代表。

文化象征：在佛教中称其为“独叶莲”，象征“专注与顿悟”；其“一花一叶”的特性被文人引申为“大道至简”的哲学意境。

配置应用：在禅意庭院石组间点缀，或现代空间线条化陈列；深色陶盆种植强化肃穆感；在茶室、书房单盆摆放，与枯山水小品相得益彰。

A176 孔雀竹芋

学名：Calathea makoyana

别名：孔雀肖竹芋（叶纹似孔雀尾羽）

科属：竹芋科，肖竹芋属

原产地：巴西热带雨林（现全球热带至亚热带地区广泛栽培）

识别特征速查表

项目		具体描述
形态特征	类型	多年生常绿草本，株高30~60厘米，丛生
	根	须根系，具短缩根状茎
	茎	不明显，叶基生
	叶	卵形至椭圆形，长15~30厘米，宽5~10厘米；叶面淡绿色，具深绿色羽状斑纹，叶背紫红色；叶柄细长
	花	穗状花序（室内栽培极少开花）
	果实	蒴果（栽培中罕见）
识别关键		√孔雀尾纹：叶面具有类似孔雀尾羽的规则斑纹 √紫红叶背：叶片背面呈均匀的紫红色 √昼夜运动：叶片夜间直立，白天平展
易混淆种区分		与彩虹竹芋（*C. roseopicta*）区别：孔雀竹芋斑纹为深绿色，彩虹竹芋具粉红色条纹 与紫背竹芋（*Stromanthe sanguinea*）区别：孔雀竹芋叶纹更密集规则，植株较矮

●○ 生长习性速查表

特性	具体表现
光照	耐阴性强（100~300lx可存活），忌强光直射
温度	耐10℃低温（适温18~28℃），30℃以上需增湿
水分	需空气湿度>60%（干燥易焦边）
土壤	喜疏松腐殖土（pH5.5~6.5），建议配方：泥炭∶珍珠岩=3∶1

●○ 栽培管理要点

可采用分株或扦插繁殖。春季分株选带3~4片叶及根系的根茎；扦插选带节茎段，保持高湿，约4~8周生根。用软水保持土壤微潮，每2周施一次1/4浓度的观叶肥。定期喷雾保持60%~80%湿度，及时修剪焦边叶。需5000~10000lx柔和散射光。注意防治叶斑病、根腐病及红蜘蛛、蓟马，忌强光干燥与浓肥碱土。

●○ 应用价值

观赏价值：叶片孔雀尾羽纹，昼展夜垂，紫红斑块随光变幻，是观叶植物中的“动态艺术品”。

文化象征：因昼夜变化象征“生命律动”，巴西将其视为“森林之眼”，花语为“神秘吸引力”。

配置应用：①客厅焦点——金属盆种植，放电视柜旁引人注意。②卫生间绿植——耐湿特性适合浴室，增添热带情调。

A177 龟背竹

学名：*Monstera deliciosa*

别名：蓬莱蕉（叶形似蕉叶）、龟背芋（台湾俗称）

科属：天南星科，龟背竹属

原产地：墨西哥热带雨林

●○ 识别特征速查表

项目		具体描述
形态特征	类型	多年生常绿藤本，株高1~10米（攀缘生长），幼株直立，成株具气生根
	根	气生根发达，可攀附或入土吸收养分；地下根纤维状，主根不明显
	茎	粗壮肉质，绿色，节间明显，老茎木质化，具环状叶痕
	叶	大型，革质，幼叶心形无孔，成叶长25~90厘米，卵圆形至椭圆形，深裂或穿孔（窗孔状），叶色深绿，叶脉明显
	花	佛焰花序，乳白色佛焰苞包裹肉穗花序，花期夏季（室内栽培罕见）
	果实	聚合浆果，成熟时黄绿色，可食用（味似菠萝+香蕉）
识别关键		√心形蜡质叶：叶片呈标准心形，表面有光泽 √气生根发达：茎节处易生褐色气生根 √黄金斑纹：部分品种具金黄色或乳白色不规则斑纹
毒性警示		未成熟果实及汁液含草酸钙针晶，误食会导致口腔刺痛
易混淆种区分		与春羽（*Philodendron bipinnatifidum*）区别：龟背竹叶孔不规则，春羽叶为规则羽状裂

●○ 生长习性速查表

特性	具体表现
光照	喜明亮散射光（5000~10000lx），耐50%遮阴
温度	耐5℃低温（适温18~30℃），35℃以上需降温
水分	需60%~80%空气湿度（干燥易裂叶）
土壤	粗颗粒混合土（建议配方为泥炭∶松鳞∶珍珠岩=3∶2∶1）

●○ 栽培管理要点

可采用茎段扦插或分株繁殖。扦插选带气生根的茎段，约2~3周生根；春季分株保留根系。生长期保持土壤微潮，每半月施一次均衡观叶肥。设立支柱引导攀附，定期修剪过密枝叶。需15000~25000lx明亮散射光，维持60%~80%湿度促进开背。注意防治叶斑病、根腐病及红蜘蛛、介壳虫，忌环境骤变与水肥不当。

●○ 应用价值

观赏价值：叶片开洞如龟甲，新叶嫩绿色老叶墨绿色，气根盘错具原始感，是网红植物的“顶流选手”。

文化象征：象征“健康吉祥”，夏威夷用作“欢迎叶”，是北欧风代表植物之一。

配置应用：①客厅主景——藤编盆+棕柱引导，放沙发旁秒变热带风。②拍照背景——垂叶搭配白墙，自然滤镜随手出片。

A178 金钱树

学名： *Zamioculcas zamiifolia*

别名： 雪铁芋（学名音译）、金币树（叶片似钱币）

科属： 天南星科，雪铁芋属

原产地： 东非热带地区

●○ 识别特征速查表

项目		具体描述
形态特征	类型	多年生常绿草本，株高30~100厘米（自然状态），盆栽通常30~60厘米
	根	块状根茎，直径2~5厘米，表皮褐色，肉质，储存水分和养分
	茎	地下茎为主，地上部分为叶轴（假茎），直立或斜生，基部膨大
	叶	羽状复叶对生；小叶6~10对，卵形至椭圆形，长5~12厘米，宽2~5厘米；革质光亮，深绿色，叶脉不明显；叶轴肉质，上部具关节
	花	佛焰花序，基生，长10~20厘米；佛焰苞淡绿色至白色，筒状；肉穗花序短于佛焰苞；花期夏季（盆栽极少开花）
	果实	浆果，栽培中罕见结果
识别关键		√块状根茎：地下具马铃薯状储水器官 √羽叶排列：小叶沿叶轴整齐对生如钱币串 √耐旱结构：肉质叶轴和革质叶片减少水分蒸发
易混淆种区分		与金钱榕（圆叶橡皮树，*Ficus elastica* 'Decora'）的区别：有明显主干，叶子是单独一片片的大亮叶，长在树枝上的，是金钱榕；没有主干，叶子是由许多小叶片组成的复叶，一簇簇从土里冒出来的，是金钱树

●○ 生长习性速查表

特性	具体表现
光照	耐阴（50lx可存活），1000~3000lx生长最佳
温度	耐5℃低温（适温15~28℃），35℃以上休眠
水分	耐旱（2个月不浇水可存活），忌积水烂根
基质	需透气沙壤土（建议配方为粗沙:腐叶土=1:1）

●○ 栽培管理要点

可采用分株或叶插繁殖。春季分株选带2~3个芽点的块茎；叶插选健壮复叶，保持微润，约2~3个月生根。浇水遵循“宁干勿湿”原则，每月施一次稀释观叶肥。定期清理枯黄复叶，保持株型整洁。需10000~20000lx明亮散射光，保持20~30℃环境温度。注意防治块茎腐烂及介壳虫、红蜘蛛，忌积水与伤根频移。

●○ 应用价值

观赏价值： 羽状复叶油亮如钱币，肉质茎蓄水耐旱，可多年不换盆，适合“懒人养花”。

文化象征： 因叶形得名，象征“金钱滚滚”“招财进宝”，是新店开业必摆绿植。

配置应用： ①前台摆放——大盆放公司入口可增强气场。②客厅角落——弥补阴暗死角，金属花器提升轻奢感。

A179 广东万年青

学名： *Aglaonema modestum*

别名： 亮丝草（叶面光泽如丝）、开喉剑（药用名）

科属： 天南星科，广东万年青属

原产地： 中国华南至东南亚地区

●○ 识别特征速查表

项目		具体描述
形态特征	类型	多年生常绿草本，株高30~60厘米（盆栽通常20~40厘米），丛生型
	根	肉质纤维根，主根短粗，侧根发达，白色至浅褐色
	茎	直立或斜生，圆柱形，直径0.5~1.5厘米，节间短（1~3厘米），基部易生气生根
	叶	互生密集；长椭圆形至披针形，长10~25厘米，宽3~8厘米；叶面深绿色具光泽，叶背浅绿色，中脉明显；革质全缘，先端渐尖
	花	肉穗花序腋生，长3~6厘米；佛焰苞淡绿色，长4~8厘米；小花无花瓣，雌雄同序；花期夏季（栽培中少见开花）
	果实	浆果椭圆形，直径约5毫米，成熟时红色
识别关键		√中脉银白：叶面中央常具银白色条纹 √茎节明显：节处易生气生根 √耐阴性强：在200lx弱光下仍可生存
易混淆种区分		与白掌（*Spathiphyllum floribundum* 'clevelandii'）区别：广东万年青叶革质无波浪，白掌叶薄软波状；广东万年青佛焰苞绿色，白掌佛焰苞白色

●○ 生长习性速查表

特性	具体表现
光照	极耐阴（50lx可存活），1000~5000lx斑纹最鲜明
温度	耐5℃低温（适温18~28℃），35℃以上需降温
水分	需50%~70%空气湿度（干燥易叶缘焦枯）
基质	喜微酸性腐殖土（pH5.5~6.5），建议配方为泥炭∶松鳞∶珍珠岩=4∶3∶3

●○ 栽培管理要点

可采用分株或扦插繁殖。春季分株选带3~5片叶及根系的根茎；扦插剪10~15厘米茎段，保持湿度，约2~3周生根。生长期保持土壤微潮，每2~3周施一次稀释观叶肥。定期摘心促分枝，保持丛生丰满株型。需散射光环境，保持温度为18~28℃。注意防治叶斑病、根腐病及红蜘蛛、蚜虫，忌强光干燥与低温闷湿。

●○ 应用价值

观赏价值： 叶片厚实墨绿色，耐阴性强，可多年养护，株型紧凑，是经典的“懒人绿植标兵”。

文化象征： 因四季常青而象征“坚韧永恒”，岭南地区将其视为“镇宅植物”，寓意家宅安宁。

配置应用： ①办公室标配——白塑料盆群植，可放打印机旁吸收污染气体。②卫生间绿植——耐潮特性适合放在浴室角落，增添生机。

A180 空气凤梨

学名： *Tillandsia* spp.

别名： 空气草（生长特性）、铁兰花（花序特征）

科属： 凤梨科，铁兰属

原产地： 美洲热带及亚热带地区（从美国南部至阿根廷均有分布）

识别特征速查表

项目		具体描述
形态特征	类型	多年生附生草本，无土栽培，株高3~50厘米（因种而异）
	根	退化或仅具固定作用的气生根
	茎	短缩或伸长，部分种具匍匐茎
	叶	螺旋排列；线形、剑形、卷曲；灰绿色至银白色；被鳞片（吸水结构）
	花	穗状、头状花序；苞片艳丽（红色、粉色、黄色）；小花三瓣；花期因种而异
	果实	蒴果，种子带冠毛
识别关键		√无根生长：完全通过叶面吸收水分、养分 √特殊鳞片：叶面银白色鳞片反射强光 √开花特性：多数种类一生只开1次花
易混淆种区分		与松萝凤梨区别：空气凤梨有明确株型，松萝凤梨呈丝状下垂

生长习性速查表

特性	具体表现
光照	需明亮散射光（3000~20000lx）
温度	适温15~30℃（耐5℃短期低温）
水分	每周喷雾2~3次（相对湿度＞50%）
通风	需极佳空气流通（防闷热腐烂）

栽培管理要点

可采用侧芽繁殖或播种繁殖。花后分离母株基部蘖芽；播种需保持高湿，约2~3个月发芽。夏季每周浸泡10分钟，冬季每周喷雾2次，生长期每月喷施1/4浓度凤梨专用肥。银叶种需较强光照，绿叶种遮阴30%，保持良好通风。定期清理叶心积水，防止腐烂。注意防治心腐病及介壳虫，忌积水与环境密闭。

应用价值

观赏价值：奇特的无土生长方式使其成为现代艺术盆栽首选，可悬挂于贝壳、枯木上打造立体景观，花期苞片艳丽持久。

生态价值：对甲醛、苯等有害气体有吸收作用，特别适合装饰新装修环境，夜间释放负氧离子改善空气质量。

文化价值：象征"自由与坚韧"，欧美流行将其作为永生花材料，婚礼中寓意"不受束缚的爱"。

任务5.6.2 识别级物种

B257 富贵竹 *Dracaena sanderiana* 天门冬科，龙血树属

茎直立，细长，常不分枝；叶互生，披针形，绿色或具黄色条纹；圆锥花序，花小，白色，芳香；浆果球形，成熟时红色。

B258 铃兰 *Convallaria keiskei* 天门冬科，铃兰属

根状茎匍匐；叶通常2枚，椭圆形；总状花序偏向一侧，花钟形，白色，下垂，芳香浓郁，为核心特征；浆果球形，成熟时红色。

富贵竹

铃兰

B259 滴水观音 *Alocasia odora* 天南星科，海芋属

具肉质根茎；叶大型，盾状，卵状心形；佛焰苞黄绿色，肉穗花序，为核心特征；浆果红色。全株有毒。

B260 紫背竹芋 *Stromanthe sanguinea* 竹芋科，花竹芋属

根状茎；叶基生，长椭圆形，叶面绿色，叶背紫红色，为核心特征；圆锥花序，苞片红色，花小，白色。

B261 朱蕉 *Cordyline fruticosa* 天门冬科，朱蕉属

茎通常不分枝；叶聚生茎顶，披针形，常具紫红色、粉红色或黄色斑纹，为核心特征；圆锥花序，花小，淡红色至紫色；浆果红色。

B262 花叶万年青 *Dieffenbachia seguine* 天南星科，花叶万年青属

茎粗壮；叶大型，椭圆形，叶面绿色，具白色或黄色斑块，为核心特征；佛焰苞浅绿色。全株有毒。

B263 文竹 *Asparagus setaceus* 天门冬科，天门冬属

茎攀缘；叶状枝纤细，水平展开，呈云片状，为核心特征；花小，白色；浆果球形，成熟时紫黑色。

B264 仙羽蔓绿绒‘小天使’ *Philodendron Xanadu* 天南星科，喜林芋属

茎短缩；叶丛生，羽状深裂，裂片呈提琴形，为核心特征；佛焰苞绿色。

B265 白掌 *Spathiphyllum floribundum* ‘Clevelandii’ 天南星科，白鹤芋属

无茎或茎短；叶基生，长椭圆形；佛焰苞白色，卵形，高出叶面，肉穗花序黄白色，为核心特征。

B266 红掌 *Anthurium andraeanum* 天南星科，花烛属

茎短；叶基生，心形；佛焰苞蜡质，鲜红色、粉色或白色，肉穗花序黄色，直立，为核心特征。

B267 春羽 *Philodendron selloum* 天南星科，喜林芋属

茎短，具气生根；叶大型，羽状深裂，裂片呈不规则缺刻，为核心特征；佛焰苞绿色。

B268 金心吊兰 *Chlorophytum comosum* ‘Vittatum’ 天门冬科，吊兰属

具簇生肉质根；叶基生，条形，绿色，具黄色纵条纹，为核心特征；花葶细长，总状花序，花白色；匍匐茎生幼株。

B269 狐尾天门冬 *Asparagus densiflorus* ‘Myers’ 天门冬科，天门冬属

茎直立；分枝多而密，呈圆柱形狐尾状，为核心特征；叶状枝线形；花小，白色；浆果红色。

B270 矾根 *Heuchera micrantha* 虎耳草科，矾根属

根状茎；叶基生，心形，深裂，叶色丰富（紫色、红色、黄色、绿色等），为核心特征；圆锥花序，花小，钟形，白色或粉色。

B271 吊兰 *Chlorophytum comosum* 天门冬科，吊兰属

具簇生肉质根；叶基生，条形，全缘或具黄色条纹；花葶细长，总状花序，花白色；匍匐茎生幼株，为核心特征。

B272 国王椰子 *Ravenea rivularis* 棕榈科，国王椰属

茎单干，基部膨大；羽状复叶，拱形；花序腋生，花小，白色；果球形，成熟时红色。

滴水观音

紫背竹芋

朱蕉

花叶万年青

文竹

仙羽蔓绿绒‘小天使’

白掌

红掌

春羽

金心吊兰

狐尾天门冬

矾根

吊兰

国王椰子

单元5.7 藤蔓花卉识别与应用

◈ 任务5.7.1 掌握级物种

A181 茑萝

学名： *Ipomoea quamoclit*

别名： 五角星花（花形特征）、羽叶茑萝（叶形特征）

科属： 旋花科，番薯属

原产地： 热带美洲

●○ 识别特征速查表

项目		具体描述
形态特征	类型	一年生缠绕草本，茎长2~4米
	根	直根系，侧根发达
	茎	细长缠绕，直径1~2毫米，绿色带紫晕
	叶	互生羽状深裂，裂片线形，长2~3厘米，形似鸟羽
	花	腋生聚伞花序，花冠高脚碟状，径1.5~2厘米，深红色（偶见白色、粉色）；花期7~10月
	果实	蒴果卵圆形，种子黑色
识别关键		√“绿羽红星”：羽状细叶与星形红花形成鲜明对比 √速生攀缘：日生长量可达10~15厘米 √朝开暮谢：单花寿命1天，但花量巨大
易混淆种区分		与牵牛（*Ipomoea nil*）区别：茑萝叶羽状分裂，花小（< 2厘米）；牵牛叶心形，花大（> 5厘米）

●○ 生长习性速查表

特性	具体表现
光照	喜全日照（光补偿点20000lx），耐半阴
温度	适温18~30℃，不耐霜冻
水分	喜湿润，忌积水
土壤	喜肥沃疏松沙壤土（pH 6.0~7.5）

●○ 栽培管理要点

采用播种繁殖，春播浸种后点播，约5~7天发芽。表土干1厘米即浇透水，每周施一次磷钾液肥。需设置间距15~20厘米的网格或线架供其缠绕攀缘，苗高30厘米时摘心促发侧枝。及时疏剪过密枝叶以利通风透光。注意防治白粉病、叶斑病及红蜘蛛、潜叶蝇，忌密植与连作。

应用价值

观赏价值：茑萝以其精致的羽状叶片和繁星般的红色小花，在夏秋季节编织出“绿羽红星”的立体画卷，单株即可形成壮观的花瀑效果，是打造垂直花园的经典速生藤本。

文化象征：茑萝自古被赋予“依附共生”的寓意。《诗经》中“茑与女萝，施于松柏”的典故，使其成为表达亲密关系的文化符号，现代园艺中更引申为“坚韧向上”的生命力象征。

配置应用：与铁线莲搭配打造红白双色花墙；阳台栏杆缠绕栽培，形成“绿幕红星”效果；拱门绿化，营造浪漫花园入口。

A182 旱金莲

学名：_Tropaeolum majus_

别名：旱荷（叶似荷叶，耐旱）

科属：旱金莲科，旱金莲属

原产地：南美洲安第斯山脉

识别特征速查表

项目		具体描述
形态特征	类型	一年生或多年生蔓性草本，茎长1~3米（匍匐或攀缘）
	根	纤维状根系，主根不明显
	茎	肉质，中空，多分枝，节处易生气根
	叶	盾形，直径3~10厘米，叶缘波状；叶面蜡质，叶脉放射状
	花	单生叶腋，花径3~6厘米；花瓣5枚，基部具长距；花色橙色、黄色、红色；花期5~10月
	果实	分果，成熟时裂成3个小核果
识别关键		√盾形莲叶：圆形叶片具放射状叶脉 √鲜艳喇叭花：花瓣具长距，色彩艳丽 √清香味：全株具特殊香气
易混淆种区分		与金莲花（_Trollius chinensis_）区别：旱金莲叶盾形，金莲花叶掌状分裂

生长习性速查表

特性	具体表现
光照	喜全日照（耐半阴，但花量减少）
温度	耐5℃低温（最适15~25℃），30℃以上生长受抑制
水分	耐旱怕涝（浇水需“见干见湿”）
土壤	耐贫瘠（pH6.0~7.5），肥沃土壤反致叶茂花稀

栽培管理要点

可采用播种或扦插繁殖。春秋播种浸种后覆土1厘米，约7~10天发芽；扦插适用于重瓣品种，约2周生根。浇水“见干见湿”，每月施一次稀释磷钾肥。需全日照环境，苗高15厘米时摘心促分枝，引导其攀附低矮栅栏或垂吊栽培。注意防治白粉病、叶斑病及蚜虫、潜叶蝇，忌水肥不当与温湿失调。

应用价值

观赏价值：旱金莲以明艳花朵和莲状叶片，打造“陆生金莲”奇趣景观，集观花赏叶于一身。

文化象征： 因叶似莲花生旱地而得名，象征“随遇而安”；在南美洲作为疗伤草药，花语为“爱国心”。

配置应用： 旱金莲既可垂吊栽培形成“金瀑倾泻”的景观效果，又适合作为花境前景或地被植物铺展，其圆润的莲座状叶丛与鲜艳的喇叭形花朵，能快速填充庭院空隙，打造自然野趣的观赏亮点。

A183 香豌豆

学名： *Lathyrus odoratus*

别名： 花豌豆（观赏特性）、香豆花（香气特征）

科属： 豆科，山黧豆属

原产地： 意大利西西里岛

识别特征速查表

项目		具体描述
形态特征	类型	一年生攀缘草本，茎长1.5~2米
	根	直根系，具根瘤
	茎	细弱缠绕，具翅状突起
	叶	羽状复叶，小叶2~3对，卵形；顶端卷须分枝
	花	总状花序腋生，蝶形花冠，径2~5厘米；花色丰富（紫色、粉色、白色等），具浓郁甜香；花期4~7月
	果实	荚果长圆形，种子有毒不可食用
识别关键		√“香缎垂帘”：花序悬垂，花瓣质地如丝绸 √嗅觉盛宴：单株花香可覆盖5平方米范围 √古典花型：标准蝶形花结构，旗瓣宽大
易混淆种区分		与甜豌豆（*Lathyrus sativus*）区别：香豌豆花大芳香，种子有毒；甜豌豆花小无香，种子可食

生长习性速查表

特性	具体表现
光照	喜全日照（至少6小时直射光）
温度	耐-5℃低温，超过30℃生长停滞
水分	喜湿润忌涝，耐短期干旱
土壤	喜肥沃中性土（pH 6.5~7.5）

栽培管理要点

宜秋播繁殖，种子破皮浸种后直播，约10~15天发芽。花期保持土壤湿润，每周施一次高磷钾开花肥。需设置间距20厘米的立架或网架供其卷须攀缘，苗高30厘米时摘心促花。花后及时摘除残花，避免结籽以延长花期。注意防治白粉病、根腐病及蚜虫、潜叶蝇，忌连作与高温环境。

应用价值

观赏价值： 香豌豆以丝绸质感的花瓣和甜美馥郁的香气，打造出“视觉与嗅觉双重盛宴”，其悬垂的花序如彩缎飘舞，是古典花园不可或缺的浪漫元素。

文化象征： 因蔓延特性象征“亲情绵长”，欧美国家将其作为“友谊长青”礼物，是老人房常见绿植。

配置应用： 香豌豆适合作垂直绿化，通过拱门、花架或网格引导生长，既能形成“香花瀑布”，又可作高档切花；忌密植，需保持通风透光。

A184 牵牛

学名： *Ipomoea nil*

别名： 朝颜（晨开特性）、喇叭花（花形特征）

科属： 旋花科，番薯属

原产地： 热带美洲

●○ 识别特征速查表

项目		具体描述
形态特征	类型	一年生缠绕草本，茎长2~4米
	根	直根系，侧根发达
	茎	细长缠绕，密被糙毛
	叶	叶互生，宽卵形或近圆形，全缘或具3浅裂，基部心形，两面被糙毛
	花	腋生单花，漏斗状，径5~10厘米；花色丰富（蓝色、紫色、粉色等）；花期6~10月（晨开午谢）
	果	蒴果球形，种子黑色
识别关键		√“晨光喇叭”：清晨绽放喇叭形大花 √速生攀缘：日生长量可达10厘米 √变种丰富：园艺品种含重瓣、镶边、碎瓣等特殊花型
易混淆种区分		与圆叶牵牛（*Ipomoea purpurea*）区别：牵牛叶三裂，花通常蓝色；圆叶牵牛叶心形不裂，花多紫红色

●○ 生长习性速查表

特性	具体表现
光照	喜全日照（光补偿点20000lx）
温度	适温18~30℃，不耐霜冻
水分	耐旱忌涝
土壤	耐贫瘠，喜排水良好的沙壤土（pH 6.0~7.5）

●○ 栽培管理要点

宜春播繁殖，种子破皮浸种后直播，约5~7天发芽。幼苗期保持湿润，花期每2周施一次磷钾肥。需设置间距20厘米的栅栏、网架或线绳供其缠绕攀爬，主茎长达1米时打顶促发侧枝。定期疏剪过密老叶，增强通风。注意防治白粉病、锈病及红蜘蛛、蚜虫，忌移栽与荫蔽环境。

●○ 应用价值

观赏价值： 牵牛以清晨绽放的硕大喇叭花和丰富的花色变化，在夏秋季节上演“朝花夕谢”的绚丽场景，单朵花虽只绽放一日，但整体花期长达数月，是速成垂直绿化的经典选择。

文化象征： 在中国文化中承载着“朝开暮落”的生命哲思，既象征转瞬即逝的美好与无常，又因其顽强攀附的特性被赋予“坚韧向上”的品格，更因《诗经》中“牵牛织女”的典故成为思念与相逢的浪漫符号。

配置应用： 牵牛最适合作花架、篱笆的夏季遮阴绿化，通过不同花色品种混植可打造“彩虹花瀑”；需注意其自播性强，应及时剪除残花控制扩散范围。

A185 飘香藤

学名： *Mandevilla laxa*

别名： 花蔓草（形态特征）、唇形藤（花形描述）

科属： 夹竹桃科，飘香藤属

原产地： 南美洲

识别特征速查表

项目		具体描述
形态特征	类型	多年生常绿藤本，茎长2~4米
	根	肉质根系，具储水功能
	茎	圆柱形，幼茎绿色，老茎木质化
	叶	对生，椭圆形至卵形，长5~10厘米，革质；叶面深绿色有光泽
	花	漏斗状，径5~7厘米，花瓣5裂；花色粉色、红色、白色；具淡香；花期5~10月
	果	蓇葖果（栽培中少见）
识别关键		√“香瓣旋舞”：具有旋转展开的喇叭状花朵 √四季常绿：温暖地区全年保持叶色 √攀缘特性：茎缠绕需人工引导
易混淆种区分		与蒜香藤（*Mansoa alliacea*）区别：飘香藤叶无蒜味，花大而艳；蒜香藤叶揉碎有蒜味，花较小

生长习性速查表

特性	具体表现
光照	全日照至半阴（开花需不小于4小时直射光）
温度	耐5℃低温（冬季需保护），适温18~30℃
水分	耐旱忌涝，夏季需增加浇水
基质	喜疏松肥沃酸性土（pH 5.5~6.5）

栽培管理要点

可采用扦插或压条繁殖。春夏季扦插半木质化枝条，约20~30天生根；压条需环剥处理，约40天可分离。春秋每周浇水一次，生长期每2周施一次磷钾肥。需设置间距30厘米的拱架或栅格供其缠绕攀缘，花后修剪1/3枝条以促发新枝。注意防治叶斑病、白粉病及红蜘蛛、蚜虫，忌碱性土壤与阴湿环境。

应用价值

观赏价值： 飘香藤以其硕大的喇叭花和长达半年的花期，在藤蔓间绽放出“热带风情画卷”，旋转的花瓣配合淡雅香气，是打造垂直花墙的顶级选择。

文化象征： 飘香藤虽为引进物种，但在中国现代园艺文化中被赋予“幸福绵长”的寓意，其缠绕攀缘的特性象征爱情的缠绵，而持久绽放的艳红花朵则被视作喜庆吉祥的装饰元素，常被用于婚庆和节日景观营造。

配置应用： 飘香藤最适合通过拱门、花架引导生长，其强攀缘性和持久花期能快速形成“花瀑”效果；盆栽时需定期修剪保持株型，避免茎蔓过度缠绕。

◈ 任务5.7.2　识别级物种

B273 猪笼草 *Nepenthes mirabilis*
猪笼草科，猪笼草属

茎攀缘；叶互生，长圆形，中脉延长成卷须，末端形成捕虫囊，囊盖卵形，为核心特征；总状花序，花小，绿色或红色；蒴果。

猪笼草

B274 球兰 *Hoya carnosa*
夹竹桃科，球兰属

茎攀缘，节上生气生根；叶对生，肉质，卵形；伞形花序腋生，花冠蜡质，星形，白色至粉红色，具芳香，为核心特征；蓇葖果线形。

球兰

B275 锦屏藤 *Cissus sicyoides*
葡萄科，白粉藤属

茎蔓生，节具气生根；叶互生，卵圆形，常3浅裂；聚伞花序，花小，绿色；浆果紫黑色；气生根细长如帘，为核心特征。

锦屏藤

B276 绿萝 *Epipremnum aureum*
天南星科，麒麟叶属

茎攀缘，节具气生根；叶互生，卵形，全缘，绿色或具黄色斑块，为核心特征；肉穗花序，佛焰苞绿色。

绿萝

B277 吊竹梅 *Tradescantia zebrina*
鸭跖草科，紫露草属

茎匍匐；叶互生，卵状长圆形，叶面绿色具紫色及银色条纹，叶背紫色，为核心特征；聚伞花序，花紫红色；蒴果。

吊竹梅

B278 铜钱草 *Hydrocotyle vulgaris*
五加科，天胡荽属

茎匍匐；叶互生，圆形盾状，具波状缘，形似铜钱，为核心特征；伞形花序，花小，白绿色；双悬果扁圆形。

铜钱草

B279 千叶兰 *Muehlenbeckia complexa*
蓼科，千叶兰属

茎细长，匍匐或下垂；叶互生，圆形，极小，密集，为核心特征；花小，黄绿色；瘦果黑色，具光泽。

千叶兰

单元5.8　草坪草识别与应用

◇ 任务5.8.1　掌握级物种

A186 高羊茅

学名： *Festuca elata*

别名： 苇状羊茅（形态特征）、四季青（草坪用途）

科属： 禾本科，羊茅属

原产地： 欧洲、北非及西亚，现全球温带地区广泛栽培

●○ 识别特征速查表

项目		具体描述
形态特征	类型	多年生丛生型草本，株高30~100厘米，具短根状茎
	根	纤维状根系发达，深可达1.5米，耐旱性强
	茎	直立或基部膝曲，秆粗壮，具3~5节
	叶	线形，长15~40厘米，宽4~10毫米，叶背粗糙，叶缘锯齿状；深绿色，质地坚硬
	花	圆锥花序松散，长10~30厘米，小穗含4~8朵小花，花期春末夏初
	果实	颖果纺锤形，长约4毫米
识别关键		√“硬叶丛生”：叶片直立坚硬，触感粗糙 √“深根抗旱”：根系深度是普通草坪草的2~3倍 √ 冷季特性：春秋两季生长旺盛，夏季高温生长减缓
易混淆种区分		与草地早熟禾（*Poa pratensis*）区别：高羊茅叶背粗糙，叶鞘闭合；花序分枝粗糙；草地早熟禾叶背光滑，叶鞘开裂；花序分枝平滑

●○ 生长习性速查表

特性	具体表现
光照	喜全日照（≥30000lx），耐半阴（光照补偿点1000lx）
温度	适温15~25℃，耐-15℃低温，夏季35℃以上休眠
水分	耐旱性强，年降水量400毫米以上可自然生长，忌长期积水
土壤	适应性强，pH 5.5~8.0，耐盐碱

●○ 栽培管理要点

可采用播种或铺植草皮建植。春秋播种覆土0.5~1厘米，约7~10天出苗；铺植草皮需压实并充分浇水。成坪后每月深灌1~2次，春秋季每平方米施10~15克缓释氮肥。草坪留茬高度保持5~8厘米，定期清理枯草层，每年春秋进行打孔通气。注意防治褐斑病、锈病及草地螟、蚜虫，忌频繁低修剪与夏季过量施氮肥。

●○ 应用价值

生态价值： 水土保持先锋植物，公路边坡绿化首选，抗PM2.5能力显著（叶面绒毛吸附粉尘）。

文化象征： 在欧美庄园文化中代表“规整与秩序”，是高尔夫球场发球区标志性草种。

应用场景： 运动场草坪（足球/橄榄球）、牧草种植、生态修复（矿区/盐碱地）。

A187 狗牙根

学名： *Cynodon dactylon*

别名： 百慕大草（商业名称）、绊根草（生长特性）

科属： 禾本科，狗牙根属

原产地： 非洲热带地区

●○ 识别特征速查表

项目		具体描述
形态特征	类型	多年生匍匐型草本，株高10~40厘米，具发达匍匐茎和根状茎
	根	须根系深达1米，根状茎白色节间明显，耐旱性强
	茎	匍匐茎紫红色，节间长2~10厘米，节部生根
	叶	线形，长2~15厘米，宽1~4毫米，叶缘具细齿；灰绿色，质地坚韧
	花	穗状花序3~6枚指状排列，长2~5厘米，花期夏秋季
	果实	颖果卵形，长约1毫米
识别关键		√"铁线匍匐"：紫红色匍匐茎如铁丝般坚韧 √"夏绿冬枯"：25℃以上生长旺盛，10℃以下地上部枯黄 √超强再生：单节茎段即可萌发新株
易混淆种区分		与结缕草（*Zoysia japonica*）区别：狗牙根叶窄（< 4毫米），匍匐茎紫红色；结缕草叶宽（> 5毫米），匍匐茎绿色

●○ 生长习性速查表

特性	具体表现
光照	极喜光（≥35000lx），遮阴环境下生长不良
温度	适温25~35℃，耐45℃高温，10℃以下休眠
水分	耐旱性强，年降水量300毫米可存活，忌长期积水
土壤	耐贫瘠，pH 5.0~8.5，耐盐碱

●○ 栽培管理要点

可采用茎段繁殖或草皮铺植建植。茎段繁殖选3节以上匍匐茎，约7天成活；铺植后滚压并保持湿润。成坪期每周透灌1次，生长季每月施一次高氮肥。草坪留茬高度保持2~4厘米，定期处理枯草层，夏季适当提高留茬高度以增强抗逆性。注意防治币斑病、枯萎病及蛴螬、斜纹夜蛾，忌遮荫环境与冬季施肥。

●○ 应用价值

经济价值： 全球用量最大的暖季型草坪草，养护成本仅为冷季型草的30%。

生态价值： 固沙先锋植物，地表覆盖度 > 90%时可减少水土流失80%。

应用场景： 高尔夫球场果岭/球道、足球场、护坡固堤、机场草坪。

A188 马尼拉草

学名： *Zoysia matrella*

别名： 沟叶结缕草（形态特征）、台湾草（地区俗称）

科属： 禾本科，结缕草属

原产地： 东南亚及太平洋群岛

识别特征速查表

项目		具体描述
形态特征	类型	多年生匍匐型草本，株高5~15厘米，具发达根状茎和匍匐茎
	根	须根系深30~50厘米，根状茎节间短，耐旱性强
	茎	匍匐茎纤细（直径1~2毫米），节部生根，扩展速度中等
	叶	线形内卷，长2~8厘米，宽1~2毫米，叶缘具细毛；翠绿色，质地柔软
	花	总状花序短小，长1~3厘米，常被叶片遮挡，花期夏季
	果实	颖果卵形，罕见结实
识别关键		√"天鹅绒质感"：叶片细密柔软，成坪如绿色绒毯 √"慢生耐耗"：年扩展半径15~20厘米，耐践踏性强 √夏旺冬眠：25℃以上生长快，10℃以下地上部枯黄
易混淆种区分		与结缕草（*Zoysia japonica*）区别：马尼拉草叶宽＜2毫米，匍匐茎纤细；结缕草叶宽2~4毫米，匍匐茎粗壮

生长习性速查表

特性	具体表现
光照	喜全日照（≥30000lx），耐50%遮阴
温度	适温25~32℃，耐-5℃短期低温，45℃仍可存活
水分	耐旱性强，年降水量400毫米可正常生长，忌长期积水
土壤	适应性强，pH 5.5~8.0，耐轻度盐碱

栽培管理要点

可采用草皮铺植或茎段繁殖建植。铺植后滚压浇水，约7~10天扎根；茎段繁殖需均匀撒布并覆薄土。成坪期每10天深灌1次，生长季每月施一次缓释肥。观赏草坪留茬高度保持2~3厘米，运动草坪可略高，定期清除枯草层，春季进行轻度垂直修剪。注意防治锈病、叶枯病，忌频繁重剪与阴湿环境。

应用价值

经济价值： 中高端景观草坪主力草种，养护成本比冷季型草低40%。

生态价值： 滞尘能力突出（每平方米叶面积吸尘量达1.2克），降噪效果显著。

应用场景： 别墅庭院草坪、高尔夫球场球道、公园观赏草坪、屋顶绿化。

◇ 任务5.8.2 识别级物种

B280 草地早熟禾 *Poa pratensis* 禾本科，早熟禾属

秆丛生，直立或基部倾斜；叶线形，扁平，柔软，呈V形折叠；圆锥花序开展，分枝下部常裸露；小穗含2~5花；颖果纺锤形。为重要草坪草种。

B281 黑麦草 *Lolium perenne* 禾本科，黑麦草属

秆丛生，直立；叶线形，扁平，叶面有光泽，叶背光滑；穗状花序顶生，小穗无柄，侧生于穗轴凹陷处；颖果矩圆形。为重要牧草及草坪草种。

B282 细叶结缕草 *Zoysia Pacifica* 禾本科，结缕草属

具匍匐茎；叶线形，纤细，密集，质地柔软如天鹅绒，为核心特征；总状花序穗状，小穗小；颖果细小。为优质观赏草坪草种。

B283 剪股颖 *Agrostis stolonifera* 禾本科，剪股颖属

具匍匐茎；叶线形，扁平；圆锥花序开展，分枝纤细；小穗小，含1花；颖果细小。为重要高尔夫球场草坪草种。

B284 矮生百慕大 *Cynodon dactylon × C. transvaalensis* 禾本科，狗牙根属（杂交种）

具发达匍匐茎和根状茎；叶线形，短而细密；穗状花序指状排列；小穗含1花；颖果。为常见运动场及绿化草坪草种。

B285 蓝羊茅 *Festuca glauca* 禾本科，羊茅属

秆密丛生；叶内卷成针状，呈银蓝灰色，为核心特征；圆锥花序狭窄，有时呈穗状；小穗含3~8花；颖果。为重要观赏草。

草地早熟禾

黑麦草

细叶结缕草

剪股颖

矮生百慕大

蓝羊茅

单元5.9 水生花卉识别与应用

◇ 任务5.9.1 掌握级物种

A189 黄菖蒲

学名： *Iris pseudacorus*

别名： 水生鸢尾（生态型）、黄金鸢尾（花色）

科属： 鸢尾科，鸢尾属

原产地： 欧洲及西亚

●○ 识别特征速查表

项目		具体描述
形态特征	类型	多年生湿生草本（具粗壮根状茎），株高60~120厘米（含花茎），丛生型
	根	粗壮根状茎，直径1.5~3厘米，横走，具多数须根
	茎	直立，圆柱形，基部被叶鞘包裹
	叶	基生二列状；剑形，长50~100厘米，宽1.5~3厘米；中脉明显，全缘，先端渐尖；灰绿色，基部鞘状

续表

项目		具体描述
形态特征	花	聚伞花序；花茎高60~100厘米，着花3~10朵；花径8~10厘米，花被片6枚；亮黄色，基部具褐色斑纹；花期5~6月
	果实	蒴果三棱状椭圆形，长4~6厘米，种子褐色
识别关键		√湿地生长：常生于浅水区域 √黄花褐斑：花瓣基部具醒目斑纹 √剑形叶丛：叶片直立如剑排列
易混淆种区分		与鸢尾（*Iris tectorum*）区别：黄菖蒲花色纯黄，鸢尾多蓝紫色花；黄菖蒲叶更宽，质地更硬挺

●○ 生长习性速查表

特性	具体表现
光照	需全日照（耐半阴但花量减少30%）
温度	适温15~28℃（耐-15℃冰冻，40℃下仍存活）
水分	水深0~30厘米（可短期耐受1米深水浸泡）
土壤	喜淤泥质壤土（pH 5.0~8.0），耐盐度0.5%

●○ 栽培管理要点

可采用分株或播种繁殖。春秋季分株选带3~5芽的根茎，栽植于10~30厘米浅水区；播种需浅覆土保持湿润，约3~4周发芽。栽前施腐熟有机肥，生长期一般无需追肥。需全日照环境，每2~3年分株一次，避免过度拥挤。及时清除枯黄叶片，保持水体洁净。注意防治叶斑病、锈病及蚜虫、蜗牛，忌碱性土壤与荫蔽环境。

●○ 应用价值

观赏价值：亮黄色花朵三瓣展开，喉部具褐色纹路，剑形叶片直立如刃，水生丛植时花叶相映，呈现明快的水岸景观。

文化象征：在欧洲中世纪象征“信仰与光明”，常出现于宗教画作；在中国端午节与艾草同挂，寓意“驱邪纳吉”。

配置应用：在池塘浅水区或湿地片植，与睡莲、水葱构成生态群落；切花用于庆典花艺，金色显贵气；耐盐碱特性适合滨海地区绿化。

A190 千屈菜

学名： *Lythrum salicaria*

别名：水柳（形态特征）、水枝锦（古称）

科属：千屈菜科，千屈菜属

原产地：欧亚大陆温带地区

●○ 识别特征速查表

项目		具体描述
形态特征	类型	多年生湿生或水生草本（具粗壮根状茎），株高60~120厘米（含花茎），丛生型
	根	根状茎粗壮，直径1.5~3厘米，横走，具多数须根
	茎	四棱形，多分枝，常呈红褐色
	叶	对生或轮生，披针形，长3~10厘米，全缘，无柄，抱茎
	花	穗状花序顶生，长15~40厘米；花径1~1.5厘米，花瓣6枚；紫红色；花期6~9月
	果实	蒴果卵圆形，2瓣裂
识别关键		√长穗紫花：密集的紫色长穗花序 √四棱茎秆：茎部明显四棱柱形 √水生/湿生：常生于浅水区域或河岸湿地

续表

项目	具体描述
易混淆种区分	与柳叶菜（*Epilobium hirsutum*）区别：千屈菜叶对生，柳叶菜叶互生 与薄荷（*Mentha canadensis*）区别：千屈菜的茎为四棱形，中空；薄荷的茎虽然也是锐四棱形，但具四个槽，质地相对柔软，一般不会呈现明显的中空状态

生长习性速查表

特性	具体表现
光照	全日照环境（≥30000lx，耐半阴）
温度	适温18~28℃（耐-25℃低温，40℃短期存活）
水分	适宜水深0~30厘米（可短期耐受近1米深水浸泡）
土壤	淤泥质最佳（耐pH 5.0~8.5）

栽培管理要点

可采用分株或播种繁殖。春秋季分株选带3~5芽的根茎，栽植于10~30厘米浅水区；春播微覆土，15~20℃下10~15天发芽。生长期每月施一次稀释液肥。需全日照，花后及时剪除残花，每2~3年分株疏密。注意防治锈病、叶斑病及蚜虫、红蜘蛛，忌干旱盐碱与密植闷根。

应用价值

观赏价值：穗状花序挺拔如紫红色火炬，花瓣细碎似流苏，花期绵长，水岸种植时花叶相映，兼具野趣与华丽感。

文化象征：在欧洲有象征“信仰与光明”的历史；中国民间有在端午节与艾草同挂的习俗。

配置应用：在湿地公园浅滩片植，形成夏秋紫色花带；庭院水景边缘与黄菖蒲、水葱搭配，构建色彩与质感对比的生态景观。

A191 荷花

学名：*Nelumbo nucifera*

别名：莲花（通称）、水芙蓉（形态特征）、芙蕖（古称）

科属：莲科，莲属

原产地：亚洲热带及温带地区

识别特征速查表

项目		具体描述
形态特征	类型	多年生大型挺水草本，株高1~2.5米（含花茎）
	根	横走肥大根状茎（藕），节部生不定根
	茎	地下茎（根状茎）圆柱形，中空，具节；叶柄与花梗直立，粗壮，具刺
	叶	盾状圆形，全缘，直径25~90厘米；叶面深绿色，具蜡质，不沾水；叶背淡绿色；叶柄粗壮，具硬刺
	花	单生，花径10~25厘米；花瓣15~30枚；花色粉色、白色、黄色等；花期6~9月
	果实	莲蓬蜂窝状，内含莲子
识别关键		√出水挺立：花、叶均高出水面 √莲座叶序：叶片呈同心圆状排列 √藕节结构：地下茎具明显节间
易混淆种区分		与睡莲（*Nymphaea tetragona*）区别：荷花叶花均挺水，睡莲叶浮水 与萍蓬草（*Nuphar pumila*）区别：荷花叶圆形无缺刻，萍蓬草叶卵形基部缺刻

生长习性速查表

特性	具体表现
光照	强阳性植物，需全日照环境（每日需大于等于6小时直射光）
温度	适温25~35℃（耐40℃高温，10℃以下休眠）

续表

特性	具体表现
水分	0.3~1.2米（幼苗期浅水，成株耐2米深水）
土壤	肥沃淤泥层（厚度≥30厘米，有机质＞8%）

●○ 栽培管理要点

可采用分藕或种子繁殖。春季分藕选带顶芽的2~3节藕段，栽于浅水区，约7~10天出叶；种子需破皮浸泡约1周发芽。按生长期调控水位，初栽浅水，随生长渐加深。栽前施足腐熟有机肥。需全日照，每株保留3~5片立叶，及时摘除老叶、残花。注意防治腐败病、叶斑病及蚜虫、斜纹夜蛾，忌荫蔽与深水闷根。

●○ 应用价值

观赏价值： 花朵亭立，花瓣多数，形态优美；花色丰富（白色、粉色、红色及间色等）；叶片大型，盾状圆形，具独特美感。

文化象征： 佛教圣花，代表“超脱与纯净”，周敦颐《爱莲说》赋予其“君子品格”；东南亚国家视其为生命与吉祥的图腾。

配置应用： 中式庭院湖塘中的主体植物，搭配香蒲、菖蒲形成水生群落；小型品种可盆栽，用于点缀庭院、露台等，再现“鱼戏莲叶”的诗画意境。

A192 睡莲

学名： *Nymphaea tetragona*

别名： 子午莲（开花习性）、水中女神（雅称）

科属： 睡莲科，睡莲属

原产地： 全球热带至温带水域

●○ 识别特征速查表

项目		具体描述
形态特征	类型	多年生水生草本，浮叶或挺水叶直径10~30厘米（部分热带品种叶片可更大）
	根	根状茎（块状或匍匐状），具多数须根
	茎	茎短缩，部分热带种类具较长的叶柄和花梗
	叶	叶圆形或卵形，叶基通常具弯缺（V形裂口）；叶面光滑，背面颜色因种而异（常呈绿色或带紫色）；浮水或（部分热带种）挺水
	花	单生，花径5~20厘米；花瓣15~30枚；花色白色、粉色、黄色、蓝色等；花期5~9月
	果实	海绵质浆果，水下成熟
识别关键		√浮水叶片：叶片平铺水面，具放射状叶脉 √昼开夜合：花朵白天开放，傍晚闭合 √花色丰富：花色多样，包括白色、粉色、黄色、红色、蓝色及复色等
易混淆种区分		与萍蓬草（*Nuphar pumila*）区别：睡莲花瓣多，萍蓬草花瓣状萼片5~6枚 与王莲（*Victoria amazonica*）区别：睡莲叶平展，王莲叶缘直立

●○ 生长习性速查表

特性	具体表现
光照	需阳光充足的环境（耐半阴的品种较少，且开花会受影响）
温度	热带种适温25~32℃，耐寒种适温18~28℃
水分	水深30~80厘米（迷你种15厘米，巨型种1.5米）
土壤	喜腐殖质黏土（pH 6.0~7.5，厚度≥20厘米）

●○ 栽培管理要点

可采用分株或播种繁殖。春季分株选带生长点的根茎段，栽于淤泥；播种保持25~30℃水温，约15~30天发芽。按品种调控适宜水深，耐寒种宜30~60厘米，热带种宜15~30厘米。栽前施腐熟有机肥。需全日照，及时清除枯叶，保留5~7片健康叶。注意防治叶斑病、根腐病及莲缢管蚜、水螟蛾，忌荫蔽与水深不当。

应用价值

观赏价值：花朵浮水或挺水绽放，多数种类有昼开夜合的习性；花色丰富；叶片光亮，观赏价值高。

文化象征：古埃及视其为太阳崇拜的圣花，象征复活与永恒；佛教中寓意“超脱红尘”，代表纯净与智慧。

配置应用：点缀庭院静水池塘，与荷花、萍蓬草搭配增强层次；小型品种适合容器栽培，用于营造小型水景。

A193 梭鱼草

学名：_Pontederia cordata_

别名：海寿花（花序形态别致）、蓝花水竹（水生且花蓝色）

科属：雨久花科，梭鱼草属

原产地：北美洲东部

识别特征速查表

项目		具体描述
形态特征	类型	多年生挺水草本，株高60~120厘米
	根	匍匐根茎粗壮，节部生不定根
	茎	花茎圆柱形，直立，中空，基部常带紫红色
	叶	叶基生，叶片心形至卵状披针形，长10~20厘米，全缘；叶面光滑；叶柄长，基部形成鞘
	花	穗状花序顶生，长10~15厘米；小花蓝紫色，二唇形；花期6~9月
	果实	蒴果卵形，种子具翅
识别关键		√“水际蓝穗”：挺水生长的蓝紫色花穗 √叶柄特化：中空叶柄具浮力（适应水深变化）
易混淆种区分		与再力花（*Thalia dealbata*）区别：梭鱼草花序直立，叶心形，株高 < 1.5米；再力花花序弯曲，叶卵状披针形，株高 > 2米

生长习性速查表

特性	具体表现
光照	喜阳光充足，也耐半阴（光照不足会导致开花减少）
温度	耐-20℃低温（适生温度15~30℃），35℃以上休眠
水深	适宜水深20~50厘米，可短期耐受更深水位或轻度干旱
土壤	喜淤泥质土壤（有机质含量>5%），耐pH6.0~8.5

栽培管理要点

可采用分株或种子繁殖。春季分株选带芽根茎段，栽于10~30厘米浅水区，约2周萌发；种子浸泡后播于浅水层。生长期保持15~30厘米静水，栽前施腐熟有机肥，生长期每月追施低氮高磷钾缓释肥。需全日照，花后及时修剪残花。注意防治叶斑病、锈病及蚜虫、水螟蛾，忌水深骤变与极端环境。

应用价值

观赏价值：穗状花序蓝紫色，挺立水面；叶片翠绿色，形态优美；花期长，具有较高的观赏价值。

文化象征：因吸引鱼类栖息而象征“生态繁荣”，北美原住民视其为“渔获预兆”，现代水景中代表“自然共生”。

配置应用：适合在池塘、沼泽园等浅水区丛植或片植。也可用于生态浮岛或人工湿地项目。

A194 再力花

学名： *Thalia dealbata*

别名： 水竹芋（叶形似竹芋）、水莲蕉（花序似芭蕉）

科属： 竹芋科，再力花属

原产地： 北美洲南部

●○ 识别特征速查表

项目		具体描述
形态特征	类型	多年生挺水草本，株高1.5~3米，丛生
	根	根状茎粗壮，具多数须根
	茎	直立，圆柱形，被白粉
	叶	卵状披针形，长30~60厘米，宽15~30厘米；叶面绿色，叶背被白粉；叶鞘抱茎
	花	圆锥花序顶生，长30~50厘米；花紫色，花瓣3枚；花期7~9月
	果实	坚果球形，直径约1厘米
识别关键		√高大挺水：植株高大挺拔，适宜在浅水区生长 √白粉叶背：叶片背面覆盖明显白色粉状物 √紫色花序：大型紫色圆锥花序显著

续表

项目	具体描述
易混淆种区分	与梭鱼草（*Pontederia cordata*）区别：再力花植株更高大，叶背有白粉；梭鱼草叶心形，花序蓝色

●○ 生长习性速查表

特性	具体表现
光照	需全日照（耐50%遮阴，但开花减少）
温度	耐-10℃低温（适生温度20~32℃），40℃短期可存活
水深	适宜30~80厘米（最大耐2米）水深，可短期干旱
土壤	喜淤泥深度≥20厘米（有机质含量>8%）

●○ 栽培管理要点

可采用分株或种子繁殖。春季分株选带2~3芽点的根茎，栽于20~50厘米浅水区；种子浸泡后播于浅水层。生长期保持静水，栽前施腐熟有机肥，生长期追施磷钾肥。需全日照，每丛保留3~5株，避免过密。及时剪除枯叶与残花。注意防治锈病、叶斑病及蚜虫、卷叶螟，忌干旱、冻害与暴晒荫蔽。

●○ 应用价值

观赏价值： 蓝紫色花序亭立如塔，叶片宽大覆白粉，株高2米，气场强大，是湿地公园中的"水景女王"。

文化象征： 因强健特性象征"重生之力"，美洲原住民用于编织疗伤，现代景观中可用于生态修复。

配置应用： 在人工湖岸群植形成屏障，净化水质兼赏花。在庭院水景中搭配木栈道，营造秘境步道。

A195 慈姑

学名： *Sagittaria trifolia* subsp. *leucopetala*

别名： 剪刀草（叶形似剪刀）、白地栗（块茎形似荸荠）

科属： 泽泻科，慈姑属

原产地： 东亚温带地区

●○ 识别特征速查表

项目		具体描述
形态特征	类型	多年生水生或湿生草本，株高30~100厘米
	根	具匍匐根状茎，末端膨大成球茎（可食用）
	茎	直立，中空，基部常匍匐
	叶	基生叶箭形，长5~25厘米，先端尖锐，基部裂片开展；挺水叶箭形，浮水叶椭圆形
	花	总状花序轮生，花白色，单性，雌雄同株；花期7~9月
	果实	瘦果扁平，具翅，聚合成球形果序
识别关键		√箭形叶：典型箭头状叶片，基部两侧裂片尖锐 √球茎结构：地下匍匐茎末端膨大，形成可食用球茎 √三花轮生：花序每轮通常着生3朵花
易混淆种区分		与泽泻（*Alisma plantago-aquatica*）区别：慈姑叶箭形，泽泻叶卵形或椭圆形 与野慈姑（*Sagittaria trifolia*）区别：慈姑叶较大，花通常白色；野慈姑叶较小，花常带紫晕

●○ 生长习性速查表

特性	具体表现
光照	需全日照（耐50%遮阴，产量降低）
温度	耐0℃低温（适温20~30℃），35℃以上休眠
水深	适宜20~50厘米（最大耐1.2米）水深
土壤	肥沃淤泥（有机质>8%），pH6.0~7.5

●○ 栽培管理要点

可采用分球或种子繁殖。春季分球选带芽眼的球茎，栽于浅水泥土；种子层积后播于浅水层，约2~3周发芽。生长期保持10~20厘米浅水，栽前施足腐熟有机肥，生长期追施磷钾肥。需全日照，每平方米保留15~20株，避免过密。及时清除杂草与老叶。注意防治纹枯病、叶斑病及蚜虫、福寿螺，忌干旱碱土与冻害伤种。

●○ 应用价值

观赏价值： 箭形叶片挺拔，夏季开小白花，地下球茎圆润如珠，是水生植物中的“农田明星”。

文化象征： 因球茎可食而象征“慈母哺育”，江南水乡视其为“丰收作物”，《诗经》中代表思念之情。

配置应用： 生态池塘浅水区丛植，搭配睡莲营造层次。农耕体验——亲子种植观察球茎生长，科普水生作物。

◈ 任务5.9.2 识别级物种

B286 水罂粟 *Hydrocleys nymphoides*
花蔺科，水罂粟属

浮水草本；叶卵圆形，盾状着生，亮绿色；花单生，花瓣3枚，黄色 为核心特征；蒴果。

B287 王莲 *Victoria amazonica*
睡莲科，王莲属

浮水草本；叶巨大，圆形，边缘直立，背面具刺，为核心特征；花大，花色由白色变为粉红色，夜间开放；浆果球形。

B288 水葱 *Schoenoplectus tabernaemontani*
莎草科，水葱属

秆直立，圆柱形；叶退化为鞘状；聚伞花序假侧生，小穗卵形，褐色；小坚果倒卵形。

B289 旱伞草 *Cyperus involucratus*
莎草科，莎草属

秆直立，丛生；叶退化为鞘状；苞片叶状，轮生于秆顶，呈伞形，为核心特征；聚伞花序，小穗扁平。

B290 凤眼莲 *Eichhornia crassipes*
雨久花科，凤眼莲属

浮水草本 叶卵圆形，叶柄膨大成气囊，为核心特征；穗状花序，花蓝紫色，具眼斑；蒴果。

B291 光叶眼子菜 *Potamogeton lucens*
眼子菜科，眼子菜属

沉水草本；叶互生，长椭圆形，薄而透明；穗状花序顶生，花小，绿色；小坚果斜卵形。

B292 紫芋 *Colocasia tonoimo*
天南星科，芋属

湿生草本；具块茎；叶盾状，卵状心形，紫黑色，为核心特征；佛焰苞黄色；浆果。

B293 萍蓬草 *Nuphar pumila*
睡莲科，萍蓬草属

浮水草本；叶卵形，浮水或沉水；花单生，花瓣状萼片黄色，花瓣小，为核心特征；浆果卵形。

B294 荇菜 *Nymphoides peltata*
睡莲科，荇菜属

浮水草本；叶心形，浮于水面；花簇生，黄色，花冠5深裂，边缘具睫毛，为核心特征；蒴果长椭圆形。

水罂粟

王莲

水葱

旱伞草

凤眼莲

光叶眼子菜

紫芋

萍蓬草

荇菜

B295 苦草 *Vallisneria natans*
水鳖科，苦草属

沉水草本；叶基生，带状；花单性，雌花具长梗，螺旋状卷曲，为核心特征；果圆柱形。

B296 菹草 *Potamogeton crispus*
眼子菜科，眼子菜属

沉水草本；叶互生，带状，边缘波状并具细齿；穗状花序顶生，花小，绿色；小坚果斜卵形。

B297 黑藻 *Hydrilla verticillata*
水鳖科，黑藻属

沉水草本；叶4~8枚轮生，线形；花单性，微小，腋生；果线形。

B298 金鱼藻 *Ceratophyllum demersum*
金鱼藻科，金鱼藻属

沉水草本；叶4~12枚轮生，二歧细裂；花小，单性，腋生；坚果椭圆形，具刺。

B299 田字苹 *Marsilea quadrifolia*
苹科，苹属

水生蕨类；具匍匐根茎；小叶4片，十字形着生，浮水或挺水，为核心特征；孢子果生于叶柄基部。

B300 黄花水龙 *Ludwigia peploides* subsp. *stipulacea*
柳叶菜科，丁香蓼属

浮水或匍匐草本；叶互生，长圆形；花单生，花瓣5枚，黄色，为核心特征；蒴果圆柱形。

B301 莼菜 *Brasenia schreberi*
莼菜科，莼菜属

浮水草本；叶椭圆状矩圆形，浮于水面，背面具透明胶质，为核心特征；花小，暗紫色；坚果卵形。

B302 日本花菖蒲 *Iris ensata* var. *ensata*
鸢尾科，鸢尾属

湿生草本；根状茎粗壮；叶剑形，中脉显著；花大，花色丰富（紫色、蓝色、白色、粉色等），花被片开展，为核心特征；蒴果长圆形。

B303 水鳖 *Hydrocharis dubia*
水鳖科，水鳖属

浮水草本；具匍匐茎；叶心形，背面中部具海绵质气囊，为核心特征；花单性，白色；果为浆果状。

苦草

菹草

黑藻

金鱼藻

田字苹

黄花水龙

莼菜

日本花菖蒲

水鳖

B304 满江红 *Azolla pinnata*
满江红科，满江红属

小型浮水蕨类；植物体呈三角形，羽状分枝，秋冬季变红褐色，为核心特征；孢子果成对生于分枝基部。

满江红

B305 眼子菜 *Potamogeton distinctus*
眼子菜科，眼子菜属

浮叶草本；浮水叶革质，卵状椭圆形，沉水叶膜质；穗状花序顶生，花小，绿色；小坚果斜倒卵形。

眼子菜

B306 槐叶苹 *Salvinia natans*
槐叶苹科，槐叶苹属

浮水蕨类　叶3片轮生，2片浮水，1片细裂成须根状；孢子果簇生于沉水叶基部。

槐叶苹

B307 狐尾藻 *Myriophyllum verticillatum*
小二仙草科，狐尾藻属

沉水草本；叶4~6枚轮生，羽状细裂，呈狐尾状，为核心特征；花单性，腋生；果球形。

狐尾藻

B308 香蒲 *Typha orientalis*
香蒲科，香蒲属

挺水草本；秆直立；叶带状，基部鞘状；肉穗花序，雌雄花序紧密相接，雄花序在上，雌花序在下，呈蜡烛状，为核心特征；小坚果。

香蒲

B309 花菖蒲 *Iris ensata* var. *hortensis*
鸢尾科，鸢尾属

球根湿生草本；具鳞茎；叶剑形；花大，花色丰富（蓝色、紫色、白色、黄色等），花被片开展，为核心特征；蒴果。

花菖蒲

B310 灯芯草 *Juncus effusus*
灯芯草科，灯芯草属

秆丛生，直立，圆柱形；叶退化为鞘状；聚伞花序假侧生，花小，淡绿色；蒴果卵形。

灯芯草

B311 聚草 *Myriophyllum aquaticum*
小二仙草科，狐尾藻属

沉水或挺水草本；叶4~6枚轮生，羽状细裂，水上叶常呈鲜绿色；花单性，腋生；果球形。

聚草

B312 欧洲慈姑 *Sagittaria sagittifolia*
泽泻科，慈姑属

挺水草本；具匍匐茎；沉水叶带状，浮水叶箭形，为核心特征；总状花序，花白色；瘦果斜倒卵形。

欧洲慈姑

项目6　多浆花卉

单元6　多浆花卉识别与应用

任务6.1　掌握级物种

A196 芦荟

学名： *Aloe vera*

别名： 油葱（古称）、龙角（叶形）

科属： 阿福花科，芦荟属

原产地： 阿拉伯半岛

识别特征速查表

项目		具体描述
形态特征	类型	多年生常绿肉质草本，常无茎或具短茎，呈莲座状丛生；不同品种株高差异较大
	根	须根系，主根不明显，根系相对较浅
	茎	通常短缩，部分品种（如树芦荟）茎可伸长；基部易产生吸芽（分蘖）
	叶	叶莲座状排列；披针形，长15~60厘米，宽3~15厘米；肉质，富含凝胶；叶缘具齿状刺；叶色灰绿色至深绿色，部分品种具斑纹
	花	总状花序，花茎长60~120厘米；小花筒状下垂，长2~3厘米；花色黄色、橙色、红色；花期冬春季（栽培种常需3年以上才开花）
	果实	蒴果三角形，种子灰黑色具翅
识别关键		√凝胶质叶肉：叶片内含透明凝胶 √锯齿叶缘：边缘具规则锐刺
易混淆种区分		与龙舌兰（*Agave americana*）区别：芦荟叶柔软多凝胶，龙舌兰叶坚硬纤维多；芦荟为无限生长，龙舌兰开花后死亡

生长习性速查表

特性	具体表现
光照	喜充足光照，夏季需适当遮阴以防叶片灼伤
温度	适温15~35℃（耐5℃短期低温，0℃以下冻伤）
水分	耐旱性强；浇水应遵循“干透浇透”原则，避免积水；冬季需减少浇水
土壤	粗沙∶园土=3∶1（pH 6.0~8.0），需超高透气性

栽培管理要点

可采用分株繁殖，春季分离带根系侧芽，晾干伤口后栽植。浇水应“干透浇透”，生长期少量施用磷钾稀薄液肥。需充足散射光，保持15~25℃生长温度。定期清理基部枯叶，保持株型整洁。注意防治根腐病及介壳虫、红蜘蛛，忌积水、长期荫蔽与低温环境。

应用价值

观赏价值： 肉质叶片肥厚簇生，边缘锯齿状，叶色翠绿或带斑纹，形态刚劲有力，花序高挑橙红，兼具观赏与实用价值。

文化象征： 现代花语为“健康和忍耐”，因其具有药用特性与顽强的生命力。

配置应用： 适合盆栽，放置于阳光充足的阳台或窗台，也可用于旱生植物景观搭配。

A197 长寿花

学名： *Kalanchoe blossfeldiana*

别名： 圣诞伽蓝菜（花期临近圣诞节）、寿星花（寓意吉祥）、矮生伽蓝菜（植株低矮）

科属： 景天科，伽蓝菜属

原产地： 马达加斯加

识别特征速查表

项目		具体描述
形态特征	类型	多年生常绿肉质草本，株高15~30厘米
	根	须根系，浅根性
	茎	直立，肉质，多分枝；老株基部可能木质化
	叶	叶对生，肉质，椭圆形至近圆形，长4~8厘米；叶缘具圆齿；深绿色，部分品种叶缘在光照充足时呈红晕
	花	聚伞花序顶生；小花径约1厘米；花瓣4枚；花色丰富（红色、粉色、黄色、橙色、白色等）；自然花期12月至次年4月
	果实	蓇葖果，内含多数细小种子
识别关键		√年宵花卉：花期逢春节，花色鲜艳持久 √肉质叶片：对生，肉质，叶缘具圆齿 √簇生小花：数十朵小花组成密集花球
易混淆种区分		与玉吊钟（*Kalanchoe fedtschenkoi*）区别：长寿花株型紧凑，叶缘圆钝；玉吊钟叶缘具明显缺刻，株型松散

生长习性速查表

特性	具体表现
光照	喜阳光充足的环境，花期尤其需要充足光照；耐半阴，但光照不足影响开花
温度	耐5℃低温（适温15~25℃），30℃以上生长停滞
水分	耐旱（"见干见湿"原则），忌叶面积水
土壤	疏松沙壤土（pH6.0~7.0），建议配方为泥炭:珍珠岩=3:1

栽培管理要点

可采用扦插或分株繁殖。扦插选茎段或叶片，保持湿润，约2~3周生根；春季分株带根栽植。浇水应"宁干勿湿"，生长期每月施1~2次稀薄均衡液肥。花后及时剪除残花，促进新枝萌发。需短日照处理促花，保持15~25℃。注意防治根腐病及蚜虫、红蜘蛛，忌积水与高温高湿。

应用价值

观赏价值： 花期长，花色丰富，叶片翠绿，株型紧凑，养护相对简便。

文化象征： 寓意"健康长寿"，春节摆放象征"吉祥安康"，欧美将其作为圣诞馈赠花卉。

配置应用： 适合在窗台、阳台等光照充足处盆栽观赏，也可作为节日礼品花卉。

A198 昙花

学名： *Epiphyllum oxypetalum*

别名： 月下美人（夜间开放）、夜皇后（花期短暂而惊艳）

科属： 仙人掌科，昙花属

原产地： 墨西哥至巴西热带雨林

识别特征速查表

项目		具体描述
形态特征	类型	多年生附生性肉质植物，株高1~2米，茎常披垂
	根	具气生根，浅根性，适应附生环境
	茎	茎扁平，呈叶状（变态茎），长30~100厘米，宽3~5厘米，边缘波状，中肋明显；老茎可木质化
	叶	完全退化，光合作用由茎承担
	花	花大型，单生于叶状茎边缘；花冠直径15~25厘米，白色；外轮花被片线形，常反卷，内轮花被片较宽；夜间开放，有香气；花期夏季至秋季
	果实	长椭圆浆果，红色，长约8~12厘米；种子黑色细小
识别关键		√"月下美人"：巨大白花夜间绽放，4小时后凋谢 √扁平茎叶：茎宽大呈叶状，边缘波状无刺 √昙花一现：单花开放时间极短，具特殊香气

续表

项目	具体描述
易混淆种区分	易与令箭荷花混淆，区别在于：昙花花更大，外瓣细长放射状；令箭荷花茎更宽，花稍小，花瓣层次分明

●○ 生长习性速查表

特性	具体表现
光照	喜明亮的散射光，忌强光直射
温度	耐5℃低温（适温18~28℃），35℃以上休眠
水分	喜较高的空气湿度，干燥环境易导致茎片皱缩
基质	需疏松、透气、排水良好且富含腐殖质的基质

●○ 栽培管理要点

可采用扦插或播种繁殖。扦插选叶状茎插入湿润基质；播种浸泡后浅播覆膜，约20天发芽。生长期保持基质湿润，每月施1~2次稀薄均衡液肥。花后适当修剪过密茎节，保持通风。夏季遮阴，秋季充足光照促花。注意防治茎腐病及介壳虫、红蜘蛛，忌积水与强光长期荫蔽。

●○ 应用价值

观赏价值： 花大，白色，夜间开放，有香气，花期短暂，观赏特性独特。

文化象征： 因短暂花期象征“刹那永恒”，文人赋予其“孤高不争”的君子品格。

配置应用： 适合在庭院荫蔽处或室内光线明亮处栽培观赏；其夜间开花的特性适合用于营造特殊的观赏体验。

A199 金琥

学名： *Echinocactus grusonii*

别名： 象牙球（球体如象牙色）

科属： 仙人掌科，金琥属

原产地： 墨西哥中部

●○ 识别特征速查表

项目		具体描述
形态特征	类型	多年生肉质植物，植株单生，球形至圆筒形；成年株体型较大
	根	具粗壮肉质根
	茎	茎球形至圆筒形，深绿色，具多条（通常20余条）整齐的棱；棱上密生金黄色硬刺
	叶	完全退化，由刺替代
	花	顶生，钟状，黄色；花期夏季；成年植株才能开花
	果实	长圆形，长约2厘米，被白色绒毛；种子黑色，细小
识别关键		√ 金色刺球：球体密被金黄色硬刺，形态规整 √ 棱脊整齐：棱脊笔直，排列整齐 √ 大器晚成：开花需植株达到一定年龄和尺寸
易混淆种区分		易与其他大型仙人球混淆，区别在于：金琥刺色金黄且排列更密集规整；与 *Ferocactus*（强刺球）属相比，金琥棱更多且不具钩刺；与 *Carnegiea gigantea*（巨人柱）区别在于球状株型

●○ 生长习性速查表

特性	具体表现
光照	需阳光极其充足的环境
温度	耐0℃短期低温（适温15~35℃），45℃仍可存活
水分	极耐旱，栽培时需避免雨季积水
土壤	需排水性极佳、透气性好的粗颗粒基质

●○ 栽培管理要点

可采用播种或分球繁殖。播种保持温暖湿润；分球切取蘖芽晾干后浅栽。浇水应“干透浇透”，生长季少量施用磷钾稀薄液肥。需全年充足光照，保持15℃以上越冬。定期转动花盆避免株型偏斜。注意防治根腐病及粉蚧、螨害，忌积水与长期光照不足。

●○ 应用价值

观赏价值： 球体规整，密被金黄色硬刺，观赏价值高，寿命长。

文化象征： 因金色球体而象征“招财镇宅”，墨西哥视其为神圣植物，在欧美代表“坚韧与永恒的生命力”。

配置应用： 适合盆栽观赏，也可用于沙漠主题植物造景。

A200 令箭荷花

学名： *Nopalxochia ackermannii*

别名： 红孔雀（花似孔雀尾羽）

科属： 仙人掌科，令箭荷花属

原产地： 墨西哥南部至中美洲

●○ 识别特征速查表

项目		具体描述
形态特征	类型	多年生附生性肉质植物，茎常披垂。株高因栽培方式而异
	根	具气生根，浅根性，适应附生环境
	茎	茎扁平，呈叶状（变态茎），边缘波状；老茎可木质化
	叶	无典型叶片，光合作用由扁平茎承担
	花	花大型，单生；花色常见红色、粉色或白色，白天开放；花期春夏季
	果实	浆果，红色
识别关键		√“夜间昙花”：大型白色花朵夜间开放，清晨凋谢，具独特香气 √ 扁平叶状茎：茎部宽大扁平呈令箭状，边缘波状无刺 √ 昙花一现：单朵花仅开放4~5小时，观赏期极短
易混淆种区分		与昙花（*Epiphyllum oxypetalum*）区别：令箭荷花茎更宽大，花稍小，花瓣层次更分明；昙花茎较窄，花更大，外瓣更细长呈放射状

●○ 生长习性速查表

特性	具体表现
光照	喜明亮的光照，忌夏季强光暴晒
温度	耐5℃短期低温（适温15~28℃），30℃以上需遮阴
水分	生长期保持湿润（表土干透浇透），冬季控水防烂根
土壤	需疏松、透气、排水良好且富含腐殖质的基质

●○ 栽培管理要点

可采用扦插或嫁接繁殖。扦插选健壮茎节插入湿润基质；嫁接以仙人掌为砧木增强长势。生长期保持土壤微潮，每半月施一次稀释饼肥水。花后剪除残花，适当修剪过密茎片。需充足光照促花芽分化，秋季保持10~15℃昼夜温差。注意防治茎腐病及蚜虫、红蜘蛛，忌积水与夏季强光暴晒。

●○ 应用价值

观赏价值： 茎形态独特，花大，花色鲜艳（常见红色、粉色、白色），观赏价值高。

文化象征： 因茎似古代令箭，花如荷花，所以象征“权威与圣洁”；佛教中寓意“清净无染”，常栽于寺庙庭院。

配置应用： 适合盆栽观赏，也可用于庭院点缀。

A201 仙人掌

学名： *Opuntia Mill.*

（注："仙人掌"是一个广泛的通用名，对应仙人掌科成百上千个属和种，因此应使用属级名称Opuntia Mill.，或列举一个最常见、最具代表性的种，如食用仙人掌*Opuntia ficus-indica*，并标注命名人）

别名： 仙巴掌、霸王树（耐旱性强）、刺梨（部分果实可食用）

科属： 仙人掌科，仙人掌属

原产地： 美洲热带至温带地区

识别特征速查表

项目		具体描述
形态特征	类型	多年生肉质植物，形态多样（包括球状、柱状、扁平状等），不同种类株高差异极大
	根	根系多为浅根性，部分种类具膨大储水根，以适应干旱环境
	茎	茎肉质化，绿色，可进行光合作用；表面常具棱、瘤突或节片；具刺座，这是仙人掌科植物的独有特征
	叶	叶通常退化或早落。少数类群（如仙人掌属*Opuntia*）的幼苗期或新茎节上具锥形或圆柱形小叶，但很快脱落
	花	花通常单生，着生于刺座；花被片多数，色彩多样；花期因种类而异
	果实	浆果，肉质或干燥，常具刺；种子小而多，黑色或褐色

续表

项目	具体描述
识别关键	√具刺座：这是仙人掌科植物独有的特征，是产生刺、毛、花和子球的特化器官 √无叶或叶退化：光合作用由茎承担，多数种类无叶片 √花着生刺座：花朵直接从刺座萌发，形态多样
易混淆种区分	易与大戟科多肉植物（如霸王鞭）混淆，区别在于：仙人掌具刺座，乳汁不含毒；大戟科多肉植物无刺座，茎含白色有毒乳汁

生长习性速查表

特性	具体表现
光照	需全日照（每日≥6小时），耐强光
温度	耐−10℃短期低温（适温15~35℃），40℃仍可存活
水分	极耐旱，忌积水
土壤	需排水性极佳的沙质或砾石基质

栽培管理要点

可采用播种或分株扦插繁殖。播种保持温暖湿润；分株扦插切取子球或茎段晾干后插植。浇水应"干透浇透"，生长季少量施用稀薄均衡肥。需充足光照促进开花，秋冬保持10℃以上昼夜温差。定期检查并清除病弱部分。注意防治根腐病及介壳虫、红蜘蛛，忌积水与低温冻害。

应用价值

观赏价值： 形态多样，耐旱性强，养护相对简便，适合盆栽或旱生植物造景。

文化象征： 常被赋予坚韧、生命力等象征意义。某些种类在墨西哥文化中地位重要。

配置应用： 适合盆栽观赏，或用于沙漠、岩石园等旱生主题造景。

A202 蟹爪兰

学名： *Schlumbergera truncata*

别名： 圣诞仙人掌（花期近圣诞节）、锦上添花（中国吉祥名）、蟹爪莲（与仙人指易混淆）

科属： 仙人掌科，蟹爪兰属

原产地： 巴西东南部热带雨林（附生于树干或岩缝）

识别特征速查表

项目		具体描述
形态特征	类型	多年生附生性肉质植物，茎常呈悬垂状生长；株高（或长度）因栽培方式而异
	根	根系浅，易因积水腐烂
	茎	茎节扁平，肉质，多节连接；节片边缘具尖齿；绿色，或在强光下带红晕
	叶	无典型叶片，茎节变态为叶状器官（光合作用主要部位）
	花	花着生于茎节顶端；花色多样（红色、粉色、白色、橙色等）；花瓣反卷；自然花期冬季
	果实	浆果，卵圆形，红色，直径约 1 厘米；种子细小，黑色
识别关键		√“蟹爪状茎节”：扁平肉质茎节边缘具尖齿，形似蟹爪，是核心鉴别点 √冬季开花：花期集中于圣诞至春节前后（别名“圣诞仙人掌”） √花着生顶端：花朵从茎节末端单生，花瓣反卷，花蕊伸长
易混淆种区分		易与仙人指（*Schlumbergera bridgesii*）混淆，区别在于：蟹爪兰茎节边缘锐齿明显，花不对称；仙人指茎节边缘圆钝，花对称，花期稍晚（2~4 月）

生长习性速查表

特性	具体表现
光照	喜明亮的散射光，忌强光直射
温度	耐 5℃低温（适温 18~25℃），30℃以上休眠需遮阴
水分	生长期保持基质微潮（忌积水），花期前适度控水促花
土壤	需疏松、透气、排水良好且富含腐殖质的基质

栽培管理要点

可采用扦插或嫁接繁殖。扦插选健壮茎节插入湿润基质；嫁接选用仙人掌作砧木。保持基质微润，生长季每月施 1~2 次稀薄均衡液肥。花后及时摘除残花，适当修剪整形。需短日照处理促花，保持适宜昼夜温差。注意防治炭疽病、根腐病及介壳虫、蚜虫，忌积水与花期环境骤变。

应用价值

观赏价值： 茎节形态独特，花期长，花色鲜艳，是常见的冬春季观赏花卉。

文化象征： 因节节相连的形态，象征“鸿运当头”；西方称其为“圣诞仙人掌”，寓意节日团聚。

配置应用： 适于吊盆栽培或放置于高处，欣赏其垂挂的形态；也可与其他冬春季开花植物搭配装饰。

B313 条纹十二卷 *Haworthia fasciata* 阿福花科，十二卷属

无茎；叶莲座状排列，三角状披针形，肥厚，叶背具白色横状条纹，为核心特征；总状花序，花小，白色。

B314 虎尾兰 *Sansevieria trifasciata* 天门冬科，虎尾兰属

具根状茎；叶基生，直立，剑形，具灰绿色和深绿色相间的横带斑纹，为核心特征；总状花序，花小，淡绿色，芳香。

B315 落地生根 *Bryophyllum pinnatum* 景天科，落地生根属

茎直立；叶对生，羽状复叶，小叶椭圆形，边缘具圆齿，齿隙生小植株，为核心特征；圆锥花序，花下垂，钟形，粉红色或紫色。

B316 燕子掌 *Crassula ovata* 景天科，青锁龙属

茎肉质，基部木质化；叶对生，倒卵形，肥厚，绿色，具红边；聚伞花序，花星形，白色或淡粉色。

B317 金边凤尾丝兰 *Yucca gloriosa* 'Variegata' 天门冬科，丝兰属

茎短；叶莲座状排列，剑形，坚硬，边缘黄色，为核心特征；圆锥花序高大，花钟形，白色。

B318 绯牡丹 *Gymnocalycium mihanovichii* var. *friedrichii* 'Hibotan' 仙人掌科，裸萼球属

球体扁球形，无叶绿素，呈红色、黄色、橙色等鲜艳色彩，为核心特征；花着生顶端，漏斗形，淡红色。

B319 仙人指 *Schlumbergera bridgesii* 仙人掌科，仙人指属

茎节扁平，节间相连，边缘浅波状；花着生茎节顶端，辐射对称，花冠整齐，红色、粉色或白色，为核心特征。

B320 金边龙舌兰 *Agave americana* 'Marginata' 天门冬科，龙舌兰属

叶莲座状排列，剑形，肉质，灰绿色，边缘具黄色条纹，叶尖具硬刺，为核心特征；圆锥花序高大，花黄绿色。

B321 生石花 *Lithops* spp. 番杏科，生石花属

植株由一对肉质叶对生联结而成，顶部具透明“窗”和花纹，形似卵石，为核心特征；花从叶缝中生出，雏菊状，白色或黄色。

条纹十二卷

虎尾兰

落地生根

燕子掌

金边凤尾丝兰

绯牡丹

仙人指

金边龙舌兰

生石花

项目7 蕨类植物

单元7 蕨类植物识别与应用

◇ 任务7.1 掌握级物种

A203 铁线蕨

学名： *Adiantum capillus-veneris*

别名： 少女的发丝（形容其叶柄黑亮纤细、叶片轻柔如发）；铁线草（强调其叶柄坚韧如铁线）

科属： 铁线蕨科，铁线蕨属

原产地： 全球热带至温带地区广泛分布，中国长江以南溪边岩缝常见

●○ 识别特征速查表

项目		具体描述
形态特征	类型	多年生常绿草本蕨类，株高15~40厘米，丛生
	根	根状茎短而横走，密被棕色披针形鳞片
	叶柄	栗黑色至紫黑色，有光泽，坚硬如铁丝，长10~20厘米
	叶片	2~3回羽状复叶，卵状三角形；小羽片扇形或斜方形，叶缘具浅裂；薄草质
	孢子	孢子囊群生于叶背裂片顶端，被反折的假囊群盖覆盖
关键识别特征		√“铁线柔羽”：叶柄乌黑光亮且坚韧，叶片轻盈呈优雅弧形 √“扇形小羽”：末回小羽片呈圆润的扇形或斜方形 √“孢子隐生”：成熟孢子囊群藏于叶缘反折的囊群盖下
易混淆种区分		与荷叶铁线蕨（*A. nelumboides*）区别：铁线蕨小羽片扇形，叶柄细长，常见；荷叶铁线蕨小羽片圆形，荷叶状，为稀有保护种

●○ 生长习性速查表

特性	具体表现
光照	喜明亮散射光，忌强光直射
温度	适温15~25℃，耐0℃低温，怕霜冻及高温干燥
水分	高湿度需求（空气湿度＞60%），喜湿润，忌积水
土壤	喜疏松透水的石灰质基质（如腐叶土+碎石灰石）

●○ 栽培管理要点

铁线蕨可采用分株或孢子繁殖，其中分株法宜于春季结合翻盆进行，需确保每丛均带有根系；孢子繁殖则需在湿润且覆膜保湿的环境下，约1~2个月方可萌发。其性喜湿润且通风良好的半阴环境，栽培时需保持盆土湿润并经常向叶面及周围喷水以维持较高的空气湿度，切忌强光直射与空气干燥。生长季节可每月施一次稀薄的均衡液肥。养护中需定期修剪枯黄叶片，并每1~2年翻盆一次，同时注意防治叶斑病、根腐病以及蚜虫和红蜘蛛等病虫害，避免使用碱性水土。

●○ 应用价值

观赏价值： 株型飘逸优雅，叶色翠绿，叶柄乌黑发亮，是优良的室内观叶植物，常用于点缀山石盆景或营造阴生植物景观。

生态价值： 具有一定的室内空气净化能力；喜钙植物，可指示土壤钙质状况。

配置应用： 盆栽案头清供、瓶景植物、阴湿假山点缀植物；叶片为插花优良配材。

A204 肾蕨

学名： *Nephrolepis cordifolia*

别名： 蜈蚣草（多羽状叶片形似蜈蚣）；排骨草（民间名，形容其紧密排列的羽片如肋骨）

科属： 肾蕨科，肾蕨属

原产地： 全球热带及亚热带地区，中国华南、西南地区溪边林下常见

●○ 识别特征速查表

项目		具体描述
形态特征	类型	多年生常绿草本蕨类，株高30~80厘米，丛生
	根	根状茎短而直立，生出匍匐茎；匍匐茎上生有近圆形的肉质块茎
	叶柄	禾秆色至浅褐色，长10~30厘米，密被淡棕色鳞片
	叶片	1回羽状复叶，条状披针形；羽片40~80对，互生，基部心形或有耳状突起；革质
	孢子	孢子囊群生于叶背小脉顶端，肾形；囊群盖肾形
关键识别特征		√“蜈蚣探爪”：叶片狭长披针形，羽片密集排列如蜈蚣足 √“肾形孢子”：孢子囊群及囊群盖呈独特的肾形 √“地下块茎”：根部长有珍珠状储水块茎（直径1~2厘米）
易混淆种区分		与波士顿蕨（*N. exaltata* ‘Bostoniensis’）区别：肾蕨羽片基部心形，叶片较硬挺，有块茎；波士顿蕨羽片基部楔形，叶片柔软下垂，无块茎

●○ 生长习性速查表

特性	具体表现
光照	喜半阴环境，耐阴性强
温度	适温18~28℃，耐5℃低温，怕霜冻
水分	喜湿润（空气湿度＞50%），块茎耐短期干旱
土壤	喜疏松肥沃的酸性至中性土（如腐叶土＋河沙）

●○ 栽培管理要点

肾蕨繁殖以分株为主，春季可分切带块茎的匍匐茎进行栽植；也可通过孢子繁殖，需保持基质湿润，约1个月萌发。它喜温暖湿润及半阴环境，生长期应保持盆土湿润但不积水，并每月施一次稀薄均衡液肥。养护中需维持较高的环境湿度，避免强光暴晒和低温积水。应及时修剪老化叶片，并每年翻盆一次，同时注意防治叶斑病、软腐病以及蚧壳虫、蚜虫等病虫害，忌用碱性土壤。

●○ 应用价值

观赏价值：叶片四季常青，排列整齐，形态优美，是优良的室内观叶植物，常用于吊盆栽培或地被覆盖。

生态价值：对室内甲醛、甲苯等污染物有较强的吸收能力；块茎可药用（中药名“圆羊齿”）。

配置应用：室内吊盆观赏、林下地被植物、插花配叶。

A205 金毛狗蕨

学名：*Cibotium barometz*

别名：金毛狗（指其根茎密被的金黄色长绒毛）；黄狗头（民间名，形容其金黄毛茸的根茎形态）；东方狗脊蕨（强调其与狗脊蕨的近缘关系及东方分布）

科属：金毛狗科，金毛狗属

原产地：亚洲热带及亚热带地区，中国华南、西南及华东地区山谷溪边荫蔽处常有分布

●○ 识别特征速查表

项目		具体描述
形态特征	类型	大型树状陆生蕨，株高可达1~3米，根状茎粗壮肥大
	根	根状茎木质，粗大直立或斜升，表面密被金黄色长柔毛（毛长1~3厘米）
	叶柄	粗壮，长可达1.2米，基部同样密被金黄色长毛，上部禾秆色
	叶片	3回羽状复叶，大型，阔卵状三角形，长1~2米，宽几乎相等；末回小羽片镰状披针形，边缘有细锯齿；厚纸质至革质
	孢子	孢子囊群生于小脉顶端，每裂片1~5对；囊群盖双唇形，成熟时开裂如蚌壳
关键识别特征		√"金毛护体"：根茎及叶柄基部密被金黄色长绒毛，是其最显著特征 √"树蕨形态"：植株高大，具粗壮直立的根状茎呈树蕨状 √"蚌壳孢子"：孢子囊群由两瓣蚌壳状的囊群盖保护
易混淆种区分		与桫椤（*Alsophila spinulosa*）区别：金毛狗蕨根茎密被金毛，叶片3回羽裂，囊群盖蚌壳形；桫椤具明显树干，叶片3回羽状，囊群盖圆球形

●○ 生长习性速查表

特性	具体表现
光照	喜荫蔽环境，忌强光直射
温度	适温18~28℃，耐5℃低温，怕霜冻及干热风
水分	喜高湿（空气湿度＞70%），忌干旱，也忌积水
土壤	喜深厚肥沃、排水良好的酸性土（pH 4.5~6.5）

●○ 栽培管理要点

金毛狗蕨繁殖主要依靠孢子，需播于灭菌水苔中并保持高湿，约2~3个月才能萌发；分株繁殖易伤及独特金毛根茎，风险较高需专业操作。其喜高湿、温暖且极度荫蔽的环境，栽培需保持土壤湿润但绝不积水，并每1~2月施一次稀薄液肥。必须严格避免强光直射，并维持极高的空气湿度。养护中需特别注意保护根茎部的金黄色茸毛，并为大型叶片提供支撑，同时注意防治根茎腐烂病、叶斑病以及蚧壳虫、蛞蝓等病虫害，忌盆土干燥、积水、根系损伤及碱性土壤。

●○ 应用价值

观赏价值：植株高大挺拔，形态优美，根茎金毛璀璨夺目，是极其珍贵的大型室内观叶植物和雨林缸造景主角，富有热带风情。

生态与文化价值：对环境变化敏感，可作为生态指示植物；其根茎毛茸可作为传统止血药（中药名“金毛狗脊”），具文化传承价值。

配置应用：大型厅堂主景植物、植物园温室展览、高端雨林生态造景。

A206 波士顿蕨

学名： *Nephrolepis exaltata* 'Bostoniensis'

别名： 波士顿肾蕨（表明其为肾蕨的栽培变种）；优雅蕨（形容其叶片柔软下垂的优美姿态）；皱叶肾蕨（描述其羽片常呈波状皱褶的特征）

科属： 肾蕨科，肾蕨属

原产地： 园艺栽培变种（原种*N. exaltata*产于热带美洲），现全球广泛栽培

●○ 识别特征速查表

项目		具体描述
形态特征	类型	多年生常绿草本蕨类，株高40~90厘米，丛生，叶片拱形下垂
	根	根状茎短而直立，生有匍匐茎，无地下块茎
	叶柄	禾秆色至浅绿色，长15~35厘米，疏被浅棕色鳞片
	叶片	1回羽状复叶，长带状并常弯曲成拱形；羽片较原种更长、更皱褶，边缘波状；薄革质，柔软下垂
	孢子	通常不育，罕见产生孢子
关键识别特征		√"优雅拱垂"：叶片柔软，呈优美的拱形下垂姿态 √"皱褶羽片"：羽片狭长，边缘常呈波状皱褶，观赏性极佳 √"波士顿血统"：作为著名园艺变种，通常不产生孢子，依靠匍匐茎繁殖
易混淆种区分		与肾蕨（*N. cordifolia*）区别：波士顿蕨叶片柔软下垂，羽片皱褶，无块茎，通常不育；肾蕨叶片较硬挺，羽片平展，有圆形块茎，可育

●○ 生长习性速查表

特性	具体表现
光照	喜明亮散射光，极耐阴，忌强光直射
温度	适温18~26℃，耐10℃低温，怕霜冻及高温干燥
水分	喜高湿度（空气湿度＞60%），忌积水
土壤	喜疏松肥沃、排水良好的酸性腐殖土（如泥炭土+珍珠岩）

●○ 栽培管理要点

波士顿蕨繁殖可采用分株法，或将其匍匐茎压入土中促其生根。它喜温暖、高湿及无直射光的环境，生长期需保持盆土湿润并经常喷水增湿，每3~4周施一次稀薄均衡液肥。养护中需维持较高的空气湿度，避免干燥、冷风直吹和强光。应定期修剪老化叶片，并每1~2年翻盆一次，同时注意防治叶斑病、根腐病以及蚜虫、红蜘蛛等病虫害，忌盆土积水、碱性浓肥和低温环境。

●○ 应用价值

观赏价值： 株型丰满优雅，叶片四季翠绿，姿态柔软下垂，是世界上最受欢迎和知名的室内吊盆植物之一，净化空气能力强。

生态价值： 能有效吸收室内甲醛、二甲苯等挥发性有机物，调节空气湿度。

配置应用： 优良的室内吊盆植物，适用于办公室、浴室等环境；其叶片可作为插花配叶。

A207 鹿角蕨

学名： *Platycerium bifurcatum*（二歧鹿角蕨）、*Platycerium superbum*（巨大鹿角蕨）等

别名： 麋角蕨（形容其孢子叶形态似麋鹿角）；蝙蝠蕨（描述其营养叶如蝙蝠翅膀包裹树干）；皇冠蕨（体现其悬挂生长的王者气度）

科属： 水龙骨科，鹿角蕨属

原产地： 全球热带及亚热带雨林（主要分布于澳大利亚、东南亚），附生于树干或岩石上

●○ 识别特征速查表

项目		具体描述
形态特征	类型	多年生大型附生蕨类，不接触土壤生长
	根	根系短而稀疏，主要起固定作用，外被海绵状保护根被
	叶片	二型叶：营养叶（不育叶）圆形或盾形，紧贴附着物，成熟后褐色，能收集水分和落叶；孢子叶（育叶）下垂，呈鹿角状分叉，绿色，进行光合作用和产生孢子
	孢子	孢子囊群生于孢子叶末端背面，呈褐色斑块状，无囊群盖
关键识别特征		√ 鹿角分叉：孢子叶形态独特，呈多回二叉分枝，似鹿角 √ 盾叶抱树：圆盾状营养叶紧贴附着物生长，成熟后变褐色，储存养分 √ 为附生植物，根系主要起固定作用，而非吸收营养，通常板植或篮植，不用地栽
易混淆种区分		二歧鹿角蕨：常有多个生长点，孢子叶分叉多，营养叶向上生长 巨大鹿角蕨：单一生长点，孢子叶巨大不分叉，营养叶巨大常垂直

●○ 生长习性速查表

特性	具体表现
光照	喜明亮散射光，忌强光直射
温度	适温18~28℃，耐10℃低温，怕霜冻
水分	喜高湿度（空气湿度＞70%），但耐短期干燥
通风	需良好通风，忌闷湿环境

●○ 栽培管理要点

鹿角蕨通常采用板植或篮植，需将其固定于疏松透气的基质上。其喜高湿、温暖和良好的通风环境，浇水需定期将基质浸泡透水或喷透，生长季可每月向叶背喷施一次稀薄液肥。必须避免低温潮湿和通风不良，否则易引发黑腐病。养护中需注意保护叶片基部的绒毛，并可适当辅助其定型生长，同时注意防治黑腐病、叶斑病以及蚧壳虫、蛞蝓等病虫害，忌碱性水、强光及频繁移动。

●○ 应用价值

观赏价值： 形态奇异优雅，极具热带风情，是高档观赏蕨类，适合营造雨林景观。

生态价值： 在原生环境中，为其他小型生物提供微栖息地。

配置应用： 室内立体绿化、雨林缸造景、艺术板植装饰；孢子叶为插花高级花材。

A208 鸟巢蕨

学名： *Asplenium nidus*

别名： 巢蕨（形容其莲座状叶丛中心呈鸟巢状）；山苏花（台湾地区俗称，其嫩叶可食）；王冠蕨（体现其大型开展的冠状叶丛）

科属： 铁角蕨科，巢蕨属

原产地： 亚洲、非洲及大洋洲热带雨林，附生于树干或岩石上，中国华南、西南地区有分布

●○ 识别特征速查表

项目		具体描述
形态特征	类型	大型附生或岩生蕨类，株高60~120厘米，莲座状丛生
	根	根系粗壮，肉质，密集交织成巨大的海绵状结构，用以固定植株和吸收水分、养分
	叶柄	极短或近无柄，基部被黑色线形鳞片
	叶片	单叶，阔披针形，长50~100厘米，宽10~20厘米，全缘，中脉粗壮黑色，叶面光亮革质
	孢子	孢子囊群线形，生于叶背侧脉上侧，斜向上，具同形囊群盖
关键识别特征		√“鸟巢筑冠”：大型光亮叶片呈放射状丛生，中心凹陷如鸟巢 √“黑骨亮叶”：粗壮的黑色中脉（叶轴）与光亮革质的绿叶形成鲜明对比 √“附生王者”：常附生大树杈上，莲座状叶丛可拦截落叶雨水形成自身肥料库
易混淆种区分		与波叶鸟巢蕨（*A. antiquum* 'Osaka'）区别：鸟巢蕨叶片边缘平坦，叶面光滑，孢子囊群线形；波叶鸟巢蕨叶片边缘波状皱褶，为观赏品种，常不育

●○ 生长习性速查表

特性	具体表现
光照	喜荫蔽环境，忌强光直射
温度	适温20~28℃，耐5℃低温，怕霜冻
水分	喜高湿度（空气湿度＞70%）及良好排水，忌积水
通风	需良好通风，预防病害

●○ 栽培管理要点

鸟巢蕨可盆栽或板植，需使用疏松透气的基质。其喜高温高湿的半阴环境，生长期需保持基质湿润，并经常向叶面及中央“巢穴”处喷雾保湿，每月可叶面喷施一次稀薄液肥。必须避免低温、干燥和通风不良，尤其注意“巢心”不可长期积水，否则易导致腐烂。养护中需定期清洁叶面，并小心保护中央生长点，同时注意防治叶斑病、根腐病以及蚧壳虫、蛞蝓等病虫害，忌碱性环境与强光直射。

●○ 应用价值

观赏价值：株型规整雄伟，叶片光亮翠绿，充满热带风情，是优良的室内大型观叶植物，尤其适合点缀厅堂。

生态价值：具有一定的室内空气净化能力。

配置应用：室内大厅主景植物、植物园温室雨林景观营造、附生植物造景；其嫩叶在台湾等地可作为蔬菜食用（称“山苏”）。

B322 槲蕨 *Drynaria roosii*

槲蕨科，槲蕨属

根状茎粗壮，肉质，密被鳞片；叶二型，不育叶（腐殖叶）枯黄色，干膜质，覆盖根状茎，可育叶绿色，羽状深裂；孢子囊群圆形，生于侧脉交叉处。

B323 狼尾蕨 *Davallia mariesii*

骨碎补科，骨碎补属

根状茎长而横走，密被蓬松的银灰色鳞片，形似狼尾，为核心特征；叶远生，三角形，三至四回羽状细裂；孢子囊群着生于小脉顶端。

B324 银线蕨 *Pteris ensiformis* ‘Victoriae’

凤尾蕨科，凤尾蕨属

根状茎短而直立；叶簇生，二型，不育叶羽状复叶，小叶边缘具银白色条纹，为核心特征；能育叶小叶线形；孢子囊群线形，沿叶背边缘着生。

B325 翠云草 *Selaginella uncinata*

卷柏科，卷柏属

主茎匍匐；叶二型，侧叶长圆形，中叶卵形，呈蓝绿色，具珍珠光泽，为核心特征；孢子囊穗四棱形，生于小枝顶端。

B326 卷柏 *Selaginella tamariscina*

卷柏科，卷柏属

耐旱蕨类，遇干旱时枝叶内卷如拳，遇水则舒展，为核心特征；主茎短，枝丛生成莲座状；叶二型，覆瓦状排列；孢子囊穗着生枝顶。

槲蕨

狼尾蕨

银线蕨

翠云草

卷柏

项目8　地被植物

单元8　地被植物识别与应用

◈ 任务8.1　掌握级物种

A209 阔叶麦冬

学名： *Liriope platyphylla*

别名： 阔叶山麦冬（学名旧称）

科属： 天门冬科，山麦冬属

原产地： 中国中南部（长江流域及以南地区广泛分布）、日本

●○ 识别特征速查表

项目		具体描述
形态特征	类型	多年生常绿草本，株高30~50厘米，丛生状
	根	具肉质纺锤形小块根（较沿阶草肥大），浅黄色，可入药
	茎	短缩地下茎，具匍匐走茎（蔓延性强）
	叶	宽带状，长25~50厘米，宽1~1.8厘米，革质，深绿色；叶缘全缘，平行脉明显
	花	总状花序，花茎高出叶丛（40~60厘米）；小花淡紫色，6瓣，簇生；花期夏末（7~9月）
	果实	浆果球形，成熟时蓝黑色
识别关键		√“宽叶瀑布”：宽带状叶丛下垂，形成流线型地被效果 √ 花茎挺拔：花序显著高出叶丛，观赏性优于普通麦冬 √ 耐阴耐寒：耐寒，郁闭度70%林下正常生长
易混淆种区分		与沿阶草（*Ophiopogon japonicus*）区别：阔叶麦冬叶宽（＞1厘米），花茎明显高于叶丛；沿阶草叶窄（＜0.5厘米），花茎隐于叶丛

●○ 生长习性速查表

特性	具体表现
光照	耐半阴至全阴，强光直射下叶色易发黄
温度	耐-20℃低温（华北可露地越冬），夏季35℃以上休眠
水分	喜湿润，耐短期干旱，忌积水（块根易烂）
土壤	喜疏松肥沃的微酸性土（pH 5.5~7.0），耐轻度盐碱

●○ 栽培管理要点

阔叶麦冬可采用分株或播种繁殖，其中分株法于春秋季进行，每丛以5~8芽为宜，播种则需经层积处理以促进发芽。栽培过程中宜保持土壤湿润但避免积水，春秋两季可施缓释肥，花期前增施磷钾肥以促进开花。早春应及时修剪枯叶，并注意控制其走茎过度蔓延，以维持良好株型。常见病虫害包括叶枯病、根腐病以及蓟马与蛞蝓等，需及时防治。栽培时忌用板结土壤与浓肥，选择排水良好、疏松肥沃的基质更利于其生长。

●○ 应用价值

观赏价值： 优秀林缘地被，与八角金盘、洒金桃叶珊瑚搭配营造亚热带阴生景观；可在花境中作中层镶边植物。

配置应用： 优良的林缘、林下地被植物，能与玉簪、蕨类等耐阴植物形成层次丰富的阴生景观。

A210 吉祥草

学名： *Reineckea carnea*

别名： 观音草（佛教寓意）、瑞草（吉祥文化）

科属： 天门冬科，吉祥草属

原产地： 中国中南部

●○ 识别特征速查表

项目		具体描述
形态特征	类型	多年生常绿草本，株高20~40厘米，匍匐茎蔓延
	根	根状茎短，具多数纤维根
	茎	短缩茎，匍匐茎紫红色，节处生根
	叶	基生宽带形，长15~35厘米，宽2~4厘米，深绿色；叶缘全缘，平行脉明显
	花	穗状花序，花茎高10~20厘米；小花淡紫红色，筒状；花期秋季（9~11月）
	果实	浆果球形，成熟时鲜红色，经冬不落
识别关键		√“红果迎春”：秋冬红果缀于绿叶间，观赏期长达5个月 √耐践踏：匍匐茎韧性极强，可作轻度活动地被 √佛寺圣草：传统佛教植物，寺院中寓意“吉祥安康”
易混淆种区分		与阔叶麦冬（*Liriope platyphylla*）区别：吉祥草具紫红色匍匐茎，叶丛生，宽2~4厘米，果鲜红色；阔叶麦冬具地下走茎，叶丛生，宽1~1.8厘米，果蓝黑色

●○ 生长习性速查表

特性	具体表现
光照	极耐阴，强光直射下叶尖易枯黄
温度	耐-15℃低温（华北背风处可越冬），夏季耐40℃高温
水分	耐旱性强，忌积水（雨季需排水）
土壤	适应性强，从沙壤到黏土均可（pH 5.0~8.0）

●○ 栽培管理要点

吉祥草繁殖以分株为主，可选取带根的匍匐茎，每3节为一段进行栽植，也可于秋季采用鲜果播种。浇水应遵循“见干见湿”原则，生长期每两月施一次有机肥，花果期前适当增施磷钾肥以促进结实。需定期修剪控制匍匐茎蔓延，保持植株整洁。常见病害有叶斑病与根腐病，虫害主要有蜗牛与蚜虫，应注意防治。栽培环境应避免涝渍与盐碱，以湿润、疏松、微酸性的土壤为佳。

●○ 应用价值

观赏价值：吉祥草四季常青，秋季绽放淡雅紫红色花序，冬季红果累累经久不落，兼具观叶、观花、观果三重观赏价值，是少有的耐阴全能型景观植物。

文化象征：佛教“五树六花”之一，寺院中与紫竹、南天竹组成“佛境三友”；红色果实被视为“吉祥果”，江南地区春节时常与南天竹搭配插瓶。

配置应用：优良的耐阴地被植物，适用于林下、荫蔽处绿化，其紫红色匍匐茎与鲜红果实具有独特的观赏效果。

A211 二月蓝

学名：*Orychophragmus violaceus*

别名：诸葛菜（三国典故）、紫金菜（花色特征）

科属：十字花科，诸葛菜属

原产地：中国东部及中部

●○ 识别特征速查表

项目		具体描述
形态特征	类型	一、二年生草本，株高20~50厘米，全株无毛
	根	直根系，主根明显，侧根发达
	茎	直立或斜升，基部常分枝，茎圆柱形，常带紫晕
	叶	基生叶羽状深裂，茎生叶长圆形至卵形，叶缘具不规则锯齿
	花	总状花序顶生，花瓣4枚，淡紫至深紫色，径1.5~2厘米；花期早春（2~4月）
	果实	长角果圆柱形，长4~8厘米，成熟时开裂
识别关键		√“报春紫霞”：早春开花，成片绽放如紫色地毯 √自播强健：种子落地自萌，年复一年自然更新 √耐寒先锋：雪后即开花，可耐短期-10℃左右低温
易混淆种区分		与紫花地丁（*Viola philippica*）区别：二月蓝十字形花，株型直立，叶羽裂；紫花地丁堇形花，莲座状叶丛

生长习性速查表

特性	具体表现
光照	喜光耐半阴（全日照下开花更盛）
温度	耐寒性强，夏季高温枯萎（完成生命周期）
水分	耐旱，忌积水（雨季需排水）
土壤	适应性强，从贫瘠到肥沃土均可（pH 6.0~8.0）

栽培管理要点

二月蓝一般采用秋季直播繁殖，撒播后轻覆土，约7~10天即可出苗，具一定耐旱性，花期保持土壤微润即可，播种前施足基肥后生长期间通常无需追肥。为调控花期可采用温室育苗，现蕾前轻剪可促进分枝、增加花量。常见病虫害包括白粉病、根腐病及菜青虫与蚜虫等，应注意轮作与通风，避免连作与过度密植，以减少病害发生。

应用价值

观赏价值：二月蓝以其早春盛放的紫色花海成为“报春使者”，花期长达2个月，成片绽放时如紫霞铺地，兼具野趣与震撼的观赏效果，是北方地区较早开花的乡土野花之一。

文化象征：相传诸葛亮军中将其作为野菜种植，故称“诸葛菜”；其变种或近缘种（如‘紫金草’）在现代被赋予了和平的象征意义。

配置应用：林缘大面积片植，营造“紫色花海”景观；与郁金香、水仙搭配组成早春花境；边坡绿化中与白三叶混播，兼具观赏与水土保持功能。

A212 白及

学名：_Bletilla striata_

别名：紫兰（古称）、连及草（药用名）

科属：兰科，白及属

原产地：中国中南部及日本

识别特征速查表

项目		具体描述
形态特征	类型	多年生草本，株高30~60厘米，具假鳞茎
	根	具肉质、扁球形假鳞茎，黄白色
	茎	地上茎直立，基部被鞘状叶柄包裹。地下具假鳞茎
	叶	披针形至长椭圆形，长15~30厘米，宽2~5厘米，叶脉平行；3~6枚互生，基部套叠
	花	总状花序顶生，着花4~10朵；花被片6枚，唇瓣3裂，粉紫色至白色，具紫脉；花期4~6月
	果实	蒴果圆柱形，种子粉末状
识别关键		√“紫蝶栖枝”：兰花状花朵具典型唇瓣结构 √假鳞茎特征：假鳞茎具同心环纹（节痕） √叶鞘套叠：叶片基部层层相嵌，形成假茎
易混淆种区分		与绶草（_Spiranthes sinensis_）区别：白及花序不分枝，叶宽大；绶草花序螺旋状，叶线形

生长习性速查表

特性	具体表现
光照	喜半阴，忌强光直射
温度	耐-10℃低温（假鳞茎越冬），生长适温15~25℃
水分	喜湿润但忌涝，空气湿度＞50%
土壤	喜疏松腐殖土（pH 6.0~7.0），忌黏重

栽培管理要点

白及繁殖可采用分株或组培方式，秋季分株宜选用带1~2个芽的假鳞茎，组培法则适用于快速规模化生产。生长期应保持土壤“润而不湿”，避免过干或积水，春秋季施用兰花专用肥以满足其营养需求。为调控花期可进行低温春化处理，花后及时剪除残花茎以减少养分消耗。需重点防治软腐病、炭疽病以及蜗牛与红蜘蛛等病虫害，栽培中应尽量避免移栽伤根，并选用微酸性土壤，忌碱性环境。

应用价值

观赏价值：白及以其优雅的兰花状花序和独特的假鳞茎形态，在春末夏初绽放出粉紫色蝶形花朵，配合挺拔的带状叶片，展现出“空谷幽兰”般的雅致韵味，是兼具药用价值与观赏价值的珍稀兰科植物。

配置应用：优良的林下、阴生地被植物，可与玉簪、蕨类等配置；也可用于岩石园荫蔽处或药用植物专类园。

A213 大吴风草

学名：*Farfugium japonicum*

别名：活血莲（药用功效）

科属：菊科，大吴风草属

原产地：中国东部至日本

●○ 识别特征速查表

项目		具体描述
形态特征	类型	多年生常绿草本，株高30~70厘米，全株无毛
	根	粗壮肉质根茎，密生须根，耐水湿
	茎	具短缩的根状茎，基部被褐色纤维状叶鞘
	叶	基生肾形至圆心形，直径15~30厘米；叶缘波状齿；叶面深绿色，有光泽，部分品种具黄斑；叶柄长15~40厘米
	花	伞房状圆锥花序，花茎高达100厘米；头状花黄色，径4~6厘米；花期秋季至初冬
	果实	圆柱形瘦果，具白色冠毛
识别关键		√“巨叶莲座”：大型肾形叶片呈莲座状丛生（观赏主体） √耐阴湿地：极耐阴，可在光线昏暗的潮湿环境生长 √秋花特性：在秋季多数观叶植物凋零时开花

续表

项目	具体描述
易混淆种区分	与橐吾（*Ligularia sibirica*）区别：大吴风草叶肾形全缘，花序疏散；橐吾叶掌状分裂，花序密集

●○ 生长习性速查表

特性	具体表现
光照	极耐阴（光补偿点500lx），全日照下叶色黄化
温度	耐-10℃低温（在华东地区可露地越冬），夏季35℃以上休眠
水分	喜湿润（空气湿度＞60%），耐短期积水
土壤	喜腐殖质丰富的酸性土（pH 5.0~6.5）

●○ 栽培管理要点

大吴风草可于春秋季进行分株繁殖，选取带3~5芽的根丛分栽，播种时需浅覆土，在18~22℃条件下约20~30天发芽。生长季应保持土壤适度湿润，每1~2月施一次稀薄均衡液肥。常见病害有炭疽病与叶斑病，虫害包括蛞蝓与红蜘蛛，需及时防治。栽培宜选择半阴环境，避免强光直射，同时注意维持空气湿度，土壤应排水良好，防止积水或干旱。

●○ 应用价值

观赏价值：革质叶片圆盾形、亮绿色，秋季抽出金黄色头状花序，形似小向日葵，耐阴性强，是少有的“林下发光体”，花、果、叶共赏期长。

配置应用：优良的阴生观叶植物，适用于林下、建筑物北侧等荫蔽环境的地被绿化，常与玉簪、蕨类等搭配。其硕大、亮绿色的叶片也可用于切叶。

B327 沿阶草 *Ophiopogon bodinieri*

天门冬科，沿阶草属

根纤细，近末端具纺锤形小块根；叶基生，禾叶状，边缘具细锯齿；总状花序，花淡紫色或白色；浆果蓝黑色。

B328 万年青 *Rohdea japonica*

天门冬科，万年青属

根状茎粗短；叶基生，厚纸质，倒披针形；穗状花序，花密集，淡黄色；浆果红色，为常见观叶、观果植物。

B329 紫叶酢浆草 Oxalis triangularis 'Mijke'

酢浆草科，酢浆草属

具鳞茎；叶基生，掌状三出复叶，小叶倒三角形，紫红色，为核心特征；伞形花序，花淡粉色或白色。

B330 金叶过路黄 *Lysimachia nummularia* 'Aurea'

报春花科，珍珠菜属

茎匍匐；叶对生，圆形，金黄色，为核心特征；花单生叶腋，黄色；蒴果球形。

B331 垂盆草 *Sedum sarmentosum*

景天科，景天属

茎匍匐，节处生根；叶3枚轮生，倒披针形；聚伞花序，花黄色；蓇葖果。为常见地被植物。

B332 白三叶草 *Trifolium repens*

豆科，车轴草属

茎匍匐；掌状三出复叶，小叶具白色V形斑纹；头状花序，花白色或淡粉色；荚果倒卵状长圆形。

B333 鱼腥草 *Houttuynia cordata*

三白草科，蕺菜属

具匍匐根状茎；叶互生，心形，揉碎具鱼腥气，为核心特征；穗状花序顶生，基部具4片白色花瓣状总苞；蒴果顶端开裂。

B334 金丝薹草 *Carex oshimensis* 'Evergold'

莎草科，薹草属

秆丛生；叶线形，中部具黄色宽纵条纹，边缘绿色，为核心特征；小穗线形；小坚果三棱形。

沿阶草

万年青

紫叶酢浆草

金叶过路黄

垂盆草

白三叶草

鱼腥草

B335 玉簪 *Hosta plantaginea*
天门冬科，玉簪属

根状茎粗厚；叶基生，卵状心形；总状花序，花漏斗形，白色，芳香，为核心特征；蒴果圆柱形。

B336 血草 *Imperata cylindrica* 'Rubra'
禾本科，白茅属

具根状茎；叶线形，直立，基部至中部以下呈血红色，为核心特征；圆锥花序狭窄，银白色；颖果。

B337 细茎针茅 *Nassella tenuissima*
禾本科，针茅属

秆密丛生；叶细丝状，卷曲；圆锥花序狭窄，银绿色，芒细长柔软，为核心特征；颖果。

B338 马蹄金 *Dichondra micrantha*
旋花科，马蹄金属

茎匍匐；叶肾形至圆形；花小，腋生，黄绿色；蒴果近球形。为常见地被植物。

B339 佛甲草 *Sedum lineare*
景天科，景天属

茎匍匐或斜升；叶3~4枚轮生，线形；聚伞花序，花黄色；蓇葖果；耐旱性强。

B340 兰花三七 *Liriope spicata* var. *prolifera*
天门冬科，山麦冬属

根稍粗，末端常膨大成纺锤形小块根；叶线形，基生；总状花序，花淡紫色或白色；浆果黑紫色。

玉簪

血草

细茎针茅

马蹄金

佛甲草

金丝薹草

兰花

项目9 亚灌木花卉

单元9 亚灌木花卉识别与应用

◈ 任务9.1 掌握级物种

A214 倒挂金钟

学名： *Fuchsia hybrida*

别名： 灯笼花（花形特征）、吊钟海棠（形态似海棠）

科属： 柳叶菜科，倒挂金钟属

原产地： 中南美洲山区

●○ 识别特征速查表

项目		具体描述
形态特征	类型	多年生半灌木，株高30~200厘米（盆栽常控制在50厘米以内）
	根	须根系，浅根性，肉质化
	茎	嫩枝紫红色，老枝木质化，分枝多而下垂
	叶	对生或轮生，卵状披针形，长3~9厘米；叶缘具疏齿；叶面深绿色，叶背淡绿色带紫晕
	花	单生叶腋；花萼筒状，常4裂（红色、白色等），花瓣通常4枚（紫色、粉色等）；花梗细长下垂；花期4~12月
	果实	浆果紫黑色，可食用但味淡
关键识别特征		√双色花冠：萼片与花瓣常呈对比色 √垂吊花姿：花朵自然倒垂如吊灯 √四季开花：温度适宜可周年开花
易混淆种区分		与龙吐珠（*Clerodendrum thomsoniae*）区别：龙吐珠花瓣（花冠）鲜红色，从白色花萼中伸出后很快脱落，观赏主体为宿存的白色花萼和长花丝；聚伞花序顶生或腋生，花朵密集，白萼托着红冠与超长花丝，形如龙吐珠。倒挂金钟花朵单生于枝端叶腋，下垂；花瓣（花冠）通常显著、翻卷或展开；雄蕊明显外伸

●○ 生长习性速查表

特性	具体表现
光照	喜明亮散射光（30000~50000lx），忌暴晒
温度	适温15~25℃（超过30℃休眠，5℃以下冻害）
水分	喜湿润（表土干即浇），忌积水
基质	泥炭∶珍珠岩∶腐叶土=3∶1∶1（pH 5.5~6.5）

●○ 栽培管理要点

倒挂金钟繁殖以春秋季扦插为主，选取半木质化枝条易生根，播种繁殖易导致品种变异。其性喜凉爽、怕炎热，生长适温为15~25℃，夏季高温易休眠，需加强通风、遮阴并控水，避免阳光暴晒与淋雨，否则易落叶烂根。生长期保持盆土湿润，表干即浇，忌积水；花期每周施磷钾肥以促进持续开花。花后及时剪去残花并缩剪部分枝条，可促进新枝萌发与再次开花。常见病虫害有灰霉病、根腐病及红蜘蛛、白粉虱等。栽培宜用疏松、微酸性基质，避免盆土板结，花期忌频繁移动以防落蕾。

●○ 应用价值

观赏价值： 垂吊花枝如彩色风铃，单株年开花200朵以上，是阳台吊篮的绝佳选择，北欧风格家居的经典点缀植物。

生态价值： 长花期提供稳定蜜源，吸引蜜蜂、食蚜蝇等传粉者，适合在生态花园的阴凉区域栽培。

文化象征： 英国维多利亚时代象征“热烈的心”，现代花语为“相信爱情”，常用于婚礼悬垂花艺设计。

A215 天竺葵

学名： *Pelargonium × hortorum*
别名： 洋绣球（花序形态）、石蜡红（叶片质感）
科属： 牻牛儿苗科，天竺葵属
原产地： 南非

●○ 识别特征速查表

项目		具体描述
形态特征	类型	多年生草本或亚灌木，株高20~60厘米（自然状态），盆栽通常30~40厘米
	根	纤维状根系，主根不明显，老株基部具木质化茎
	茎	肉质，多分枝，基部木质化，具明显节间
	叶	互生或对生；圆形至肾形，直径5~10厘米；掌状浅裂，叶缘齿状；叶面常具马蹄形环纹，被柔毛
	花	伞形花序顶生；花序直径10~15厘米，小花10~30朵；花径2~5厘米，花瓣5枚；花色红色、粉色、白色、紫色及复色；花期4~11月（温度适宜可全年开花）
	果实	蒴果喙状，成熟时螺旋状卷曲弹出种子
关键识别特征		√特殊香气：叶片揉搓散发独特气味 √马蹄纹叶：叶面常见深色环状纹 √伞形花序：花朵密集如绣球
易混淆种区分		与蔓生天竺葵（*Pelargonium peltatum*）区别：天竺葵茎直立，蔓生天竺葵茎匍匐或下垂；天竺葵叶面常有纹，蔓生天竺葵叶面通常无纹且更肉质

●○ 生长习性速查表

特性	具体表现
光照	需全日照（耐半阴，但易徒长）
温度	适温10~25℃（耐短期轻微霜冻，约-2~0℃，30℃以上休眠）
水分	耐旱性强（忌积水，夏季控水）
土壤	喜肥沃疏松的微酸性土（pH 5.5~6.5）

●○ 栽培管理要点

天竺葵繁殖以扦插为主，成活率高，播种多用于单瓣品种。其性喜阳光充足、凉爽干燥，生长适温10~25℃，耐旱怕涝，浇水应“干透浇透”，夏季需控水并避免高温高湿。生长期每两周施一次以磷钾为主的稀薄液肥，花期停施氮肥以防徒长。全日照环境下开花最佳，光照不足则花少色淡；花后及时剪除残花，秋季可重剪以使来年株型饱满。注意防治灰霉病、根腐病及白粉虱、红蜘蛛等病虫害。栽培宜用透气性好的盆土，忌积水与通风不良，盛夏强光时需适当遮阴。

●○ 应用价值

观赏价值： 伞形花序饱满如绣球，花瓣有单瓣、重瓣（红色、粉色、白色、紫色），叶片常具马蹄纹，部分品种散发柠檬或薄荷香，是视觉与嗅觉的双重享受。

文化象征： 欧洲窗台文化的代表，象征“家庭温馨”；红色品种在德国寓意“坚定的爱情”，白色品种代表“童真回忆”。

配置应用： 阳台铁艺花箱群植或窗台垂吊栽培，需充足光照；香叶品种可提炼精油；切花水养持久，适合乡村风格花艺设计。

A216 亚菊

学名： *Ajania pallasiana*

别名： 岩香菊（生境特征）

科属： 菊科，亚菊属

原产地： 东亚沿海地区

识别特征速查表

项目		具体描述
形态特征	类型	多年生常绿亚灌木，株高30~60厘米，全株被灰白色绒毛
	根	木质化主根明显，侧根横向扩展性强
	茎	基部木质化，多分枝，幼枝密被绒毛
	叶	互生，羽状深裂，长5~8厘米；裂片卵形；叶面深绿色，叶背银白色，被厚绒毛；具樟脑香气
	花	伞房状聚伞花序；头状花黄色，径约1厘米；花期10~12月
	果实	瘦果圆柱形，具5棱，冠毛短
关键识别特征		√“银背金花”：叶片背面银白色绒毛与黄色花序形成鲜明对比 √秋冬季花：填补菊科植物秋冬季开花空档期 √耐盐碱、海风：滨海地区表现优异
易混淆种区分		与银叶菊（*Jacobaea maritima*）区别：亚菊叶片羽裂较浅，秋冬季开花，具樟脑香；银叶菊叶片二回羽裂，夏季开花，无香气

生长习性速查表

特性	具体表现
光照	全日照至明亮散射光（30000lx以上叶色最佳）
温度	耐−25℃低温（哈尔滨可露地越冬），耐高温极限38℃
水分	极耐旱（年降水350毫米可存活），忌涝渍
土壤	喜砾石质碱性土（pH 7.2~8.5），耐贫瘠

栽培管理要点

亚菊繁殖可采取春秋季分株或嫩枝扦插。其性极耐寒、耐旱，喜全日照，宜种植在排水良好的砾石质碱性土壤中，忌涝渍。浇水应“干透浇透”，生长季保持微润即可，夏季需控水，冬季几乎断水；施肥宜薄肥勤施，生长期每月施一次均衡或高磷钾的稀薄液肥，避免氮肥过量导致徒长。花后需剪除残花，春季可重剪以促发新枝、维持株型紧凑。病虫害较少，偶见白粉病、根腐病及蚜虫、红蜘蛛，应注意改善通风并及时防治。栽培中忌浓肥、生肥与空气干燥。

应用价值

观赏价值： 头状花序小而密集（黄色、白色），叶片银灰色羽裂，全株被绒毛呈雾状质感，秋季转为紫红色，是少有的“色叶香花”兼具品种。

文化象征： 在东亚地区象征简朴与坚韧；在庭院中用作“季节的信标”。

配置应用： 岩石园镶边或花境前景雾化处理，与蓝羊茅搭配增强冷色调；干燥花束保留银灰色质感；耐旱、耐贫瘠，适合海滨地区绿化。

A217 五色梅

学名： *Lantana camara*

别名： 马缨丹（花序形态）、臭草（叶片气味）

科属： 马鞭草科，马缨丹属

原产地： 美洲热带地区

●○ 识别特征速查表

项目		具体描述
形态特征	类型	常绿灌木，株高1~2米，枝条四棱形具倒钩刺
	根	主根粗壮，侧根发达，具侵略性
	茎	枝条四棱形，常具倒钩状皮刺
	叶	对生，卵形，长3~9厘米；边缘钝齿；叶面粗糙，揉碎有异味
	花	小花高脚碟状，花色常随开放时间由黄色、粉色变为橙色、红色；在温暖地区全年开花
	果实	核果球形，成熟时紫黑色，有毒
关键识别特征		√ 变色花序：单花序含多色小花（黄色、橙色、红色、粉色） √ 特殊气味：叶片揉搓散发独特异味 √ 侵略特性：根系分泌化感物质抑制他种植物
易混淆种区分		与蔓马缨丹（*Lantana montevidensis*）区分：枝条细长匍匐下垂、铺地生长的是蔓马缨丹；枝条直立向上生长、株丛高大的是五色梅（马缨丹）

●○ 生长习性速查表

特性	具体表现
光照	需全日照（<4小时直射光则徒长）
温度	耐40℃高温，短期可耐-5℃低温，持续5℃以下则叶片脱落
水分	耐旱（年降水500毫米以上可自然生长）
土壤	适应性强（pH 4.5~8.5均能生长）

●○ 栽培管理要点

五色海繁殖以扦插为主，极易成活，也可播种，但需破皮处理。其性喜高温和全日照环境，耐贫瘠干旱，对土壤要求不严。生长期浇水可见干见湿，地栽几乎无需管理；施肥量少，每月施一次均衡复合肥即可。耐修剪，早春重剪可控制高度并促进分枝，花后及时剪除残花以防有毒果实成熟。注意防治白粉病及红蜘蛛等病虫害。需特别注意其生态入侵性强，地栽应控制其扩散；其果实有毒，有儿童或宠物的家庭需谨慎；叶片气味特殊，不宜室内栽培。

●○ 经济与文化价值

生态价值： 蜜源植物，吸引20余种传粉昆虫，根系固土能力达常规灌木的3倍，适合边坡修复。

药用价值： 叶捣碎外敷可治跌打损伤（《岭南采药录》载），现代研究显示其含马缨丹烯，具抗菌活性。

景观价值： 耐修剪造型，可培育成彩篱或盆景，花色随温度变化呈现不同色彩组合，适合热带风格庭院。

A218 羽叶薰衣草

学名： *Lavandula pinnata*

别名： 法国薰衣草（商品名）、羽衣香草（园艺美称）

科属： 唇形科，薰衣草属

原产地： 地中海西部

识别特征速查表

项目		具体描述
形态特征	类型	多年生亚灌木（在寒冷地区常作一、二年生栽培），株高40~70厘米，全株具浓郁樟脑香气
	根	木质化主根明显，侧根纤维状，耐贫瘠，忌积水
	茎	四棱形直立，基部木质化，密被灰白色绒毛，分枝性强
	叶	对生，二回羽状深裂（裂片线形），长5~8厘米；叶色灰绿色至银白色，密被星状绒毛；叶柄短；揉搓有樟脑混合薰衣草香
	花	穗状花序顶生，长10~25厘米；花萼管状具棱；花冠二唇形，蓝紫色；苞片呈扇形；花期春季至初夏（热带地区可全年开花）
	果实	卵形小坚果，黑褐色，藏于宿存花萼内
关键识别特征		√ 羽状深裂叶：叶片呈灰绿色，羽状分裂，具芳香 √ 穗状花序：花茎细长，顶生蓝紫色或淡紫色花序 √ 全株芳香：枝叶含浓郁樟脑样香气，其精油成分与狭叶薰衣草不同
易混淆种区分		与西班牙薰衣草（*Lavandula stoechas*）区分：叶子像羽毛一样裂开的，是羽叶薰衣草；叶子是完整、狭长的，是西班牙薰衣草

生长习性速查表

特性	具体表现
光照	全日照，耐半阴但香气减弱
温度	耐-5℃低温（成年株），夏季35℃以上生长停滞
水分	耐旱（年降水300毫米可存活），忌积水（易根腐）
土壤	喜石灰质沙壤土（pH 7.0~8.5），忌黏重酸性土

栽培管理要点

羽叶薰衣草繁殖可采用春秋扦插或春季播种，播种时需浅覆土。其性喜阳光充足、凉爽干燥，耐寒耐旱，忌高温湿热与积水。宜选用排水极佳的石灰质沙壤土，浇水务必“干透浇透”，避免叶片沾水与土壤长期湿润，雨季需严格控水。春季施一次缓释肥，花期前增施磷钾肥，忌氮肥过多。全日照环境下花香浓郁且开花繁茂，花后及时剪除花茎，春季重剪以促新枝。注意防治根腐病、锈病及蚜虫、红蜘蛛等。栽培关键在于提供高燥、透水的环境，避免闷热潮湿。

经济与文化价值

观赏价值： 穗状花序细长如兔耳，花瓣顶端具羽裂（紫色、粉色），叶片银灰色羽状分裂，全株散发清冽香气，是视觉与嗅觉的双重享受。

配置应用： 用于香草园主景或地中海风格花境，与白色石竹形成色彩韵律；切花倒挂阴干可制作香囊；盆栽需碱性沙质土，忌高温高湿。

B341 含羞草 *Mimosa pudica*

豆科，含羞草属

茎披散，具下弯钩刺；二回羽状复叶，小叶触之即闭合下垂，为核心特征；头状花序球形，粉红色；荚果扁平。

B342 芙蓉菊 *Crossostephium chinense*

菊科，芙蓉菊属

灌木；叶互生，楔形，密被银白色绢毛，为核心特征；头状花序球形，黄色；瘦果。

B343 绵杉菊 *Santolina chamaecyparissus*

菊科，绵杉菊属

灌木，全株密被银白色绢毛，呈银白色球状，为核心特征；叶小，鳞片状；头状花序顶生，黄色；瘦果。

B344 蓝雪花 *Ceratostigma plumbaginoides*

白花丹科，蓝雪花属

小灌木；叶倒卵形，秋季常变红；聚伞花序，花冠高脚碟状，蓝色，为核心特征；蒴果。

B345 银叶菊 *Jacobaea maritima*

菊科，千里光属

多年生草本；茎、叶密被银白色绒毛，为核心特征；叶一至二回羽状裂；头状花序黄色，伞房状排列；瘦果。

B346 迷迭香 *Rosmarinus officinalis*

唇形科，迷迭香属

灌木；叶线形，革质，边缘反卷，背面密被白色绒毛，揉搓具浓郁香气，为核心特征；花唇形，蓝紫色；小坚果。

B347 木茼蒿 *Argyranthemum frutescens*

菊科，木茼蒿属

灌木；叶互生，二回羽状裂；头状花序单生，舌状花白色，管状花黄色，花期长，为核心特征；瘦果。

含羞草

芙蓉菊

绵杉菊

蓝雪花

银叶菊

迷迭香

木茼蒿

项目10　特色作物

单元10.1　农作物识别与应用

◈ 任务10.1.1　掌握级物种

A219 水稻

学名： *Oryza sativa*（亚洲栽培稻）

别名： 稻谷（成熟籽粒）、谷子（北方俗称）、禾（古称）

科属： 禾本科，稻属

原产地： 中国长江流域及东南亚（现全球热带至温带地区广泛种植）

●○ 识别特征与商业繁殖方法速查表

项目		具体描述
形态特征	类型	一年生草本，株高50~150厘米（品种差异大）
	根	须根系，具通气组织（适应水田环境）
	茎	圆柱形中空，分蘖性强，基部节间短
	叶	互生，线状披针形，长20~50厘米；叶鞘抱茎；叶舌膜质
	花	圆锥花序，小穗含1朵两性花，具6枚雄蕊和1枚羽状柱头雌蕊，为自花授粉作物
	果实	颖果（俗称稻谷），由颖壳（谷壳）和米粒（糙米）组成
关键识别特征		√“水陆双栖”：既可在淹水田生长（水稻），也可旱作（陆稻） √ 分蘖特性：单株有效分蘖可达30个（高产基础） √ C3光合途径：属于C3植物，但其光合效率在C3植物中较高
商业繁殖方法		种子繁殖：浸种催芽（28~32℃），秧田育苗后移栽（传统主流方式）或直接直播（面积逐年扩大） 再生稻：头季收割后利用稻桩腋芽再生（节省30%成本） 组培应用：花药培养（N6培养基+2,4-D）用于单倍体育种
易混淆种区分		与稗草（*Echinochloa crus-galli*）区别：水稻叶舌明显；稗草无叶舌，圆锥花序分枝粗糙

●○ 栽培管理要点

水稻栽培以种子繁殖为主，需浸种催芽后采用育苗移栽或直播方式进行。作为喜温好光的水生作物，其全生育期需充足水分，尤其在分蘖期、幼穗分化期和抽穗灌浆期应保持田间适当水层，分蘖末期可适度晒田以控制无效分蘖。施肥应遵循“前促、中控、后保”原则，基肥以有机肥为主，分蘖期追施氮肥，穗肥注重磷钾以促大穗。注意防治稻瘟病、纹枯病、稻飞虱、二化螟等主要病虫害，并合理轮作以减少病害发生。

●○ 应用价值

主食： 大米是全球超过一半人口的主食，提供能量、蛋白质等营养。

加工食品： 可制成米粉、米线、年糕、米酒、味精等。

工业原料： 米糠可榨油，稻壳可用于发电、制作板材或作为饲料。

文化意义： 在亚洲许多文化中，水稻不仅是食物，更是生命、丰收和文化的象征。

水稻与小麦、玉米并称为世界三大粮食作物，养活了全球绝大部分人口，对保障世界粮食安全具有至关重要的意义。

A220 小麦

学名： *Triticum aestivum*（普通小麦，最常见的栽培种）

别名： 麦子（通称）、冬麦（秋播型）、春麦（春播型）

科属： 禾本科，小麦属

原产地： 新月沃地（西亚），现全球温带地区广泛种植（中国为最大生产国）

●○ 识别特征与商业繁殖方法速查表

项目		具体描述
形态特征	类型	一年生或越年生草本，株高60~120厘米（矮秆品种＜80厘米）
	根	须根系（深达2米），越冬品种具“盘墩”特性
	茎	直立，圆柱形，具明显节和节间，中空，基部节间短（抗倒伏关键），可产生分蘖
	叶	线形，长15~40厘米；叶鞘抱茎，叶耳明显
	花	复穗状花序（麦穗），穗轴由多个节片组成，每节着生1枚小穗；每小穗含2~9朵小花，通常仅基部2~4朵能育。为自花授粉作物
	果实	即通常所说的“麦粒”，由麸皮、胚乳和胚芽三部分组成
关键识别特征		√ 春化需求：冬麦需0~5℃低温30~60天完成花芽分化 √ 分蘖特性：有效分蘖3~8个（高产群体指标） √ C3光合途径：属于C3植物，在C3作物中具有相对较高的光合效率
商业繁殖方法		精量播种：条播机亩用种量因地区、品种和目标密度而异，范围通常在10~20千克（行距15~25厘米） 免耕直播：前茬秸秆覆盖＋直接播种（节水保墒） 分子育种：基因编辑（如TaGW2基因调控粒重）
易混淆种区分		与大麦区别：小麦穗轴坚韧不易逐节折断，小穗无柄，芒较短（部分无芒）；大麦穗轴易逐节折断，每个节片带1枚有柄小穗，芒长而硬

●○ 栽培管理要点

小麦栽培主要通过精量或免耕直播完成，冬性品种需经历春化阶段才能抽穗。其根系发达，耐寒性较强，生育前期需适度控水以促进根系下扎，拔节至灌浆期是需水关键期，应保证水分供应。施肥应注重氮、磷、钾配合，基肥足施，返青拔节期重施氮肥，后期可叶面喷施磷钾肥以防早衰。重点防治白粉病、锈病、赤霉病及蚜虫等病虫害，并注意田间排水防渍。

●○ 应用价值

主食： 磨成面粉后，是制作面包、面条、馒头、饼干、饺子等各类面食的主要原料，是北方地区及许多国家的主食。

发酵工业： 用于酿造啤酒，制作酱油、醋等。

饲料： 麦麸、秸秆是优质的牲畜饲料。

工业原料： 淀粉可用于纺织、造纸、医药等工业。

A221 玉米

学名： *Zea mays*

别名： 玉蜀黍（学名）、苞谷（北方）、珍珠米（江南）、六谷（古称）

科属： 禾本科，玉蜀黍属

原产地： 墨西哥（由大刍草驯化而来），16 世纪传入中国，现全球热带至温带地区广泛种植。

识别特征与商业繁殖方法速查表

项目		具体描述
形态特征	类型	一年生草本，株高 1.5~3 米（矮秆品种 < 1.8 米）
	根	须根系+气生根（支持根），深达 2 米
	茎	实心，充满髓质，节间明显，基部节间短粗（抗倒伏关键）
	叶	剑形互生，长 50~100 厘米，中脉明显；叶舌膜质
	花	雌雄同株异花。雄花着生于植株顶端的圆锥花序（雄穗），产生花粉 雌花序为肉穗花序（雌穗），腋生，外包有多层苞叶；花柱极长，伸出苞叶，呈丝状（俗称玉米须），用于接收花粉
	果实	颖果，即通常所说的“玉米粒”，着生于由穗轴和苞叶构成的“玉米棒子”上
关键识别特征		√ C4 光合途径：具有高于 C3 作物（如水稻、小麦）的光合效率，更适应高温、强光、干旱环境 √ 吐丝特性：雌穗花丝（柱头）伸出苞叶后 3 天内为最佳授粉期 √ 温敏特性：日均温 < 18℃导致花粉不育
商业繁殖方法		精量播种：气吸式播种机（亩用种量因品种、目标密度而异，范围通常在 1.5~4 千克，株距 25~30 厘米） 膜下滴灌：覆黑膜+滴灌带（节水 30%，抑草） 分子育种：CRISPR 编辑（如 ZmSWEET4c 基因提升籽粒灌浆效率）
易混淆种区分		与高粱区别：玉米雌花序为腋生的肉穗花序，外包有叶状苞片（俗称“棒子包皮”）；高粱圆锥花序顶生，无苞叶包裹

栽培管理要点

玉米栽培多采用精量播种，宜选择土层深厚、排水良好的地块。作为 C4 植物，其喜温喜光，全生育期需充足光照，苗期耐旱，拔节至抽雄吐丝期是需水肥临界期，应保证水肥充足。施肥以基肥为主，大喇叭口期重施穗肥，注意锌肥补充。需重点防治大小斑病、茎基腐病及玉米螟等病虫害，合理密植并适时中耕培土以增强抗倒性。

应用价值

玉米是典型的“粮 - 经 - 饲”三元作物，用途极其广泛：

食用： 直接作为主食（鲜食或加工成玉米粉、玉米碴），也是重要的零食来源（爆米花）。

饲料： 是主要的饲料作物，约 70% 的玉米用作饲料，被誉为“饲料之王”。

工业加工： 可深加工成淀粉、糖浆（果葡糖浆）、酒精（燃料乙醇）、食用油、白酒、啤酒等数百种产品。

其他用途： 青贮玉米是优质饲料，秸秆可作为燃料或还田肥地。

玉米与水稻、小麦并称为世界三大粮食作物。其总产量已位居全球谷物之首，不仅是重要的人口粮食，更是现代畜牧业和工业发展的基石，对全球粮食安全、能源安全和经济发展具有战略意义。

A222 马铃薯

学名： *Solanum tuberosum*

别名： 土豆（通用名）、洋芋（西南地区）、地蛋（山东地区）

科属： 茄科，茄属

原产地： 南美洲安第斯山脉（秘鲁、玻利维亚一带），约16世纪传入欧洲，17世纪传入中国，现全球温带地区广泛栽培

●○ 识别特征与商业繁殖方法速查表

项目		具体描述
形态特征	类型	多年生草本（常作一年生栽培），株高30~100厘米
	根	须根系，侧根发达，末端膨大成块茎（贮藏器官）
	茎	地上茎：直立或半直立，绿色 地下茎：包括匍匐茎。匍匐茎顶端膨大形成块茎。块茎即可食用的部分，是茎的变态，是储存养分的器官，其上分布有“芽眼”（腋芽）
	叶	奇数羽状复叶，互生，小叶3~7对，卵形至披针形，全缘或波状；叶色深绿
	花	聚伞花序，花冠五角星形，白色、粉色、紫色；花期夏季（温带地区）
	果实与种子	浆果球形，内含种子。但在生产上极少用种子繁殖，通常用块茎进行无性繁殖（种薯切块栽培）
关键识别特征		√“地下块茎”：块茎表皮黄色、红色、紫色，具芽眼（繁殖关键部位） √ C3光合途径：属于C3植物 √ 耐冷特性：幼苗可耐短期-2℃低温
商业繁殖方法		块茎繁殖：切块（每块含1~2个芽眼），经消毒剂（如多菌灵）或草木灰处理后播种（主流方式） 组培脱毒：茎尖培养，生产脱毒种薯 种子繁殖：仅用于育种（实生苗性状分离严重）
易混淆种区分		与番茄区别：马铃薯地下形成块茎；番茄浆果地上生长

●○ 栽培管理要点

马铃薯主要以块茎进行无性繁殖，种薯需经消毒或脱毒处理。其性喜冷凉，块茎膨大期适温为15~18℃，高温易导致退化。栽培宜选择疏松沙壤土，生长前期保持土壤湿润以利发棵，块茎形成期需水分充足但忌积水，后期适当控水以利薯皮老化。施肥以钾肥为主，氮磷配合。注意轮作换茬，重点防治晚疫病、环腐病及蚜虫、块茎蛾等病虫害。

●○ 应用价值

主食与蔬菜： 马铃薯是全球第四大粮食作物（仅次于玉米、小麦和水稻），既是许多地区的主食，也是重要的蔬菜。可煎、炒、烹、炸、炖，制作成薯条、薯片、土豆泥等食品。

加工食品： 是淀粉、全粉、酒精、变性淀粉的重要工业原料。

饲料： 小马铃薯和茎叶可作为牲畜饲料。

育种与科研： 作为模式生物在植物生物学研究中具有重要价值。

马铃薯被誉为“地下苹果”和“第二面包”，其单位面积产出的营养和能量远超许多谷物。联合国粮农组织（FAO）于2008年正式确认马铃薯为全球四大主粮之一。它适应性强、产量高、营养全面（富含碳水化合物、维生素C和钾），在消除饥饿、保障全球粮食安全方面扮演着至关重要的角色。

A223 油菜

学名： *Brassica napus*（甘蓝型油菜，中国最主要的栽培种）

注：油菜是多种油用芸薹属作物的统称，主要栽培种还包括*Brassica rapa*（白菜型油菜）和*Brassica juncea*（芥菜型油菜）

别名： 芸薹（古称）、甘蓝型油菜（栽培类型）、菜籽（种子通称）

科属： 十字花科，芸薹属

原产地： 地中海地区（由芸薹和甘蓝自然杂交形成），现全球温带地区广泛种植。中国是油菜种植面积和产量最大的国家

●○ 识别特征与商业繁殖方法速查表

项目		具体描述
形态特征	类型	一年生或越年生草本，株高80~180厘米
	根	直根系发达，主根膨大（越冬品种）
	茎	圆柱形，分枝性强，被蜡粉
	叶	互生，形态多样。基生叶呈莲座状，有琴状裂叶或羽状复叶；茎生叶多为披针形或长圆形，基部抱茎或具短柄
	花	总状花序顶生，花冠黄色，十字形；花期3~5月
	果实与种子	果实为长角果，成熟后会开裂。种子细小，球形，呈黄色、褐色或黑色，即为“菜籽”
关键识别特征		√“金色花海”：盛花期田间呈现大面积黄色景观 √ 越冬特性：幼苗可耐-10~-5℃甚至更低的低温（冬油菜品种） √ 油料之王：主要栽培种的种子含油量为35%~50%（菜籽油原料）
商业繁殖方法		种子繁殖：直播亩用种量因播种方式、品种和目标密度而异，范围通常在0.2~0.6千克 育苗移栽：苗床育苗后移栽（提高越冬成活率） 组培应用：下胚轴培养，用于转基因育种
易混淆种区分		与白菜型油菜（*B. rapa*）区别：甘蓝型油菜植株高大，叶片厚，被蜡粉，角果长；白菜型油菜植株矮小，叶片薄，无蜡粉，角果短

●○ 栽培管理要点

油菜栽培可通过直播或育苗移栽进行，冬油菜需在苗期经历低温春化。其生育期长，需肥量大，施肥应重施基肥、早施苗肥、稳施薹肥，并注重硼肥补充以防“花而不实”。花期需水分充足，但忌涝渍。注意防治菌核病、霜霉病及蚜虫、菜青虫等病虫害。花期可进行农业防治，如摘除老叶以增强通风透光。

●○ 应用价值

食用油： 最主要的用途。菜籽油是中国和世界主要食用植物油之一，富含不饱和脂肪酸和维生素E。

饲料： 榨油后的副产品“菜籽粕”是优质的蛋白质饲料。

蜜源植物： 油菜花期长，花量大，是极佳的蜜源植物，可生产油菜花蜜。

绿肥与观赏： 油菜植株可还田作为绿肥。成片种植的油菜花海也具有极高的观赏价值，带动乡村旅游（如江西婺源）。

生物柴油： 菜籽油可作为原料生产生物柴油，是一种可再生能源。

油菜是继大豆和棕榈之后的世界第三大植物油来源，在保障中国食用油供给安全、发展畜牧业（提供蛋白饲料）和促进农业可持续发展方面具有举足轻重的战略地位。

◈ 任务10.1.2 识别级物种

B348 甘薯 *Ipomoea batatas* 旋花科，番薯属

具块根，形态颜色多样（纺锤形、球形，皮色有紫红色、黄白色等）；茎匍匐；叶心形至掌状裂；花冠漏斗状，粉红色或白色；蒴果。为主要粮食作物。

B349 大豆 *Glycine max* 豆科，大豆属

茎直立或蔓生，密被长硬毛；羽状三出复叶；总状花序，花小，白色或紫色；荚果矩形，密被长硬毛。为重要油料及粮食作物。

B350 荞麦 *Fagopyrum esculentum* 蓼科，荞麦属

茎直立，红色；叶三角形或卵状三角形；总状或伞房状花序，花白色或粉红色；瘦果三棱形，黑褐色。为杂粮作物。

B351 大麦 *Hordeum vulgare* 禾本科，大麦属

秆直立；叶鞘松弛，叶耳、叶舌显著；穗状花序，每节着生3枚能育小穗，颖芒状；颖果成熟后与稃体黏着。为重要粮食及饲料作物。

B352 薏苡 *Coix lacryma-jobi* 禾本科，薏苡属

秆直立，分枝；叶线状披针形；总状花序腋生，雌小穗包于骨质念珠状总苞内，为核心特征；颖果，种仁为药食两用。

大豆

荞麦

大麦

甘薯

薏苡

单元10.2　经济作物识别与应用

◈ 任务10.2.1　掌握级物种

A224 茶树

学名： *Camellia sinensis*

别名： 茗（古称）、茶叶树（通称）、老茶婆（乔木型古树）

科属： 山茶科，山茶属

原产地： 中国西南部（云南、四川、贵州一带的亚热带森林中），现全球亚热带及部分热带地区广泛栽培

●○ 识别特征与商业繁殖方法速查表

项目		具体描述
形态特征	类型	多年生常绿木本，栽培型株高0.8~1.5米，乔木型可达10米
	根	深根系，主根明显，侧根具菌根（适应酸性土）
	茎	木质化，分枝密集，嫩枝被茸毛
	叶	互生，椭圆形，长5~30厘米；叶缘锯齿；叶革质
	花	两性花，白色，腋生，有芳香。花冠由5~9片花瓣组成；雄蕊多数，外轮花丝常合生成短管；子房上位，被毛
	果实与种子	蒴果，扁球形，成熟时开裂。种子可用来繁殖，也可榨油（茶籽油）
关键识别特征		√“新梢金贵”：一芽一叶或一芽二叶，为高级茶原料（富含茶氨酸、茶多酚等品质成分） √ 耐酸耐阴：最适pH 4.5~6.0，需遮阴度30%~50% √ 长寿基因：乔木型茶树可存活1700年以上
商业繁殖方法		扦插繁殖：半木质化枝扦插，常用生根粉（如IBA、NAA）溶液浸泡处理，45天左右生根（主流方式） 种子繁殖：秋播沙藏，次年春发芽（仅用于育种） 组培快繁：茎尖培养，用于珍稀品种
易混淆种区分		与油茶（*C. oleifera*）区别：茶树嫩叶无毛，花较小，果皮薄；油茶嫩叶被毛，花较大，果皮厚

●○ 栽培管理要点

茶树繁殖以扦插为主，宜选择酸性土壤建园。其喜温湿和散射光，新建茶园需适当遮阴。栽培管理核心在于树冠培育与营养调控，定期进行轻修剪与深修剪以维持采摘面旺盛生机。施肥以氮肥为主，配合磷钾及微量元素，基肥秋施，追肥结合采摘批次进行。需注意防治茶小绿叶蝉、茶尺蠖、炭疽病等病虫害，提倡生物防治与物理防治。

●○ 应用价值

制作茶叶： 最核心的用途。采摘其嫩梢，经过不同的加工工艺（如杀青、萎凋、揉捻、发酵、干燥等），可制成绿茶、红茶、乌龙茶（青茶）、白茶、黄茶、黑茶六大基本茶类以及再加工茶（如花茶）。

提取物： 茶叶中的茶多酚、咖啡碱、茶氨酸等有效成分可被提取，广泛应用于食品、药品和化妆品行业。

观赏与生态： 茶树四季常绿，可作绿化植物。茶园也具有保持水土、美化环境的生态功能。

其他： 种子可榨取茶油，供食用或工业用；木材质地坚硬，可用于雕刻。

茶树是中国对世界重要的贡献之一，与咖啡、可可并称为世界三大无酒精饮料植物。茶叶不仅是一种经济作物，更深深融入了东亚、南亚乃至全球多国的历史文化之中，形成了博大精深的“茶文化”。茶产业是全球许多产茶国农业经济的重要支柱。

A225 雷竹

学名： *Phyllostachys praecox* ‘Prevernalis’

别名： 早竹笋、雷公笋（因早春雷雨时节萌发得名）、早园竹笋

科属： 禾本科，刚竹属

原产地： 中国浙江临安（现长江流域广泛栽培，主产区年均温15~18℃）

●○ 识别特征与商业繁殖方法速查表

项目		具体描述
形态特征	类型	雷竹并非一个独立的竹种，而是早竹的笋用优良栽培变种。多年生木质化竹类，成竹高6~8米，径粗3~5厘米
	地下茎	为单轴散生型，竹鞭在土壤中横向生长，鞭节上萌发笋芽
	秆	成竹高6~8米，直径3~5厘米，新秆深绿色，节间具明显的沟槽，节环微隆起
	笋	雷笋即为该竹的笋体。笋箨（笋壳）淡褐黄色，具稀疏至中等密度的褐色斑点或斑块，被白粉。笋体圆锥形，洁白粗壮，肉质丰腴
	叶	披针形，2~3片生于小枝顶端
关键识别特征		√ 超早熟性：覆膜栽培可提前至12月采收（比普通早竹早30~50天） √ 温度敏感：10℃持续7天即破土（依赖竹鞭淀粉转化） √ 品质指标：富含游离氨基酸（天冬氨酸、谷氨酸等），口感鲜甜
商业繁殖方法		母竹移栽：选1~2年生健壮竹连鞭移植（留来鞭20~40厘米，去稍30%） 埋鞭育苗：截取具芽竹鞭段（3节以上），ABT生根粉处理 覆盖促成栽培：11月覆盖谷壳+薄膜（增温保湿，提早出笋）
易混淆种区分		与毛竹笋区别：雷竹笋体相对细短，节间长度均匀

●○ 栽培管理要点

雷笋为早竹的笋用变种，主要通过母竹移栽或埋鞭繁殖。其喜温暖湿润，栽培需精细管理竹园，于秋冬季节进行垦覆松土并施足有机肥，以促进竹鞭生长与笋芽分化。采用覆盖谷壳、薄膜等措施可增温保湿，促使笋期提前。采笋期应及时采收，并注意留养母竹，保持立竹密度与年龄结构合理，以实现持续高产。

●○ 应用价值

食用： 是最主要的价值。雷笋肉质洁白细嫩，味甜微甘，口感脆爽，无涩味或涩味极轻，是品质极佳的笋用品种。可炒食、炖汤、油焖，或加工成笋干、罐头等。

生态与观赏： 竹林具有良好的水土保持能力和调节小气候的功能，也可作为园林观赏竹种。

时令与地位： 雷笋因其在早春（2~4月）率先上市，填补了蔬菜市场的空白，素有“江南第一笋”的美誉。它是春季时令菜肴的代表性食材，深受消费者喜爱，也是浙江等地农业增效、农民增收的重要特色林产品。

A226 樱桃番茄

学名： *Solanum lycopersicum* Mill.（注：樱桃番茄是栽培番茄*S. lycopersicum*下的一个品种群，其野生祖先或原始类型曾被视为变种var. *cerasiforme*，但现在商业栽培的樱桃番茄是经过高度选育的品种，直接使用栽培种的学名*S. lycopersicum*更为准确和通用）

别名： 圣女果（最常见的商品名）、小番茄、迷你番茄、小柿子、水果番茄

科属： 茄科，茄属

原产地： 南美洲安第斯山脉地区（秘鲁、厄瓜多尔一带），是栽培番茄的祖先类型，现全球温带至热带地区广泛栽培

●○ 识别特征与商业繁殖方法速查表

项目		具体描述
形态特征	类型	一年生草本，株高1~3米（无限生长型）
	根	须根系，深30~50厘米，侧根发达
	茎	半直立或蔓生，分枝性强，全株被黏质腺毛，有特殊气味
	叶	奇数羽状复叶，小叶5~9枚，卵形，边缘齿状
	花	聚伞花序，花黄色，每花序可着果10~30个
	果实	浆果，多心室。果形小，直径通常1~3厘米，单果重10~30克。果皮坚韧，果肉多汁，糖度和风味物质含量通常高于普通大果番茄
关键识别特征		√ 高糖度：成熟果实可溶性固形物含量显著高于普通大果番茄，风味浓郁 √ 连续结果：单株结果300~500个 √ 多样性：果形包含球形、梨形、李形等
商业繁殖方法		穴盘育苗：72孔穴盘，昼温25℃，夜温18℃ 嫁接繁殖：用抗病砧木（如“托鲁巴姆”） 组培快繁与脱毒：茎尖脱毒培养（防治病毒病），用于生产优质原种
易混淆种区分		与普通大果番茄相比：樱桃番茄果形小，单果重轻，果实心室数少，糖度普遍更高

●○ 栽培管理要点

樱桃番茄多采用穴盘育苗移栽，宜选用肥沃疏松、排水良好的土壤。其喜光喜温，属无限生长型，生长前期需适当控水蹲苗，结果期需水肥充足，宜小水勤浇，避免忽干忽湿。施肥以有机肥为基肥，结果期定期追施高钾复合肥。需及时搭架、整枝打杈，并重点防治早疫病、叶霉病、病毒病及白粉虱、蚜虫等。

●○ 应用价值

鲜食： 最主要的用途。口感清甜，风味浓郁，是重要的休闲健康零食。

烹饪： 可整颗用于制作菜肴、汤品、披萨、意面酱料等，加热后风味更佳。

装饰： 色彩艳丽，形态可爱，常用于高级菜肴的盘饰和点缀。

加工： 可用于制作果酱、干果（番茄干），或作为饮料的配料。

樱桃番茄是维生素C、维生素A（β-胡萝卜素）、番茄红素和钾的优质来源。其糖酸比高，风味更佳，深受消费者喜爱。在农业中，它因产量高、抗性强、经济效益好而成为设施农业和都市农业的重要作物，是番茄育种中优质基因的重要来源。

A227 草莓

学名： *Fragaria × ananassa*

（注：这是一个杂交起源的栽培种）

别名： 洋莓、红莓、地莓（民间俗称）、凤梨草莓（因其风味似凤梨）

科属： 蔷薇科，草莓属

原产地： 欧洲［约18世纪50年代在法国由来自北美洲的弗州草莓（*F. virginiana*）与来自南美洲的智利草莓（*F. chiloensis*）自然杂交选育而成］，现全球温带至亚热带地区广泛栽培

●○ 识别特征与商业繁殖方法速查表

项目		具体描述
形态特征	类型	多年生草本，株高10~30厘米，现代栽培草莓是八倍体植物
	根	须根系，主要分布在15~20厘米土层
	茎	匍匐茎：由腋芽萌发形成的细长地上茎，是主要的繁殖器官，节接触土壤后可长成新的植株（匍匐茎苗） 冠：短缩的多年生茎，是叶片、花序和匍匐茎的着生部位，随年限增长其上部逐年向上生长（“跳根”）。这个短缩的茎通常称为“冠”，而非“根状茎”
	叶	三出复叶，簇生于根状茎顶部，叶片表面有茸毛
	花	聚伞花序，白色，花瓣通常5枚。绝大多数品种为两性花，自花授粉
	果实	聚合果。人们食用的红色“果肉”部分是由花托膨大形成的假果，表面像芝麻一样的细小颗粒才是真正的果实（瘦果）
关键识别特征		√ 匍匐茎繁殖：单株年产生30~50条匍匐茎 √ 光周期敏感：短日照促进花芽分化 √ 高维生素C：鲜果维生素C含量丰富
商业繁殖方法		匍匐茎育苗：专业母本园生产脱毒苗 组织培养：茎尖脱毒快繁技术 高海拔、高纬度育苗：利用冷凉气候条件培育健壮、花芽分化良好的子苗
易混淆种区分		与野草莓（*F. vesca*）区别：栽培种果实大型（通常>1厘米），果肉柔软，风味酸甜；野生种果实小型（通常<1厘米），果肉紧实，香味极浓郁 （注：“下垂”和“直立”不是稳定的鉴别特征，果实大小、质地和风味才是更核心、更稳定的区别点）

●○ 栽培管理要点

草莓繁殖主要利用匍匐茎苗，宜选择脱毒种苗。其喜光但忌暴晒，喜凉爽不耐热，适宜在疏松肥沃的微酸性土壤中生长。定植前施足基肥，生长前期以氮肥促苗，花期前后转为以磷钾肥为主。需注意疏花疏果，并及时摘除老叶、病叶及匍匐茎。重点防治白粉病、灰霉病及红蜘蛛、蚜虫等，保护地栽培需注意通风降湿。

●○ 应用价值

鲜食： 最主要的用途。作为高档水果直接食用，因其色泽艳丽、香气浓郁、酸甜多汁而备受喜爱。

加工： 用于制作草莓酱、草莓汁、草莓酒、草莓罐头、草莓酸奶、草莓冰淇淋等各类食品和饮料。

装饰与甜品： 广泛用于蛋糕、慕斯、巧克力等甜品的点缀和调味。

观赏与采摘： 草莓园观光采摘是现代休闲农业的重要组成部分。

草莓因其生长周期短、结果早、效益高，已成为设施农业和高效农业的典范作物，被誉为“水果皇后”。它不仅是重要的经济水果，也常与甜蜜、浪漫的形象联系在一起，出现在各种文化产品中。

A228 西瓜

学名： *Citrullus lanatus*

别名： 寒瓜（古称）、夏瓜（季节特征）、水瓜（民间俗称）

科属： 葫芦科，西瓜属

原产地： 非洲南部卡拉哈里沙漠地区，后经埃及传入中东、印度等地，约在唐代沿丝绸之路传入中国，现全球热带至温带地区广泛栽培

识别特征与商业繁殖方法速查表

项目		具体描述
形态特征	类型	一年生蔓性草本，蔓长2~5米
	根	直根系，主根深达1米以上，侧根发达，抗旱能力强
	茎	匍匐蔓生，具棱槽，被茸毛，分枝性强
	叶	互生，深裂，通常为3回羽状深裂，叶片表面有蜡质，可减少水分蒸发
	花	单性花，雌雄同株异花，黄色。依靠昆虫（主要是蜜蜂）传粉
	果实	瓠果，形状因品种而异（圆形、椭圆形等），人们食用的部分是胎座组织（瓜瓤）
关键识别特征		√ 卷须分枝：通常2~3分叉 √ 果实纹路：不同品种具网纹、条带、斑点等特征 √ 种子变异：从黑籽到无籽的系列品种
商业繁殖方法		嫁接育苗：常用葫芦砧木（抗枯萎病） 种子处理：温汤浸种（常用55℃温水）杀菌 无籽西瓜繁殖：四倍体×二倍体杂交制种
易混淆种区分		与甜瓜区别：西瓜叶片3~7深裂，裂片再羽状浅裂，果实大型；甜瓜叶片近圆形，浅裂或有角，果实中型

栽培管理要点

西瓜栽培常采用直播或嫁接育苗（以防土传病害）。其喜温耐热，需充足光照，适宜在排水良好的沙质壤土生长。水分管理应遵循"蹲苗→促蔓→控水→膨瓜→采前控水"的原则，果实膨大期需水最多。施肥以钾肥为主，氮磷配合，重施基肥，巧施膨瓜肥。需进行整枝压蔓，合理留瓜，并注意防治枯萎病、炭疽病及蓟马、瓜绢螟等。

应用价值

鲜食： 最核心的用途。瓜瓤汁多味甜，是夏季消暑解渴的圣品。

加工： 可榨汁，制作水果沙拉、冰品、果脯等。

种子： 瓜子经炒制后是受欢迎的休闲零食。

果皮： 可腌制做菜（如炒西瓜皮），或提取果胶。

西瓜是夏季水果市场的主角，其产业对许多地区的农业经济至关重要。在中国文化中，西瓜是夏日、清凉和团圆的象征，常出现在消夏场景中。从沙漠起源到成为全球性的水果，西瓜的驯化与传播史也是人类农业文明交流的生动例证。

◈ 任务10.2.2　识别级物种

B353 棉花 *Gossypium* spp.

锦葵科，棉属

灌木状草本；叶掌状裂；花单生，乳白色，后转深红色；蒴果（棉铃）卵圆形，成熟时开裂露出棉纤维，为核心特征；种子被毛。为重要经济作物。

B354 大麻 *Cannabis sativa*

大麻科，大麻属

茎直立，具纵沟；掌状复叶，小叶披针形；花单性，雌雄异株；瘦果扁卵形。茎皮纤维为重要纺织原料。

B355 甘蔗 *Saccharum officinarum*

禾本科，甘蔗属

秆直立，粗壮，实心，分节，具甜味，为核心特征；叶带状；圆锥花序大型；颖果细小。为重要糖料作物。

B356 姜 *Zingiber officinale*

姜科，姜属

根状茎肥厚，肉质，具分枝，有芳香及辛辣味，为核心特征；叶披针形；穗状花序球果状，花黄绿色；蒴果。

B357 菱 *Trapa natans* var. *bispinosa*

千屈菜科，菱属

浮水草本；叶二型，浮水叶菱形，具齿，叶柄中部膨大成气囊；花白色；果具2刺角，坚硬，为核心特征。果可食用。

B358 桑（蚕桑） *Morus alba*

桑科，桑属

乔木或灌木；叶卵形，边缘具锯齿，为家蚕主要饲料，为核心特征；花单性，柔荑花序；聚花果（桑葚）圆柱形，成熟时紫黑色。

B359 百香果 *Passiflora edulis*

西番莲科，西番莲属

草质藤本；叶掌状3深裂；花萼花瓣状，白色带紫色，具丝状副花冠，为核心特征；浆果卵球形，成熟时紫色或黄色。为著名热带水果。

棉花

大麻

甘蔗

姜

菱

桑（蚕桑）

百香果

B360 火龙果 *Selenicereus undatus*

仙人掌科，量天尺属

茎三角柱状，具棱，边缘常具波浪状；花大型，夜间开放，白色；果实长圆形，具红色或黄色果皮及鳞片，果肉白色或红色，具黑色种子，为核心特征。为热带水果。

B361 花生 *Arachis hypogaea*

豆科，落花生属

草本；羽状复叶；花黄色，受精后子房柄伸长将子房推入土中结果，为核心特征；荚果茧状，具网纹。为重要油料作物。

B362 芝麻 *Sesamum indicum*

胡麻科，胡麻属

茎直立，四棱形；叶对生或上部互生；花唇形，白色或淡紫色；蒴果长圆形，具纵棱，成熟时开裂散出种子，为核心特征；种子小而扁平，为重要油料作物。

火龙果

花生

芝麻

单元10.3 蔬菜作物识别与应用

◈ 任务10.3.1 掌握级物种

A229 茭白

学名： *Zizania latifolia*

别名： 菰米（野生种籽粒）、茭笋、水笋（商品名）

科属： 禾本科，菰属

原产地： 中国及东亚地区。现中国长江流域及以南地区广泛栽培，东亚、东南亚也有分布。北美有野生近缘种（*Zizania palustris*，其籽粒为野生稻米）

●○ 识别特征与商业繁殖方法速查表

项目		具体描述
形态特征	类型	多年生水生草本，茭白并非一个自然的植物器官，而是植物与真菌共生形成的“病态”产物
	根	须根系具通气组织
	茎	分为地上茎和根状茎。根状茎匍匐泥中。其上的地上茎分蘖在生长初期被黑粉菌侵染后，茎基部细胞异常增生而膨大，形成纺锤形或长圆形的肉质茎
	叶	长披针形，长30~100厘米，叶鞘肥厚；叶舌膜质，长1.5厘米
	花	圆锥花序。但被成功栽培的茭白因菌寄生而不能正常抽穗开花，内部有黑斑（真菌的冬孢子堆）是茭白的特征之一
	“茭白肉”	洁白的肉质部由薄壁细胞组成，口感柔嫩
关键识别特征		√ 菌瘿共生：黑粉菌侵染茎基形成可食肉质茎（无侵染则成“雄茭”） √ 水深适应性：适宜水位20~50厘米（过深导致茎秆细长） √ 光周期敏感：营养生长期适宜的温度和短日照条件可促进分蘖
商业繁殖方法		分株繁殖：春季分切老株（带2~3个分蘖芽），行距50厘米×80厘米 组培脱毒：MS培养基+6-BA诱导丛生芽，用于优良品种的快速繁殖
易混淆种区分		与芦苇（*Phragmites australis*）区别：茭白叶鞘闭合至顶端，茎基部膨大呈纺锤形；芦苇叶鞘开放，茎中空无膨大，花序银白色

栽培管理要点

通过分株繁殖。其生长离不开黑粉菌的共生，栽培需保持浅水层，水位以20~50厘米为宜。施肥以有机肥为主，结合分蘖期和孕茭期追施氮钾肥。需及时清除雄茭和灰茭，并中耕除草。注意防治胡麻叶斑病、锈病及二化螟、长绿飞虱等病虫害，采收期应适时，以保证肉质茎鲜嫩。

应用价值

蔬菜食用：最核心的用途。茭白肉质肥嫩，纤维少，味清香，口感鲜美，是著名的“江南三大名菜”（茭白、莼菜、鲈鱼）之一。可切丝、切块，用于炒食、烧汤、做馅，如茭白肉丝、油焖茭白。

药用价值：中医认为其性甘寒，有解热毒、利二便的功效。

A230 茄子

学名：*Solanum melongena*

别名：落苏（古称）、矮瓜（广东）、茄菜（福建）

科属：茄科，茄属

原产地：印度（公元5世纪传入中国，现全球热带至温带地区广泛栽培）

识别特征与商业繁殖方法速查表

项目		具体描述
形态特征	类型	一年生灌木状草本，株高60~150厘米（栽培种多有限生长型）
	根	直根系，根系发达，再生能力较强
	茎	直立，基部木质化，茎、叶、花萼常被星状绒毛或皮刺，分枝性强（需整枝调控）
	叶	单叶互生，卵圆形或椭圆形，叶片大而肥厚，边缘波状，叶面被绒毛，叶脉和叶柄带刺
	花	两性花，单生或簇生，花冠钟状，蓝紫色或白色；花萼有刺
	果实	浆果，形状、颜色、大小因品种而异；人们食用的部分是它的果皮和胎座组织
关键识别特征		√ 对光周期不敏感，但适宜的温度和光照条件能够促进开花坐果 √ 温度敏感：花期遇持续低于15℃或高于35℃的温度，会导致授粉不良和落花落果 √ 再生能力：侧枝修剪后可二次结果（延长采收期30~50天）
商业繁殖方法		种子繁殖：浸种（50℃温水消毒）+催芽（28℃暗培养），穴盘育苗（具5~7片真叶时定植） 嫁接栽培：用抗病砧木作砧木，防治土传病害（青枯病、根结线虫） 组培快繁：茎段诱导（MS+0.5mg/L IAA），用于珍稀品种保存
易混淆种区分		与龙葵（*Solanum nigrum*）区别：茄子植株高大，花紫色，果实肉质无棱；龙葵草本矮小，花白色，浆果球形，径＜1厘米

栽培管理要点

茄子栽培多采用育苗移栽，也可嫁接抗病砧木。其喜温耐热，需充足光照，适宜在土层深厚、保肥力强的土壤生长。结果期长，需肥量大，应重施基肥，并在门茄、对茄、四母斗坐果后分期追肥。需及时整枝打叶，去除门茄以下侧枝，改善通风。重点防治黄萎病、绵疫病，及红蜘蛛、茶黄螨、二十八星瓢虫等。

●○ 应用价值

蔬菜食用： 最核心的用途。茄子肉质柔软，口感独特，可炒食、蒸煮、炖烧、油炸、做馅（如鱼香茄子、红烧茄子、蒜蓉烤茄子、茄盒等），是多种菜肴的重要原料。

加工： 可制成茄干、腌渍茄子等加工品。

药用价值： 中医认为其性甘凉，有清热活血、消肿止痛的功效。

A231 辣椒

学名： *Capsicum annuum*（栽培最广泛的种）

别名： 番椒（古称）、海椒（西南）、辣子（西北）

科属： 茄科，辣椒属

原产地： 美洲（16世纪传入中国，现全球热带至温带地区广泛种植）

●○ 识别特征与商业繁殖方法速查表

项目		具体描述
形态特征	类型	多年生灌木状草本（作一年生栽培），株高30~150厘米
	根	主根深达80厘米，侧根发达（忌连作）
	茎	木质化基部，分枝性强（双杈或三杈分枝）
	叶	单叶互生，卵圆形或披针形，全缘
	花	花单生或簇生，白色或淡紫色，冠辐射状，5~7裂
	果实	浆果，中空，果皮肉质或革质。辣味来自胎座组织的辣椒素。形状、大小、颜色因品种而异
关键识别特征		√ 辣度分级：史高维尔指数（SHU）从0（甜椒）到200万（卡罗莱纳死神） √ 光温调控：充足的光照、适度的干旱和胁迫环境有利于辣椒素等次生代谢物的积累 √ 连续结果：采收期可达3~6个月（温度适宜时）
商业繁殖方法		穴盘育苗：72孔穴盘，昼温25℃，夜温18℃（苗龄60~70天） 嫁接栽培：用抗病砧木（如一些专用的辣椒或茄子砧木品种）抗青枯病 杂交制种：利用雄性不育系（如“湘辣4号”，制种成本降40%）
易混淆种区分		与灯笼椒（*Capsicum baccatum*）区别：普通辣椒的花白色，果实多下垂；灯笼椒的花具黄绿色斑纹，果实朝上生长

●○ 栽培管理要点

辣椒栽培以穴盘育苗为主，喜温，不耐寒也不耐热，对光照要求不严，但光照不足易落花。宜选择排水良好的肥沃土壤，忌连作。施肥以基肥为主，结果期需多次追肥，注意氮、磷、钾平衡。需及时采收门椒，以促进后续开花坐果。注意防治病毒病、疫病、炭疽病及烟青虫、蚜虫等，夏季注意排水防涝。

●○ 应用价值

调味品与蔬菜： 最核心的用途。鲜椒可作为蔬菜炒食，干椒是重要的调味品，能增进食欲。加工产品有辣椒粉、辣椒酱、辣椒油等。

工业与医药： 辣椒素可提取用于制造消炎镇痛药膏、防身喷雾等。

观赏： 观赏椒品种用于盆栽或园林点缀。

A232 芹菜

学名： *Apium graveolens*

别名： 旱芹（与水芹区分）、药芹（江苏）、富菜（台湾）

科属： 伞形科，芹属

原产地： 地中海沿岸（汉代经丝绸之路传入中国，现全球温带地区广泛栽培）

●○ 识别特征与商业繁殖方法速查表

项目		具体描述
形态特征	类型	二年生草本（作一年生栽培），株高30~80厘米
	根	浅根系，主根受损后易发生大量侧根
	茎	营养生长期为短缩茎，叶片簇生于其上；生殖生长期抽生花莛
	叶	1~2回羽状全裂，具长而肥厚的叶柄（为主要食用部分），叶柄内侧有纵沟，具特殊香气
	花	复伞形花序，小花白绿色（需低温春化才能抽薹开花）
	果实	双悬果，棕褐色，含挥发油，常作香料入药
关键识别特征		√ 芳香物质富集：茎叶含芹菜苷等20余种挥发性成分 √ 低温春化：幼苗需经历一定时间的低温（通常 < 10℃）才能通过春化阶段，诱导花芽分化 √ 盐敏感度：营养液EC值 > 1.5ms/cm时生长受抑（忌含氯肥料）
商业繁殖方法		育苗移栽：穴盘育苗（128孔），苗龄50~60天（5~6枚真叶定植） 水培密植：DFT系统栽培，株行距10厘米×15厘米（年产8~10茬） 杂交制种：利用雄性不育系进行杂交制种（可显著提高制种产量）
易混淆种区分		与水芹（*Oenanthe javanica*）区别：芹菜植株旱生，叶柄肥厚中空，香气浓烈；水芹植株水生或湿生，叶柄细长，香气较淡

●○ 栽培管理要点

芹菜多采用育苗移栽，喜冷凉湿润，不耐强光和高温。栽培宜选择保水保肥力强的土壤，生长期间需勤浇小水，保持土壤湿润。施肥以氮肥为主，配合钾肥，基肥足施，生长旺盛期及时追肥。可采用遮阳网覆盖越夏，并注意培土软化叶柄。重点防治斑枯病、叶斑病及蚜虫等。

应用价值

蔬菜食用：最核心的用途。叶柄可炒食、凉拌、做馅、榨汁，是重要的调味蔬菜（如芹菜炒香干、芹菜饺子）。

调味与加工：种子可提取芹菜籽油，用于调味或香料工业。

药用价值：中医认为其性凉味甘，有平肝清热、祛风利湿的功效。现代研究提示其富含芹菜素（apigenin）等活性成分。

A233 莴笋

学名：*Lactuca sativa* Grouop Asparagina（注：var. *angustana* 不是一个被广泛接受的变种名。茎用莴苣（莴笋）在分类学上更常被处理为 *L. sativa* var. *asparagina* 或归类于*Asparagina*组）

别名：茎用莴苣、青笋（北方）、莴苣笋（江浙）、香笋

科属：菊科，莴苣属

原产地：地中海沿岸（唐代传入中国，现主要栽培于东亚、东南亚）

识别特征与商业繁殖方法速查表

项目		具体描述
形态特征	类型	一、二年生草本，株高30~80厘米（茎用型较叶用型矮壮）
	根	直根系，浅根性，根系密集
	茎	在营养生长后期，其茎部（花茎）异常膨大，形成棍棒状的肉质茎，茎皮绿白色或绿色，茎肉脆嫩
	叶	互生，披针形或长卵圆形，绿色或紫红色
	花	头状花序排列成圆锥状，舌状花黄色（需低温春化后抽薹开花）
	果实	瘦果，黑褐色或灰白色，附有冠毛
关键识别特征		√ 茎部特化：花茎细胞异常膨大，形成肉质茎，质地脆嫩，含水量高 √ 光温敏感性：日均温＞25℃加速抽薹（早熟品种更敏感） √ 伤口泌乳：茎叶含白色乳浆（含莴苣素，具镇静作用）
商业繁殖方法		育苗移栽：穴盘育苗（72孔），苗龄25~30天（4~5片真叶定植） 低温催芽：种子在低温（如5~10℃）下处理可促进发芽，提高发芽整齐度 节水栽培：膜下滴灌（节水40%），土壤含水量保持60%~70%
易混淆种区分		与油麦菜区别：莴笋形成粗大的肉质花茎，为主要食用器官；油麦菜不形成肉质茎，叶片狭长，为主要食用器官

栽培管理要点

莴笋为茎用莴苣，多育苗移栽。其性喜冷凉，不耐高温，高温长日照易导致未熟抽薹。宜选择有机质丰富、排水良好的土壤，定植后适当控水蹲苗，莲座期至肉质茎膨大期需水肥充足。施肥以氮肥为主，钾肥次之。注意防治霜霉病、菌核病及蚜虫等。

应用价值

蔬菜食用：最核心的用途。肉质茎可炒食、凉拌、腌渍、做汤（如莴笋炒肉、凉拌莴笋丝），叶片也可食用。

加工：可加工成腌菜、脱水蔬菜等。

A234 萝卜

学名： *Raphanus sativus*

别名： 莱菔（古称）、芦菔（北方）、菜头（闽粤）

科属： 十字花科，萝卜属

原产地： 中亚及地中海沿岸（中国栽培史超2000年，现全球温带地区广泛种植）

●○ 识别特征与商业繁殖方法速查表

项目		具体描述
形态特征	类型	一、二年生草本，株高20~100厘米（肉质根品种较矮）
	根	直根系，主要的食用器官为肉质直根。形状有长圆筒形、球形、圆锥形等；皮色有白色、绿色、红色、紫色等；肉色多为白色，也有绿色、红色或彩色的（如‘心里美’为绿皮红心）
	茎	短缩茎（营养期），抽薹后形成花茎并分枝
	叶	羽状裂叶，顶裂片最大，被硬毛；叶柄有翅（部分品种叶可食）
	花	总状花序，十字形花冠，白色或淡紫色（需低温春化诱导）
	果实	长角果（俗称“萝卜角”），种子红褐色，千粒重8~12克
关键识别特征		√ 根部异速生长：主要栽培种初生木质部与次生木质部比例决定根形（圆/长） √ 耐寒分化：冬萝卜可耐−8℃低温，春萝卜遇低温易抽薹 √ 辛辣物质：含萝卜硫素，具抗癌活性
商业繁殖方法		直播栽培：穴播（每穴2~3粒），行株距25厘米×15厘米（亩用种量300~500克） 设施避雨栽培：大棚防暴雨冲刷（减少畸形根发生率） 杂交制种：利用雄性不育系（如‘红丰1号’，制种产量提高50%）
易混淆种区分		与芜菁（*Brassica rapa*）区别：萝卜叶片羽状深裂，肉质根无侧根痕，花白色、紫色；芜菁叶片浅裂，肉质根下部有多数侧根痕，花鲜黄色

●○ 栽培管理要点

萝卜以直播为主，不宜移栽。其喜冷凉，耐寒性因品种而异，生长前期适温稍高，肉质根膨大期要求凉爽。宜选择土层深厚、疏松的沙壤土，忌涝渍。间苗定苗宜早，生长前期需控水促根下扎，肉质根膨大期需均匀供水以防裂根。施肥以基肥为主，追肥宜早。注意防治软腐病、黑腐病及菜青虫、蚜虫、黄条跳甲等。

●○ 应用价值

蔬菜食用： 最核心的用途。肉质根可生食、炒食、炖汤、腌渍、干制（如萝卜炖排骨、腌萝卜干、凉拌萝卜丝），是重要的秋冬季蔬菜。

药用价值： 中医认为其性凉，味辛甘，有清热生津、凉血止血、下气宽中、消食化滞的功效。素有“萝卜上市，郎中无事”之说。

饲料： 叶片是良好的青饲料。

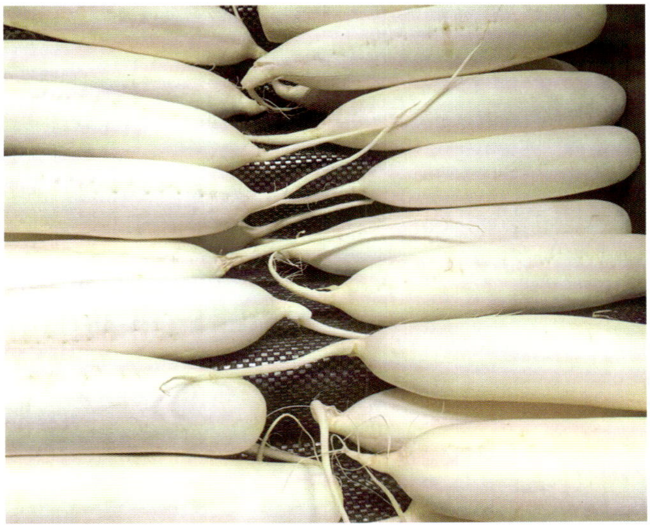

A235 胡萝卜

学名： *Daucus carota* var. *sativus*

别名： 红萝卜（北方）、金笋（广东）、丁香萝卜（古称）

科属： 伞形科，胡萝卜属

原产地： 中亚（元代传入中国，现全球温带至亚热带地区广泛种植）

●○ 识别特征与商业繁殖方法速查表

项目		具体描述
形态特征	类型	二年生草本（作一年生栽培），株高40~80厘米
	根	直根系，主要的食用器官为肉质直根。由次生韧皮部（肉质根主要食用部分）和次生木质部（芯部）组成，韧皮部更为发达且富含营养
	茎	营养生长期为短缩茎，着生叶片；生殖生长期抽生花薹

续表

项目		具体描述
形态特征	叶	2~3回羽状复叶，小叶线形，被茸毛；叶柄长（苗期似杂草）
	花	复伞形花序，花小，白色，有时中心有一朵紫红色花
	果实	双悬果，椭圆形，表面有纵棱并密生刺毛，含挥发油（抑制种子发芽），常黏结成团
关键识别特征		√ 色素合成特性：韧皮部β-胡萝卜素含量决定根色 √ 温度敏感：肉质根膨大（适温15~21℃，> 25℃易产生青头） √ 顶端优势：切除根冠可诱导须根（侧根）发育（影响商品性）
商业繁殖方法		种子丸粒化：包衣处理（提高播种精度），亩用种量150~200克（丸粒化后）起垄栽培：垄高20厘米，垄距50厘米（改善根形，防积水） 杂交制种：利用胞质雄性不育系（如'红誉五寸'，纯度 > 98%）
易混淆种区分		与欧防风（*Pastinaca sativa*）区别：胡萝卜叶有茸毛，根皮光滑，花序中央紫红色花；欧防风叶无毛，根皮粗糙有凸起，花序纯白色

●○ 栽培管理要点

胡萝卜栽培以直播为主，种子常经丸粒化处理以便播种。其喜冷凉，耐寒性强于萝卜，肉质根膨大期要求凉爽及昼夜温差。宜选择疏松深厚的沙壤土，利于肉质根顺直生长。间苗定苗要及时，水分管理需均匀，避免忽干忽湿。施肥以钾肥为主，磷肥次之，氮肥不宜过多。注意防治黑斑病、根结线虫及地下害虫。

●○ 应用价值

蔬菜食用：最核心的用途。肉质根可生食、炒食、炖汤、榨汁、做馅（如胡萝卜炒肉、胡萝卜玉米排骨汤）。是重要的维生素A原（β-胡萝卜素）的来源。

加工：可加工成脱水胡萝卜粒、胡萝卜汁、罐头、蜜饯等。

饲料：是优良的多汁饲料。

药用与保健：富含β-胡萝卜素（维生素A原），对保护视力和皮肤健康至关重要。

胡萝卜

A236 芋艿

学名：*Colocasia esculenta*

别名：芋头（商品名）、毛芋（江浙）、芋魁（古称）

科属：天南星科，芋属

原产地：东南亚及印度（中国栽培史超2000年，现全球热带至亚热带地区广泛种植）

●○ 识别特征与商业繁殖方法速查表

项目		具体描述
形态特征	类型	多年生草本（作一年生栽培），株高80~150厘米
	根	须根系，主要分布在30厘米土层；水芋的根和叶柄具发达的通气组织
	茎	地上茎：短缩，被叶鞘包裹 地下茎：形成球茎（即食用部分"芋头"），球茎上具鳞片叶（毛皮），节上有腋芽，可发育成子芋或匍匐茎
	叶	盾状心形，长30~80厘米；叶柄长，基部鞘状，常呈红色或绿色
	花	佛焰花序（栽培种少见开花），肉穗花序黄白色
	果实	浆果（栽培种多不育），繁殖以球茎为主
关键识别特征		√ 球茎分化：母芋与子芋重量比决定品种类型（多子芋型、大母芋型） √ 草酸钙结晶：球茎和叶片含草酸钙针晶（接触皮肤易致瘙痒，加热可破坏） √ 生态适应性：水芋（水深30厘米）与旱芋（雨养）两型
商业繁殖方法		种芋选择：顶芽完整子芋（50~80克），25℃催芽后种植 组培脱毒：MS培养基+0.5mg/L NAA，用于脱毒苗快繁，防治病毒病（花叶病等） 高垄栽培：垄高40厘米，垄距80厘米（雨季防涝，旱季保墒）

项目	具体描述
易混淆种区分	与海芋（*Alocasia macrorrhizos*）区别：芋艿叶柄绿色或淡红色，球茎可食，佛焰苞黄绿色；海芋叶柄深绿色有斑纹，根茎有毒，佛焰苞白色

●○ 栽培管理要点

芋艿以球茎进行无性繁殖，选择顶芽完整的子芋作种。其喜高温高湿，耐阴，适宜在保水力强的肥沃土壤生长，可分为水芋和旱芋两种生态型。生长前期宜浅水，随着植株生长逐步加深水层，旱芋则需保持土壤湿润。施肥以钾肥为主，氮肥次之。注意防治芋疫病、软腐病及斜纹夜蛾、蚜虫等。

●○ 应用价值

蔬菜食用：最核心的用途。球茎富含淀粉，可蒸食、煮食、炖肉、做甜点（如芋艿烧肉、芋泥、芋圆）。口感粉糯或滑黏。

加工：可制成芋头粉、芋头片、芋头饮料等。

药用价值：中医认为其性平，味甘、辛，有益胃宽肠、通便解毒、补中益肝肾的功效。

A237 莲藕

学名： *Nelumbo nucifera*

别名：荷藕（古称）、莲根（日本）、水芙蓉（观赏用）

科属：莲科，莲属

原产地：中国长江流域及印度

●○ 识别特征与商业繁殖方法速查表

项目		具体描述
形态特征	类型	多年生水生草本，立叶高1~2.5米（品种差异）
	根	须根系，着生于地下茎节部
	茎	地下茎（藕）：根状茎，肥大而有节，节间内有多个通气孔道；节上生有鳞片叶、腋芽和不定根 匍匐茎：由地下茎节上的腋芽长出，顶端膨大形成新藕
	叶	盾状圆形，直径30~90厘米；叶面蜡质，排水性强
	花	单生，大型，挺出水面，粉色、白色或红色，有清香；花托膨大为莲蓬
	果实	坚果，即“莲子”，嵌于海绵质的花托（莲蓬）中
关键识别特征		√ 超强再生力：单节藕段可萌发新株（保留顶芽+1个完整节） √ 通气组织：藕中孔道占比达20%（适应淹水环境） √ 双繁殖模式：可营养繁殖（藕）或有性繁殖（莲子）
商业繁殖方法		种藕移栽：顶芽+2节藕段（重0.5~1千克），亩用种量200~300千克 莲子育苗：机械破壳+35℃催芽（杂交育种用） 组培脱毒：茎尖诱导（MS+1.0mg/L 6-BA），生产脱毒苗以防治莲藕腐败病
易混淆种区分		与睡莲（*Nymphaea* spp.）区别：莲藕叶花高出水面，叶缘完整，藕节明显；睡莲叶花浮水，叶缘有缺口，根茎球状

●○ 栽培管理要点

莲藕以种藕进行无性繁殖，需保持一定的水层。其喜温喜光，整个生育期不能断水，水位宜“浅→深→浅”管理，即萌芽生长期浅水，立叶抽出后加深，结藕期又回浅。施肥以基肥为主，追肥重点在立叶期和结藕初期。注意防治莲藕腐败病、褐斑病及蚜虫、斜纹夜蛾等。

●○ 应用价值

蔬菜食用：最核心的用途。藕可生食、炒食、炖汤、蒸煮等。口感脆嫩或粉糯，营养丰富。

加工制品：可加工成藕粉、藕汁、藕脯、罐头等。

药用价值：中医认为藕生用性寒，味甘，能清热生津，凉血止血；熟用性温，能健脾益胃，养血生肌。藕节性平，味甘、涩，能止血消瘀。

A238 南瓜

学名：*Cucurbita moschata*（中国栽培最广泛的“中国南瓜”或“倭瓜”）

注：南瓜一词常泛指南瓜属的多个栽培种，还包括*C. pepo*（西葫芦）、*C. maxima*（笋瓜）等

别名：番瓜（南方）、倭瓜（北方）、金瓜（观赏种）

科属：葫芦科，南瓜属

原产地：美洲（16世纪传入中国，现全球温带至热带地区广泛种植）

●○ 识别特征与商业繁殖方法速查表

项目		具体描述
形态特征	类型	一年生蔓生草本，茎长3~10米（矮生品种 < 1米）
	根	深根系（主根2米以上），抗旱性强
	茎	匍匐蔓生或丛生，茎节易生不定根，被粗毛
	叶	心脏形或近圆形，掌状浅裂，叶面有白斑，被粗毛
	花	单性花，雌雄同株异花，花冠钟状，黄色。依靠昆虫传粉
	果实	瓠果。形状、大小、颜色因品种而异，有长条形、扁圆形、葫芦形等；颜色有绿色、黄色、橙色、白色或复色
关键识别特征		√超强适应性：根系渗透压可达1.5 MPa（耐瘠薄） √光周期敏感：中国南瓜为短日照植物，短日照促进雌花分化（临界日长≤12小时） √营养富集：果肉β-胡萝卜素含量较高
商业繁殖方法		种子直播：穴播（每穴2~3粒），亩用种量200~300克（地温 > 12℃） 嫁接栽培：以黑籽南瓜（*C. ficifolia*）为砧木（防土传病害） 太空育种：‘航瓜1号’等航天诱变品种（果形变异率15%）
易混淆种区分		与西葫芦（*Cucurbita pepo*）区别：南瓜茎蔓生，叶裂浅，果柄硬木质化，有棱沟；西葫芦茎直立，叶裂深，果柄光滑无棱

●○ 栽培管理要点

南瓜可直播或育苗，其适应性强，根系发达，耐旱耐瘠薄。作为短日照植物，苗期短日照利于雌花形成。生长前

期需适当控水，坐果后需水肥增多。施肥以基肥为主，第一瓜坐住后重施追肥。需进行整枝压蔓，根据品种特性采用单蔓、双蔓或多蔓整枝。注意防治白粉病、病毒病及瓜绢螟等。

●○ 应用价值

蔬菜食用： 南瓜的老熟果可煮食、蒸食、做馅、制作点心（如南瓜粥、南瓜饼）；其嫩果及西胡芦的果实可作蔬菜炒食。

饲料： 茎叶和果实是优良的青贮饲料。

加工： 可加工成南瓜粉、南瓜汁、南瓜籽油等。

药用与保健： 富含 β-胡萝卜素、果胶等，有益健康。南瓜籽（生用）有驱绦虫的功效。

A239 丝瓜

学名： 有棱丝瓜*Luffa acutangula*、普通丝瓜（无棱丝瓜）*Luffa cylindrica*

别名： 天丝瓜（有棱种）、布瓜（古称）、水瓜（无棱种）

科属： 葫芦科，丝瓜属

原产地： 印度（唐代传入中国，现全球热带至亚热带地区广泛栽培）

●○ 识别特征与商业繁殖方法速查表

项目		具体描述
形态特征	类型	一年生攀缘草本，茎长5~15米（需搭架栽培）
	根	根系发达，再生能力较强
	茎	蔓生，五棱形，分枝性强，主蔓和侧蔓均能结果
	叶	掌状或心脏形，5~7浅裂，边缘有锯齿
	花	单性花，雌雄同株异花，花冠黄色，雄花序总状，雌花单生。傍晚开花
	果实	瓠果。圆柱形，幼嫩时肉质，为食用部位。老熟后果皮变黄，内部纤维发达、网状中空，即为人们熟知的“丝瓜络”，可用来刷碗或入药
关键识别特征		√ 超强攀缘性：日生长量可达20厘米（需及时引蔓） √ 纤维转化：果实成熟后维管束木质化（天然洗具材料） √ 光温敏感性：属短日照植物，短日照+高温（>25℃）促进雌花分化
商业繁殖方法		浸种催芽：55℃温水浸种4小时+30℃催芽（软化硬种壳） 高畦栽培：畦宽1.2米，双行定植（株距50厘米） 杂交制种：人工去雄+套袋授粉（隔离距离≥500米）
易混淆种区分		与苦瓜（*Momordica charantia*）区别：丝瓜果实表面平滑或有棱，种子扁平黑色；苦瓜果实表面瘤状突起，种子棕红色有雕纹

●○ 栽培管理要点

丝瓜多采用浸种催芽后直播或育苗，需搭架栽培。其喜温耐热，喜湿，不耐旱。生长前期需控水促根，开花结果期需水肥充足。施肥以有机肥为基肥，盛果期勤追肥。需及时引蔓上架，并摘除过多侧蔓。注意防治霜霉病、疫病及瓜实蝇、蚜虫等。

●○ 应用价值

蔬菜食用：最核心的用途。嫩果可炒食、做汤（如丝瓜炒蛋、丝瓜蛤蜊汤），口感清甜软滑。

丝瓜络：老熟果实纤维化后，可用于洗刷炊具、制作鞋垫、或作为中药材（有祛风通络、活血之效）。

药用价值：中医认为丝瓜性凉，有清热化痰、凉血解毒的功效。

观赏：植株生长旺盛，也可用于庭院遮阴绿化。

A240 香菇

学名：*Lentinula edodes*

别名：冬菇（低温型）、香蕈（古称）、花菇（裂纹品相）

科属：口蘑科，香菇属

原产地：中国（浙江庆元为世界人工栽培发源地，现全球广泛种植）

●○ 识别特征与商业繁殖方法速查表

项目		具体描述
形态特征	菌丝体/子实体	白色，绒毛状，是香菇的营养器官，在培养基质中生长 由菌丝体分化而成，为繁殖和食用部分
	菌盖	半肉质，扁半球形后渐平展，表面浅褐色至深褐色，常有鳞片。花菇具龟裂纹
	菌褶	白色，弯生，刀片状，为产孢结构
	菌柄	中生或偏生，白色，纤维质，中实
	菌环	易消失
关键识别特征		√ 温差效应：昼夜温差＞10℃刺激菇蕾形成（温差菇品质佳） √ 香味物质：含香菇精（lenthionine），干燥后含量提升 √ 光反应特性：原基分化需200~500lx散射光（忌直射光）
商业繁殖方法		段木栽培：栎树截段（长1米）接种，3~5年产出（传统方法） 袋料栽培：木屑培养基（阔叶树木屑78%+麦麸20%+石膏1%+糖1%），常压或高压灭菌后接种 液体菌种：发酵罐培养（7天完成菌丝扩繁，较固体菌种快30天）
易混淆种区分		与平菇（*Pleurotus ostreatus*）区别：香菇菌盖茶褐色，菌柄中生，具特殊香气；平菇菌盖灰白色，菌柄侧生，无显著香味

●○ 栽培管理要点

香菇栽培分段木栽培和代料栽培，后者为主流。其属低温变温结实型菌类，菌丝生长适温22~26℃，子实体形成需温差刺激。代料栽培需对培养基（木屑、麸皮等）彻底灭菌，接种后避光培养菌丝，转色后通过温差、湿度和散射光刺激出菇。出菇期保持空气湿度85%~90%，并注意通风。重点防治木霉、青霉等杂菌及菇蚊、菇蝇。

应用价值

食用：最核心的用途。肉质肥厚，质地脆嫩，具有独特的浓郁香气，被誉为“山珍”。可鲜食或干制，用于炖汤、炒菜、做馅等，是提鲜的佳品。

药用与保健：富含香菇多糖、氨基酸、维生素等，现代医学证明其有增强免疫力、抗肿瘤、降血脂等功效。

文化与地位：香菇是世界第二大栽培食用菌（仅次于双孢蘑菇），是中国最重要的食用菌出口产品之一。浙江庆元的香菇栽培系统已被列为中国重要农业文化遗产。

A241 金针菇

学名：*Flammulina filiformis*

别名：智力菇、益智菇、朴蕈（日本常用名称）、金菇、毛柄小火菇

科属：口蘑科，金针菇属

原产地：东亚（中国、日本、韩国等地），现已在全球广泛栽培

识别特征与商业繁殖方法速查表

项目		具体描述
形态特征	类型	木腐性担子菌，子实体丛生
	菌盖	幼时呈半球形，后逐渐平展，直径通常为1~7厘米。颜色为黄褐色或淡黄色，菌盖表面含黏性多糖蛋白复合物（具免疫增强活性）
	菌褶	白色，稍稀疏，与菌柄呈离生或弯生
	菌柄	中央生，长条形，是主要的食用部分。长度可达10~15厘米，上部为浅黄色，下部呈深褐色且覆有绒毛，纤维质，有韧性
	孢子	椭圆形，（5~7）微米×（3~4）微米，白色印痕
关键识别特征		√ 趋光性：菌柄向光源方向弯曲生长（工厂化栽培需控光） √ 耐寒性：4℃仍可缓慢生长（适冬季栽培） √ 黏滑物质：菌盖表面含多糖蛋白复合物（增强免疫活性）
商业繁殖方法		瓶栽工厂化：专用塑料瓶，木屑培养基（含水量65%），自动化装瓶 液体菌种：发酵罐培养（5天完成，接种效率较固体种提高50倍） 周年栽培：控温车间（温度5~15℃，CO_2浓度1500~2000 ppm以促进菌柄伸长）
易混淆种区分		与毒蝇鹅膏菌（*Amanita muscaria*）区别：金针菇菌盖黏滑无斑，菌柄细长中空，无菌环；毒蝇鹅膏菌菌盖有白色鳞片，菌柄实心有菌环，剧毒

栽培管理要点

金针菇主要为工厂化瓶栽或袋栽，属低温型菌类。其菌丝生长适温18~20℃，子实体形成需更低温度（5~8℃）和较高二氧化碳浓度以促使菌柄伸长、抑制菌盖开伞。栽培过程需严格控制无菌操作，发菌期避光，出菇期给予弱光诱导并保持高湿。工厂化生产通过环境控制实现周年栽培。

应用价值

食用： 最核心的用途。口感滑嫩、脆爽，味道鲜美。可凉拌、炒食、炖汤、涮火锅（如凉拌金针菇、肥牛金针菇卷），是常见的家常食材。

药用与保健： 富含赖氨酸、精氨酸、火菇茵素及朴菇素，具有增强免疫力等功效。

A242 杏鲍菇

学名： *Pleurotus eryngii*

别名： 刺芹侧耳、雪茸、杏仁菇、干贝菇（形容其口感）

科属： 侧耳科，侧耳属

原产地： 地中海沿岸、中东及中亚地区，1993年引入中国，现全球广泛栽培

识别特征与商业繁殖方法速查表

项目		具体描述
形态特征	菌丝体 / 子实体	白色，绒毛状，为食用部分，由菌盖和菌柄组成，单生或群生
	菌盖	初呈拱圆形，后渐平展，中央浅凹至漏斗形；表面浅灰棕色至浅黄白色，平滑
	菌褶	延生，密集，白色
	菌柄	中生或偏生，棒状至球茎状，肉质、洁白，是主要的食用部位；其组织紧密、结实
	孢子	长椭圆形，（12~16）微米×（4~5）微米，淡紫色印痕
关键识别特征		√ 香味物质：含3-辛酮和苯甲醛（杏仁香气来源） √ 温度敏感：原基形成需8~10℃温差刺激（工厂化关键参数） √ 形态可塑：CO_2浓度 > 2000ppm时即抑制菌盖发育，促进菌柄畸形生长（瓶栽需精准调控）
商业繁殖方法		瓶栽工厂化：聚丙烯瓶，棉籽壳培养基（含水量62%~65%），自动装瓶 液体菌种：发酵罐培养（菌球直径1~2毫米为最佳），接种效率提升40倍 周年栽培：环境控制车间（温度12~18℃，湿度85%~90%）
易混淆种区分		与白灵菇（*Pleurotus nebrodensis*）区别：杏鲍菇菌柄粗壮，具杏仁香，菌盖灰白；白灵菇菌盖雪白，菌柄细短，无特殊香气

栽培管理要点

杏鲍菇采用工厂化瓶栽或袋栽，属中低温型菌类。其菌丝生长适温23~25℃，原基形成需较大温差刺激。子实体发育阶段需较低温度（12~18℃）和较高湿度，并适当控制二氧化碳浓度以保证菌盖正常发育。栽培基质以棉籽壳、木屑为主，需精准调控温、湿、光、气等环境因子。

应用价值

食用： 最核心的用途。其菌肉肥厚，质地脆嫩，特别是菌柄组织致密、结实，具有令人愉快的杏仁香味，口感似鲍鱼，故得名“杏鲍菇”。可炒食、炖汤、涮火锅、干制，甚至可制作素鲍鱼等仿生食品。

营养保健： 富含蛋白质、多糖及多种矿物质，是一种营养价值很高的食用菌。

地位与特点： 杏鲍菇因其卓越的耐贮运性、精美的外观和独特的风味，成为深受市场欢迎的高档食用菌，也是中国食用菌工厂化生产的标杆性品种。

A243 秀珍菇

学名： *Pleurotus geesteranus*

别名： 肺形侧耳、小平菇

科属： 侧耳科，侧耳属

原产地： 热带亚洲（中国1990年代驯化成功，现全球亚热带地区广泛栽培）

识别特征与商业繁殖方法速查表

项目		具体描述
形态特征	菌丝体/子实体	白色，绒毛状 为食用部分，由菌盖和菌柄组成
	菌盖	贝壳状或扇状，直径3~8厘米；初期灰褐色、灰黑色或浅褐色，生长后期颜色变浅，呈灰白色至乳白色；菌盖边缘较薄，常呈波浪状
	菌褶	延生，密集，白色
	菌柄	侧生，短小或近乎无柄，白色
	孢子	圆柱形，（8~11）微米×（3~4）微米，淡紫色印痕
关键识别特征		√超速生性：从现蕾到采收仅3~5天（较平菇缩短40%） √温敏显色：25℃以上菌盖变浅褐色，低温保持灰白色 √耐CO_2：可耐受高浓度CO_2（>5000ppm）（适合高密度栽培）
商业繁殖方法		袋栽层架：17厘米×33厘米聚丙烯袋，木屑培养基（含水量65%），墙式出菇 液体菌种：发酵罐培养（菌丝球直径≤1毫米为佳），接种效率提升30倍 周年栽培：控温大棚（温度20~30℃，湿度85%~95%）
易混淆种区分		与佛罗里达平菇（*Pleurotus florida*）区别：秀珍菇菌盖较薄（<0.5厘米），菌褶延生明显，孢子印淡紫色；佛罗里达平菇菌盖厚实（>1厘米），菌褶稍延生，孢子印白色

栽培管理要点

秀珍菇多为袋栽，属广温型菌类，具较强的耐二氧化碳能力。其菌丝生长适温25~28℃，子实体形成范围广（10~30℃）。栽培管理相对粗放，出菇期需保持高湿环境和良好通风。转潮快，采收后需清理料面，适当养菌后催蕾可出下潮菇。注意防治绿霉等杂菌及菇蚊。

应用价值

食用： 最核心的用途。其菌肉较薄，但质地脆嫩，味道鲜美。可炒食、炖汤、涮火锅，是家常菜肴中的佳品。

营养保健： 富含蛋白质、氨基酸和多糖，是一种营养价值较高的食用菌。

地位与特点： 秀珍菇因其小巧秀气的外形和鲜美的口感而得名，是侧耳属中的优良品种。它适应性较强，栽培周期短，在南方地区深受种植者和消费者欢迎，是餐桌上常见的美味食用菌。

任务10.3.2 识别级物种

B363 青菜 *Brassica rapa* var. *chinensis* 十字花科，芸薹属

一年生草本；基生叶倒卵形，深绿色，叶柄宽扁，白色或淡绿色；总状花序，花黄色；长角果线形。为常见叶用蔬菜。

B364 白菜 *Brassica rapa* var. *glabra* 十字花科，芸薹属

二年生草本；叶片薄而大，椭圆状长圆形，心部抱合呈球状，为核心特征；总状花序，花黄色；长角果。为重要蔬菜。

青菜

白菜

B365 茼蒿 *Glebionis coronaria*

菊科，茼蒿属

一年生草本；叶互生，二回羽状分裂；头状花序单生，舌状花黄色；瘦果具棱。为常见蔬菜，具特殊香气。

B366 黄秋葵 *Abelmoschus esculentus*

锦葵科，秋葵属

一年生草本；叶掌状裂；花单生，花瓣黄色，基部暗红色；蒴果长锥形，具棱，为核心特征。嫩果为蔬菜。

B367 苋菜 *Amaranthus tricolor*

苋科，苋属

一年生草本；叶卵状椭圆形，常呈红色、绿色或彩色；穗状花序，花小；胞果卵形。为常见叶菜。

B368 空心菜 *Ipomoea aquatica*

旋花科，番薯属

一年生草本；茎匍匐或漂浮，中空；叶长卵形；花漏斗状，白色或淡紫色；蒴果球形。为常见水生蔬菜。

B369 油麦菜 *Lactuca sativa* var. *asparagina*

菊科，莴苣属

一年生草本；叶长披针形，全缘或具锯齿；头状花序，花黄色；瘦果具喙。为常见叶用莴苣。

B370 豇豆 *Vigna unguiculata*

豆科，豇豆属

一年生缠绕草本；羽状三出复叶；总状花序，花淡紫色；荚果线形，长而下垂，为核心特征。嫩荚为常见蔬菜。

B371 芦笋 *Asparagus officinalis*

天门冬科，天门冬属

多年生草本；茎直立，分枝纤细；叶状枝针形；花小，黄绿色；浆果红色。嫩茎为高档蔬菜。

B372 黄瓜 *Cucumis sativus*

葫芦科，黄瓜属

一年生攀缘草本；叶掌状裂；花黄色；瓠果长圆形，表面具刺瘤，为核心特征。为重要果菜。

B373 冬瓜 *Benincasa hispida*

葫芦科，冬瓜属

一年生蔓生草本；叶肾状圆形；花黄色；瓠果长圆柱形，大型，表面被白粉，为核心特征。为常见蔬菜。

B374 花椰菜 *Brassica oleracea* var. *botrytis*

十字花科，芸薹属

二年生草本；叶片灰绿色；花序轴、花梗及未发育花芽密集形成白色球状花球，为核心特征；总状花序，花黄色。为常见蔬菜。

B375 四季豆 *Phaseolus vulgaris*

豆科，菜豆属

一年生缠绕草本；羽状三出复叶；总状花序，花白色或紫色；荚果线形，肿胀或扁平。嫩荚为常见蔬菜。

B376 蚕豆 *Vicia faba*

豆科，野豌豆属

一年生草本；羽状复叶；总状花序，花白紫色具黑斑；荚果大而肥厚，为核心特征。种子为常见食材。

B377 豌豆 *Pisum sativum*

豆科，豌豆属

一年生攀缘草本；羽状复叶，顶端具卷须；花白色或紫色；荚果长椭圆形，肿胀。嫩荚及种子为蔬菜。

B378 苦瓜 *Momordica charantia*

葫芦科，苦瓜属

一年生攀缘草本；叶掌状深裂；花黄色；瓠果纺锤形，表面具瘤状突起，味苦，为核心特征。为常见果菜。

B379 西蓝花 *Brassica oleracea* var. *italica*

十字花科，芸薹属

二年生草本；叶片蓝绿色；花序轴、花梗及未发育花芽形成绿色球状花球，为核心特征；总状花序，花黄色。为常见蔬菜。

B380 大蒜 *Allium sativum*

石蒜科，葱属

多年生草本；鳞茎由多数肉质瓣状小鳞茎组成，外包膜质鳞被，为核心特征；叶带状；伞形花序，花淡粉色；蒴果。

B381 韭菜 *Allium tuberosum*

石蒜科，葱属

多年生草本；具根状茎；叶线形，扁平；伞形花序，花白色；蒴果倒心形。为常见蔬菜。

B382 山药 *Dioscorea polystachya*

薯蓣科，薯蓣属

多年生缠绕藤本；块茎圆柱形，肉质，为核心特征；叶对生，卵状三角形；穗状花序，花小，黄绿色；蒴果具三翅。

B383 青椒 *Capsicum annuum* var. *annuum*

茄科，辣椒属

一年生草本；叶卵形；花白色；浆果空腔大，果肉厚，味不辣或微辣，形状多样（钟形、灯笼形等），为核心特征。为常见蔬菜。

B384 番茄 *Solanum lycopersicum*

茄科，茄属

一年生草本；羽状复叶；花黄色；浆果多汁，形状颜色多样（红色、黄色等），为核心特征。为重要果菜。

茼蒿

黄秋葵

苋菜

空心菜

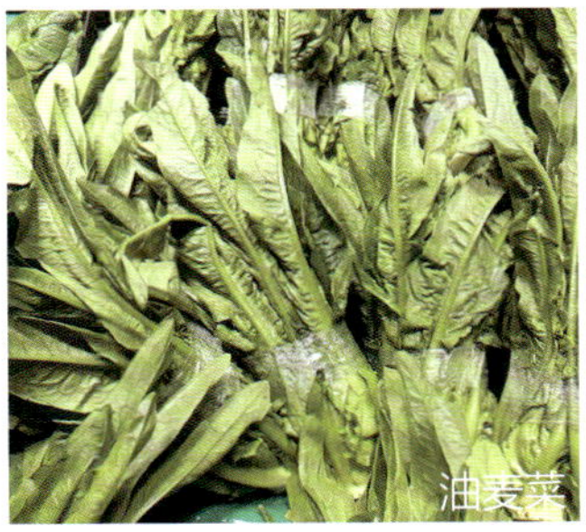
油麦菜

豇豆

芦笋

黄瓜

冬瓜

花椰菜

四季豆

蚕豆

豌豆

苦瓜

西蓝花

大蒜

韭菜

山药

青椒

番茄

B385 洋葱 *Allium cepa* 石蒜科，葱属

二年生草本；鳞茎球形至扁球形，外包膜质鳞被，为核心特征；叶圆筒形；伞形花序，花白色；蒴果。

B386 扁豆 *Lablab purpureus* 豆科，扁豆属

一年生缠绕草本；羽状三出复叶；总状花序，花白色或紫色；荚果扁平，镰刀形，为核心特征。嫩荚为蔬菜。

B387 生菜 *Lactuca sativa* 菊科，莴苣属

一年生草本；叶卵形，结球或不结球；头状花序，花黄色；瘦果具喙。为常见叶菜。

B388 木耳菜 *Basella alba* 落葵科，落葵属

多年生草本；叶卵形，叶背紫红色，为核心特征；头状花序，花黄色；瘦果具冠毛。嫩叶为蔬菜。

B389 芥菜 *Brassica juncea* 十字花科，芸薹属

一年生草本；叶形多变（皱叶、包心等），常具辛辣味；总状花序，花黄色；长角果。为常见蔬菜及调味品。

B390 甘蓝 *Brassica oleracea* var. *capitata* 十字花科，芸薹属

二年生草本；叶片厚，肉质，层层包叠形成紧实球体，为核心特征；总状花序，花黄色；长角果。为常见蔬菜。

B391 香菜 *Coriandrum sativum* 伞形科，芫荽属

一年生草本；基生叶羽状裂，具特殊香气，为核心特征；复伞形花序，花白色或淡紫色；双悬果球形。

B392 毛豆 *Glycine max* 豆科，大豆属

一年生草本；形态同大豆，特指未成熟、荚果具茸豆的鲜食大豆。为常见蔬菜。

B393 草菇 *Volvariella volvacea* 光柄菇科，小包脚菇属

菌盖灰色至灰褐色，菌肉白色；菌柄白色；菌托杯状，为核心特征。为常见食用菌。

B394 黑木耳 *Auricularia heimuer* 木耳科，木耳属

子实体耳状或杯状，胶质，深褐色至黑色，为核心特征；干后收缩，泡发后复鲜。为常见食用菌。

B395 茶树菇 *Agrocybe aegerita* 球盖菇科，田头菇属

菌盖初半球形，后平展，淡褐色；菌柄中生，常具菌环；菌褶直生。为常见食用菌。

B396 竹荪 *Phallus indusiatus* 鬼笔科，竹荪属

菌盖钟形，具恶臭黏液；菌柄白色，海绵质；菌裙（菌幕）白色网状，从菌盖下垂，为核心特征。为名贵食用菌。

洋葱

扁豆

生菜

木耳菜

芥菜

甘蓝

香菜

毛豆

草菇

黑木耳

茶树菇

竹荪

项目11 道地药材

单元11 道地药材识别与应用

◈ 任务11.1 浙八味

A244 白术

药材： 本品为菊科植物白术（*Atractylodes macrocephala*）的干燥根茎

别名： 于术（古称，因早期以浙江于潜产者为道地药材）；冬术（冬季采挖，质地更佳）；浙术（强调主产于浙江的传统道地产区）

道地产区： 以杭州市临安区、嵊州市、新昌县、东阳市、磐安县、天台县为核心区域，及安吉县、永康市、武义县、仙居县、缙云县、景宁畲族自治县等。杭州市临安区於潜镇产者称於术。

栽培类型： 多年生亚灌木状草本，株高30~80厘米

●○ 识别特征速查表

项目		特征描述
形态特征	根茎	根状茎结节状，表面灰黄色，断面黄白色，具朱砂点（油室）。正品白术断面散在棕黄色油室，烘干后角质样，生晒术木质部淡黄色
	茎	直立，上部分枝，下部木质化
	叶	互生，革质；下部叶具长柄，3~5羽状深裂；上部叶不裂，边缘具刺状齿，卵状披针形
	花	头状花序顶生，基部具多层苞片；花冠管状，呈白色或淡紫色；花期8~10月
	果实	瘦果长椭圆形，冠毛羽状，果期9~11月
关键识别特征		√ 肥厚根茎：断面黄白色，散生朱砂点（油室），浙江道地白术断面可见典型“菊花心” √ 羽状裂叶：下部叶3~5羽状深裂，边缘具硬刺齿，裂片相对较宽（苍术属共有特征） √ 菊科头状花序：顶生，花冠管状、白色至淡紫色，基部具多层苞片，花期8~10月

●○ 栽培管理要点

白术繁殖以种子直播或分株为主，宜选择排水良好、土层深厚的地块，忌连作。幼苗期需保持土壤湿润，成株后耐旱怕涝，雨季应及时排水。施肥以腐熟有机肥为基肥，生长期追肥2~3次，重点在根茎膨大期增施磷钾肥。生长期需适时中耕除草并结合培土，非留种田应及时摘除花蕾以集中养分供根茎生长。注意防治根腐病、白绢病及蚜虫、蛴螬等病虫害，提倡轮作以减少土传病害。

●○ 应用价值

药用价值： 以根茎入药，为常用大宗药材，健脾益气要药，现代研究证实其多糖具免疫调节作用。

文化象征：《神农本草经》将其列为上品。“磐安白术”栽培始于明代，以“菊花心”断面为特色；“临安於术”因古於潜县（今临安）得名，清代为贡品；“新昌白术”以质地坚实著称；三者均获国家地理标志证明商标。

生态应用： 山地水土保持植物，花可吸引传粉昆虫。

A245 白芍

药材：毛茛科植物芍药（*Paeonia lactiflora*）的干燥根

别名：芍药（通称，与观赏品种统称）；杭白芍（浙江道地药材，品质优良）；亳芍（安徽亳州产，著名药材）

道地产区：以东阳市、磐安县为核心区域，及安吉县、诸暨市、衢州市柯城区、江山市、龙游县、武义县、天台县、松阳县等

栽培类型：多年生草本，常见高度40~80厘米，栽培种可达100厘米

●○ 识别特征速查表

项目		特征描述
形态特征	根	肉质粗壮，呈圆柱形或纺锤形；表面棕褐色至淡棕红色，断面白色、粉白色或微带棕红色，形成层环明显。杭白芍质优者需经“煮透、刮皮、发汗”三步加工，断面可见菊花心。以栽种后4年采收为佳，过早根细质次，过晚则易空心
	茎	直立，丛生，上部多分枝，无毛光滑，下部木质化，基部带紫红色
	叶	互生，上部为单叶，小叶卵形，叶缘细锯齿，下部叶为二回三出复叶，边缘具白色软骨质细齿
	花	单生枝顶，大型，花瓣9~13枚，栽培种常重瓣；野生种花瓣5~9枚；白色、粉红色或红色；花期5~6月
	果实	蓇葖果卵形或椭圆形，大型，成熟时黄褐色，表面粗糙，顶端具喙，通常2~5枚簇生；果期8~9月
关键识别特征		√ 肉质粗根：断面白色，质地坚实黄白色“菊花心”（射线放射状）为道地白芍标志 √ 二回三出复叶：下部叶为二回三出复叶，小叶常3深裂，叶形独特；上部叶为三出单叶 √ 大型单生花：花瓣宽大，花色淡雅，具清香，栽培种9~13瓣（有重瓣）

●○ 栽培管理要点

白芍繁殖以分株为主，也可种子繁殖，但周期较长。其性喜温和凉爽，宜选择疏松肥沃、排水良好的沙壤土。栽前施足基肥，生长期根据长势追肥，根茎膨大期需保证水分并增施钾肥。及时中耕除草，非留种田应摘蕾以减少养分消耗。重点防治根腐病、白绢病及地下害虫，忌连作与积水环境。

●○ 应用价值

药用价值：四大“浙八味”核心品种。养血调经要药，现代研究证实其总苷具抗炎镇痛作用。芍药苷确证抗炎、保肝、调节免疫。

文化象征：唐宋时誉为“花相”，《诗经》中象征离别（“赠之以芍药”）。道地产区以安徽亳州（亳白芍）、四川中江（川白芍）、浙江磐安（杭白芍）最为著名，三者均列入国家地理标志保护产品。

生态应用：深根系可固坡防蚀，花蜜吸引熊蜂等传粉者。

A246 浙贝母

药材：百合科植物浙贝母（*Fritillaria thunbergii*）的干燥鳞茎

别名：象贝（因鳞茎形似象贝而得名）、浙贝（强调其主产于浙江的道地性）、大贝（与川贝母等小贝母区别）

道地产区：以宁波市海曙区、象山县、东阳市、磐安县、缙云县为核心区域，及永康市、武义县、衢州市衢江区、龙游县、舟山市定海区、台州市黄岩区、仙居县、龙泉市、青田县等。

栽培类型：多年生草本，株高30~80厘米

识别特征速查表

项目		特征描述
形态特征	鳞茎	地下鳞茎扁球形，由2~3枚肥厚鳞片抱合而成，直径一般为2~6厘米（商品常见3~5厘米，最大可达7厘米）；表面类白色至淡黄棕色，以灰白色或淡黄棕色者为常见
	茎	直立，单一或分枝，光滑无毛
	叶	叶序变化明显：下部叶对生或近对生，中部叶轮生（通常3~6轮），上部叶互生
	花	钟状，下垂，1~3朵腋生，淡黄绿色，具紫色网纹；花期3~4月，南方地区可提前至2月下旬~3月（受气候影响）
	果实	蒴果，长卵圆形至倒卵形，成熟时黄褐色，具6条纵棱，果期4~5月（蒴果成熟早于地上部枯萎）
关键识别特征		√扁球状鳞茎：由2~3枚鳞片抱合，外皮淡黄色 √卷曲叶尖：叶片先端明显呈卷须状 √钟形下垂花：花被淡黄绿色，具独特网纹

栽培管理要点

浙贝母以鳞茎繁殖为主，宜在秋季栽种，根据生产目的（商品田或种子田）调整栽种深度。出苗期和鳞茎膨大期需保持土壤湿润，后期需控水。施肥应重施冬肥，并在摘花后增施“花肥”。生长期需浅中耕并适时培土，及时摘除花梗及顶梢以集中养分。注意防治灰霉病、软腐病及蛴螬等，忌连作，宜与水稻等作物轮作，并在植株枯黄后及时采收。

应用价值

药用价值：“浙八味”核心品种，清热化痰要药，现代研究证实其有效成分贝母素甲等具有镇咳、化痰作用；注意脾胃虚寒者慎服。

文化象征：其与川贝母并称“南北二贝”。鄞州“樟村浙贝”列入省级非遗，其“元宝贝”（单瓣鳞茎）与“珠贝”（双瓣鳞茎）的独特加工工艺形成于清乾隆年间。传统认为“象贝”形态象征“聚财”。

生态应用：浙江磐安占全国产量60%以上，可作为林下经济代表作物，适合与杉木间作。与豆科作物（如大豆）套种，有固氮增肥、遮阴降害作用。

A247 菊花（杭白菊）

药材：菊科植物杭白菊（*Cnrysanthemum morifolium*）的干燥头状花序

别名：甘菊（强调其味甘性凉的特点）、茶菊（主要用作药用茶饮）、杭菊（特指杭州地区道地品种）

道地产区：以桐乡市为核心区域，及淳安县、兰溪市、武义县等

栽培类型：多年生宿根草本，株高60~90厘米，茎基部木质化，人工栽培株高常50~60厘米（经矮化处理），野生型可达100厘米。

识别特征速查表

项目		特征描述
形态特征	根	须根系发达，具短缩根茎
	茎	直立，基部稍木质化，多分枝，密被白色绒毛，幼茎浅绿色带紫晕
	叶	互生，叶片卵形至披针形，羽状深裂（裂片具重锯齿），叶背密被白绒毛
	花	头状花序顶生或腋生，舌状花白色，栽培种可呈浅黄色、淡红色或紫色，管状花黄色；花期9~11月
	果实	瘦果圆柱形，无冠毛

续表

项目	特征描述
关键识别特征	√白色头状花：舌状花洁白，中心管状花金黄 √羽裂叶片：叶片典型羽状分裂 √灰白茎秆：茎枝密被灰白色短柔毛

●○ 栽培管理要点

杭白菊繁殖以分株或扦插为主。其喜温暖湿润，忌涝渍，宜选择排水良好的地块。定植后浇透水，现蕾期需保证水分供应。施肥以基肥为主，生长期分期追肥，现蕾期可叶面喷施磷钾肥。苗期及生长期需适时摘心以促分枝，并疏除侧蕾保证主蕾发育。注意防治叶斑病、根腐病及蚜虫、菊天牛等，忌连作与过度密植。

●○ 应用价值

药用价值：浙八味之一，平肝明目要药，现代研究证实其总黄酮具抗氧化活性。

茶饮文化：明清贡品，"杭白菊+冰糖"为传统饮法，朵菊冲泡可见“花瓣抱心”景观。2002年获国家原产地域产品保护，2009年“桐乡杭白菊”获地理标志证明商标，与龙井茶并称“杭城双绝”，加工要点为传统“三蒸三晒”工艺，保香气。

生态应用：秋季蜜源植物，适合与桑树间作（桐乡模式实为桑园套作杭白菊，桑树7月前收割避免遮光）。

A248 延胡索（元胡）

药材：罂粟科植物延胡索(*Corydalis yanhusuo*)的干燥块茎

别名：玄胡（古称）、浙元胡（道地简称）

道地产区：以东阳市、磐安县、仙居县、缙云县为核心区域，及永康市、龙游县、天台县等

栽培类型：多年生草本，株高10~30厘米

●○ 识别特征速查表

项目		特征描述
形态特征	地下块茎	块茎呈球形或扁球形，直径0.5~2.5厘米；表面灰黄色。正品直径一般为0.5~1.5厘米（符合药典标准），直径超过2厘米者多为栽培变种
	地上茎	直立，常分枝，纤细柔弱，基部具鳞片状叶
	叶	二回三出复叶（小叶3深裂），灰绿色；下部茎生叶具长柄，叶柄基部鞘状
	花	总状花序顶生，含花5~15朵；花冠紫红色，花瓣4枚，排成二轮，外轮上瓣基部延伸成膨大的距，下瓣平展；内轮两瓣较小；花期3~4月
	果实	蒴果呈线形或长圆形，长1.7~2.2厘米，成熟时呈黄绿色至淡褐色，表面具细纵棱，形态略呈念珠状
关键识别特征		√球形块茎：表面具细皱纹，断面黄色角质样，蜡样光泽（正品标志） √二回三出叶：小叶常2~3深裂 √唇形紫花：花序顶生，花冠独特

栽培管理要点

延胡索以块茎繁殖为主，宜在秋季栽种，浅覆土。栽后需浇透水，春季块茎膨大期应保持土壤湿润。施肥以基肥为主，春季适时追肥，并增施钾肥。生长期需浅中耕，现蕾期及时摘除花蕾。注意防治霜霉病、菌核病及地老虎等病虫害，忌连作与深播，并在植株枯黄后约一周内及时采收。

应用价值

药用价值： 浙八味核心品种，“活血止痛第一药”，现代研究证实其延胡索乙素具中枢镇痛作用，印证了“心痛欲死，速觅延胡”的古籍记载。

文化象征： 宋代《开宝本草》首载，道地讲究“磐安产、粒饱满、色黄亮”。磐安元胡2008年获国家地理标志证明商标，与白术、白芍并称“磐三味”。湖北恩施、湖南邵阳为新兴产区，所产品质优良。

生态应用： 林药复合系统代表，常与杉木、茶树套种。

A249 玄参

药材： 玄参科植物玄参（*Scrophularia ningpoensis*）的干燥根

别名： 浙玄参（浙江道地药材）、黑参（因干燥根表面黑褐色得名）、元参

道地产区： 以磐安县为核心区域，及东阳市、天台县、仙居县等

栽培类型： 多年生草本，株高60~120厘米

识别特征速查表

项目		特征描述
形态特征	根	根数条，纺锤形或胡萝卜状膨大，直径1~3厘米，表面灰褐色或灰黄色（干燥后呈黑褐色）
	茎	直立，四棱形，中空，上部多分枝，幼茎密被腺毛，老茎毛渐脱落
	叶	对生，卵形至卵状披针形（长5~12厘米），边缘具锯齿
	花	聚伞花序疏散组成大圆锥花序，花冠筒状，暗紫色；花期7~8月，北玄参花冠黄绿色
	果实	蒴果卵圆形，成熟时深褐色或近黑色，顶端短尖，表面具瘤状突起，孔间开裂或室间开裂（玄参科蒴果常见孔裂）
关键识别特征		√ 乌黑断面：根断面乌黑具蜡样光泽，水浸液呈墨黑色（正品鉴别点） √ 四棱茎秆：茎部明显四棱形 √ 暗紫筒花：花冠筒状，暗紫色

栽培管理要点

玄参繁殖以子芽繁殖为主，也可种子繁殖。其喜温暖湿润，耐肥，宜选择疏松肥沃的土壤。栽后浇透水，块根膨大期需水分充足。施肥以腐熟有机肥为基肥，生长期适时追肥，重点增施钾肥。生长期需中耕培土，植株生长过旺时可打顶控高。注意防治斑枯病、白绢病及地老虎等，忌连作与干旱。

应用价值

药用价值： 浙八味重要品种，滋阴降火要药，现代研究证实其哈巴俄苷具抗炎作用。道地浙玄参含哈巴苷+哈巴俄苷≥0.45%（2025版药典标准）；地加工需“发汗”。

工艺： 晒至半干→堆积4~6天→反复至全干，断面乌黑。

文化象征： 道家视其为“水属性”药材，《本草正义》称其“色黑入肾”“能启肾水以济浮火”，为滋阴降火要药。磐安玄参”2006年获国家地理标志保护，以“质坚、皮细、肉黑”著称，与贝母、白术并称“磐药三珍”。

生态应用：花期吸引食蚜蝇等益虫，适合生态种植。花蜜吸引熊蜂、寄生蜂，可抑制蚜虫种群。

A250 麦冬

药材：百合科植物麦冬（*Ophiopogon japonicus*）的干燥块根

别名：麦门冬（传统药名，注：沿阶草*Ophiopogon bodinieri*是麦冬的近缘种，有时也作药用，但“沿阶草”并非麦冬*O. japonicus*的通用别名，且两者为不同种，不宜混淆，“麦门冬”是其经典别名）

道地产区：以慈溪市为核心区域，及杭州市萧山区、诸暨市、德清县、东阳市、三门县等

栽培类型：多年生常绿草本丛生，高15~40厘米，栽培种常见30~50厘米（笕桥种已濒危，现以慈溪种为主，笕桥种因城市化绝迹，慈溪种占产量90%，需保护种质资源）

●○ 识别特征速查表

项目		特征描述
形态特征	根	须根中部膨大呈纺锤形小块根（药用部位），长1.5~3厘米，直径0.3~0.6厘米，断面半透明
	叶	茎极短；叶基生，丛集成禾叶状，长20~40厘米，宽2~4毫米，革质，边缘具细锯齿
	花	总状花序（长5~15厘米），花淡紫色或白色，盛开时花被片平展（注：百合科植物花的花被片不分化为萼片和花瓣，故应统称为花被片）
	果实	浆果球形，直径约5毫米，成熟时蓝黑色
关键识别特征		√纺锤块根：须根中部膨大呈肉质小块根，“断面黄白色，中柱细小”为药典标准 √线形叶丛：叶片细长如韭菜，基生成簇 √淡紫花序：花莛从叶丛中抽出，花盛开时花瓣平展

●○ 栽培管理要点

麦冬以分株繁殖为主，宜在春秋季栽种。其性喜阴湿，忌涝，宜选择疏松肥沃、排水良好的土壤。生长期需保持土壤湿润，块根膨大期尤其需水分保障。施肥以基肥为主，生长期分期追肥，并增施钾肥。需及时中耕除草，并在植株基部培土以促进块根生长。注意防治黑斑病、根结线虫病及蛴螬等，忌连作与深栽。

●○ 应用价值

药用价值：浙八味重要品种，养阴生津要药，现代研究证实其麦冬多糖具免疫调节作用。

文化象征：原主产杭州笕桥，清代列为贡品，现原产地品种已极稀少，商品多来自慈溪、余姚，慈溪产浙麦冬已获国家地理标志保护。《神农本草经》称“久服轻身不老”。

生态应用：常绿耐阴，适合林下经济与生态修复，也适用于庭院荫蔽处绿化。

A251 郁金

药材：姜科植物温郁金（*Curcuma wenyujin*）的干燥块根

别名：温莪术（根茎形态类似莪术）、浙郁金（浙江道地药材）、黑郁金（块根断面呈墨绿色）

道地产区：以瑞安市为核心区域，及乐清市、永嘉市、文成县、龙泉市等

栽培类型：多年生草本，高80~160厘米

●○ 识别特征速查表

项目		特征描述
形态特征	根	根茎肥大呈姜块状（莪术），末端膨大呈纺锤形（郁金）
	叶	叶长圆形，长30~60厘米，2列互生；中脉紫红色，两面无毛；叶鞘抱茎
	花	穗状花序圆柱形，苞片淡绿色，上部苞片呈玫红色；花具典型姜科结构，包括唇瓣、退化雄蕊和单枚能育雄蕊；花序艳丽，但单花寿命短，通常清晨开放、午后凋谢；花期8~9月
	果实	蒴果为典型的室背开裂类型，卵球形或长圆形，成熟时呈黄绿色至深褐色，通常3瓣裂；但在栽培条件下极少结实
关键识别特征		√ 多型地下茎：具肉质根茎（可加工成莪术或片姜黄）和纺锤形块根（郁金） √ 紫脉叶片：叶片中脉呈紫红色，叶背无毛 √ 红顶花序：穗状花序，苞片上部玫红色

●○ 栽培管理要点

温郁金以根茎繁殖为主，宜在春季气温稳定后栽种。其喜温湿，怕涝，生长前期需勤浇水，块根膨大期需水分充足但忌积水。施肥以有机肥为基肥，生长期分期追肥，后期停施氮肥以促地下部生长。生长期需中耕培土，及时摘除花薹。注意防治根腐病、叶斑病及玉米螟等，忌连作与过早采收。

●○ 应用价值

药用价值：浙八味代表，破血行气要药，现代研究证实其莪术油具抗肿瘤活性；抗COVID-19，温郁金油可抑制病毒复制，减轻肺纤维化（纳入国家诊疗方案）。有效成分姥牛儿酮调节脂代谢，其加工工艺独特，块根蒸煮后晒干称“温郁金”，主根茎加工后称“温莪术”，侧根茎鲜切片晒干称“片姜黄”。块根（郁金）加工：洗净→蒸或煮至透心→晒干，断面灰黑色。片姜黄加工：取侧生根茎，洗净，纵切薄片，晒干。

文化象征：温州“郁金香会”传承300年，寓意“祛邪纳福”；民间习用其根茎泡酒治风湿痹痛，温州地区至今保留“端午挂郁金”驱疫的习俗。

工业应用：提取挥发油（主要含莪术二酮、姥牛儿酮等）用于药品、化妆品。

◇ 任务11.2 新浙八味

A252 乌药

药材：樟科植物乌药（*Lindera aggregata*）的干燥块根

别名：天台乌药（以浙江天台产者为道地药材）、矮樟（树形似樟而矮小）、铜钱柴（果实形似铜钱）

道地产区：以天台县为核心区域，及杭州市、金华市、衢州市、台州市、丽水市等

栽培类型：常绿灌木或小乔木，野生株高2~5米，栽培控制1~2米

●○ 识别特征速查表

项目		特征描述
形态特征	根	根膨大呈结节状、纺锤状或连珠状，长3.5~8厘米，直径0.7~2.5厘米；表面黄棕色，断面黄白色，香气浓烈
形态特征	茎	茎直立；老茎灰褐色或暗棕色，树皮光滑，具细纵裂纹，皮孔明显；幼枝密被金黄色绢毛，老枝渐变为无毛
形态特征	叶	互生，革质，卵形（长3~7厘米），离基三出脉，背面灰白色
形态特征	花	伞形花序，常6~8个簇生于短枝上；每花序具花约7朵，花小，黄绿色；花被片6枚，淡黄色或黄绿色；花期3~4月
形态特征	果实	核果椭圆形（径0.6厘米），成熟时紫黑色，易被鸟类啄食传播
关键识别特征		√结节状根：根膨大呈连珠状结节 √三出脉叶：叶片具明显基生三出脉 √伞形花序：小花黄绿色，簇生叶腋

●○ 栽培管理要点

乌药繁殖可采用种子、分株或扦插。其适应性强，但以中性至微酸性沙质壤土为佳。幼苗期需适当浇水，成年树耐旱，但干旱期需补水。定植时施足基肥，幼树期以氮肥促生长，结果树需增施磷钾肥。每年秋季可深翻扩穴并施有机肥，冬季进行整形修剪。注意防治白绢病、霜霉病及蛀心虫等，忌积水与过度密植。

●○ 应用价值

药用价值：新浙八味代表，行气止痛要药，现代研究证实其乌药醚内酯具胃肠解痉作用，根入药治胸腹胀痛、遗尿、痛经；含乌药醚内酯≥0.03%（药典标准）。

文化象征：天台乌药于2006年被认定为国家地理标志保护产品。天台山乌药庙会传承800年，象征祛病延年；天台民间有“正月采乌药，一年病不扰”的谚语，当地传统节日有祭祀药王和采药习俗。

工业应用：根、叶、果均含挥发油，可作为香料用于化妆品、香皂，或提炼工业用油。

A253 前胡

药材：伞形科前胡（*Peucedanum praeruptorum*）的干燥根

别名：白花前胡（以花色特征命名）、信前胡（江西信州产者为道地药材）、鸡脚前胡（根分枝似鸡爪）

道地产区：以淳安县为核心区域，及杭州市临安区、磐安县、开化县、丽水市莲都区、景宁畲族自治县等

栽培类型：多年生草本，株高60~120厘米

●○ 识别特征速查表

项目		特征描述
形态特征	根	主根粗壮，圆锥形（长10~25厘米），表面黑褐色，断面黄白色，具香气。皮部散生棕黄色油点（非纯黄白色）
	茎	直立，圆柱形中空，上部呈之字形弯曲，髓部中空
	叶	基生叶和下部叶片2~3回羽状复叶（基生叶长15~30厘米），小叶卵圆形；茎上部叶简化成膨大的叶鞘
	花	复伞形花序（径5~10厘米），花小，花瓣5枚，广卵形至近圆形，白色，先端内折；花期7~9月
	果实	双悬果（分果），椭圆形至倒卵形，长3~5毫米，宽2.5~4毫米，成熟时黄棕色至灰褐色
关键识别特征		√羽裂基生叶：叶片二至三回羽状分裂 √复伞形花序：典型伞形科花序特征 √圆锥状根：根常分枝，断面黄白色

●○ 栽培管理要点

前胡以种子繁殖为主，也可分株。其喜冷凉湿润，怕涝，宜选择排水良好的地块。播种后保持畦面湿润，肉质根膨大期需保证水分。施肥以基肥为主，生长期适时追肥。需及时间苗定苗，非留种田应及时摘除花薹。注意防治根腐病、白粉病及黄凤蝶等，忌连作与深播，并在霜降后叶片枯黄时及时采收。

●○ 应用价值

药用价值：为“浙八味”外围品种，止咳化痰要药，现代研究证实其香豆素具平喘作用。

文化象征：《本草纲目》载“其根前出，故名”；浙江民间有“冬至挖前胡，药效最佳”的采收经验，并有以鲜前胡根炖鸡治疗虚劳咳嗽的食疗传统。

生态应用：适合与油茶、杉木等经济林套种。

A254 灵芝

药材：多孔菌科真菌灵芝（*Ganoderma lucidum*）的干燥子实体

别名：赤芝（子实体为红色）、灵芝草（民间常用称谓）、瑞草（古代视为祥瑞之物）、林中灵、琼珍（文化称谓）

道地产区：以武义县、龙泉市为核心区域，及磐安县、龙游县、常山县、开化县、丽水市莲都区、缙云县、庆元县、景宁畲族自治县等

栽培类型：大型木腐真菌（灵芝营腐生生活，但特指腐解木材，更准确的生态类型为“木腐菌”）

●○ 识别特征速查表

项目		特征描述
形态特征	子实体	菌盖肾形或半圆形，赤芝菌盖直径10~18厘米，栽培品可达22厘米；紫芝菌盖紫黑色，非纯红褐色
	菌肉	赤芝菌肉白色至淡棕色；紫芝菌肉锈褐色
	菌管	管孔细小，每毫米4~5个，管口圆形，初期白色后变褐色
	孢子	孢子卵形或顶端平截，内壁褐色具小刺，外壁透明无色
关键识别特征		√漆样光泽：菌盖表面有明显光泽 √同心环纹：菌盖具同心环状棱纹 √侧生菌柄：菌柄多侧生，紫褐色

栽培管理要点

灵芝栽培以袋料栽培为主，需对培养基彻底灭菌后接种。菌丝生长阶段需避光，保持适宜温湿度；子实体阶段需散射光、较低二氧化碳浓度和高湿度，并注意通风。菌丝满袋后可通过温差刺激促进原基形成，并疏蕾以保证菇体质量。出菇期禁用化学农药，可通过物理方法防虫。忌高温、直射光与农药污染。

应用价值

药用价值：名贵滋补药材，现代研究证实其多糖和三萜具免疫调节作用。灵芝在我国已有两千多年药用史，《神农本草经》列其为上品，称其“主耳聋，利关节，保神，益精气，坚筋骨，好颜色”。灵芝酸F抑制血管紧张素酶（ACE），灵芝多糖D6促蛋白质合成。灵芝多糖激活巨噬细胞，提高放化疗后免疫力。抑制肝星状细胞活化，减轻四氯化碳肝损伤。

文化象征：中华“仙草文化”代表，象征“吉祥长寿”，故宫太和殿藻井装饰原型。浙江龙泉自南宋起即为灵芝道地产区，2015年“龙泉灵芝”获国家地理标志保护。传统以赤芝为佳，菌盖饱满、色泽光亮者为上品。

工业应用：提取物用于保健品、化妆品（年产值超50亿元），孢子粉为精华成分，优质品呈深棕色，有光泽。

A255 西红花

药材：鸢尾科植物番红花（*Crocus sativus*）的干燥柱头

别名：藏红花（因古代经西藏传入而得名）、番红花（强调其外来物种属性）、红蓝花（古代对其花色的形象描述）

道地产区：以建德市为核心区域，及淳安县、嘉兴市秀洲区、海盐县、嵊州市、永康市、武义县、缙云县、青田县、遂昌县等

栽培类型：多年生球根草本，株高10~15厘米

识别特征速查表

项目		特征描述
形态特征	球茎	扁球形（径2~5厘米），外包褐色膜质鳞片，基部生须根
	叶	叶基生，线形，长15~30厘米，宽0.2~0.4厘米，具9~15枚；叶片具白色中脉，边缘反卷，基部由4~5枚鞘状鳞片包围
	花	花1~2朵顶生；花被片6枚，倒卵形，呈淡紫色至蓝紫色；花柱深红色，三裂，柱头三叉状，顶端膨大呈漏斗形；花期10~11月
关键识别特征		√三裂红柱：花柱上部深红色，呈三叉状 √无自然结实：栽培种不产生可育种子 √秋花特性：雌蕊花柱伸出花筒，柱头显著长于雄蕊；雄蕊3枚，黄色

栽培管理要点

西红花以球茎繁殖为主，宜在秋季栽种。其喜冷凉，忌高温，花期需搭棚防雨并保持适宜湿度。栽后浇透水，花期需水分充足，花后控水促球茎膨大。施肥以基肥为主，花前及花后适时追肥。花朵需在开放当天上午及时采收。注意防治腐烂病、病毒病及根螨等，忌连作与高温。

应用价值

药用价值：药用香料，活血化瘀圣药，现代研究证实其藏红花酸具抗抑郁作用，主要活性成分为西红花苷-I/II（药典要求≥10%），解郁安神功效源于调节单胺类神经递质。

文化象征：西班牙国花，古波斯“帝王之药”，西藏朝佛供品。从“洎夫蓝”（波斯音译）到“藏红花”（以传入路径命名），反映其陆上丝绸之路与西藏贸易的双重传播历史。虽为外来物种，但被中医吸纳为活血化瘀要药，彰显中医药的包容性。

工业应用：天然色素（食品E164）、高档香水定香剂。

A256 衢枳壳

药材： 芸香科植物酸橙（*Citrus × aurantium*）及其栽培变种的干燥未成熟果实。

别名： 衢州枳壳（强调浙江衢州道地产区）、酸橙枳壳（基原植物为酸橙）、浙枳壳（浙江特色炮制品）

道地产区： 以常山县为核心区域，及衢州市柯城区、衢州市衢江区、龙游县等。（“衢枳壳”是“枳壳”的一种，其基原《中国药典》明确规定为酸橙及其栽培变种。“常山胡柚”是柚与甜橙等的杂交种，其未成熟果实虽在衢州作“衢枳壳”用，但并非国家标准的基原）

栽培类型： 常绿小乔木，栽培控制高度3~5米，野生可达10米

●○ 识别特征速查表

项目		特征描述
形态特征	茎	树冠开展呈球形至半球形，主干灰褐色，皮孔明显；具粗长刺，枝刺较短或稍长
	叶	互生，单身复叶，革质，卵状椭圆形（长5~10厘米），叶翼明显
	花	白色芳香，单生或簇生，花瓣5枚，花径2~3厘米；花期4~5月
	果实	柑果近球形（径3~5厘米），表面粗糙或有细皱，油室大而密集，通常凹陷，内面白色海绵状

续表

项目	特征描述
关键识别特征	√发达叶翼：叶片具明显箭形叶翼 √粗长枝刺：枝条具典型柑橘科刺状枝 √特殊香气：枝叶果实均具浓郁芸香科气味，幼果表面密布颗粒状突起，横切面瓤囊7~12瓣

●○ 栽培管理要点

衢枳壳繁殖以嫁接为主，也可种子繁殖。其喜温暖，不耐严寒，宜选择排水良好的地块。定植后浇透水，生长期保持土壤微润。施肥幼树以氮肥为主，结果树需增施磷钾肥。需进行整形修剪，培养良好树形，并注意保花保果。注意防治黄斑病、疮痂病及潜叶蛾等，忌土壤板结与过早采收。

●○ 应用价值

药用价值： 浙八味延伸品种，理气宽中要药，现代研究证实其辛弗林具减肥功效。柚皮苷不得少于4.0%，新橙皮苷不得少于3.0%（药典标准），抗病毒成分组（如异橙皮内酯）对肺炎有效。

文化象征： 衢州“枳壳文化节”传承300年，象征“破气行滞”；2017年入选新“浙八味”中药材培育品种，2018年与白及等并称“衢六味”。常山民间有“端午采枳壳，九月柚飘香”的农谚，传统加工需经“三蒸三晒”工艺。

工业应用： 提取橙皮苷（心脑血管药物原料）。

A257 三叶青

药材： 葡萄科植物三叶崖爬藤（*Tetrastigma hemsleyanum*）的新鲜或干燥块根

别名： 金线吊葫芦（块根形似葫芦，藤茎纤细如金线）；蛇附子（民间用于蛇伤治疗）；石老鼠（形容其攀缘生长特性）

道地产区： 以淳安县、遂昌县为核心区域，及杭州市余杭区、富阳区、临安区等

栽培类型： 多年生草质藤本，长1~3米

●○ 识别特征速查表

项目		特征描述
形态特征	根	纺锤形或葫芦形（长3~10厘米），表面棕褐色，断面类白色，粉性
	茎	细弱，卷须与叶对生，幼茎光滑无毛
	叶	掌状复叶，小叶3（偶5）枚，狭卵形至披针形，边缘具锯齿
	花	聚伞花序腋生，花小，黄绿色，花瓣4枚，卵状三角形；花期5~6月
	果实	浆果，球形或卵圆形，直径0.6~1厘米，成熟时由青绿色转为鲜红色或深红色，表面光滑。每花序结3~10粒果实，呈簇状
关键识别特征		√葫芦状块根：纺锤形或串珠状膨大 √三出复叶：典型掌状三小叶 √红色浆果：果实成熟时鲜红色

●○ 栽培技术规范

三叶青繁殖以扦插为主，也可分株。其喜阴凉湿润，忌强光与积水，宜在林下或搭遮阳网栽培。生长期需保持土壤湿润，夏季可喷水增湿。施肥以有机肥为基肥，生长期追施稀薄液肥。需适时摘心促分枝，并修剪过密枝。注意防治根腐病及蚜虫等，忌黏重土壤与过早采收，药用块根需生长3~5年。

●○ 应用价值

药用价值： 具有“南方人参”称号，清热解毒要药，现代研究证实其黄酮具抗肿瘤活性。

文化象征： 畲族“三叶青酒”为传统养生酒，象征“祛邪扶正”。浙江遂昌、龙泉等地的丹霞地貌区为其理想生长地，块根生长3~5年后药用价值最佳。浙江遂昌县为传统道地产区，2017年“遂昌三叶青”获国家农产品地理标志登记保护。民间称其为“药王”，有“家有金线吊葫芦，百病不用愁”的谚语，常用于治疗炎症发热。

生态应用： 林下经济代表作物，适合与毛竹、杉木套种。

A258 覆盆子

药材：蔷薇科植物掌叶覆盆子（*Rubus chingii*）的干燥果实

别名：华东覆盆子（强调其地域分布特征）、树莓（与同属近缘种的通用名）、悬钩子（果实悬垂如钩，通称，非特指本种）、覆盆（《名医别录》）、小托盘（中药材手册）

道地产区：杭州市临安区、建德市、桐庐县、淳安县、宁波市奉化区、宁海县、文成县、泰顺县、安吉县、新昌县、武义县、磐安县、江山市、开化县、台州市黄岩区、三门县、天台县、仙居县和丽水市等

栽培类型：落叶灌木，株高通常1~2米，野生可达2.5米

●○ 识别特征速查表

项目		特征描述
形态特征	茎	直立，幼枝绿色被绒毛，老枝红褐色，具稀疏皮刺
	叶	单叶，近圆形，掌状5深裂，叶背密被灰白色绒毛
	花	短总状花序，单生叶腋，花瓣5枚，白色，花期4~5月
	果实	聚合果球形，直径1.5~2厘米，成熟时橙红色，中空
关键识别特征		√单叶掌状深裂：叶片近圆形，掌状5深裂，叶缘具不规则锯齿 √白色单生花：花大，直径约2~3厘米，花瓣5片，雌蕊多数 √聚合果：由多数小核果集生而成，成熟时橙红色，味酸甜

●○ 栽培管理要点

覆盆子繁殖以分株或根插为主。其喜光，怕涝，宜选择排水良好的地块。花期至果期需充足水分，采果后控水。施肥重施基肥，并在花前、果期及采后分期追肥。需搭架栽培，并进行夏季摘心和冬季修剪，维持良好树体结构。注意防治茎腐病、白粉病及果蝇等，忌涝渍与荫蔽。

●○ 应用价值

药用价值：补肾要药，现代证实其鞣花酸具抗氧化作用（药典标准为鞣花酸不得少于0.20%，山柰酚-3-O-芸香糖苷不得少于0.03%）。

文化象征：因其子形似覆盆而象征“多子多福”。浙江淳安自明代起即为道地产区，2016年“淳安覆盆子”获国家农产品地理标志登记保护。

生态应用：荒坡绿化先锋植物，果实吸引30余种鸟类。

A259 铁皮石斛

药材： 兰科植物铁皮石斛（*Dendrobium officinale*）的干燥茎

别名： 黑节草（茎节处呈黑褐色环状）、铁皮枫斗（加工后的商品名称）、仙草（传统滋补佳品的美称）、铁皮兰（地方称谓）

道地产区： 以杭州市临安区、余姚市、乐清市、义乌市、武义县、天台县为核心区域，及建德市、桐庐县、淳安县、宁波市鄞州区、象山、永嘉县、诸暨市、嵊州市、新昌县、吴兴县、安吉县、龙游县、开化县、丽水市莲都区、龙泉市、云和县、庆元县等

栽培类型： 附生型多年生草本，野生资源为国家二级保护植物（2021年列入）

●○ 识别特征速查表

项目		特征描述
形态特征	茎	丛生，圆柱形，长9~35厘米，节间长1~2厘米，成熟时节部呈黑褐色环
	叶	二列互生，革质，长圆状披针形（长3~7厘米），叶鞘具紫斑
	花序	总状花序腋生（2~5朵），花淡黄绿色，唇瓣具白色+中部紫红色斑块
	果实	蒴果长圆形（长1.5~2厘米），成熟时黄绿色，具3~6条纵棱
关键识别特征		√ 黑节铁皮：茎秆节部具明显的黑褐色环，干燥后表面呈铁灰色至灰绿色 √ 黏液质茎肉：鲜品折断有明显黏丝

●○ 栽培管理要点

铁皮石斛繁殖以组培为主，也可分株或扦插。其为附生植物，忌积水与黏土，宜用树皮、碎砖等疏松基质栽培。生长期保持基质“润而不湿”，并根据生长阶段调节遮阴度。适宜温度为18~28℃，保持较大昼夜温差有利品质形成。施肥以叶面肥和缓释肥为主。注意防治黑斑病、软腐病及蚧壳虫等，忌强光直射与低温高湿。

●○ 应用价值

药用价值： “中华九大仙草”之首，滋阴圣药，现代研究证实其多糖具免疫调节作用；《神农本草经》列其为上品，称其“主伤中，除痹，下气，补五脏虚劳羸瘦，强阴，久服厚肠胃”。多糖增强免疫，鼓槌菲抗肝癌，毛兰素抗艾氏腹水癌。

文化象征： “五行养生”代表，浙江乐清雁荡山产区自宋代即为道地产区，2013年“雁荡山铁皮石斛”获国家地理标志保护。浙江民间有“北有人参，南有枫斗”之说，并有以鲜汁治疗糖尿病的传统用法。

生态应用： 林下立体栽培典范，每亩可固碳1.2吨/年。

植物索引

（按拼音顺序排列）

掌握级物种

识别级物种

参考文献

1. 章守玉. 花卉园艺[M]. 沈阳: 辽宁科学技术出版社, 1980.
2. 李扬汉. 植物学[M]. 上海: 上海科学技术出版社, 1984.
3. 陈俊愉, 程维明. 中国花经[M]. 上海: 上海文化出版社, 1990.
4. 陈有民. 园林树木学[M]. 北京: 中国林业出版社, 1990.
5. 陆时万, 徐祥生, 沈敏健, 等. 植物学[M]. 北京: 高等教育出版社, 1992.
6. 浙江植物志编辑委员会. 浙江植物志（2~8卷）[M]. 杭州: 浙江科学技术出版社, 1993.
7. 熊济华. 观赏树木学[M]. 北京: 中国林业出版社, 1998.
8. 蒋永明, 翁智林. 园林绿化树种手册[M]. 上海: 上海科学技术出版社, 2002.
9. 郑万钧. 中国树木志（1~4卷）[M]. 北京: 中国林业出版社, 2003.
10. 包满珠. 花卉学[M]. 北京: 中国农业出版社, 2003.
11. 龙雅宜. 园林植物栽培手册[M]. 北京: 中国林业出版社, 2004.
12. 杨先芬. 花卉文化与园林观赏[M]. 北京: 中国农业出版社, 2005.
13. 金波. 花卉宝典[M]. 北京: 中国林业出版社, 2005.
14. 祁承经, 汤庭国. 树木学（南方本）[M]. 2版. 北京: 中国林业出版社, 2005.
15. 周厚高. 藤蔓植物景观[M]. 贵阳: 贵州科技出版社, 2006.
16. 刘燕. 园林花卉学[M]. 北京: 中国林业出版社, 2006.
17. 陈其兵. 观赏竹配置与造景[M]. 北京: 中国林业出版社, 2007.
18. 戴德奎. 园林植物造景[M]. 北京: 中国林业出版社, 2008.
19. 邢福武. 中国景观植物[M]. 武汉: 华中科技大学出版社, 2009.
20. 张天麟. 园林树木1600种[M]. 北京: 中国建筑工业出版社, 2010.
21. 徐晓春. 观赏灌木[M]. 北京: 中国电力出版社, 2010.
22. 吴棣飞, 姚一麟. 水生植物[M]. 北京: 中国电力出版社, 2011.
23. 吕伟德, 等. 浙产多花黄精高效生态种植技术彩色图说[M]. 杭州: 浙江大学出版社，2024.
24. 何礼华, 汤书福. 常用园林植物彩色图鉴[M]. 杭州: 浙江大学出版社，2012.
25. 潘文明. 观赏树木[M].2版. 北京: 中国农业出版社，2019.
26. 中国科学院植物研究所. 中国高等植物图鉴（1~5）[M]. 北京: 科学出版社, 1982.
27. 崔玲华. 植物学基础[M]. 北京：中国林业出版社,2005.
28. 刘仁林. 园林植物学[M]. 北京：中国科学技术出版社,2003.
29. 唐义富, 胡琳. 园艺植物识别与应用[M]. 北京：中国农业大学出版社,2025.
30. 唐翠, 周小鹭. 植物与植物生理基础[M]. 哈尔滨：东北林业大学出版社,2007.